清華大學 计算机系列教材

王尔乾 杨士强 巴林凤 编著

数字逻辑与数字集成电路

（第2版）

清華大學出版社
北 京

内容简介

本书系统地阐述数制和码制、逻辑代数及逻辑函数化简、基本逻辑电路及触发器、各种集成化组合逻辑电路的设计与应用、同步时序电路及异步时序电路的设计与分析、集成化时序电路、逻辑电路的参数、可编程逻辑电路等内容。

本书可作为高等学校计算机专业“数字逻辑”课程的教材，亦可供从事计算机、自动化及电子学方面生产、科研人员及有关人员参考，本书还是学习“逻辑电路”课的参考书。

图书在版编目(CIP)数据

数字逻辑与数字集成电路/王尔乾，杨士强，巴林凤编著. —2 版. —北京：清华大学出版社，2008.2(2024.2 重印)

(清华大学计算机系列教材)

ISBN 978-7-302-05036-0

Ⅰ. 数…　Ⅱ. ①王…　②杨…　③巴…　Ⅲ. ①数字集成电路—高等学校—教材　②逻辑集成电路—高等学校—教材　Ⅳ. TN431.2

中国版本图书馆 CIP 数据核字(2008)第 018261 号

责任编辑： 马英珺
责任印制： 丛怀宇

出版发行： 清华大学出版社
网　址： https://www.tup.com.cn，https://www.wqxuetang.com
地　址： 北京清华大学学研大厦 A 座　**邮　编：** 100084
社 总 机： 010-83470000　**邮　购：** 010-62786544
投稿与读者服务： 010-62776969，c-service@tup.tsinghua.edu.cn
质 量 反 馈： 010-62772015，zhiliang@tup.tsinghua.edu.cn
印 装 者： 三河市人民印务有限公司
经　销： 全国新华书店
开　本： 185mm×260mm　**印　张：** 19.25　**字　数：** 464 千字
版　次： 2002 年 8 月第 2 版　**印　次：** 2024 年 2 月第 19 次印刷
定　价： 59.00 元

产品编号：005036-05/TP

作 者 简 历

王尔乾，1935 年生。1953 年就读于上海交通大学电机系，1956 年转学至清华大学电子计算机专业，1957 年毕业后留校任教。期间曾任清华大学计算机系副主任、主任，计算机研究所所长等职，1987 年受聘为教授。曾任北京市人民政府第一至第四届专业顾问，国家教委高等学校计算机科学专业首届教学指导委员会副主任，中国计算机学会理事，中国软件行业协会常务理事等职。现任澳门科技大学资讯科技学院副院长。

长期从事电子线路、数字逻辑、超大规模集成电路系统设计等方面的教学工作，为本科生及研究生开设相关的课程，编著教材多本。

作为主要技术负责人，早期参加数控铣床研制、计算机用晶体管可靠性研究、晶体管参数自动测试等科研工作。20 世纪 70 年代主持了 TTL 小规模集成电路系列、TTL 中规模集成电路系列共 24 种电路的设计研制，参加了四种型号小型计算机系统的研制。80 年代参加“面向大规模集成电路的计算机辅助设计系统”等三项集成电路 CAD 系统的研制，以上项目分别获得国家科技进步二等奖、国家教委科技进步二等奖、电子部及国防科工委科技进步一等奖、北京市科技进步二等奖。与研究生、合作者共同发表论文十余篇。

序

清华大学计算机系列教材已经出版发行了近30种，包括计算机专业的基础数学、专业技术基础和专业等课程的教材，覆盖了计算机专业大学本科和研究生的主要教学内容。这是一批至今发行数量很大并赢得广大读者赞誉的书籍，是近年来出版的大学计算机教材中影响比较大的一批精品。

该系列教材的作者都是我熟悉的教授与同事，他们长期在第一线担任相关课程的教学工作，是一批很受大学生和研究生欢迎的任课教师。编写高质量的大学(研究生)计算机教材，不仅需要作者具备丰富的教学经验和科研实践，还需要对相关领域科技发展前沿的正确把握和了解。正因为该系列教材的作者们具备了这些条件，才有了这批高质量优秀教材的出版。可以说，教材是他们长期辛勤工作的结晶。系列教材出版发行以来，无论从其发行的数量、读者的反映、已经获得的许多国家级与省部级的奖励以及在各个高等院校教学中所发挥的作用上，都可以看出该系列教材所产生的社会影响与效益。

计算机科技发展异常迅速、内容更新很快。作为教材，一方面要反映本领域基础性、普遍性的知识，保持内容的相对稳定性；另一方面，又需要跟踪科技的发展，及时地调整和更新内容。该系列教材都能按照自身的需要及时地做到这一点，如《计算机组成与结构》一书十年中共发行了三版，其他如《数据结构》等也都已发行了第二版，使教材既保持了稳定性，又达到了先进性的要求。该系列教材内容丰富、体系结构严谨、概念清晰、易学易懂，符合学生的认识规律，适合于教学与自学，深受广大读者的欢迎。系列教材中多数配有丰富的习题集和实验，有的还配备多媒体电子教案，便于学生理论联系实际地学习相关课程。

随着我国进一步的开放，我们需要扩大国际交流，加强学习国外的先进经验。在大学教材建设上，我们也应该注意学习和引进国外的先进教材。但是，计算机系列教材的出版发行实践以及它所取得的效果告诉我们，在当前形势下，编写符合国情的具有自主版权的高质量教材仍具有重大意义和价值。它与前者不仅不矛盾，而且是相辅相成的。

我希望今后有更多、更好的我国优秀教材的出版。

清华大学计算机系教授，中科院院士

张钹

2002年6月25日

第二版前言

本书自出版以来，已经10次印刷了。令我们欣慰的是本书已被不少高等学校计算机专业选为教材。在倾听读者意见以及编者教学实践的基础上，考虑以下因素决定对原书作了修改和补充：

(1) 考虑到随机存储器(RAM)器件与计算机系统的关系十分密切，结合“计算机组成原理”课程来讲解RAM器件，能更深刻地理解RAM器件的结构、时序及其在系统中的应用，从而事半功倍。

事实上，不少高校在“计算机组成原理”课程中是要重新讲述RAM器件的。为了减少课程间内容不必要的重叠，经征求部分教师意见，决定从本版中删去有关RAM器件的内容。建议这部分内容在“计算机组成原理”课程中讲授。

(2) 为了适应可编程逻辑器件发展迅速和应用广泛的趋势，在本版中增加“通用阵列逻辑(GAL)器件”的内容，并把原书中删去RAM后的第7章，改名为“可编程逻辑器件”。虽然规模更大的可编程器件不断涌现，但在本版中只选当前已得到广泛应用的GAL来介绍。我们认为，掌握数字逻辑及数字集成电路基础仍是同学们的主要任务。若有了计算机编程及计算机系统的有关知识，再通过自学器件的技术资料是完全能掌握其原理和使用的，没有必要也不可能在本书中对它们作一一介绍。

(3) 增加非计算机专业关注的一些内容，如序列信号发生器等。

(4) 改正了第一版中的错误。

编著者虽然从事于计算机教学和科研多年，积累了本学科方面一些理论和经验，但当今计算机科学发展很快，对本课程的一些看法仍有不全面之处，本书中的错误之处，恳请广大读者给予批评和指正，以便不断提高。

编著者

2001年9月于清华大学

第一版前言

“数字逻辑”是计算机专业本科学生的一门主要课程。它是“计算机组成原理”课程的主要先导课之一，是计算机及其应用专业关于计算机系统结构方面四门主干课程（数字逻辑、计算机组成原理、微机与接口技术、计算机系统结构）的第一门课。本课程的主要目的是使学生了解和掌握从对数字系统提出要求开始，一直到用集成电路实现所需逻辑功能为止的整个过程的完整知识。课程的基本要求是系统掌握逻辑电路（重点是组合逻辑电路和同步时序电路）的分析、设计与应用。

数字集成电路是数字系统也是计算机功能实现的物质基础。由于数字集成技术的发展，迄今人们已不再用分立器件去实现逻辑功能部件了，而是用标准集成电路去构成系统。各种标准数字集成电路本身就是优美的逻辑设计作品。因此把数字逻辑和数字集成电路结合起来讲授学习，既使读者掌握数字逻辑部件的分析与设计方法，又使他们了解标准数字集成电路的原理与使用方法，无疑，这是理论结合实际的学习方法。由于篇幅及学时限制，本书不去讨论集成电路、单元电路的线路设计技术和集成电路制造工艺，只限于介绍集成电路的逻辑结构与其应用，并以介绍广泛应用的TTL集成电路为主。

本书是按上述思路并结合多年来教学实践经验来编写的。为突出集成电路在功能部件实现中的重要性，本书取名为“数字逻辑及数字集成电路”。本课程的参考学时数为40～60学时，其先修课程是电子线路。

由于编者水平有限，书中肯定会有许多缺点和错误，殷切希望广大读者批评指正。

编　者

1992年12月

目　　录

第1章 数制和编码

1.1 数 制

数制是人们对数量计数的一种统计规律。日常生活中最常遇到的是十进制的进位计数制，在数字系统中，广泛采用的则是二进制、八进制和十六进制。

一种进位计数包含着两个基本的因素：

(1) 基数：它是计数制中所用到的数码的个数，一般地说，基数为 R 的计数制(简称 R 进制)中，包含的是 $0,1,\cdots,R-2,R-1$ 等数码，进位规律是“逢 R 进一”，即每个数位计满 R 就向高位进1，称为 R 进位计数制。

(2) 位权：在一个进位计数制表示的数中，处在不同数位的数码，代表着不同的数值，某一个数位的数值是由这一位数码的值乘上处在这位的一个固定常数。不同数位上的固定常数称为位权值，简称位权。不同数位有不同的位权值。例如，十进制数个位的位权值是1，十位的位权值是 10^1，百位的位权值是 10^2。

广义地说，一个 R 进制数 N，可以有两种表示方式：

① 并列表示方式，也称位置计数法：

$$(N)_R = (K_{n-1}K_{n-2}\cdots K_1K_0.K_{-1}K_{-2}\cdots K_{-m})_R \qquad (1\text{-}1)$$

其中，n 为整数部分的数位；m 为小数部分的数位；R 表示基数；K_i 为不同数位的数值：

$$0 \leqslant K_i \leqslant (R-1)$$

② 多项式表示法，也称以权展开式：

$$(N)_R = (K_{n-1}R^{n-1} + K_{n-2}R^{n-2} + \cdots + K_1R^1 + K_0R^0 + K_{-1}R^{-1} + \cdots + K_{-m}R^{-m})_R \qquad (1\text{-}2)$$

或者写成和式：

$$(N)_R = \Big(\sum_{i=-m}^{n-1} K_iR^i\Big)_R$$

式(1-2)中：R 代表进位制的基数；m、n 为正整数，n 代表整数部分的位数，m 代表小数部分的位数；K 代表 R 进位制中 R 个数字符号中的任何一个：

$$0 \leqslant K_i \leqslant (R-1)$$

1.1.1 二进制

1. 二进制数的表示

基数 $R=2$ 的数制为二进制。二进制数的数值表示只有“1”和“0”，进位规律是“逢二进一”，任意一个二进制数 N 的多项式表示为：

$$\begin{aligned}(N)_2 &= K_{n-1}2^{n-1} + K_{n-2}2^{n-2} + \cdots + K_12^1 + K_02^0 + K_{-1}2^{-1} + \cdots + K_{-m}2^{-m} \\ &= \Big(\sum_{i=-m}^{n-1} K_i2^i\Big)_2 \end{aligned} \qquad (1\text{-}3)$$

其中：K_i 为 0 或 1，2 为位权。

例如：二进制数 1011.101 可以展开为：

$$1011.101 = 1 \times 2^3 + 0 \times 2^2 + 1 \times 2^1 + 1 \times 2^0 + 1 \times 2^{-1} + 0 \times 2^{-2} + 1 \times 2^{-3}$$

2. 二进制数的运算

二进制数的算术运算比较简单，只要记住两个二进制整数的和与积的运算规律就可以了。

加法规律为：

$$0+0=0 \qquad 0+1=1+0=1 \qquad 1+1=10$$

乘法规律为：

$$0\times 0=0 \qquad 0\times 1=1\times 0=0 \qquad 1\times 1=1$$

由于二进制数每位只可能有两种数值 0 或者 1，在数字系统中，可用电子器件的两种不同的状态来表示一位二进制数，因此实现起来非常方便。例如，在数字系统中，用晶体管的导通表示“0”，而晶体管的截止表示“1”；或用低电位表示“0”、高电位表示“1”。所以二进制数的物理实现简单、易行和可靠，并且存储和传送也方便。其运算规则也很简单。但二进制书写位数太多，不便记忆。为此，通常用八进制和十六进制数作为二进制数的缩写。

1.1.2 八进制

八进制数的数位符号有八个，即 0～7，进位规律是“逢八进一”，基数 $R=8$，任意的一个八进制数 N 的多项展开式为：

$$\begin{aligned}(N)_8 &= K_{n-1}8^{n-1} + K_{n-2}8^{n-2} + \cdots + K_1 8^1 + K_0 8^0 + K_{-1}8^{-1} + \cdots + K_{-m}8^{-m} \\ &= \Big(\sum_{i=-m}^{n-1} K_i 8^i\Big)_8 \end{aligned} \tag{1-4}$$

式(1-4)中 K_i 表示为 0～7 中的任意一个。

1.1.3 十六进制

一个十六进制数的表示符号有 16 个，即 0～9，以及用 A,B,C,D,E 和 F 分别表示 10～15。进位规律为“逢十六进一”，基数 $R=16$，任意的一个十六进制数 N 的多项表示式为：

$$\begin{aligned}(N)_{16} &= K_{n-1}16^{n-1} + K_{n-2}16^{n-2} + \cdots + K_1 16^1 + K_0 16^0 + K_{-1}16^{-1} + \cdots + K_{-m}16^{-m} \\ &= \Big(\sum_{i=-m}^{n-1} K_i 16^i\Big)_{16} \end{aligned} \tag{1-5}$$

式(1-5)中，K_i 表示为 0～9 以及 A、B、C、D、E 和 F 中的任意一个。

1.1.4 二进制与八进制、十六进制之间的转换

1. 八进制转换为二进制

把每位八进制数用三位二进制数表示。例如$(312.64)_8$，3、1、2、6、4 各用 3 位二进制数表示：

$$\begin{array}{cccccc} 3 & 1 & 2 & . & 6 & 4 \\ 011 & 001 & 010 & . & 110 & 100 \end{array}$$

所以
$$(312.64)_8=(11001010.1101)_2$$

2. 二进制数转换为八进制

二进制转换为八进制时，整数部分从低位向高位每三位分为一组，最高一组不够时，前面用 0 补足；小数部分从高位向低位每三位一组，最后不足三位的，在低位补 0，然后把每三位的二进制数用相应的八进制数表示。

例如$(10110.11)_2$

$$\begin{array}{cccc} 010 & 110 & . & 110 \\ 2 & 6 & . & 6 \end{array}$$

$$(10110.11)_2=(26.6)_8$$

3. 十六进制转换为二进制

把每位十六进制数用相应的 4 位二进制数表示。

例如$(21A.5)_{16}$

$$\begin{array}{ccccc} 2 & 1 & A & . & 5 \\ 0010 & 0001 & 1010 & . & 0101 \end{array}$$

$$(21A.5)_{16}=(1000011010.0101)_2$$

4. 二进制转换为十六进制

整数部分由小数点向左，每 4 位一组，最高一组不足 4 位数时，前面补 0；小数部分由小数点向右，每 4 位一组，最后不足 4 位的，在低位补 0，然后把每 4 位二进制数用相应的十六进制数表示。

例如：$(1100101.101)_2$

$$\begin{array}{cccc} 0110 & 0101 & . & 1010 \\ 6 & 5 & . & A \end{array}$$

$$(1100101.101)_2=(65.A)_{16}$$

由于八进制、十六进制比二进制书写简短、容易读写，也便于记忆，并且转换为二进制也较方便，因此，在数字系统中得到普遍应用。

1.1.5 二进制与十进制之间的转换

1. 二进制转换为十进制

把二进制数按权展开，利用十进制运算法则，求出其值，即可将二进制数转换为十进制数。

例如：

$$\begin{aligned}(101101.101) &= 1\times 2^5+1\times 2^3+1\times 2^2+1\times 2^0+1\times 2^{-1}+1\times 2^{-3} \\ &= 32+8+4+1+0.5+0.125 \\ &= (45.625)_{10}\end{aligned}$$

2. 十进制转换为二进制

一个具有整数部分和小数部分的十进制数转换为二进制数时，应当分别将其整数部分和小数部分转换为二进制数，然后用小数点将两部分连接起来。现举例说明。

例 1.1 将十进制数$(157)_{10}$转换为二进制数。

根据式(1-2)：

$$(157)_{10} = K_{n-1}2^{n-1} + K_{n-2}2^{n-2} + \cdots + K_1 2^1 + K_0 2^0$$

显然，等式右边除K项外都有2的因子。因此，用2除$(157)_{10}$，所得余数即为K_0，

$$\begin{array}{r|l} 2 & 157 \\ \hline & 78 \cdots\cdots \text{余数 } 1 = K_0 \end{array}$$

并得到等式：

$$(78)_{10} = K_{n-1}2^{n-2} + K_{n-2}2^{n-3} + \cdots + K_2 2^1 + K_1$$

同样，再用2除$(78)_{10}$，余数则为K_1，

$$\begin{array}{r|l} 2 & 78 \\ \hline & 39 \cdots\cdots \text{余数 } 0 = K_1 \end{array}$$

再用这样的方法一直继续下去，直到商为0为止。

2	157	
2	78	余数为1,所以 $K_0=1$
2	39	余数为0,所以 $K_1=0$
2	19	余数为1,所以 $K_2=1$
2	9	余数为1,所以 $K_3=1$
2	4	余数为1,所以 $K_4=1$
2	2	余数为0,所以 $K_5=0$
2	1	余数为0,所以 $K_6=0$
	0	余数为1,所以 $K_7=1$

得$(157)_{10}=(10011101)_2$

十进制小数转换为二进制小数的方法是：不断用2乘要转换的十进制小数，将每次所得的整数(0或1)，依次记为K_{-1}、K_{-2}、…。若乘积的小数部分最后能为0，那么最后一次乘积的整数部分记作K_{-m}，则$0.K_{-1}K_{-2}\cdots K_{-m}$即为十进制小数的二进制表达式。因为十进制小数，并不都是能用有限位的二进制小数精确表示，通常则是根据精度要求m位，作为十进制小数的二进制的近似表达式。

例 1.2 将$(0.913)_{10}$转换为二进制数，根据式(1-2)：

$$(0.913)_{10} = K_{-1}2^{-1} + K_{-2}2^{-2} + \cdots + K_{-m}2^{-m}$$

两边乘以 2，则得：

$$(1.826)_{10}=K_{-1}+K_{-2}2^{-1}+\cdots+K_{-m}2^{-m+1}$$

所以 $K_{-1}=1$；那么， $(0.826)_{10}=K_{-2}2^{-1}+K_{-3}2^{-2}+\cdots+K_{-m}2^{-m+1}$

两边再乘以 2，则得：

$$(1.652)_{10}=K_{-2}+K_{-3}2^{-1}+K_{-4}2^{-2}+\cdots+K_{-m}2^{-m+2}$$

假如精度要求 $m=4$，转换过程如下：

$$\begin{array}{r} 0.913 \\ \times \quad 2 \\ \hline 1.826 \end{array}$$ 整数部分为 1，所以 $K_{-1}=1$；

$$\begin{array}{r} 0.826 \\ \times \quad 2 \\ \hline 1.652 \end{array}$$ 整数部分为 1，所以 $K_{-2}=1$；

$$\begin{array}{r} 0.652 \\ \times \quad 2 \\ \hline 1.304 \end{array}$$ 整数部分为 1，所以 $K_{-3}=1$；

$$\begin{array}{r} 0.304 \\ \times \quad 2 \\ \hline 0.608 \end{array}$$ 整数部分为 0，所以 $K_{-4}=0$；

因此， $(0.913)_{10}=(0.1110)_2$

任意进制与十进制之间的转换原理及方法，同二进制与十进制之间的转换原理及方法相类似，不再重复。

而任意两种进制之间的转换，一般说来是先由一种进位制转换为十进制，再由十进制转换为另一种进制，把十进制作为桥梁。例如，实现 $(N)_a$ 转换为 $(N)_b$ 时，首先是将 $(N)_a$ 转换为 $(N)_{10}$，也就是将 $(N)_a$ 展开为 a 进位制的多项式，在十进制中计算其值；然后再利用基数乘除法，将 $(N)_{10}$ 转换为 $(N)_b$。

1.2 编　　码

1.2.1 带符号的二进制数的编码

在通常的算术运算中，用符号位"＋"号表示正数，用符号位"－"号表示负数。而在数字系统中，正、负数的表示方法是：把数值最高位的前一位作为符号位，并用"0"表示"＋"；用"1"表示"－"。连同符号位在一起作为一个数，称之为机器数，它的原来的数值形式则称为这个机器数的真值。

例如：　　　$X_1=+0.1101$；　　$X_2=-0.1101$

表示成机器数为：　$X_1=0.1101$；　　$X_2=1.1101$

在数字系统中，表示机器数的方法很多，目前常用的有原码、反码和补码。

1. 原码(true form)

原码表示法又称符号-数值表示法。正数的符号位用"0"表示；负数的符号位用"1"表示；数值部分保持不变。

(1) 小数原码的定义：若二进制数 $X=\pm 0.X_{-1}X_{-2}\cdots X_{-m}$

1) $X>0$ 时

$$X=+0.X_{-1}X_{-2}\cdots X_{-m}$$

$$(X)_{原}=0.X_{-1}X_{-2}\cdots X_{-m}$$

2) $X<0$ 时

$$\begin{aligned}X&=-0.X_{-1}X_{-2}\cdots X_{-m}\\(X)_{原}&=1.X_{-1}X_{-2}\cdots X_{-m}\\&=1-(-0.X_{-1}X_{-2}\cdots X_{-m})\\&=1-X\end{aligned}$$

例如：$X_1=+0.1101$　　则 $(X)_{原}=0.1101$

　　　$X_2=-0.1101$　　则 $(X)_{原}=1-(-0.1101)=1.1101$

3) 零的原码有两种表示形式

$$(+0)_{原}=0.00\cdots 0$$

$$(-0)_{原}=1.00\cdots 0$$

所以小数原码表示为：

$$(X)_{原}=\begin{cases}X & 当\ 0\leqslant X<1\\1-X & 当\ -1<X\leqslant 0\end{cases}$$

(2) 整数原码的定义：若 $X=\pm X_{n-1}X_{n-2}\cdots X_0$

1) $X>0$ 时，则　　$X=+X_{n-1}X_{n-2}\cdots X_0$

$$(X)_{原}=0X_{n-1}X_{n-2}\cdots X_0$$

2) $X<0$ 时，则　　$X=-X_{n-1}X_{n-2}\cdots X_0$

$$\begin{aligned}(X)_{原}&=1X_{n-1}X_{n-2}\cdots X_0\\&=2^n+X_{n-1}X_{n-2}\cdots X_0\\&=2^n-(-X_{n-1}X_{n-2}\cdots X_0)\\&=2^n-X\end{aligned}$$

例如：$X=-1101$

$$\begin{aligned}(X)_{原}&=11101\\&=10000+1101\\&=10000-(-1101)\\&=2^n-X\end{aligned}$$

因此，整数原码定义为：

$$(X)_{原}=\begin{cases}X & 当\ 0\leqslant X<2^n\\2^n-X & 当\ -2^n<X\leqslant 0\end{cases}$$

原码表示法简单易懂，但在数字系统中，要进行两个异号原码的加法运算时，需先判两数的大小，然后才能从大数中减去小数。最后，还要判结果的符号位，这就增长了运算时间。

2. 反码(one's complement)

反码的符号位表示法与原码相同，即符号"0"表示正数，符号"1"表示负数。与原码不相同的是反码数值部分的形成和它的符号位有关。正数反码的数值和原码的数值相同，而负数反码的数值是原码的数值按位求反。

(1) 整数反码的定义：若 $X=\pm X_{n-1}X_{n-2}\cdots X_0$

则定义为：

$$[X]_{反}=\begin{cases}X & 当\ 0\leqslant X<2^n\\(2^{n+1}-1)+X & 当\ -2^n<X\leqslant 0\end{cases}$$

例如：$X_1=+1101$，则$(X_1)_{反}=01101=1101$

$X_2=-1101$，则$(X_2)_{反}=(2^5-1)+X$

$=(100000-000001)+(-1101)$

$=11111-1101$

$=10010$

(2) 小数反码的定义：若 $X=\pm 0.X_{-1}X_{-2}\cdots X_{-m}$

则定义为：

$$[X]_{反}=\begin{cases}X & 当\ 0\leqslant X<1\\2-2^{-n}+X & 当\ -1<X\leqslant 0\end{cases}$$

例如：$X_1=+0.1101$，则$[X_1]_{反}=0.1101$

$X_2=-0.1101$，则$[X_2]_{反}=2-2^{-4}+X$

$=10.0000-0.0001-0.1101$

$=1.0010$

(3) 零的反码有两种形式：

$$[+0]_{反}=0.00\cdots 0$$

$$[-0]_{反}=1.11\cdots 1$$

作反码加、减法时，要将运算结果的符号位产生的进位(0 或 1)加到和的最低位，才能得到最后结果。

例如：将 X_1、X_2 作反码加：$X_1=+1101$，　$X_2=-0101$

$[X_1]_{反}=01101$，　$[X_2]_{反}=11010$

$[X_1]_{反}+[X_2]_{反}=01101+11010$

$=$"1"00111

将符号位产生的进位"1"加到最低位，即为

$$[X_1+X_2]_{反}=00111+1=01000$$

在反码表示中，± 0 的表示不是唯一的，因此，使用反码不很方便。

3. 补码(two's complement)

补码的符号表示和原码相同。"0"表示正数；"1"表示负数。正数的补码和原码、反码相同，就是二进制数值本身。负数的补码是这样得到的：将数值部分按位求反，再在最低

位加 1。

(1) 整数的补码定义：若 $X=\pm X_{n-1}X_{n-2}\cdots X_0$

则定义为：

$$[X]_{补}=\begin{cases}X & 当\ 0\leqslant X<2^n\\ 2^{n+1}+X & 当\ -2^n\leqslant X<0\end{cases}$$

例如：$X_1=+1101$， 则$[X_1]_{补}=1101$

$X_2=-1101$， 则$[X_2]_{补}=2^5+X$

$=100000-1101$

$=10011$

(2) 小数的补码定义：若 $X=\pm 0.X_{-1}X_{-2}\cdots X_{-m}$

则定义为：

$$[X]_{补}=\begin{cases}X & 当\ 0\leqslant X<1\\ 2+X & 当\ -1\leqslant X<0\end{cases}$$

(3) 零的补码只有一种形式：

$$[0]_{补}=0.000\cdots 0$$

引入补码以后,可将数字系统的减法运算用加法实现。在求得和的结果中,要将运算结果产生的进位丢掉,才得到正确结果。

例如：在补码系统中,实现 X_1-X_2 运算：

$$X_1=1101,\quad X_2=0101$$

求出：$[X_1]_{补}=01101$， $[-X_2]_{补}=11011$

$$[X_1]_{补}+[-X_2]_{补}=01101+11011$$

$$=\text{“1”}01000$$

丢掉最高位的“1”,即得$(X_1-X_2)_{补}$的正确结果。

显然,两数相减时,用补码运算比用原码要简单。但补码的缺点是负数用补码表示不直观。

表 1-1 给出了几个典型数的真值、原码、反码和补码的表示。

表 1-1

X	$[X]_{原}$	$[X]_{反}$	$[X]_{补}$	X	$[X]_{原}$	$[X]_{反}$	$[X]_{补}$
+1001	1001	1001	1001	−0.0000	1.0000	1.1111	0.0000
+0001	0001	0001	0001	−0.0010	1.0010	1.1101	1.1110
+0.1101	0.1101	0.1101	0.1101	−0011	10011	11100	11101
+0.0000	0.0000	0.0000	0.0000	−1010	11010	10101	10110

1.2.2 带小数点的数的编码

一个数既有小数部分又有整数部分,在数字系统中如何表示呢？一般有两种方式：定点表示和浮点表示。

任何数制的数 N，均可以表示为：

$$N = R^{E} \times M \tag{1-6}$$

其中：R 为进制的基数；E(exponent)为阶码，取值为整数；M(mantissa)为数 N 的尾数，取值为整数或小数。

例如：$(N_1)_{10}=(516000)_{10}=10^3\times516$

$(N_2)_{10}=(0.25)_{10}=10^{-2}\times25$

数 N_1 的阶码 $E_1=3$、尾数 $M_1=516$；数 N_2 的阶码 $E=-2$，尾数 $M=25$。

对于二进制数，

$$N = 2^{E} \times M \tag{1-7}$$

1. 定点表示法

所谓的定点表示法就是在一个数中小数点的位置在数中是固定不变的。这个固定的位置是事先约定好的，不必用符号表示。在定点表示中，阶码 E 为零。

当 $E=0$，尾数 M 为纯整数时，则认为小数点在尾数 M 最低位右边，为整数定点。

例如：$N=+1011011$，则表示为

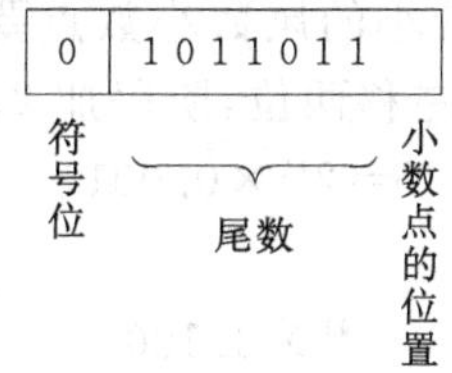

当 $E=0$，尾数 M 为纯小数时，则认为小数点的位置在 M 最高位的左边，定点数只能表示小数，为小数定点。

例如：$N=-0.1101011$，则表示为

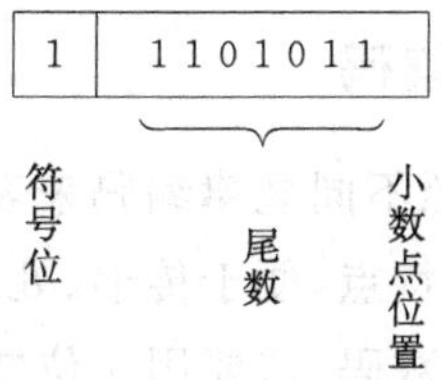

定点数表示法，数 N 范围是限定的，在小数定点时，当用 8 位二进制数表示一个数时，1 位符号位，7 位表示数值，若只考虑绝对值，最大数取值为$(0.1111111)_2=(127\div128)_{10}$，最小数取值为$(0.0000001)_2=(1\div128)_{10}$。

2. 浮点表示法

在数中小数点的位置不是固定不变的，而是可以变化的，这种表示法称为浮点表示法。阶码 E 和尾数 M 各自可分别采用原码、反码和补码的形式。格式如下：

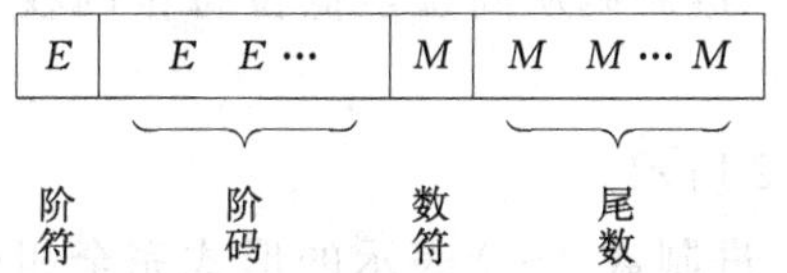

例如：$N=2^4\times(-9)$，用二进制数表示为　　$N=10^{100}\times(-1001)$

浮点表示的格式如下：

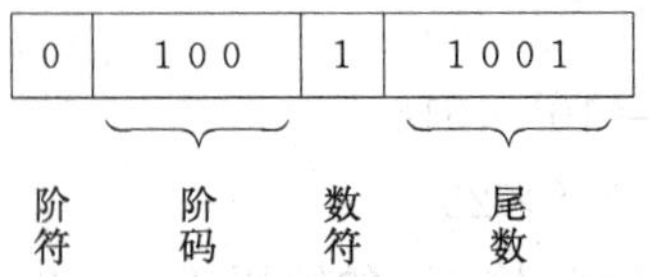

尾数 M 表示了数 N 的全部有效数字；而阶码 E 指明了小数点的位置。小数点移动的原则是小数点向左移一位，相当于尾数的数码向右移一位，而阶码加 1。

浮点数的运算规则要比定点数复杂。如阶码相同的两浮点数求和，只要将尾数作相加运算，所得为和数的尾数，而阶码仍为原来的阶码。如阶码不等的两数求和，则先将阶对齐，然后才能对尾数求和。例如：

$$a=2^{11}\times0.1001$$

$$b=2^{01}\times0.1100$$

首先对阶，让小阶向大阶看齐，阶小的尾数小数点要左移一位阶码加 1，直到阶码相同为止。对 a、b 来说，必须使 b 的尾数左移两位，阶码加 2，得：

$$b=2^{11}\times0.0011$$

然后相加：

$$\begin{array}{r} 2^{11}\times0.1001 \\ 2^{11}\times0.0011 \\ \hline 2^{11}\times0.1100 \end{array}(+$$

两浮点数相乘，只要阶码相加，尾数相乘；两浮点数相除，只要阶码相减，尾数相除。

1.2.3　十进制数的二进制编码

这一小节叙述用二进制数码按照不同规律编码来表示十进制数。这样的二进制数既具有二进制的形式，又具有十进制数的特点，便于传递、处理。

一位十进制数有 0～9 十个不同数码，需要用 4 位二进制数才能表示。4 位二进制数可组合 $2^4=16$ 种不同状态。从 16 种状态中取 10 种状态来表示 0～9 的编码方式很多。一般分为有权码和无权码。所谓有权码是指 4 位二进制数中的每一位都对应有固定的权。无权码是指 4 位二进制数中的每一位无固定的权，而要遵循另外的规则。最常用的十进制数的二进制编码有以下几种：

1. 8421 码

8421 码为有权码。它是十进制代码中最常见的代码，也称二-十进制码，简称 BCD 码(binary-code-decimal)。4 位二进制码从高位至低位每位的权分别为 2^3、2^2、2^1、2^0，即为 8、4、2、1。

8421 码的编码表如表 1-2 所示。

显然，8421 码表与普通二进制数 0～9 表示的形式完全相同。但二进制码 1010～1111

在 8421 码中是没有意义的。

表 1-2　4 种十进制数的编码

十进制数	8421	5421	2421	余三码
0	0000	0000	0000	0011
1	0001	0001	0001	0100
2	0010	0010	0010	0101
3	0011	0011	0011	0110
4	0100	0100	0100	0111
5	0101	1000	0101	1000
6	0110	1001	0110	1001
7	0111	1010	0111	1010
8	1000	1011	1110	1011
9	1001	1100	1111	1100

8421 码和十进制数之间的转换是一种直接按位转换。

例如：
$$(12)_{10}=(00010010)_{BCD}$$
$$(0100100101110101)_{BCD}=(4975)_{10}$$

2. 5421 码

5421 是一种有权码，其权自高位至低位，每位分别为 5、4、2、1。所以，十进制数 X 用 5421 码 $a_3a_2a_1a_0$ 表示为：

$$X=a_3\cdot5+a_2\cdot4+a_1\cdot2+a_0\cdot1$$

5421 码的编码表如表 1-2 所示。

3. 2421 码

2421 码为另一种有权码，也是 4 位代码，每位权从高位到低位为 2、4、2、1，若一个 2421 编码的二进制数码为 $a_3a_2a_1a_0$ 时，它表示的十进制数值为：

$$X=a_3\cdot2+a_2\cdot4+a_1\cdot2+a_0\cdot1$$

表 1-2 给出了它的编码表。

4. 余三码(excess 3 code)

余三码是一种无权码。十进制数用余三码表示，要比 8421 码在二进制数值上多 3，故称余三码，它可由 8421 码加 0011 得到。

从表 1-2 中看到，余三码表中，0 和 9；1 和 8；2 和 7；3 和 6；4 和 5 互为反码。因此，余三码作十进制数的算术运算是比较方便的。

1.2.4　格雷码

格雷码(gray code)是一种无权码，它有多种形式，表 1-3 给出 4 种格雷码。格雷码共同的特点是：任何两个相邻的十进制数的格雷码仅有一位不同。这种代码可以减少代码变换中产生的错误，所以它是一种高可靠性编码。从表 1-3 中的格雷码 1 和 2 可以看出，除十进制数的相邻两个数的格雷码只有一位不同外，格雷码 1 还有另一特点，即对该组的中线(中线位于十进制数 4、5 之间)而言,对中线对称的十进制数(0 与 9,1 与 8,2 与 7 等)的最高位的代码一一相反,而其余各位的代码则相同,就是说各个代码之间对中线一一“反射”,通常把这种具有反射性的格雷码称为反射码。

表 1-3 十进制数的 4 种格雷码表

十进制数	8421 BCD 码	格雷码 1	格雷码 2	典型格雷码	修改格雷码
0	0000	0000	0000	0000	0010
1	0001	0001	0001	0001	0110
2	0010	0011	0011	0011	0111
3	0011	0010	0010	0010	0101
4	0100	0110	0110	0110	0100
5	0101	1110	0111	0111	1100
6	0110	1010	0101	0101	1101
7	0111	1011	0100	0100	1111
8	1000	1001	1100	1100	1110
9	1001	1000	1000	1101	1010

在表 1-3 中的典型格雷码,不仅可以对十进制数进行编码而且能对任意大的二进制数进行编码。对任意大的二进制(8421 码)进行编码的规则是:设二进制数 $B=B_{n-1}B_{n-2}\cdots B_{i+1}B_i\cdots B_1B_0$,对应的格雷码 $G=G_{n-1}G_{n-2}\cdots G_{i+1}G_i\cdots G_1G_0$,则有:

$$G_i = B_{i+1} \oplus B_i$$

即格雷码的第 i 位(G_i)是二进制码第 i 位(B_i)和第 $i+1$ 位(B_{i+1})的模 2 和。模 2 和的运算符是$\oplus$,运算法则是:

$$0 \oplus 0 = 0;\quad 1 \oplus 0 = 0 \oplus 1 = 1;\quad 1 \oplus 1 = 0$$

所谓“模 2 和”就是不计进位的二进制加法。

修改格雷码,又称余三循环码,它具有循环和反射格雷码的特点。从表 1-3 中可以看到,与十进制数 0 对应的修改格雷码为 0010,而典型格雷码的 0010 恰好对应的十进制数为 3。因此它比典型格雷码从 0000 开始计数的状态多 3。

格雷码不直观,因为可靠性高,广泛用于输出和输入等场合。

1.2.5 字符编码

在数字系统中,还需要把符号、文字、图像等用二进制数表示,这样的二进制数称为字符代码。目前在国际上用得最多的字符有:十进制数 0～9;大写和小写英文字母各 26 个;一些通用的运算符号(+、−、×、÷等)及标点符号等共有 128 种。可用七位二进制数对它们进行编码。

1. 7 位 ASCII 编码

编码方式:英文字母由 A～Z 及由 a～z 顺序编码;十进制数采用高 3 位 $b_6b_5b_4$ 相同,为 011,低 4 位 $b_3b_2b_1b_0$ 按二进制数顺序编码。7 位 ASCII(American Standards Committee of

Information Interchange 美国信息交换标准委员会)的码表如表 1-4 所示。

表 1-4　美国信息交换代码 ASCII CODE

$b_6b_5b_4$ / $b_3b_2b_1b_0$	000	001	010	011	100	101	110	111
0 0 0 0	NUL	DLE	SP	0	@	P	,	p
0 0 0 1	SOM	DC	!	1	A	Q	a	q
0 0 1 0	STX	DC	″	2	B	R	b	r
0 0 1 1	ETX	DC	#	3	C	S	c	s
0 1 0 0	EOT	DC	$	4	D	T	d	t
0 1 0 1	ENQ	NAK	%	5	E	U	e	u
0 1 1 0	ACK	SYN	&	6	F	V	f	v
0 1 1 1	BEL	ETB	,	7	G	W	g	w
1 0 0 0	BS	CAN	(	8	H	X	h	x
1 0 0 1	HT	EM	)	9	I	Y	i	y
1 0 1 0	LF	SUB	*	:	J	Z	j	z
1 0 1 1	VT	ESC	+	;	K	[	k	
1 1 0 0	FF	FS	,	<	L	\	l	|
1 1 0 1	CR	GS	—	=	M	]	m	
1 1 1 0	SO	RS	·	>	N		n	～
1 1 1 1	SI	US	/	?	O	←	o	DEL

2. 8 位 ASCII 编码

用最高两位(b_7b_6)把字符分为 4 类:

00：表示控制字符

01：表示数字及通用符号

10：表示大写英文字母

11：表示小写英文字母

第 5 位(b_5)与最高位(b_7)相同；编码的其余 5 位($b_4 \sim b_0$)与 7 位 ASCII 编码相同。

3. EBCDIC 是扩展二-十进制交换码,8 位码都用来表示字符。编码方式类似 7 位 ASCII 码的编码方式。低 4 位与 BCD 8421 码相同。

习　题

1.1　将下列数按权展开。

$(1992.713)_{10}$；　　　$(1101.101)_2$

1.2　按二进制运算规则求:$A+B$;$B-C$;$A*D$;C/D。其中:$A=10110100$;$B=1011110$;$C=1001011$;$D=011$

1.3　将下列二进制数,转换为八进制和十六进制数。

$(10111.110)_2$；　　　$(1001010.101)_2$

1.4 将下列十进制数转换为二进制、八进制、十六进制数。

(17)； $(0.5918)_{10}$； $(125)_{10}$； $(234.125)_{10}$

1.5 将下列数转换为十进制数。

$(101011.110)_2$； $(73.2)_8$； $(A8C)_{16}$；

1.6 若用二进制数表示所有 4 位十进制数，至少需要几位二进制数？

1.7 写出下列数的原码、补码、反码。

(1001)； (−1001)； (110.1)； (−110.1)；

(1000)； (−1000)； (+0000)； (−0000)。

1.8 已知下列机器数，写出相对应的真值。

$[X]_{原}=10111$； $[X]_{反}=10111$； $[X]_{补}=10111$。

1.9 将下列二进制数转换为典型的格雷码。

1011100， 10101010

1.10 将下列字符串表示为 ASCII 码

YES； COMPUTER； SIN(3.14/N)

第 2 章　逻辑代数及逻辑函数的化简

2.1　逻辑代数的基本原理

逻辑代数的基本概念和性质是英国的数学家乔治·布尔(George Boole)在 19 世纪中叶首先提出的。因此,人们常常把逻辑代数称为布尔代数。目前,逻辑代数是数字系统分析和设计的数学工具。本章主要讨论逻辑代数的基本运算、基本公式以及逻辑函数的化简方法。

2.1.1　逻辑代数的基本运算

逻辑代数和普通代数的共同之处是有变量和变量的运算。逻辑代数用字母表示变量。作为逻辑变量,取值只有"0"或"1"两个。这两个值不是数量上的概念,而是表示两种不同的状态。在逻辑电路中,常用"0"或"1"表示电位的低或高,脉冲的无或有。在人们的逻辑思维中,常用"0"或"1"表示命题的假或真。逻辑代数的基本运算比较简单,只有三种——"与"运算、"或"运算和"非"运算。

1. "与"运算

当决定一事件的所有条件都具备之后,这事件才会而且一定会发生,称这种关系为"与"逻辑关系,或称为逻辑乘关系。

用两个串联的开关 A、B 控制一盏灯,如图 2-1(b)所示。灯亮的条件是开关 A"与"开关 B"同时"处在"合上"位置。假定:灯亮为"1",不亮为"0";开关在"合上"位置为"1",在"断开"位置为"0"。那么,把灯的状态和两个开关所处位置之间的关系列表,如图 2-1(a)所示。把这种表称为真值表(或称为功能表)。

"与"运算真值表

A	B	F
0	0	0
1	0	0
0	1	0
1	1	1

(a)

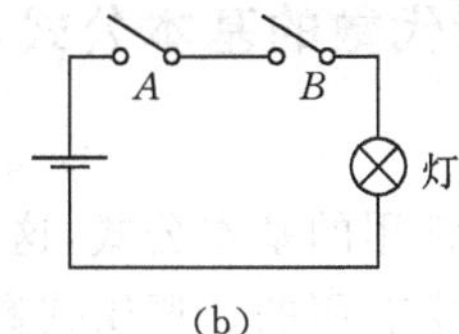

(b)

图 2-1　"与"逻辑关系举例

常用真值表来表示逻辑命题的真假关系。把所有的条件(变量)的全部组合以表格形式列出来,这里为 A、B,再把在每一种组合下对应的事件(函数)的值 F 求出,这张表格就是真值表。因为每个条件有两种状态"0"、"1",因此,n 个条件就有 2^n 个组合。图 2-1(a)为 A"与"B 的真值表。A"与"B 用表达式表示为:

$$F=A\cdot B \quad 或者 \quad F=A\wedge B$$

一般简写为:$F=AB$,把此式称为变量 A、B 相"与"的逻辑表达式。

2. “或”运算

当决定一事件的各个条件中，只要具备一个条件，事件就会发生，这样的关系称为“或”逻辑关系，或称逻辑加。

用并联的两个开关 A、B 控制一盏灯，如图 2-2(b)所示，只要开关 A“或”开关 B 在“合上”位置，灯就亮。按照前面假定来赋值“0”、“1”，列出真值表，如图 2-2(a)所示。“或”运算的逻辑表达式为：

$$F=A+B \quad 或者 \quad F=A\vee B$$

“或”运算真值表

A	B	F
0	0	0
1	0	1
0	1	1
1	1	1

(a)

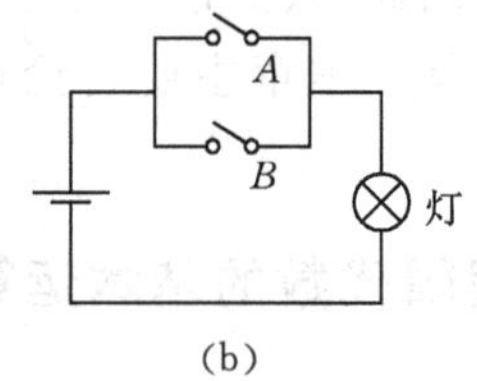

(b)

图 2-2 “或”逻辑关系举例

3. “非”运算

“非”运算，就是否定，或者称为求反。如开关 A 和灯的状态有如图 2-3(b)所示的关系，写出灯的状态和开关 A 的位置关系的真值表如图 2-3(a)所示。“非”运算的逻辑表达式为：

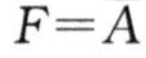

$$F=\overline{A}$$

“非”运算真值表

A	F
0	1
1	0

(a)

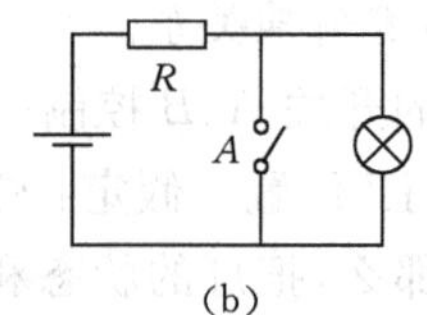

(b)

图 2-3 “非”逻辑关系举例

2.1.2 逻辑代数的基本公式、规则、附加公式

1. 基本公式

逻辑代数有些常用的基本公式，这些公式均可用真值表证明。熟悉掌握这些公式，对逻辑函数的化简是非常有用的。逻辑代数的基本公式有：

交换律
$$\left.\begin{aligned}A\cdot B&=B\cdot A\\A+B&=B+A\end{aligned}\right\}\qquad(2\text{-}1)$$

结合律
$$\left.\begin{aligned}A\cdot(BC)&=(AB)\cdot C\\A+(B+C)&=(A+B)+C\end{aligned}\right\}\qquad(2\text{-}2)$$

分配律
$$\left.\begin{aligned}A(B+C)&=AB+AC\\A+BC&=(A+B)(A+C)\end{aligned}\right\}\qquad(2\text{-}3)$$

吸收律
$$\left.\begin{aligned}A+\overline{A}B&=A+B\\A(\overline{A}+B)&=AB\end{aligned}\right\}\qquad(2\text{-}4)$$

$$\left.\begin{aligned}A+AB&=A\\A(A+B)&=A\end{aligned}\right\}\qquad(2\text{-}5)$$

反演律(德·摩根律)

$$\left.\begin{aligned}\overline{AB}&=\overline{A}+\overline{B}\\\overline{A+B}&=\overline{A}\cdot\overline{B}\end{aligned}\right\}\qquad(2\text{-}6)$$

包含律

$$\left.\begin{aligned}AB+\overline{A}C+BC&=AB+\overline{A}C\\(A+B)(\overline{A}+C)(B+C)&=(A+B)(\overline{A}+C)\end{aligned}\right\}\qquad(2\text{-}7)$$

对合律

$$\overline{\overline{A}}=A\qquad(2\text{-}8)$$

重叠律

$$\left.\begin{aligned}A+A&=A\\A\cdot A&=A\end{aligned}\right\}\qquad(2\text{-}9)$$

互补律

$$\left.\begin{aligned}A\cdot\overline{A}&=0\\A+\overline{A}&=1\end{aligned}\right\}\qquad(2\text{-}10)$$

0律

$$\left.\begin{aligned}0\cdot A&=0\\0+A&=A\end{aligned}\right\}\qquad(2\text{-}11)$$

1律

$$\left.\begin{aligned}1\cdot A&=A\\1+A&=1\end{aligned}\right\}\qquad(2\text{-}12)$$

式(2-1)～式(2-12)也是逻辑代数的基本定律。利用它们,还可以推导出常用的逻辑代数的其他公式。例如:

(1) $AB+A\overline{B}=A$

证: $AB+A\overline{B}$

$=A(B+\overline{B})$ [根据(2-3)式]

$=A\cdot 1$ [根据(2-10)式]

$=A$ [根据(2-12)式]

所以 $AB+A\overline{B}=A$ (2-13)

(2) $(A+B)(A+\overline{B})=A$

证: $(A+B)(A+\overline{B})$

$=AA+B\overline{B}+AB+A\overline{B}$ [根据(2-3)式]

$=A+0+A$ [根据(2-10)、(2-13)式]

$=A$ [根据(2-9)、(2-11)式]

所以 $(A+B)(A+\overline{B})=A$ (2-14)

(3) $AB+\overline{A}C+BCD=AB+\overline{A}C$

用式(2-7)将左边改写为:

$(AB+\overline{A}C+BC)+BCD$

$=AB+\overline{A}C+BC(1+D)$ [根据(2-3)式]

$=AB+\overline{A}C+BC\cdot 1$ [根据(2-12)式]

$=AB+\overline{A}C$ [根据(2-7)式]

可以把 $AB+\overline{A}C+BCD=AB+\overline{A}C$ 作为式(2-7)的推论。

在逻辑代数的化简中,有两点要注意:

(1) 不能把 $A+B=A+C$ 化简为 $B=C$，因为逻辑加和代数加是不能混为一谈的。

(2) 不能把 $AB=AC$ 化简为 $B=C$，因为逻辑乘和代数乘不能混为一谈。

2. 反演规则和对偶规则

(1) 反演规则。设 F 是逻辑函数，如将函数 F 中所有"与"符号换为"或"符号；所有"或"符号换为"与"符号；所有原变量换为反变量；所有反变量换为原变量；"0"换成"1"；"1"换成"0"，所得新的逻辑表达式为原函数的反函数。获得反函数的规则就是反演规则。利用反演规则可以方便地求得函数的反函数 $\overline{F}$。

例 2.1 求函数 $F=ABC+AB\overline{C}+A\overline{B}C+A\overline{B}\overline{C}$ 的反函数。

按照反演规则，得：

$$\overline{F}=(\overline{A}+\overline{B}+\overline{C})(\overline{A}+\overline{B}+C)(\overline{A}+B+\overline{C})(\overline{A}+B+C)$$

如果由逻辑代数的基本公式求 $\overline{F}$，则有：

$$\begin{aligned}\overline{F}&=\overline{ABC+AB\overline{C}+A\overline{B}C+A\overline{B}\,\overline{C}}\\&=\overline{ABC}\cdot\overline{AB\overline{C}}\cdot\overline{A\overline{B}C}\cdot\overline{A\overline{B}\,\overline{C}}\\&=(\overline{A}+\overline{B}+\overline{C})(\overline{A}+\overline{B}+C)(\overline{A}+B+\overline{C})(\overline{A}+B+C)\end{aligned}$$

比较两种求反函数的方法，显然，应用反演规则要方便得多。

例 2.2 $F=AB+C\overline{D}$，求反函数 $\overline{F}$。

$\overline{F}=(\overline{A}+\overline{B})(\overline{C}+D)$

例 2.3 求 $F=\overline{\overline{A}\,\overline{B}+BCD}$ 的反函数。

$\overline{F}=\overline{(A+B)(\overline{B}+\overline{C}+\overline{D})}$

(2) 对偶规则。如果将逻辑函数 F 中的"与"符号换为"或"符号；将"或"符号换为"与"符号；将"1"换为"0"，将"0"换为"1"；但逻辑变量不进行反变换，得到新的逻辑函数表达式，记作 F'，把 F' 称为 F 的对偶式。获得对偶式的规则称为对偶规则。

例如：

1) $F=A(B+C)$

$F'=A+BC$

2) $F=AB+AC$

$F'=(A+B)(A+C)$

3) $F=(A+B)(\overline{A}+C)(C+DE)+M$

$F'=[AB+\overline{A}C+C(D+E)]\cdot M$

4) $F=[AB+\overline{A}C+C(D+E)]\cdot M$

$F'=(A+B)(\overline{A}+C)(C+DE)+M$

对偶式有以下性质：

(1) 若函数 F 和函数 G 相等，则其对偶式也相等。即若 $F=G$，则 $F'=G'$。其实，在逻辑代数的基本公式中，式(2-1)～式(2-12)中的每两个公式都是互为对偶的。

(2) 函数对偶式的对偶式，为函数本身。

3. 附加公式

附加公式一：当包含变量 x、$\overline{x}$ 的函数 f 和变量 x 相"与"时，函数 f 中的 x 均可用"1"代之，$\overline{x}$ 均可用"0"代之；当 f 和 $\overline{x}$ 相"与"时，f 中的 x 均可用"0"代之，$\overline{x}$ 均可用"1"代之。

写出其逻辑表达式为：

$$x \cdot f(x,\overline{x},y,\cdots,z) = x \cdot f(1,0,y,\cdots,z)$$

$$\overline{x} \cdot f(x,\overline{x},y,\cdots,z) = \overline{x} \cdot f(0,1,y,\cdots,z)$$

该表达式实际上是式(2-9) $A \cdot \overline{A}=0$ 和式(2-10)$A \cdot A=A$ 的扩充。

当包含变量 x、$\overline{x}$ 的函数 f 和变量 x 相“或”时，函数 f 中的 x 均可用“0”代之，$\overline{x}$ 均可用“1”代之；当 f 和 $\overline{x}$ 相“或”时，f 中的 x 均可用“1”代之，$\overline{x}$ 均可用“0”代之。

写出逻辑表达式为：

$$x + f(x,\overline{x},y,\cdots,z) = x + f(0,1,y,\cdots,z)$$

$$\overline{x} + f(x,\overline{x},y,\cdots,z) = \overline{x} + f(1,0,y,\cdots,z)$$

该表达式实际上是式(2-10)中 $A+\overline{A}=1$、式(2-4)中 $A+\overline{A}B=A+B$、式(2-5)中 $A+AB=A$ 的扩充。

附加公式一在简化逻辑函数中是很有用的。

例 2.4　若 $f=xy+\overline{x}z+(\overline{x}+\overline{y})(x+z)$，求 $x \cdot f$。

$$\begin{aligned} x \cdot f &= x \cdot [xy + \overline{x}z + (\overline{x} + \overline{y})(x + z)] \\ &= x \cdot [1 \cdot y + 0 \cdot z + (0 + \overline{y})(1 + z)] \\ &= x \cdot [y + \overline{y}] = x \end{aligned}$$

例 2.5　化简函数 $\overline{A}+[\overline{A}\,\overline{B}\,\overline{C}+\overline{A}\,\overline{B}\,C+A\,\overline{B}\,\overline{C}+A\,\overline{B}\,C]$

$$\begin{aligned} &\overline{A} + [\overline{A}\,\overline{B}\,\overline{C} + \overline{A}\,\overline{B}\,C + A\,\overline{B}\,\overline{C} + A\overline{B}C] \\ &= \overline{A} + [0 \cdot \overline{B}\,\overline{C} + 0 \cdot \overline{B}C + 1 \cdot \overline{B}\,\overline{C} + 1 \cdot \overline{B}C] \\ &= \overline{A} + \overline{B} = \overline{AB} \end{aligned}$$

附加公式二：一个包含有变量 x、$\overline{x}$ 的函数 f，可展开为 $x \cdot f$ 和 $\overline{x} \cdot f$ 的逻辑“或”。同样，一个包含有变量 x、$\overline{x}$ 的函数 f，可展开为$(x+f)$和$(\overline{x}+f)$的逻辑“与”。

写出其逻辑表达式为：

$$f(x,\overline{x},y,\cdots,z) = x \cdot f(x,\overline{x},y,\cdots,z) + \overline{x} \cdot f(x,\overline{x},y,\cdots,z)$$

$$f(x,\overline{x},y,\cdots,z) = [x + f(x,\overline{x},y,\cdots,z)] \cdot [\overline{x} + f(x,\overline{x},y,\cdots,z)]$$

利用附加公式一，还可将它们改写为：

$$f(x,\overline{x},y,\cdots,z) = x \cdot f(1,0,y,\cdots,z) + \overline{x} \cdot f(0,1,y,\cdots,z)$$

$$f(x,\overline{x},y,\cdots,z) = [x + f(0,1,y,\cdots,z)] \cdot [\overline{x} + f(1,0,y,\cdots,z)]$$

附加公式二在化简函数中也是很有用的。

例 2.6　化简函数 $AB+\overline{B}D+(A+B)(A+\overline{B})(B+E)$。

$$\begin{aligned} &AB + \overline{B}D + (A + B)(A + \overline{B})(B + E) \\ &= B \cdot [AB + \overline{B}D + (A + B)(A + \overline{B})(B + E)] \\ &\quad + \overline{B} \cdot [AB + \overline{B}D + (A + B)(A + \overline{B})(B + E)] \\ &= B[1 \cdot A + 0 \cdot D + (1 + A)(A + 0)(1 + E)] \\ &\quad + \overline{B}[0 \cdot A + 1 \cdot D + (0 + A)(1 + A)(0 + E)] \\ &= B[A + A] + \overline{B}[D + AE] \\ &= AB + \overline{B}D + A\overline{B}E = AB + AE + \overline{B}D \end{aligned}$$

例 2.7　化简 $F=AD+(A+B)(\overline{A}+C)(A+D)(\overline{A}+E)$

$$F=AD+(A+B)(\overline{A}+C)(A+D)(\overline{A}+E)$$

$$=\{A+[AD+(A+B)(\overline{A}+C)(A+D)(\overline{A}+E)]\}$$
$$\cdot\{\overline{A}+[AD+(A+B)(\overline{A}+C)(A+D)(\overline{A}+E)]\}$$
$$=\{A+[0\cdot D+(0+B)(1+C)(0+D)(1+E)]\}$$
$$\cdot\{\overline{A}+[1\cdot D+(1+B)(0+C)(1+D)(0+E)]\}$$
$$=\{A+BD\}\{\overline{A}+CE+D\}$$
$$=AD+BD+ACE$$

由附加公式一和二可以推导出附加公式三，其逻辑表达式为：

$$f(x_1,x_2,x_3)=x_1x_2x_3f(1,1,1)+x_1x_2\overline{x}_3f(1,1,0)$$
$$+x_1\overline{x}_2x_3f(1,0,1)+x_1\overline{x}_2\overline{x}_3f(1,0,0)$$
$$+\overline{x}_1x_2x_3f(0,1,1)+\overline{x}_1x_2\overline{x}_3f(0,1,0)$$
$$+\overline{x}_1\overline{x}_2x_3f(0,0,1)+\overline{x}_1\overline{x}_2\overline{x}_3f(0,0,0)$$

注意：逻辑函数的基本公式、规则及附加公式，在逻辑函数化简时，要根据实际情况灵活运用。

2.1.3 基本逻辑电路

任何逻辑函数都可以由实际的逻辑电路来实现。逻辑代数的“与”、“或”和“非”三种基本运算对应有三种逻辑电路，分别把它们称为“与”门、“或”门和“非”门。除了上述三种基本电路外，还可以把它们组合起来，实现功能更为复杂的逻辑门。其中，常见的有“与非”门、“或非”门、“与或”门、“与或非”门、“异或”门、“异或非”门等，这些门电路又称复合门电路。本节就它们的逻辑关系式及有关特性作一阐述。

1. “与”门

实现“与”运算的电路称为“与”门电路。二输入“与”门的图形符号如图 2-4(a)所示。它所实现的逻辑函数为：$F=A\cdot B$

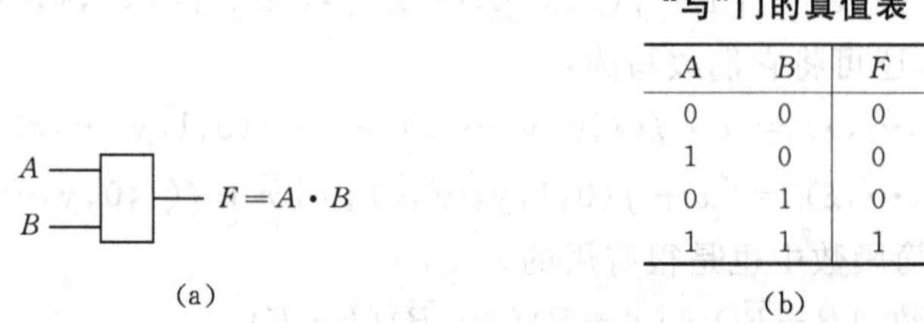

“与”门的真值表

A	B	F
0	0	0
1	0	0
0	1	0
1	1	1

图 2-4 “与”门电路符号及真值表

根据“与”门电路的输入端数，常见的有二输入“与”门、三输入“与”门、四输入“与”门等。二输入“与”门的真值表如图 2-4(b)所示。

人们常把“与”门的一个输入端用作门的控制端，用来对电路能否实现“与”逻辑进行控制。当控制端为“1”时，其余输入的“与”逻辑才能在 F 端出现，这时称“与”门“打开”；当控制端为“0”时，F 端始终为“0”，电路的“与”功能被禁止，这时称“与”门“关闭”。

2. “或”门

实现“或”运算的电路称为“或”门电路。二输入“或”门的图形符号如图 2-5(a)所示。它所实现的逻辑函数为：$F=A+B$。

根据输入端数，常见的“或”门电路有二输入“或”门、四输入“或”门等。二输入“或”门的真值表如图 2-5(b)所示。

常把“或”门的一个输入端用作控制端，当控制端为“0”时，其余输入的“或”逻辑才能在 F 端出现，这时称“或”门“打开”；当控制端为“1”时，F 端始终为“1”，“或”功能被禁止，这时称“或”门“关闭”。

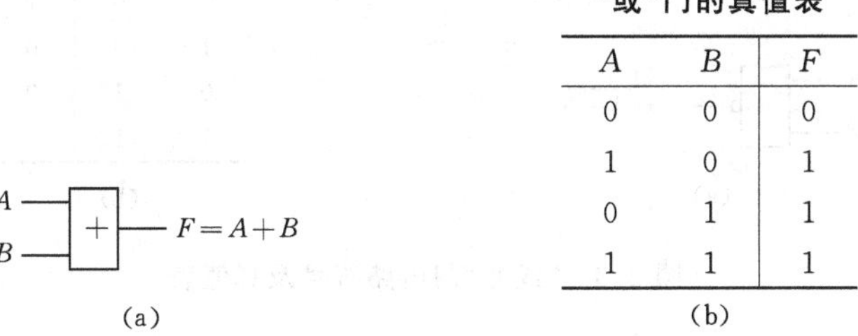

“或”门的真值表

A	B	F
0	0	0
1	0	1
0	1	1
1	1	1

图 2-5 “或”门电路符号及真值表

3. “非”门

实现求反运算的电路称为“非”门，又称反相门。反相门电路图形符号如图 2-6(a)所示。它所实现的逻辑函数的表达式为 $F=\overline{A}$。其真值表如图 2-6(b)所示。

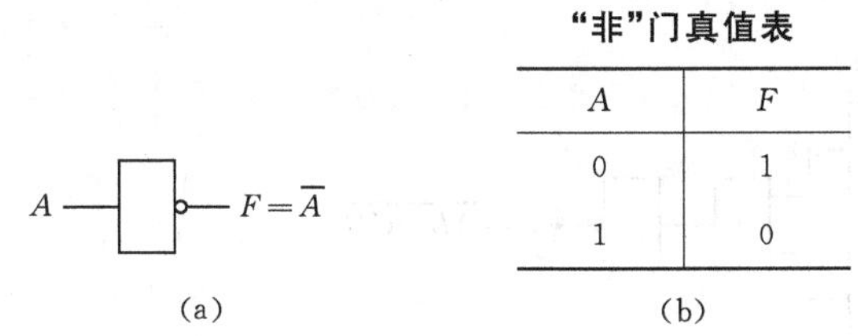

“非”门真值表

A	F
0	1
1	0

图 2-6 “非”门电路符号及真值表

4. “与非”门

实现“与非”运算的电路称为“与非”门电路。二输入“与非”门的图形符号如图 2-7(a)所示。它所实现的逻辑函数为：$F=\overline{AB}$。

根据输入端数，常见的“与非”门电路有二输入“与非”门、四输入“与非”门等。二输入“与非”门的真值表如图 2-7(b)所示。

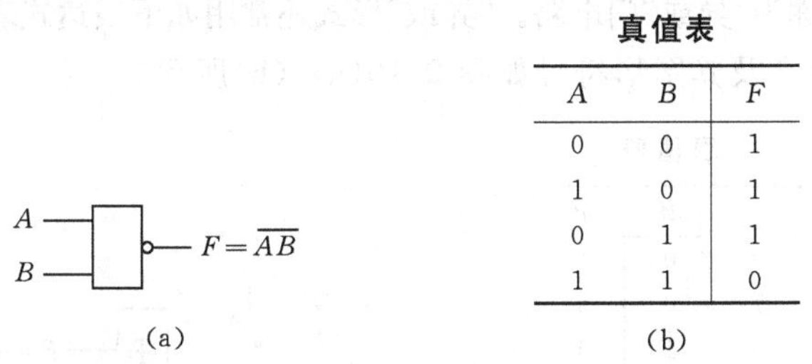

真值表

A	B	F
0	0	1
1	0	1
0	1	1
1	1	0

图 2-7 “与非”门电路符号及真值表

5. “或非”门

实现“或非”运算的电路称“或非”门电路，实现二输入变量“或非”运算的“或非”门电路图形符号如图 2-8(a)所示。它所实现的逻辑函数为：$F=\overline{A+B}$。

根据输入端数，常见的“或非”门电路也有二输入“或非”门、四输入“或非”门等。二输入“或非”门的真值表如图 2-8(b)所示。

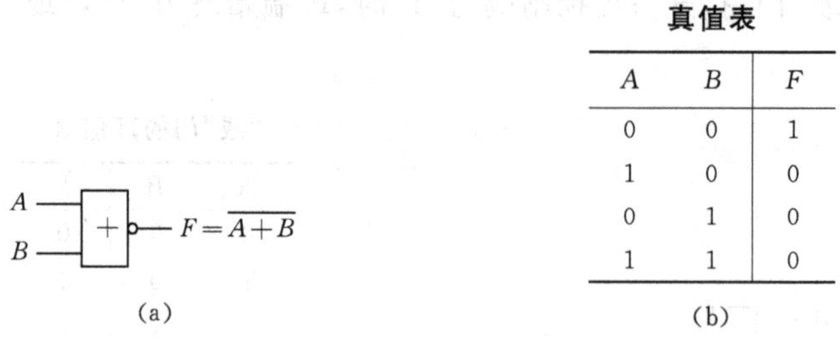

真值表

A	B	F
0	0	1
1	0	0
0	1	0
1	1	0

(b)

图 2-8 “或非”门电路符号及真值表

6. “与或非”门

在实际问题中，常常需要实现这种逻辑表达式：$F=\overline{AB+CD}$。它包含了“与”、“或”、“非”三种逻辑运算。如果用“与”门、“或”门、“非”门来实现该逻辑函数，如图 2-9(a)所示，显然是十分麻烦而又不经济的。如果用一种称为“与或非”门的电路来实现，如图 2-9(b)所示，那将是十分方便的。把这种函数形式称为“与或非”形式，实现“与或非”形式的电路称为“与或非”门。

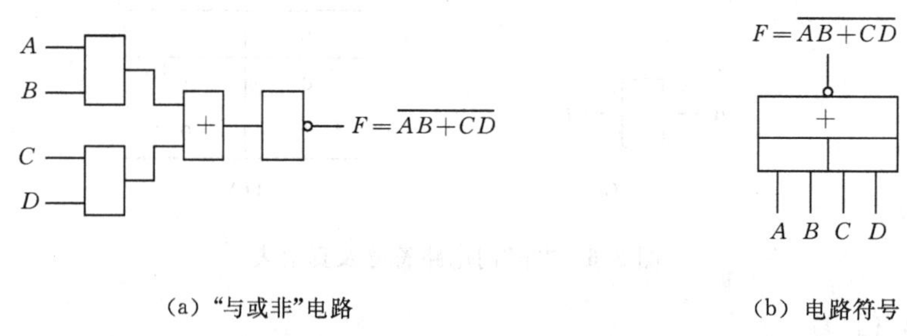

(a) “与或非”电路　　(b) 电路符号

图 2-9 “与或非”电路及其电路符号

7. “异或”门

在实际问题中，还常常遇到如下的逻辑形式：$F=A\overline{B}+\overline{A}B$。把这种形式称为“异或”形式。实现这种形式的电路称为“异或”门电路。“异或”形式还常用如下表达式表示：$F=A\oplus B$。

“异或”门的真值表及其图形符号如图 2-10(a)、(b)所示。

真值表

A	B	F
0	0	0
1	0	1
0	1	1
1	1	0

(a)

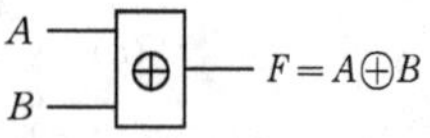

A　B　$\oplus$　$F=A\oplus B$

(b)

图 2-10 “异或”门的真值表及其电路符号

由图 2-10(a)真值表可以看到,“异或”形式的特点是:只有当输入两变量相“异”时,才有 $F=1$;否则 $F=0$,这就是“异或”的逻辑含义。

“异或”形式有以下性质,这些特性在逻辑函数化简和逻辑系统设计中是很有用的。

1) $A\oplus A=0$

2) $A\oplus \overline{A}=1$

3) $A\oplus 0=A$

4) $A\oplus 1=\overline{A}$

5) $A\oplus \overline{B}=\overline{A\oplus B}=(A\oplus B)\oplus 1$

6) $A\oplus B=B\oplus A$

7) $A\oplus (B\oplus C)=(A\oplus B)\oplus C$

8) $A\cdot (B\oplus C)=(A\cdot B)\oplus (A\cdot C)$

以上性质均可利用逻辑代数的式(2-1)～式(2-12)或由真值表来证明。

“异或”门电路有以下几方面的用处:

(1) 可控的数码原/反码输出器。如果把“异或”门的一个输入端作控制端,另一个输入端为数码输入端,由“异或”门的真值表可知:当控制端为“1”时,输出为数码输入的反码;当控制端为“0”时,输出为数码输入的原码。这样看来,“异或”门就是一个可控的数码原/反码输出器。

(2) 作数码比较器。把要比较的数码加至“异或”门的输入端,当输出 $F=0$ 时,便可知两数码等值;当输出 $F=1$ 时,便可知两数码不等值。

(3) 求两数码的算术和。若两数码 A、B 做算术加时,不考虑进位,由“异或”门的真值表可知,F 是 A、B 的算术和。

8. “同或”门(“异或非”门)

在实际问题中,还常常遇到如下的逻辑形式:$F=AB+\overline{A}\,\overline{B}$。把这种形式称为“同或”形式。实现这种逻辑形式的电路称为“同或”门电路(或称“异或非”门),“同或”门电路和真值表示于图 2-11。由图 2-11(b)真值表可以看到,“同或”形式的特点是:只有当输入相同时,输出 F 才为“1”;否则 F 为“0”,这就是“同或”逻辑的含义。

可以证明“异或”函数和“同或”函数有以下关系:

(1) “同或”函数 G 和“异或”函数 F 互为反函数。即 $F=\overline{G}$,$G=\overline{F}$。

(2) “同或”函数 F 和“异或”函数 G 互为对偶关系。即 $F'=G$,$F=G'$。

真值表

A	B	F
0	0	1
1	0	0
0	1	0
1	1	1

图 2-11 “异或非”门电路符号及真值表

2.2 逻辑函数的化简

逻辑函数有三种化简方法：

(1) 公式化简法：利用逻辑代数的基本公式和规则来化简逻辑函数。

(2) 图解化简法：又称卡诺图(Karnaugh Map)化简法。

(3) 表格法：又称 Q-M(Quine-McCluskey)化简法。

2.2.1 公式法化简逻辑函数

这一小节主要介绍“与或”式(逻辑函数由若干个“与”项之“或”构成)的公式法化简，以求得到最简的“与或”表达式。

最简“与或”表达式的条件为：

(1) “与”项(即乘积项)的个数最少；

(2) 在满足上述条件下，每个乘积项的变量数最少。

这也就是说，用电路实现逻辑函数，使用的“与”门数最少，同时每个“与”门的输入端数也最少。

公式法化简中常用的方法有：

(1) 合并乘积项法：利用互补律的公式。把“头部”相同的乘积项(例如 ABC、$AB\overline{C}$，它们的“头部”都是 AB，它们的“尾部”分别为 C、$\overline{C}$)归为一类，使它们形成 $A+\overline{A}=1$ 的形式，从而使函数化简。

例如：$F=A(BC+\overline{B}\,\overline{C})+AB\overline{C}+A\overline{B}C$

将函数表达式展开，得：

$$F=ABC+A\overline{B}\,\overline{C}+AB\overline{C}+A\overline{B}C$$

合并有关乘积项得：

$$\begin{aligned}F&=(ABC+A\overline{B}C)+(A\overline{B}\,\overline{C}+AB\overline{C})\\&=AC(B+\overline{B})+A\overline{C}(\overline{B}+B)\\&=AC+A\overline{C}\\&=A(C+\overline{C})=A\end{aligned}$$

(2) 吸收项法：利用吸收律和包含律等有关公式来减少“与”项数。

例 2.8 $F=A(B+C)+\overline{B}\,\overline{C}$

利用反演律，得：

$$F=A\overline{\overline{B}\,\overline{C}}+\overline{B}\,\overline{C}$$

用吸收律，得：

$$F=A+\overline{B}\,\overline{C}$$

例 2.9 $F=A\overline{B}+\overline{A}B+ABCD+\overline{A}\,\overline{B}CD$

合并乘积项，得：

$$F=(A\overline{B}+\overline{A}B)+(AB+\overline{A}\,\overline{B})CD$$

利用“异或”和“同或”的关系，得：

$$F=(A\overline{B}+\overline{A}B)+\overline{A\overline{B}+\overline{A}B}\cdot CD$$

利用吸收律，得：

$$F=A\overline{B}+\overline{A}B+CD$$

例 2.10 $F=AC+ADE+\overline{C}D$

$F=(AC+\overline{C}D)+ADE$

利用包含律给括号内“与或”项配 AD 项，得：

$$\begin{aligned}F&=(AC+\overline{C}D+AD)+ADE\\&=(AC+\overline{C}D)+AD(1+E)=AC+\overline{C}D+AD=AC+\overline{C}D\end{aligned}$$

(3) 配项法：利用互补律 $A+\overline{A}=1$，配在乘积项上，然后再化简。

例 2.11 $F=A\overline{B}+B\overline{C}+\overline{B}C+\overline{A}B$

将 $\overline{B}C$ 配以 $(A+\overline{A})$，将 $\overline{A}B$ 配以 $(C+\overline{C})$，得：

$$\begin{aligned}F&=A\overline{B}+B\overline{C}+\overline{B}C(A+\overline{A})+\overline{A}B(C+\overline{C})\\&=A\overline{B}+B\overline{C}+A\overline{B}C+\overline{A}\overline{B}C+\overline{A}BC+\overline{A}B\overline{C}\\&=(A\overline{B}+A\overline{B}C)+(B\overline{C}+\overline{A}B\overline{C})+(\overline{A}\overline{B}C+\overline{A}BC)\\&=A\overline{B}(1+C)+B\overline{C}(1+\overline{A})+\overline{A}C(\overline{B}+B)\\&=A\overline{B}+B\overline{C}+\overline{A}C\end{aligned}$$

例 2.12 $F=AB+\overline{A}\overline{B}C+BC$

将 BC 配以 $(A+\overline{A})$，得：

$$\begin{aligned}F&=AB+\overline{A}\overline{B}C+BC(A+\overline{A})\\&=AB+\overline{A}\overline{B}C+ABC+\overline{A}BC\\&=(AB+ABC)+(\overline{A}\overline{B}C+\overline{A}BC)\\&=AB(1+C)+\overline{A}C(\overline{B}+B)\\&=AB+\overline{A}C\end{aligned}$$

例 2.13 $F=AB+\overline{A}C+A\overline{C}+\overline{A}\overline{B}$

将 $\overline{A}C$ 配以 $(B+\overline{B})$；AB 配以 $(C+\overline{C})$，得

$$\begin{aligned}F&=AB(C+\overline{C})+\overline{A}C(B+\overline{B})+A\overline{C}+\overline{A}\overline{B}\\&=ABC+AB\overline{C}+\overline{A}BC+\overline{A}\overline{B}C+A\overline{C}+\overline{A}\overline{B}\\&=(ABC+\overline{A}BC)+(A\overline{C}+AB\overline{C})+(\overline{A}\overline{B}+\overline{A}\overline{B}C)\\&=BC(A+\overline{A})+A\overline{C}(1+B)+\overline{A}\overline{B}(1+C)\\&=\overline{A}\overline{B}+A\overline{C}+BC\end{aligned}$$

在实际逻辑函数的化简中，很少单独使用一个公式和一种规则。经常需要综合使用基本公式和规则，下面通过几个实例来说明。

例 2.14 $F=AB+ABD+\overline{A}C+BCD$

$=AB(1+D)+\overline{A}C+BCD$ （合并乘积项）

$=AB+\overline{A}C+BCD=AB+\overline{A}C$ （包含律推论）

例 2.15 $F=A(B+\overline{C})+\overline{A}(\overline{B}+C)+BCDE+\overline{B}\,\overline{C}(D+E)F$

$=AB+A\overline{C}+\overline{A}\overline{B}+\overline{A}C+BCDE+\overline{B}\overline{C}(D+E)F$

$=(AB+\overline{A}C+BCDE)+[A\overline{C}+\overline{A}\overline{B}+\overline{B}\overline{C}(D+E)F]$

$=AB+\overline{A}C+A\overline{C}+\overline{A}\overline{B}$ （包含律推论）

$$=AB+\overline{A}C+A\overline{C}(B+\overline{B})+\overline{A}\,\overline{B}(C+\overline{C}) \quad \text{(配项法)}$$
$$=AB+\overline{A}C+AB\overline{C}+A\overline{B}\,\overline{C}+\overline{A}\,\overline{B}C+\overline{A}\,\overline{B}\,\overline{C}$$
$$=(AB+AB\overline{C})+(\overline{A}C+\overline{A}\,\overline{B}C)+(A\overline{B}\,\overline{C}+\overline{A}\,\overline{B}\,\overline{C})$$
$$=AB(1+\overline{C})+\overline{A}C(1+\overline{B})+\overline{B}\,\overline{C}(A+\overline{A})$$
$$=AB+\overline{A}C+\overline{B}\,\overline{C}$$

例 2.16 $F=AB+A\overline{C}+\overline{B}C+\overline{B}D+ADE(F+G)+B\overline{D}+B\overline{C}$

$$=A(B+\overline{C})+\overline{B}C+B\overline{C}+\overline{B}D+ADE(F+G)+B\overline{D} \quad \text{(合并乘积项)}$$
$$=(A\cdot\overline{\overline{B}C}+\overline{B}C)+B\overline{C}+\overline{B}D+ADE(F+G)+B\overline{D}$$
$$=A+\overline{B}C+B\overline{C}+\overline{B}D+B\overline{D}+ADE(F+G) \quad \text{(吸收律)}$$
$$=A[1+DE(F+G)]+\overline{B}C+B\overline{C}+\overline{B}D+B\overline{D} \quad \text{(1 律)}$$
$$=A+\overline{B}C+B\overline{C}+\overline{B}D+B\overline{D}$$
$$=A+(B\overline{D}+\overline{B}C+C\overline{D})+B\overline{C}+\overline{B}D \quad \text{(包含律)}$$
$$=A+(C\overline{D}+B\overline{C}+B\overline{D})+\overline{B}C+\overline{B}D$$
$$=A+C\overline{D}+B\overline{C}+\overline{B}C+\overline{B}D$$
$$=A+B\overline{C}+C\overline{D}+\overline{B}D$$

以上介绍的是“与或”表达式的公式法化简。下面介绍“或与”表达式(若干个“或”项之“与”)的公式化简。其方法是:先求函数 F 的对偶式,使“或与”表达式变为“与或”表达式;再对该“与或”式进行化简;最后求简化的“与或”式的对偶式,表达式还原为函数 F,简化的“与或”式变为最简“或与”式。

例 2.17 化简函数:$F=(\overline{A}+\overline{B})(\overline{A}+\overline{C}+D)(A+C)(B+\overline{C})$

求 F 对偶式,得:

$$F'=\overline{A}\,\overline{B}+\overline{A}\,\overline{C}D+AC+B\overline{C}$$

化简对偶式 F',得:

$$F'=\overline{A}\,\overline{B}+\overline{A}\,\overline{C}D+AC+B\overline{C}$$
$$=(\overline{A}\,\overline{B}+B\overline{C}+\overline{A}\,\overline{C}D)+AC$$
$$=\overline{A}\,\overline{B}+B\overline{C}+AC \quad \text{(包含律)}$$

求原函数: $F=(F')'=(\overline{A}+\overline{B})(B+\overline{C})(A+C)$

2.2.2 图解法化简逻辑函数

图解法又称卡诺图法。图解法的优点是比较直观,可从图直接求出函数的最简表达式。其缺点是函数的变量不能太多,四变量及四变量以下较为方便。4 个以上变量的函数用卡诺图化简就比较困难。在阐述卡诺图之前,引入逻辑代数的两个重要概念:最小项和最大项。

1. 最小项

设有 n 个变量,它们所组成的具有 n 个变量的“与”项中,每个变量或者以原变量或者以反变量的形式出现一次,且仅出现一次,这个乘积项称为最小项。

n 个变量应有 2^n 个最小项。例如,4 个变量 A、B、C、D,有如下 16 个最小项:$\overline{A}\,\overline{B}\,\overline{C}\,\overline{D}$,

$A\overline{B}\,\overline{C}\,\overline{D}$，$\overline{A}B\,\overline{C}\,\overline{D}$，$AB\,\overline{C}\,\overline{D}$，$\overline{A}\,\overline{B}\,C\,\overline{D}$，$A\,\overline{B}C\,\overline{D}$，$\overline{A}\,B\,C\,\overline{D}$，$ABC\,\overline{D}$，$\overline{A}\,\overline{B}\,\overline{C}D$，$A\,\overline{B}\,\overline{C}D$，$\overline{A}\,B\,\overline{C}D$，$AB\,\overline{C}D$，$\overline{A}\,\overline{B}\,CD$，$A\,\overline{B}\,CD$，$\overline{A}\,B\,CD$，$ABCD$。为了书写方便，把最小项记作 m_i。i 是如下确定的：把乘积项的原变量记作"1"，反变量记作"0"，把每个乘积项表示为一个二进制数，这个二进制数所对应的十进制数就是 i 的值。例如：$\overline{A}\ \overline{B}\ \overline{C}D$ 为 0001，即为 8，所以写成 $\overline{A}\,\overline{B}\,\overline{C}D=m_8$。四变量的最小项为：

$$\overline{A}\,\overline{B}\,\overline{C}\,\overline{D}=m_0 \qquad \overline{A}\,\overline{B}\,\overline{C}D=m_8$$
$$A\,\overline{B}\,\overline{C}\,\overline{D}=m_1 \qquad A\,\overline{B}\,\overline{C}D=m_9$$
$$\overline{A}\,B\,\overline{C}\,\overline{D}=m_2 \qquad \overline{A}B\,\overline{C}D=m_{10}$$
$$AB\,\overline{C}\,\overline{D}=m_3 \qquad AB\,\overline{C}D=m_{11}$$
$$\overline{A}\,\overline{B}\,C\,\overline{D}=m_4 \qquad \overline{A}\,\overline{B}CD=m_{12}$$
$$A\,\overline{B}\,C\,\overline{D}=m_5 \qquad A\,\overline{B}\,CD=m_{13}$$
$$\overline{A}\,B\,C\,\overline{D}=m_6 \qquad \overline{A}\,BCD=m_{14}$$
$$ABC\,\overline{D}=m_7 \qquad ABCD=m_{15}$$

任何一个逻辑函数 F 都可用最小项之和(即逻辑"或")来表示。n 个变量应有的 2^n 个最小项，它们不是包含在 F 的"与或"表示式中便是包含在 $\overline{F}$ 的"与或"表示式中。

例如，一个三变量逻辑函数的表达式为：

$$F=\overline{A}B\overline{C}+AB\overline{C}+\overline{A}BC+\overline{A}\,\overline{B}\,\overline{C}$$

可写成
$$F=m_2+m_3+m_6+m_0=\sum m^3(0,2,3,6)$$

这里"$\sum$"表示逻辑"或"运算，m^3 表示三变量的最小项。而 $\overline{F}$ 则应包含除 m_2、m_3、m_6、m_0 之外的其余最小项：

$$\overline{F}=m_1+m_4+m_5+m_7=\sum m^3(1,4,5,7)$$

若函数 F 不以最小项之和的形式给出，可以利用基本公式 $A+\overline{A}=1$ 把它展开成最小项之和的形式。

例如，1 个四变量函数 $F=ABC+\overline{A}\,B\,\overline{D}$，展开为最小项之和的形式：

$$\begin{aligned}F&=ABC+\overline{A}B\overline{D}\\&=ABC(D+\overline{D})+\overline{A}\,B\overline{D}(C+\overline{C})\\&=ABCD+ABC\overline{D}+\overline{A}\,BC\overline{D}+\overline{A}\,B\,\overline{C}\,\overline{D}\\&=\sum m^4(2,6,7,15)\end{aligned}$$

一个逻辑函数以最小项之和表示的形式是唯一的。

下面讨论最小项的性质。

列出 3 个变量全部最小项的真值表如表 2-1 所示。

从表 2-1 看出最小项具有如下性质：

(1) 对于任一最小项，只有对应一组变量取值，才能使其值为"1"。例如，对于 $A\,\overline{B}\,\overline{C}$，只有 ABC 为 100 时，才为"1"。

(2) 任意两个最小项 m_i 和 m_j，其逻辑"与"为"0"。

$$m_i\cdot m_j=0$$

例如，$i=2$，$j=5$，$m_i=\overline{A}\,B\,\overline{C}$，$m_j=A\,\overline{B}\,C$，则有 $m_2\cdot m_5=\overline{A}\,B\,\overline{C}\cdot A\,\overline{B}\,C=0$。

(3) n 个变量的全部最小项之逻辑“或”为“1”：

$$\sum_{i=0}^{2^n-1} m_i = 1$$

(4) 某一个最小项不是包含在函数 F 中，就是包含在反函数 $\overline{F}$ 中。

表 2-1 三变量全部最小项真值表

ABC	m_0 ($\overline{A}\,\overline{B}\,\overline{C}$)	m_1 ($A\overline{B}\,\overline{C}$)	m_2 ($\overline{A}B\overline{C}$)	m_3 ($AB\overline{C}$)	m_4 ($\overline{A}\,\overline{B}C$)	m_5 ($A\overline{B}C$)	m_6 ($\overline{A}BC$)	m_7 (ABC)
000	1	0	0	0	0	0	0	0
100	0	1	0	0	0	0	0	0
010	0	0	1	0	0	0	0	0
110	0	0	0	1	0	0	0	0
001	0	0	0	0	1	0	0	0
101	0	0	0	0	0	1	0	0
011	0	0	0	0	0	0	1	0
111	0	0	0	0	0	0	0	1

2. 最大项

设有 n 个变量，由它们组成的具有 n 个变量的“或”项中，每个变量以原变量或者以反变量的形式出现一次，且仅出现一次，这个“或”项称为最大项。

n 个变量有 2^n 个最大项。例如，两个变量的 4 个最大项为 $\overline{A}+\overline{B}$、$A+\overline{B}$、$\overline{A}+B$、$A+B$。最大项常以 M_i 来表示。i 是这样确定的：把或项中的原变量记作“0”，反变量记作“1”，形成一个二进制数，此二进制数所对应的十进制数就是 i。4 个变量的最大项为：

$$\begin{array}{ll}
M_0=A+B+C+D & M_8\ =A+B+C+\overline{D} \\
M_1=\overline{A}+B+C+D & M_9\ =\overline{A}+B+C+\overline{D} \\
M_2=A+\overline{B}+C+D & M_{10}=A+\overline{B}+C+\overline{D} \\
M_3=\overline{A}+\overline{B}+C+D & M_{11}=\overline{A}+\overline{B}+C+\overline{D} \\
M_4=A+B+\overline{C}+D & M_{12}=A+B+\overline{C}+\overline{D} \\
M_5=\overline{A}+B+\overline{C}+D & M_{13}=\overline{A}+B+\overline{C}+\overline{D} \\
M_6=A+\overline{B}+\overline{C}+D & M_{14}=A+\overline{B}+\overline{C}+\overline{D} \\
M_7=\overline{A}+\overline{B}+\overline{C}+D & M_{15}=\overline{A}+\overline{B}+\overline{C}+\overline{D}
\end{array}$$

任何一个逻辑函数 F 都可用最大项之积来表示。我们通过一个实例来加以说明。

例 2.18 把 $F=\overline{A}\,\overline{B}\,\overline{C}+AB\,\overline{C}+\overline{A}\,BC+\overline{A}\,B\,\overline{C}=\sum m^3(0,2,3,6)$ 以最大项之积来表示。

对 F 进行两次求反，并利用基本公式得：

$$\begin{aligned}
F=\overline{\overline{F}}&=\overline{\sum m^3(1,4,5,7)} \\
&=\overline{A\overline{B}\,\overline{C}+\overline{A}\,\overline{B}\,C+A\overline{B}C+ABC} \\
&=\overline{A\overline{B}\,\overline{C}}\cdot\overline{\overline{A}\,\overline{B}\,C}\cdot\overline{A\overline{B}C}\cdot\overline{ABC} \\
&=(\overline{A}+B+C)(A+B+\overline{C})(\overline{A}+B+\overline{C})(\overline{A}+\overline{B}+\overline{C})
\end{aligned}$$

$$=M_1 \cdot M_4 \cdot M_5 \cdot M_7 = \prod M^3(1,4,5,7)$$

这里“$\prod$”表示逻辑“与”运算，M^3表示三变量的最大项。由该例可知，一个以最小项表示的逻辑函数 F 转换成以最大项表示的方法如下：先把 $\overline{F}$以最小项形式表示，然后取与最小项有相同下标的最大项进行逻辑“与”，即可得 F 的最大项表示形式。n 个变量的 2^n 个最大项中的某一个，不是包含在函数 F 的“或与”表达式中，便是包含在 $\overline{F}$ 的“或与”表达式中。

例 2.19 有 $F=\prod M^3(1,2,6,7)$，求以最大项表示的 $\overline{F}$。

由 $F=\prod M^3(1,2,6,7)$，可得 $F=\sum m^3(0,3,4,5)$，$\overline{F}=\sum m^3(1,2,6,7)$。再由$\overline{F}=\sum m^3(1,2,6,7)$，即可得 $\overline{F}=\prod M^3(0,3,4,5)$。

一个逻辑函数以最大项之积表示的形式是唯一的。

下面分析最大项的性质：

列出 3 个变量 A、B、C 的全部最大项的真值表，如表 2-2 所示。

表 2-2 三变量全部最大项真值表

ABC	M_0 $(A+B+C)$	M_1 $(\overline{A}+B+C)$	M_2 $(A+\overline{B}+C)$	M_3 $(\overline{A}+\overline{B}+C)$	M_4 $(A+B+\overline{C})$	M_5 $(\overline{A}+B+\overline{C})$	M_6 $(A+\overline{B}+\overline{C})$	M_7 $(\overline{A}+\overline{B}+\overline{C})$
000	0	1	1	1	1	1	1	1
100	1	0	1	1	1	1	1	1
010	1	1	0	1	1	1	1	1
110	1	1	1	0	1	1	1	1
001	1	1	1	1	0	1	1	1
101	1	1	1	1	1	0	1	1
011	1	1	1	1	1	1	0	1
111	1	1	1	1	1	1	1	0

从表 2-2 中看出：

(1) 任意一个最大项，只有一组变量取值使其为“0”。例如，对于$(A+\overline{B}+C)$，只有 $ABC=010$ 时，才为“0”。

(2) 任意两个最大项 M_i和 M_j，其逻辑“或”必为“1”，即 $M_i+M_j=1$。

(3) n 变量的全体最大项之积必为“0”，即 $\prod\limits_{i=0}^{2^n-1} M_i=0$。

(4) 某一个最大项不是包含在函数 F 中，便是包含在反函数 $\overline{F}$ 中。

3. 最小项和最大项的关系

(1) 相同 i 的最小项和最大项为互补的。例如，对三变量来说，$m_6=\overline{A}BC$，$M_6=A+\overline{B}+\overline{C}$。显然，$m_6=\overline{M_6}$；$M_6=\overline{m_6}$。推广而言，便有：

$$M_i=\overline{m_i}; \qquad m_i=\overline{M_i}$$

(2) $\sum m_i$ 和 $\prod M_i$ 互为对偶式。例如，对两个变量来说，有 4 个最小项为$\overline{A}\,\overline{B}$、$A\overline{B}$、$\overline{A}B$、$AB$。那么，全体最小项之和为：

$$\sum_{i=0}^{2^n-1} m_i=\overline{A}\,\overline{B}+A\overline{B}+\overline{A}B+AB$$

求其对偶式为：　$\left(\sum_{i=0}^{2^n-1} m_i\right)' = (\overline{A}+\overline{B})(A+\overline{B})(\overline{A}+B)(A+B) = \prod_{i=0}^{2^n-1} M_i$

同理：$\prod_{i=0}^{2^n-1} M_i$ 的对偶式为：

$$\left(\prod_{i=0}^{2^n-1} M_i\right)' = [(\overline{A}+\overline{B})(A+\overline{B})(\overline{A}+B)(A+B)]'$$

$$= \overline{A}\,\overline{B} + A\overline{B} + \overline{A}B + AB = \sum_{i=0}^{2^n-1} m_i$$

4. 卡诺图

用一个大方块表示 1，如图 2-12(a)所示。然后把大方块分为左右两部分，左右两部分没有公共部分。如果右半部表示 A，那么左半部就是“非 A”，用 $\overline{A}$ 表示，如图 2-12(b)所示。如果把大方块分为上下两部分，如果下半部表示 B，那么上半部就表示为 $\overline{B}$，如图 2-12(c)所示。

基于上述，把大方块分为 4 个小方块，那么左上角小方块既划归 $\overline{A}$，又同时划归 $\overline{B}$，它是属于 $\overline{A}$ 和 $\overline{B}$ 的公共部分，即表示为 $\overline{A}\cdot\overline{B}$；同理右上角表示 $A\cdot\overline{B}$；左下角为 $\overline{A}\cdot B$；右下角为 $A\cdot B$，如图 2-12(d)所示。

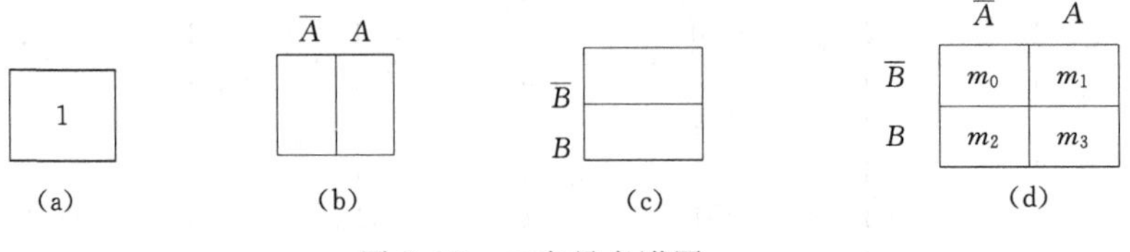

图 2-12　二变量卡诺图

其实，这 4 个小方块也就表示为二变量的 4 个最小项：m_0、m_1、m_2、m_3(图 2-12(d))。把 4 个小方块叠加起来仍是大方块，即

$$\overline{A}\,\overline{B} + A\overline{B} + \overline{A}B + AB = 1$$

把图 2-13(d)所示的图称为二变量卡诺图。

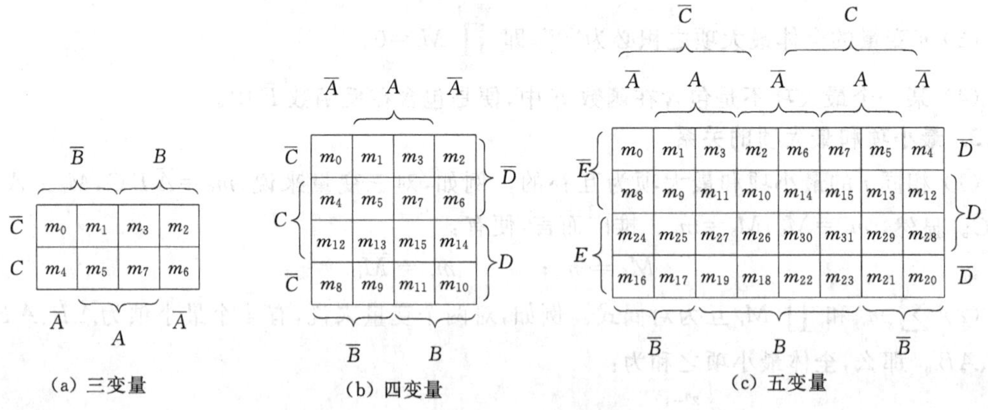

图 2-13　三、四、五变量卡诺图

同理，在图 2-13(a)、(b)和(c)分别画出三变量、四变量及五变量卡诺图。为了方便起见，把原变量用“1”表示，反变量用“0”表示，把变量的取值分别写在大方块的上边和左边，把变量写在大方块的左上角上。每一个小方块所对应的最小项，用最小项的编号 i 写出。这种简化了的二变量、三变量、四变量以及五变量的卡诺图分别示于图 2-14(a)、(b)、(c)、(d)。

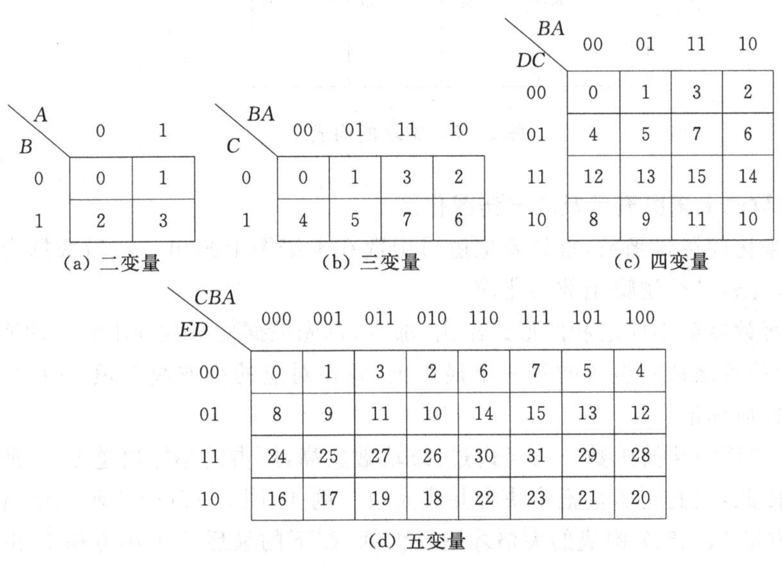

图 2-14 简化二、三、四、五变量卡诺图

从分析画出的卡诺图可知，其最大的两个特点是：两个相邻最小项只有一个变量是互为相反的，而其余变量是相同的。如四变量卡诺图上的 m_5 和 m_7 为相邻项，其中 $m_5 = A\overline{B}C\overline{D}$，$m_7 = ABC\overline{D}$，它们只有 B 是互为相反变量，其余变量都是相同的。我们称 m_5、m_7 在逻辑上是相邻的。两个相邻的最小项叠加后可以消去一个变量。仍以四变量卡诺图的 m_5、m_7 为例：

$$\begin{aligned} m_5 + m_7 &= A\overline{B}C\overline{D} + ABC\overline{D} \\ &= AC\overline{D}(\overline{B} + B) = AC\overline{D} \end{aligned}$$

叠加后，消去了一个变量 B，成为三变量“与”项。在二变量卡诺图中，与小方块 1 相邻的小方块是 0、3 两个；在三变量卡诺图中，与 3 相邻的是 1、2、7 三个；在四变量卡诺图中与 7 相邻的是 3、5、6、15 四个。卡诺图上小方块在逻辑上相邻有三种情况：一是相接，在四变量卡诺图中如 m_5 和 m_7；m_0 和 m_4 等。二是相对，如在四变量卡诺图中，m_0 和 m_8、m_8 和 m_{10} 等，“相对”也是一种相邻，因为 m_0 和 m_8 叠加可消去变量 D。如果把卡诺图上下两边框卷在一起，“相对”也就是相邻了。三是相重，对五变量以上的卡诺图就要用“相重”的概念来寻找相邻相。如五变量卡诺图中 m_1 和 m_5，m_3 和 m_7，m_{25} 和 m_{29}，m_{27} 和 m_{31} 等。“相重”小方块可以这样来寻找：把五变量卡诺图左右对折后，1 和 5 相重合，3 和 7 相重合。

常常把代表一个最小项的小方块叫 0 维块；两相邻最小项合并后所构成的块叫 1 维块，1 维块比 0 维块少一个变量；把两个相邻的 1 维块合并所构成的块叫 2 维块，2 维块比 1 维块少一个变量。图 2-15 给出了三变量卡诺图中一些维块的位置。

由上面分析可知：把相邻的低维块合并成高维块可以消去变量。m 维块所表示的“与”项可以比最小项减少 m 个变量。卡诺图化简函数正是利用了这一原理。

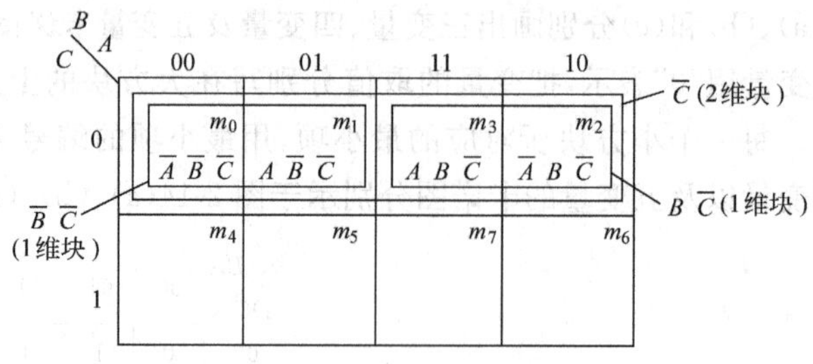

图 2-15　维块的构成

5. 逻辑函数的卡诺图表示及其卡诺图化简

用卡诺图来化简逻辑函数，首先要把逻辑函数在卡诺图上画出。然后根据合并相邻块可消去变量的思路，进行逻辑函数的化简。

如果逻辑函数以最小项之和的形式给出，那么，首先根据变量数画出对应的变量卡诺图框，在卡诺图中找到函数所包含的每一个最小项，并在对应的小方块上填 1；其余小方块中均填 0 或不填任何标记。

然后，利用卡诺图化简函数。已经讲过，维块数愈高，所占的小方块越多，它所表示的变量数就越少。因此，我们应尽量把小块合并成大块。例如，图 2-16(a)所示三变量卡诺图有 5 个“1”，用小方格 1、3、5、7 构成的大格才是最大的，剩下的最后一个小方格 6，由它和 7 构成的方格才是包含 6 的最大格。只有用这两个大格(1、3、5、7 和 6、7)(图 2-16(b))才能写出最简“与或”表达式：$F=A+BC$。如果像图 2-16(c)或图 2-16(d)那样去构成大格，都不能得到最简“与或”式。

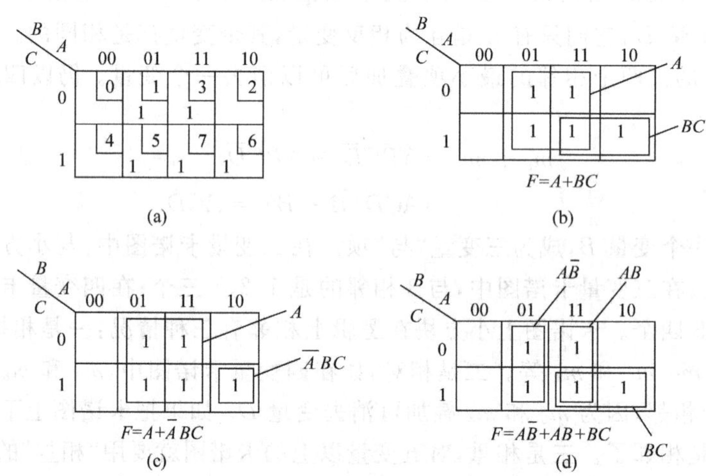

图 2-16　三变量函数的卡诺图表示

例 2.20　化简逻辑函数：$F=\sum m^3(0,1,2,4,6,7)$

1）画出三变量卡诺图框，如图 2-17 所示；

2）找出函数的最小项 m_0、m_1、m_2、m_4、m_6、m_7 的对应小方块，并填 1，其余的小方块上填 0；

3）合并填 1 的相邻小方块。其中 m_0 和 m_1 为相邻项，可包一个圈，叠加后可消去 A，为$\overline{B}\,\overline{C}$；$m_6$、$m_7$ 为相邻项，叠加后可消去 A，为 BC；m_0、m_2、m_4、m_6 为“相对”，也包一圈，可消去 B、C，得 $\overline{A}$。所以函数化简为 $F=\overline{A}+\overline{B}\,\overline{C}+BC$。

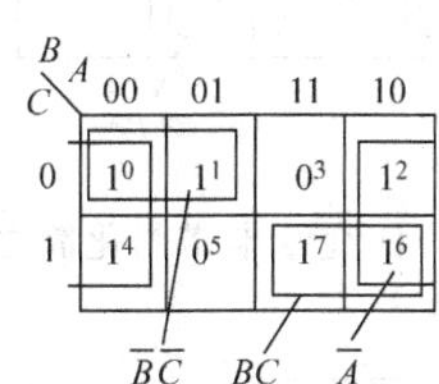

图 2-17　F 的卡诺图表示

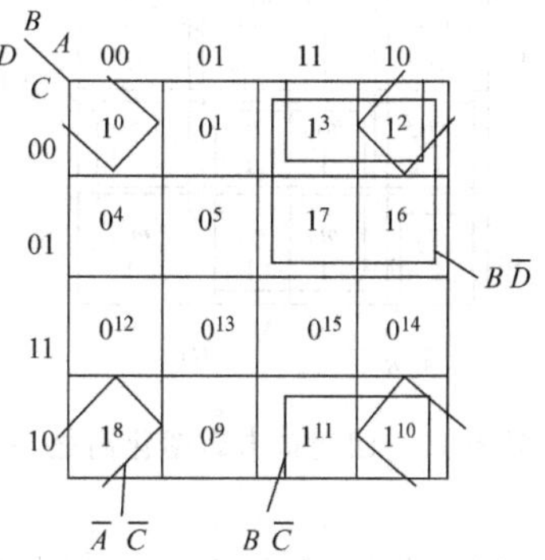

图 2-18　F 的卡诺图表示

例 2.21　化简函数：$F=\sum m^4(0,2,3,6,7,8,10,11)$

1）画出四变量卡诺图框，如图 2-18 所示；

2）找出函数的所有最小项并在卡诺图中对应的小方块上填“1”，其余的小方块填“0”；

3）合并填“1”的相邻小方块。其中 m_3、m_2、m_6、m_7 为 4 个相邻项，叠加后可消去 A 和 C，得 $B\overline{D}$；m_{10}、m_{11} 和 m_2、m_3 为“相对”，又可以包为一圈，可消去 A 和 D，得 $B\overline{C}$；m_0、m_2、m_8、m_{10} 为两次“相对”，它们可包为一圈，消去 B、D 后，得$\overline{A}\,\overline{C}$。所以，函数化简为 $F=\overline{A}\,\overline{C}+B\overline{C}+B\overline{D}$。

例 2.22　化简 $F=\overline{A}\,\overline{B}\,\overline{C}+\overline{A}CD+AD+AC$

先写出逻辑函数的每个乘积项所包含的最小项：$\overline{A}\,\overline{B}\,\overline{C}$，包含两个最小项，为$\overline{A}\,\overline{B}\,\overline{C}\,\overline{D}$、$\overline{A}\,\overline{B}\,\overline{C}D$，即为 m_0 和 m_8；$\overline{A}CD$ 包含着两个最小项，为$\overline{A}\,\overline{B}CD$、$\overline{A}BCD$，即为 m_{12} 和 m_{14}；AD 包含了 4 个最小项，为 $ABCD$、$A\overline{B}\,\overline{C}D$、$AB\overline{C}D$、$A\overline{B}CD$，即为 m_{15}、m_9、m_{11} 和 m_{13}；AC 包含 4 个最小项，为 $A\overline{B}C\overline{D}$、$ABC\overline{D}$、$A\overline{B}CD$、$ABCD$，即为 m_5、m_7、m_{13}、m_{15}。因此，构成函数 F 的最小项有：m_0、m_5、m_7、m_8、m_9、m_{11}、m_{12}、m_{13}、m_{14}、m_{15}。在卡诺图对应的小方块上填“1”(图2-19)。然后寻找相邻项：m_0 和 m_8 相邻，可消去 D，得$\overline{A}\,\overline{B}\,\overline{C}$；$m_5$、$m_7$、$m_{13}$、$m_{15}$ 相邻，可消去 B 和 D，得 AC；m_{12}、m_{13}、m_{14}、m_{15} 相邻，可消去 A、B，得 CD；m_{13}、m_{15}、m_{11}、m_9 相邻，可消去 B、C，得 AD。最后，函数化简为 $F=\overline{A}\,\overline{B}\,\overline{C}+AC+AD+CD$。

例 2.23　化简函数：$F=\overline{(A\oplus B)(C+D)}$

先将函数 F 变换成“与或”表达式。

$$\begin{aligned}F&=\overline{(A\oplus B)(C+D)}\\&=\overline{(A\oplus B)}+\overline{(C+D)}\\&=\overline{A}\,\overline{B}+AB+\overline{C}\,\overline{D}\end{aligned}$$

乘积项$\overline{A}\,\overline{B}$包含着最小项 m_0、m_4、m_8、m_{12}；AB 包含着最小项为 m_3、m_7、m_{11}、m_{15}；$\overline{C}\,\overline{D}$包含着最小项 m_0、m_1、m_2、m_3。画出卡诺图，如图 2-20 所示。寻找相邻项化简后得：$F=\overline{A}\,\overline{B}+AB+\overline{C}\,\overline{D}$为最简式。

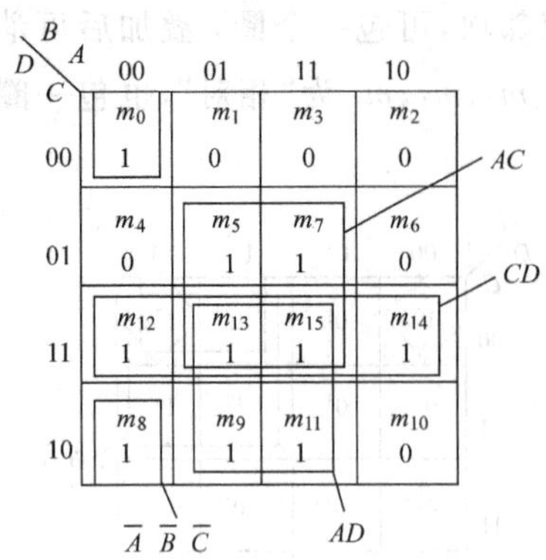

图 2-19　四变量卡诺图化简之一

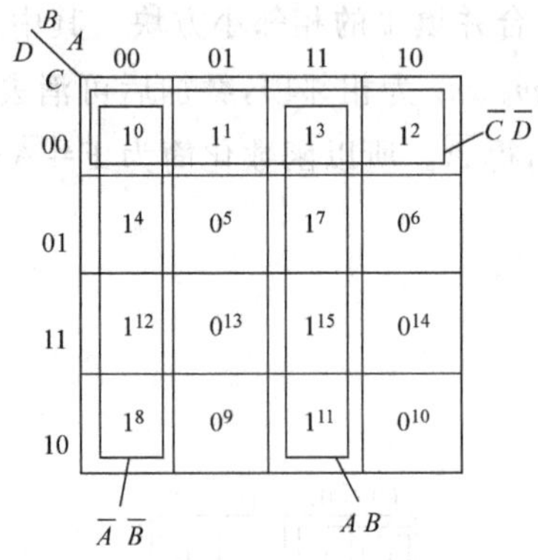

图 2-20　四变量卡诺图化简之二

例 2.24　化简函数 $F=AB\overline{C}+\overline{A}B\overline{C}+ABE+A\overline{B}\,\overline{C}D+\overline{A}\,\overline{B}\,\overline{C}D\overline{E}+\overline{A}B\overline{C}D\overline{E}$

画五变量卡诺图(图 2-21),寻找相邻项。其中 m_{13}、m_9 相重,m_{31}、m_{23}、m_{27}、m_{19} 相重。化简后得:

$$F=B\overline{C}+ABE+A\overline{C}D+\overline{C}D\overline{E}+A\overline{B}D\overline{E}$$

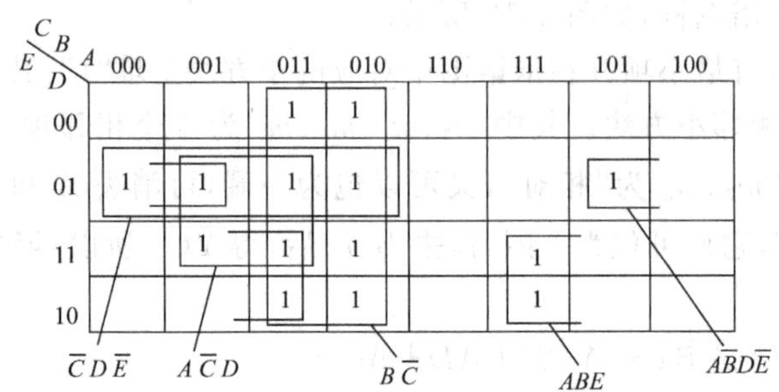

图 2-21　五变量卡诺图化简

图解法化简逻辑函数的关键是在卡诺图上寻找相邻项。并尽量将它们合并为大区域块(高维块),相邻块的维数越高,消去的变量愈多。此外,特别要注意的是同一区域可以重复使用多次,即同一区域块可以包含在多个更大的区域块中。函数的所有最小项必须包含在合并的块中,合并不到大块中的最小项不能丢掉。

2.2.3　单输出逻辑函数的表格法化简

当函数变量数较少时,卡诺图化简法的优点是明显的,即直观、简便、快捷,因而在实践中得到很广泛的应用。但是当变量数较多(在 4 个以上)时,就很不方便,而且还容易出错。下面介绍一种适合于变量较多的逻辑函数化简法——表格化简法。

表格法又称 Q-M 法,它是 Quine-McCluskey 法的缩写。

表格法化简逻辑函数的优点:

(1) 变量的个数不受限制,可以比较多;

(2) 规律性比较强,适合于计算机辅助逻辑函数化简。

它的缺点是:对于变量较多的函数,用人工表格法化简就很繁琐。

表格法化简逻辑函数和卡诺图化简逻辑函数基本思想是相同的，即在两个“与”项中，只要有一个变量互补，而其余变量均相同，则合并这两个“与”项即可消去一个变量，从而形成一个新的较简的“与”项。

表格法化简按以下两个步骤进行：

(1) 求出函数全部的质蕴涵项；

(2) 从质蕴涵项中选出必要质蕴涵项。

在化简以前，先把待化简的函数以最小项之和的形式表示。

下面，通过一个例子来说明表格法化简的步骤。所举例子的式子为：

$$F = f(A,B,C,D) = \sum m^4(0,4,6,8,10,11,13,14,15)$$

1. 求全部质蕴涵项

先将各最小项 m_i 的下标 i 用二进制数表示，然后将二进制数取值中“1”的个数由少至多分组排列。对本例来说，可得表 2-3(a)，表中组号即为“1”的个数，变量 A 为二进制数的最低位，D 为最高位。

求质蕴涵项主要是运用公式 $AB+A\overline{B}=A$。由表 2-3(a)可看出，满足该等式的两个相邻最小项只能在相邻组内出现。首先，在相邻组间进行搜索，寻找相邻项。先将表 2-3(a)中 0 组的最小项和 1 组的两个最小项逐一比较，如是相邻项，则合并成一个新的“与”项，并把它写在表 2-3(b)中。例如，最小项 0 和 4 是相邻项，合并后为“0 0 - 0”，即表示此“与”项为“$\overline{A}\,\overline{B}\,\overline{D}$”。用“-”表示新的“与”项中消去的变量。由于新“与”项包含了最小项 0 与 4，所以在表 2-3(a)中最小项 0 和 4 的右侧打上“√”，表示$\overline{A}\,\overline{B}\,\overline{D}$能替代这两个最小项。接着逐个比较 1 组和 2 组的最小项，寻找相邻项。把所有存在于相邻组间的相邻项都找到后，即可得一组含有 3 个变量的“与”项，示于表 2-3(b)。

表 2-3(a)

组号	最小项编号	变量 A B C D	
0	0	0 0 0 0	√
1	4	0 0 1 0	√
	8	0 0 0 1	√
2	6	0 1 1 0	√
	10	0 1 0 1	√
3	11	1 1 0 1	√
	13	1 0 1 1	√
	14	0 1 1 1	√
4	15	1 1 1 1	√

表 2-3(b)

组号	最小项编号	变量 A B C D	
0	0,4	0 0 — 0	P_1
	0,8	0 0 0 —	P_2
1	4,6	0 — 1 0	P_3
	8,10	0 — 0 1	P_4
2	6,14	0 1 1 —	P_5
	10,11	— 1 0 1	√
	10,14	0 1 — 1	√
3	11,15	1 1 — 1	√
	13,15	1 — 1 1	P_6
	14,15	— 1 1 1	√

表 2-3(c)

组号	最小项编号	变量 ABCD	
2	10,11 14,15	— 1 — 1	P_7

用同样的方法再在表 2-3(b)各组间寻找相邻项。例如在表 2-3(b)中，0 组和 1 组没有相邻项；1 组和 2 组也没有相邻项；2 组和 3 组中，2 组的“— 1 0 1”和 3 组的“— 1 1 1”相邻，“0 1 — 1”和“1 1 — 1”也相邻，它们可合并成一个新的“与”项“— 1 — 1”，列于表 2-3(c)，并在该两相邻项旁打“√”。表 2-3(b)中不打“√”的各项是无法合并的。在表 2-3(c)中只有一个乘积项，它是无法合并项。我们把函数“与或”表达式中的每个“与”项称为蕴涵项，把表 2-3(a)、 (b)、(c)中无法再合并的蕴涵项称为质蕴涵项,在表 2-3(b)和(c)中,分别记作 $P_1 \cdots P_7$。

对于本例,F 的全部质蕴涵项为:

$$P_1 = \overline{A}\,\overline{B} - \overline{D}$$

$$P_2 = \overline{A}\,\overline{B}\,\overline{C} -$$

$$P_3 = \overline{A} - C\overline{D}$$

$$P_4 = \overline{A} - \overline{C}\overline{D}$$

$$P_5 = \overline{A}BC -$$

$$P_6 = A - CD$$

$$P_7 = - B - D$$

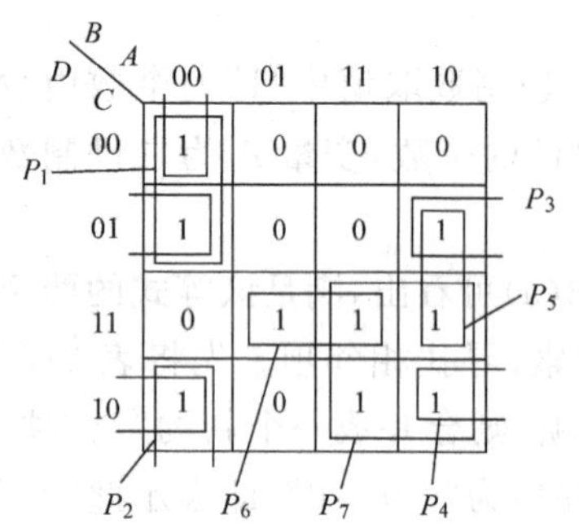

图 2-22　函数以质蕴涵项表示

显然,函数 F 就是这些质蕴涵项之和,但它不是最简的结果,用卡诺图来说明。画出函数 F 的卡诺图如图 2-22 所示。从卡诺图上看出:各组间搜索的结果,只是把所有的质蕴涵项找出,但有些质蕴涵项是不必要的,或者说是重复的。例如,P_4 就是包含在 P_2 和 P_7 之中。因此,还要从质蕴涵项中找出必要质蕴涵项。

2. 选出必要质蕴涵项

先把全部质蕴涵项列表(表 2-4(a)),表的每一行对应一个质蕴涵项,每一列对应一个最小项,把每个质蕴涵项所包含的最小项在表中打"×"。例如,P_4 包含最小项 8 和 10,则就在 P_4 行的 m_8、m_{10} 列上打"×"。把这张表称为质蕴涵表。

表　2-4(a)

P \ m_i	m_0	m_4	m_6	m_8	m_{10}	m_{11}	m_{13}	m_{14}	m_{15}
P_1	×	×							
P_2	×			×					
P_3		×	×						
P_4				×	×				
P_5			×					×	
P_6							×		×
P_7					×	×		×	×

表　2-4(b)

P \ m_i	m_0	m_4	m_6	m_8
P_1	×	×		
P_2	×			×
P_3		×	×	
P_4				×
P_5			×	

为寻找必要质蕴涵项,先寻找出哪些最小项仅仅属于一个质蕴涵项。在表 2-4(a)中,m_{11} 仅属于 P_7,m_{13} 仅属于 P_6。如果质蕴涵表的一列中只有一个"×",那么就表示此最小项仅属于一个质蕴涵项,因而质蕴涵项 P_6、P_7 就一定是必要的。由于 P_6、P_7 已选定为必要质蕴涵项,因而在以后求选其他必要质蕴涵项时,可把 P_6、P_7 从质蕴涵表中删去。又因为 P_6 不仅包含 m_{13},还包含 m_{15};P_7 不仅包含 m_{11},还包含 m_{10}、m_{14}、m_{15},因而在从表 2-4(a)中删去 P_6、P_7 的同时,可把它们所包含的最小项 m_{10}、m_{11}、m_{13}、m_{14}、m_{15} 均删去,这样,表 2-4(a)就可简化为表 2-4(b)。下面的任务就是要在 P_1、P_2、P_3、P_4、P_5 中选出其余的必要质蕴涵项,使之包含 m_0、m_4、m_6、m_8。

有两个办法从简化质蕴涵表中选取必要质蕴涵项：表达式法与行列消去法。下面先介绍表达式法。

由表 2-4(b)可知，m_0 包含在 P_1 或 P_2 中，即质蕴涵的组合为(P_1+P_2)，m_4 包含在 P_1 或 P_3 中，m_6 包含在 P_3 或 P_5 中，m_8 包含在 P_2 或 P_4 中。要同时包含 m_0、m_4、m_6、m_8 的质蕴涵组合为：

$$(P_1+P_2)\cdot(P_1+P_3)\cdot(P_3+P_5)\cdot(P_2+P_4)=P_2P_3+P_1P_3P_4+P_1P_2P_5+P_1P_4P_5$$

此式表明要包含 m_0、m_4、m_6、m_8 有 4 种选取方法：或选取 P_1 与 P_2 与 P_5；或选取 P_1 与 P_3 与 P_4；或选取 P_2 与 P_3；或选取 P_1 与 P_4 与 P_5。显然，为了满足最简"与或"式的要求，选 P_2、P_3 为必要质蕴涵项。因此用表格法化简的 F 最简式为：

$$F=P_2+P_3+P_6+P_7=\overline{A}\,\overline{B}\,\overline{C}+\overline{A}C\overline{D}+ACD+BD$$

简化结果和用图 2-23 所示卡诺图法简化结果是一样的。

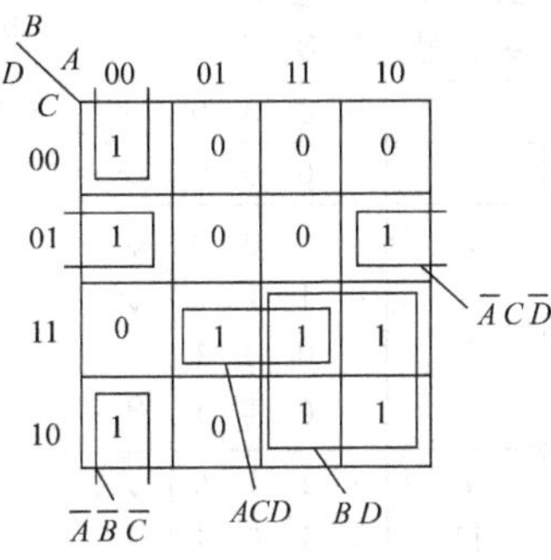

图 2-23　图 2-22 的化简结果

下面介绍行列消去法。此法用于简化质蕴涵表中行数和列数都比较多的情况。为清楚起见，以表 2-5(a)所示的简化质蕴涵表为例。

先进行行消去。检查表 2-5(a)发现，P_5 行所包含的 m_4 也包含在 P_4 之中，而且 P_4 除包含 m_4 外，还包含了 m_6，因此，若选 P_4 就不必要再考虑 P_5 了，这样 P_5 行就可从表 2-5(a)中删去。也就是说，如果有两行(P_i 和 P_j 行)，其中 P_i 行的"×"全部包含在 P_j 行中，那么 P_i 行就可从表中删去。同理，P_6 所包含的 m_{10} 也是 P_3 所包含的，因此 P_6 行也可删去。这样，行消去后的简化质蕴涵表如表 2-5(b)所示。这就是行消去。

检查表 2-5(b)发现，m_4 列的"×"完全包含在 m_6 列中，当考虑 m_4 而选择 P_4 时，P_4 必然同时包含了 m_6，因此可以把 m_6 列删去。同理 m_{10} 列的"×"也完全包含在 m_2 中，因此可把 m_2 删去。也就是说，如果 m_i 列中记有"×"号的各行中，在 m_j 中也记有"×"号，那么 m_j 列就可以删去(**注意**：删去的是 m_j 列，而不是 m_i 列)。这就是列消去。

表　2-5(a)

P \ m_i	m_2	m_4	m_6	m_{10}
P_2	×		×	
P_3	×			×
P_4		×	×	
P_5		×		
P_6				×

表　2-5(b)

P \ m_i	m_2	m_4	m_6	m_{10}
P_2	×		×	
P_3	×			×
P_4		×	×	

经行、列消去后剩下的 P_3、P_4 就是必要质蕴涵项。

对于复杂的质蕴涵表，行列消去法要反复进行。行、列消去中先进行哪个消去并不影响简化结果。

通常可以将表达式法和行列消去法结合进行。先用行列消去法把质蕴涵项尽量简化，然后再用表达式法。

表格法化简逻辑函数，规律性比较强。变量数目较多的逻辑函数，只要按上述步骤一步一步地进行，最终是可以得到最简函数的。

例 2.25 用表格法化简函数 $F=\sum m^4\ (0,1,3,6,7,9,11,12,15)$

第 1 步：将各最小项按其“1”的个数由少到多分组排队(表 2-6(a))；

第 2 步：求全部质蕴涵项。对表 2-6(a)进行组间搜索，寻找相邻项。把相邻最小项合并成新的“与”项记在表 2-6(b)中，并在相邻最小项右侧打“√”。再对表 2-6(b)进行组间搜索，寻找相邻项，相邻项合并后得新“与”项记在表 2-6(c)中，并在相邻项的右侧打“√”。把表 2-6(a)、(b)、(c)中右侧不打“√”的“与”项进行编号，得质蕴涵项 $P_1 \sim P_5$。

表 2-6(a)

组号	最小项编号	变量 A	B	C	D	
0	0	0	0	0	0	√
1	1	1	0	0	0	√
2	3	1	1	0	0	√
	6	0	1	1	0	√
	9	1	0	0	1	√
	12	0	0	1	1	P_1
3	7	1	1	1	0	√
	11	1	1	0	1	√
4	15	1	1	1	1	√

表 2-6(b)

组号	最小项编号	变量 A	B	C	D	
0	0,1	—	0	0	0	P_2
1	1,3	1	—	0	0	√
	1,9	1	0	0	—	√
2	3,7	1	1	—	0	√
	3,11	1	1	0	—	√
	6,7	—	1	1	0	P_3
	9,11	1	—	0	1	√
3	7,15	1	1	1	—	√
	11,15	1	1	—	1	√

表 2-6(c)

组号	最小项编号	变量 A	B	C	D	
1	1,3,9,11	1	—	0	—	P_4
2	3,7,11,15	1	1	—	—	P_5

第 3 步：选出必要质蕴涵项。作质蕴涵表(表 2-7(a))，用行列消去法对表 2-7(a)进行简化。先进行列消去。m_0 列的×完全包含在 m_1 列中，m_6 列的×完全包含在 m_7 列之中，m_9 列的×完全包含在 m_{11} 列中，m_{15} 列的×完全包含在 m_3 中，故可消去 m_1、m_3、m_7、m_{11} 列，得表 2-7(b)。再对表 2-7(b)作行消去。因为各 P 行之间均无包含关系，故无 P 行可消去，表 2-7(b)已最简，由表得必要质蕴涵项 P_1、P_2、P_3、P_4、P_5 共 5 个。

第 4 步：写出化简的逻辑表达式

$$F = P_1 + P_2 + P_3 + P_4 + P_5 = \overline{A}\,\overline{B}CD + \overline{B}\,\overline{C}\,\overline{D} + BC\overline{D} + A\overline{C} + AB$$

表 2-7(a)

P \ m_i	m_0	m_1	m_3	m_6	m_7	m_9	m_{11}	m_{12}	m_{15}
P_1								×	
P_2	×	×							
P_3				×	×				
P_4		×	×			×	×		
P_5			×		×		×		×

表 2-7(b)

P \ m_i	m_0	m_6	m_9	m_{12}	m_{15}
P_1				×	
P_2	×				
P_3		×			
P_4			×		
P_5					×

2.2.4 多输出逻辑函数的表格法化简

在实践中常常会遇到多输出逻辑网络，它的每一个输出端的工作情况可以用一个逻辑函数表示。如果对每一个函数分别进行简化，然后再把它们合并在一起，往往是不能得到最

简的多输出函数的。例如,有一个两输出端的逻辑函数:

$$\begin{cases} F_1 = A\overline{B}\,\overline{C} + A\overline{B}C + ABC \\ F_2 = AB\overline{C} + \overline{A}B\overline{C} + ABC \end{cases}$$

如果按单个函数分别简化,则根据 F_1、F_2 的卡诺图(图 2-24(a))可得逻辑函数为:

$$\begin{cases} F_1 = A\overline{B} + AC \\ F_2 = AB + B\overline{C} \end{cases}$$

其逻辑图如图 2-24(b)所示。

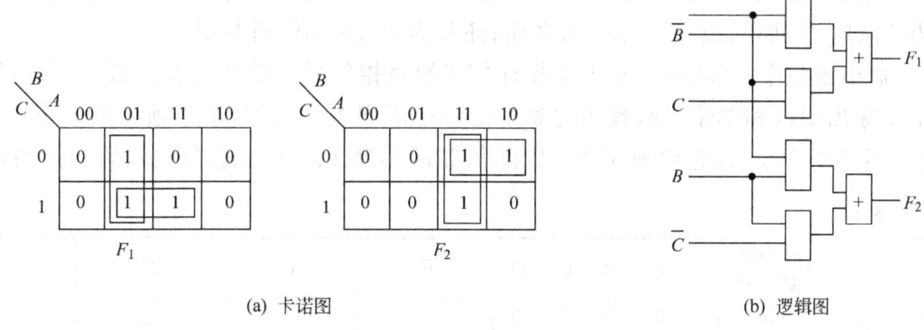

图 2-24　多输出函数 F_1、F_2 的卡诺图及逻辑图

如果 F_1、F_2 按图 2-25(a)简化,使"与"项"ABC"为 F_1、F_2 共有,则所得逻辑函数为:

$$\begin{cases} F_1 = A\overline{B} + ABC \\ F_2 = B\overline{C} + ABC \end{cases}$$

其逻辑图如图 2-25(b)所示。由于"与"项 ABC 为 F_1、F_2 公用,显然,图 2-25(b)所示逻辑图要比图 2-24(b)所示的简单。

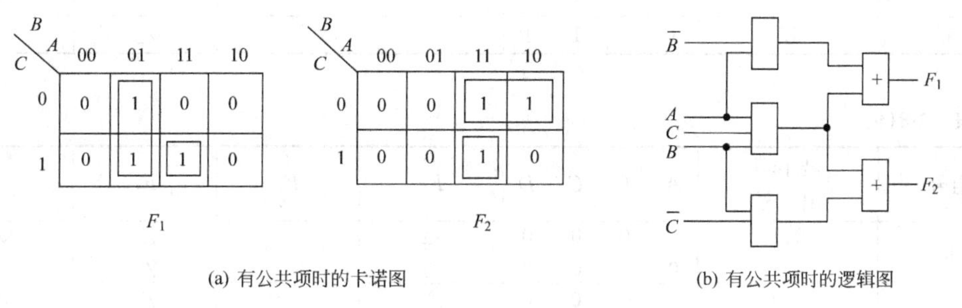

(a) 有公共项时的卡诺图
(b) 有公共项时的逻辑图

图 2-25　图 2-24 所示多输出函数的化简

从这个实例可以看到,尽管每个函数不是最简,但是只要找到函数的公共"与"项,就能达到最佳的总体效果。

下面通过实例介绍表格法化简多输出函数。

例 2.26　化简多输出函数:

$$F_1 = \sum m^4(0,1,2,3,7,9,11,13)$$

$$F_2 = \sum m^4(3,5,9,13)$$

$$F_3 = \sum m^4(0,1,2,3,9,13,14,15)$$

化简步骤和单输出函数的化简相同，分两步进行。第1步，求出各个函数公有的质蕴涵项。第2步，选出必要质蕴涵项。

1. 求各个函数的公有质蕴涵项

因为要寻找3个函数的公共"与"项，因此不能孤立的对每个函数分别列表，而要把3个函数所包含的最小项在一起分组列表，如表2-8(a)所示以A为最低位。在表上设置F_1、F_2、F_3 3个输出列，用"△"标出某个最小项是为F_1或F_2或F_3所独用；还是为F_1、F_2所共用，或为F_1、F_3所共用；或为F_2、F_3所共用；还是为F_1、F_2、F_3所共用。

在多输出函数中，在同一个输出中都有"△"的两相邻最小项才能合并成一个新的"与"项，这是多输出函数和单输出函数在化简中的一个不同点。例如，最小项1属于F_1、F_3，而最小项5不属于F_1、F_3，它仅属于F_2，因此相邻最小项1、5不能组合成新的"与"项；相邻

表 2-8(a)

组号	最小项编号	A B C D	F_1	F_2	F_3	
0	0	0 0 0 0	△		△	√
1	1	1 0 0 0	△		△	√
	2	0 1 0 0	△		△	√
2	3	1 1 0 0	△	△	△	P_1
	5	1 0 1 0		△		√
	9	1 0 0 1	△	△	△	√
3	7	1 1 1 0	△			√
	11	1 1 0 1	△			√
	13	1 0 1 1	△	△	△	√
	14	0 1 1 1			△	√
4	15	1 1 1 1			△	√

表 2-8(b)

组号	最小项编号	A B C D	F_1	F_2	F_3	
0	0,1	— 0 0 0	△		△	√
	0,2	0 — 0 0	△		△	√
1	1,3	1 — 0 0	△		△	√
	1,9	1 0 0 —	△		△	P_2
	2,3	— 1 0 0	△		△	√
2	3,7	1 1 — 0	△			P_3
	3,11	1 1 0 —	△			√
	5,13	1 0 1 —		△		P_4
	9,11	1 — 0 1	△			√
	9,13	1 0 — 1	△	△	△	P_5
3	13,15	1 — 1 1			△	P_6
	14,15	— 1 1 1			△	P_7

表 2-8(c)

组号	最小项编号	A B C D	F_1	F_2	F_3	
0	0,1 2,3	— — 0 0	△		△	P_8
1	1,3 9,11	1 — 0 —	△			P_9

最小项 0、1 均仅属于 F_1、F_3，它们能组成新的“与”项$\overline{B}\,\overline{C}\,\overline{D}$，把它记录在表 2-8(b)中，并在 F_1、F_3 列上打“△”，表示它为 F_1、F_3 所共用；最小项 1、3 均属于 F_1、F_3（最小项 3 还属于 F_2），它们能组合成新的“与”项 $A\overline{C}\,\overline{D}$，把它记录在表 2-8(b)中，并在 F_1、F_3 列上打“△”，以表示它仅为 F_1、F_3 所共用，但不能在 F_2 列上打“△”。

多输出函数和单输出函数在化简中另一个不同点是：在多输出函数化简中，新的高维“与”项不一定能替代组合它的两个相邻低维“与”项。例如，由最小项 1、3 组合而来的$A\overline{C}\,\overline{D}$项，和最小项 1 一样，属于 F_1、F_3 而不属于 F_2，而最小项 3 除属于 F_1、F_3，还属于 F_2，因此 $A\overline{C}\,\overline{D}$只能替代最小项 1 而不能替代最小项 3，所以我们不能在表 2-8(a)中的最小项 3 的右侧打“√”，而能在最小项 1 的右侧打“√”。只有当两相邻最小项所属的函数相同，由它们组合而成的新“与”项才能替代这两相邻最小项。例如最小项 0、1 均仅属 F_1、F_3，由它们组合而成的“与”项 $\overline{B}\,\overline{C}\,\overline{D}$ 能替代最小项 0、1，所以，在表 2-8(a)中这两最小项的右侧均打“√”。

对表 2-8(a)进行组间搜索后，得表 2-8(b)。对表 2-8(b)进行组间搜索，得表 2-8(c)。表 2-8(a)、(b)、(c)中右侧没有打“√”的，分别标以 P_1、P_2、…、P_9，它们是 F_1、F_2、F_3 的全部质蕴涵项。

2. 选出必要质蕴涵项

作 3 个函数整体的质蕴涵表，如表 2-9(a)所示。它以属于 3 个函数的质蕴涵项所包含的最小项为列，质蕴涵项为行。

表 2-9(a)

P_i	F_1								F_2				F_3							
	m_0	m_1	m_2	m_3	m_7	m_9	m_{11}	m_{13}	m_3	m_5	m_9	m_{13}	m_0	m_1	m_2	m_3	m_9	m_{13}	m_{14}	m_{15}
P_1				×					×							×				
P_2		×				×								×			×			
P_3				×	×															
P_4										×		×								
P_5						×		×			×	×					×	×		
P_6																		×		×
P_7																			×	×
P_8	×	×	×	×									×	×	×	×				
P_9		×		×		×	×													

和单输出函数求必要质蕴涵项一样，可以用行列消去法或表达式法。本例采用行列消去法。在表 2-9(a)中，虽然最小项是按 3 个函数分别画出的，但在进行行、列消去时，必须把它们作为一个整体来对待。

先对表 2-9(a)进行行消去。由表可知,各行间无包含关系,故无 P 行可消,再对表 2-9(a)进行列消去。由表可知,F_1 的 m_0 列的×在 F_1 的 m_1、m_2、m_3 列之中,F_3 的 m_0 列的×也在其 m_1、m_2、m_3 列之中,故可消去 F_1 的 m_1、m_2、m_3 列和 F_3 的 m_1、m_2、m_3 列;F_1 的 m_{11} 列的×在F_1 的 m_9 列之中,故可消去 F_1 的 m_9 列; F_3 的 m_{14}列的×在 F_3 的 m_{15}列之中,故可消去 F_3 的 m_{15}列;F_2 的 m_5 列的×在其 m_{13} 之中,可消去其 m_{13} 列。表 2-9(a)简化为表 2-9(b)。再对表 2-9(b)进行行消去。由表可知,P_2 行的×在 P_5 行之中,故可消去 P_2 行;P_6 行的×在 P_5 行中,故可消去 P_6 行,得表 2-9(c)。它已为最简,由表得属于 3 个函数的必要质蕴涵项为 P_1、P_3、P_4、P_5、P_7、P_8 和 P_9。

表 2-9(b)

P_i	F_1				F_2			F_3			
	m_0	m_7	m_{11}	m_{13}	m_3	m_5	m_9	m_0	m_9	m_{13}	m_{14}
P_1					×						
P_2									×		
P_3		×									
P_4						×					
P_5				×			×		×	×	
P_6										×	
P_7											×
P_8	×							×			
P_9			×								

表 2-9(c)

P_i	F_1				F_2			F_3			
	m_0	m_7	m_{11}	m_{13}	m_3	m_5	m_9	m_0	m_9	m_{13}	m_{14}
P_1					×						
P_3		×									
P_4						×					
P_5				×			×		×	×	
P_7											×
P_8	×							×			
P_9			×								

表 2-9(d)

P_i	F_1				F_2			F_3				F_1	F_2	F_3
	m_0	m_7	m_{11}	m_{13}	m_3	m_5	m_9	m_0	m_9	m_{13}	m_{14}			
P_1					×							△	△	△
P_3		×										△		
P_4						×							△	
P_5				×			×		×	×		△	△	△
P_7											×			△
P_8	×							×				△		△
P_9			×									△		

最后,要确定每个函数的必要质蕴涵项。由表 2-8(a)可知,在属于 3 个函数的必要质蕴涵项(共 7 个)中只有 P_1、P_3、P_5、P_8、P_9 和 F_1 相关。但是,对 F_1 来说它们并非都是必需的,其中可能有多余项存在。为此,还应对它们作进一步检查,以便从中选出必需的质蕴

涵项来。从表 2-9(d)中把 F_1 与 P_1、P_3、P_5、P_8、P_9 有关的部分单独画出(表 2-10)并进行行消去。由表 2-10 可见，P_1 行在 P_3 行之中,故可消去 P_1。最后得覆盖 F_1 最小项的必要质蕴涵项为 P_3、P_5、P_8 和 P_9。用类似的方法可得 F_2 的必要质蕴涵项为 P_1、P_4、P_5。F_3 的必要质蕴涵项为 P_5、P_7 和 P_8。

表 2-10

P_i	F_1						
	m_0	m_1	m_3	m_7	m_9	m_{11}	m_{13}
P_1			×				
P_3			×	×			
P_5					×		×
P_8	×	×	×				
P_9		×	×		×	×	

F_1、F_2 和 F_3 的最简式为:

$$F_1 = P_3 + P_5 + P_8 + P_9 = AB\overline{D} + A\overline{B}D + \overline{C}\,\overline{D} + A\overline{C}$$

$$F_2 = P_1 + P_4 + P_5 = AB\,\overline{C}\,\overline{D} + A\,\overline{B}C + A\overline{B}D$$

$$F_3 = P_5 + P_7 + P_8 = A\overline{B}D + BCD + \overline{C}\,\overline{D}$$

画出逻辑图如图 2-26 所示。

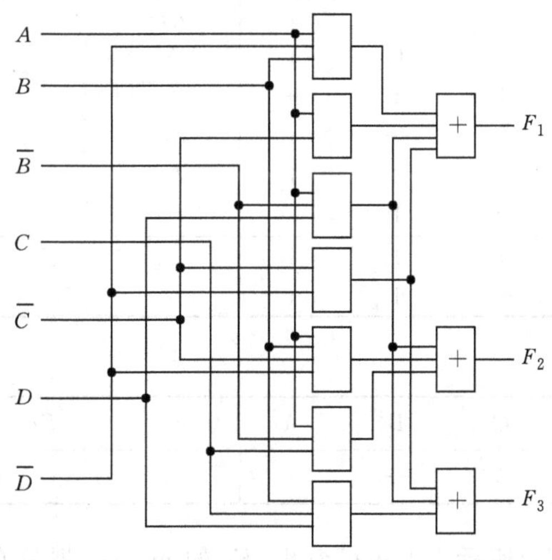

图 2-26　具有公共项的 3 输出函数的逻辑图之一

例 2.27　化简多输出函数。

$$F_1 = \sum m^4(5,7,8,9,10,11,13)$$

$$F_2 = \sum m^4(1,7,11,15)$$

$$F_3 = \sum m^4(1,6,7,8,9,10,11)$$

1) 将各最小项分组排列(表 2-11(a))。

2) 进行组间搜索,寻找相邻项,形成表 2-11(b)、(c),求得质蕴涵项 $P_1 \sim P_{11}$。

3）作质蕴涵表，选出必要质蕴涵项。

表 2-11(a)

最小项编号	D	C	B	A	F_1	F_2	F_3	
1	0	0	0	1		△	△	P_1
8	1	0	0	0	△		△	√
5	0	1	0	1	△			√
6	0	1	1	0			△	√
9	1	0	0	1	△		△	√
10	1	0	1	0	△		△	√
7	0	1	1	1	△	△	△	P_2
11	1	0	1	1	△	△	△	P_3
13	1	1	0	1	△			√
15	1	1	1	1		△		√

表 2-11(b)

最小项编号	D	C	B	A	F_1	F_2	F_3	
1,9	—	0	0	1			△	P_4
8,9	1	0	0	—	△		△	√
8,10	1	0	—	0	△		△	√
5,7	0	1	—	1	△			P_5
5,13	—	1	0	1	△			P_6
6,7	0	1	1	—			△	P_7
9,11	1	0	—	1	△		△	√
9,13	1	—	0	1	△			P_8
10,11	1	0	1	—	△		△	√
7,15	—	1	1	1		△		P_9
11,15	1	—	1	1		△		P_{10}

表 2-11(c)

最小项编号	D	C	B	A	F_1	F_2	F_3	
8,9,10,11	1	0	—	—	△		△	P_{11}

质蕴涵表如表 2-12(a)所示。由表可看出，F_1 的 m_8、m_{10} 列只有一个"×"；F_2 的 m_1 列只有一个"×"；F_3 的 m_6、m_8、m_{10} 列只有一个"×"；因而覆盖上述最小项的 P_1、P_7、P_{11} 是必要质蕴涵项。删去这 3 个 P 项以及它们所包含的最小项，得如表 2-12(b)所示简化质蕴涵表。

对表 2-12(b)进行行消去。由表可知，P_3 行的×在 P_{10} 行之中，P_8 行的×在 P_6 行之中，可消去 P_3、P_8 行，得表 2-12(c)。对表 2-12(c)进行列消去，由表可知，因 F_1 的 m_{13} 列的×在 m_5 列之中，F_2 的 m_{11} 列的×在 m_{15} 列之中，可消去 F_1 的 m_5、F_2 的 m_{15} 列，得表 2-12(d)。再对表 2-12(d)进行行消去，由表可知，P_5、P_9 行的×均在 P_2 行之中，可消去 P_5、P_9，最后得 P_2、P_6、P_{10} 为必要质蕴涵项。

表 2-12(a)

P_i	F_1							F_2				F_3						
	m_5	m_7	m_8	m_9	m_{10}	m_{11}	m_{13}	m_1	m_7	m_{11}	m_{15}	m_1	m_6	m_7	m_8	m_9	m_{10}	m_{11}
P_1								×				×						
P_2		×							×					×				
P_3						×				×								×
P_4												×				×		
P_5	×	×																
P_6	×						×											
P_7													×	×				
P_8				×			×											
P_9									×		×							
P_{10}										×	×							
P_{11}			×	×	×	×									×	×	×	×

表 2-12(b)

P_i	F_1			F_2			F_1	F_2	F_3
	m_5	m_7	m_{13}	m_7	m_{11}	m_{15}			
P_2		×		×			△	△	△
P_3					×		△	△	△
P_5	×	×					△		
P_6	×		×				△		
P_8			×				△		
P_9				×		×		△	
P_{10}					×	×		△	

表 2-12(c)

P_i	F_1			F_2			F_1	F_2	F_3
	m_5	m_7	m_{13}	m_7	m_{11}	m_{15}			
P_2		×		×			△	△	△
P_5	×	×					△		
P_6	×		×				△		
P_9				×		×		△	
P_{10}					×	×		△	

表 2-12(d)

P_i	F_1		F_2		F_1	F_2	F_3
	m_7	m_{13}	m_7	m_{11}			
P_2	×		×		△	△	△
P_5	×				△		
P_6		×			△		
P_9			×			△	
P_{10}				×		△	

到此，得到必要质蕴涵项为 P_1、P_2、P_6、P_7、P_{10} 和 P_{11}。

4）确定每个函数所需的必要质蕴涵项，写出 F_1、F_2、F_3 的最简表达式为：

$$F_1 = P_2 + P_6 + P_{11} = ABC\overline{D} + A\overline{B}C + \overline{C}D$$

$$F_2 = P_1 + P_2 + P_{10} = A\overline{B}\,\overline{C}\,\overline{D} + ABC\overline{D} + ABD$$

$$F_3 = P_1 + P_7 + P_{11} = A\overline{B}\,\overline{C}\,\overline{D} + BC\overline{D} + \overline{C}D$$

由此得到的逻辑图如图 2-27 所示。

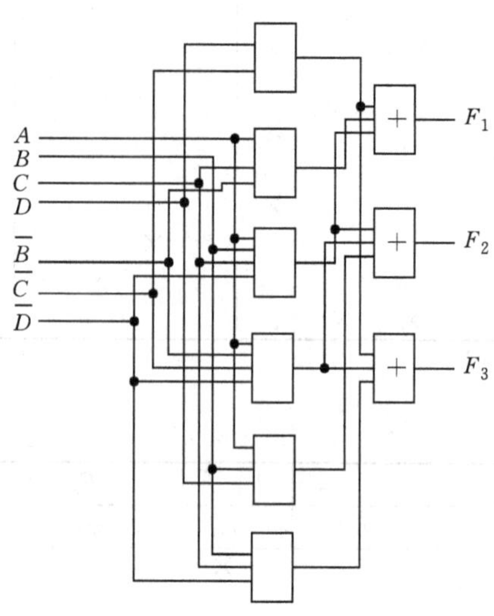

图 2-27　具有公共项的 3 输出函数的逻辑图之二

多输出函数的表格化简法同单输出函数一样，其特点是规律性强，但当函数个数增加时，计算工作量将急剧增加，因此这种方法适宜于用计算机来求解。

2.2.5　包含任意项的逻辑函数的化简

在实际的逻辑设计中，常常会遇到这样的情况：在真值表中，某些最小项的取值是不确定的，把这些最小项称为任意最小项(简称任意项)，或称为无关最小项(简称无关项或称不管项)，不确定最小项(简称不确定项)。任意项发生在以下两种情况：

(1) 变量的某些取值不可能出现。例如，用二进制码表示一位十进制数时需要 4 位二进制码，但是 4 位二进制码共有 16 种代码组合，即有 16 个最小项，用其中的 10 种代码组合就可以代表十进制数的 0～9 十个数，而其余 6 种组合根本不使用。例如，用 4 位二进制数 $ABCD$＝0000～1001(其中 A 为最低位，D 为最高位)代表 0～9，则 $ABCD$＝0101～1111 6 种组合是不会出现的。

(2) 变量某些取值下，逻辑函数的值可以是“0”，也可以是“1”。一般情况，人们只关心某些输入组合时函数有确定值的情况，而不关心其余输入组合下函数值是什么了。例如，在上述用二进制码来表示十进制的情况中，输入 $ABCD$＝0101～1111 可能会出现，但是对其函数值是什么，人们就不关心了。

既然任意最小项是不会出现的一种输入组合，或者说，即使出现任意项，人们对其函数值是不关心的，那么此时函数值可以任意选取：或者选“0”，或者选“1”。具体取值应以能使函数尽量简化为原则。下面通过例 2.28 来说明。

例 2.28 设计一电路用来判别用二进制码表示的十进制数是否大于等于 5。

表 2-13

A	B	C	D	F
0	0	0	0	0
1	0	0	0	0
0	1	0	0	0
1	1	0	0	0
0	0	1	0	0
1	0	1	0	1
0	1	1	0	1
1	1	1	0	1
0	0	0	1	1
1	0	0	1	1
0	1	0	1	ϕ
1	1	0	1	ϕ
0	0	1	1	ϕ
1	0	1	1	ϕ
0	1	1	1	ϕ
1	1	1	1	ϕ

电路的真值表见表 2-13。当输入小于 5 时，输出 0；当输入大于等于 5 时输出为 1；当输入代码为 $ABCD$＝0101～1111 时，输出值为“任意”，记作“ϕ”(也可表示为“×”、“－”、“d”)。

由真值表作卡诺图(图 2-28(a))。为了使函数得到简化，把这些“任意值”作为“1”来考虑，则简化结果为：

$$F = D + AC + BC$$

如果不利用任意项，即把任意值作为“0”来处理(图 2-28(b))，则简化结果为：

$$F = AC\overline{D} + BC\overline{D} + \overline{B}\,\overline{C}D$$

显然，前者比后者要简单。

合理使用任意项，可使设计得到简化。

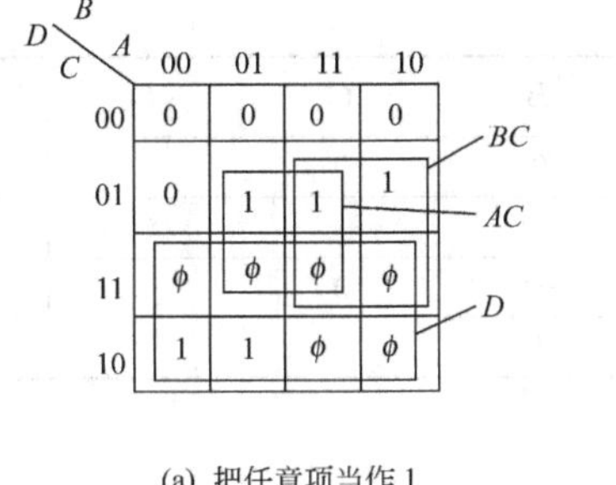

(a) 把任意项当作 1

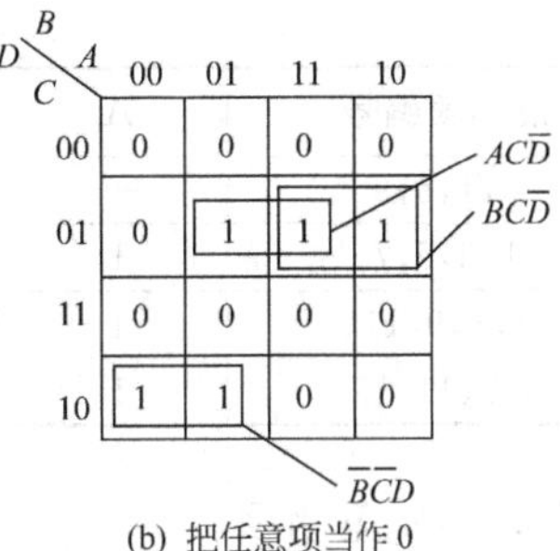

(b) 把任意项当作 0

图 2-28 包含任意项的逻辑函数的化简

例 2.29 化简函数 $F = \sum m^4(0,1,5,7,8,11,14) + \sum \phi^4(3,9,12,15)$

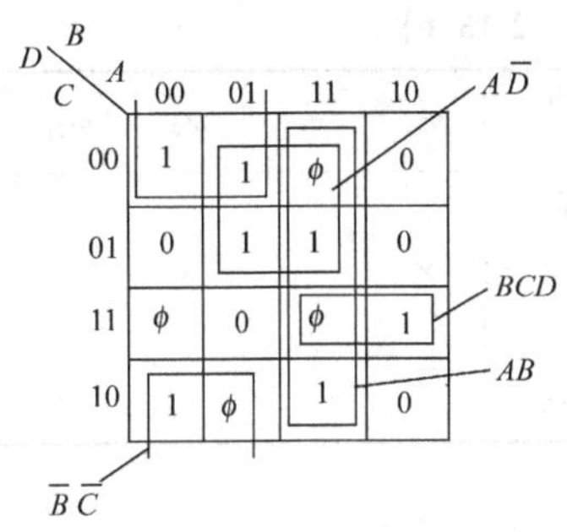

图 2-29 包含任意项的逻辑函数化简

作卡诺图(图 2-29)。

把任意项 3,9,15 作为“1”来考虑，把任意项 12 作为“0”来考虑，可得最简式：

$$F = AB + A\overline{D} + \overline{B}\,\overline{C} + BCD$$

包含无关项的逻辑函数表格法化简时，只需在列表和构成相邻项时把任意项考虑在内，而在列质蕴涵表时则不把任意项列出，其余的方法均与前述方法相同。

例 2.30 用表格法化简函数 $F = \sum m^4(0,1,5,7,8,11,14) + \sum \phi^4(3,9,12,15)$

第 1 步：求全部质蕴涵项(表 2-14)。

表 2-14(a)

组号	最小项编号	A	B	C	D	
0	0	0	0	0	0	√
1	1	1	0	0	0	√
	8	0	0	0	1	√
2	3	1	1	0	0	√
	5	1	0	1	0	√
	9	1	0	0	1	√
	12	0	0	1	1	√
3	7	1	1	1	0	√
	11	1	1	0	1	√
	14	0	1	1	1	√
4	15	1	1	1	1	√

表 2-14(b)

组号	最小项编号	A	B	C	D	
0	0,1	—	0	0	0	√
	0,8	0	0	0	—	√
1	1,3	1	—	0	0	√
	1,5	1	0	—	0	√
	1,9	1	0	0	—	√
	8,9	—	0	0	1	√
	8,12	0	0	—	1	P_1
2	3,7	1	1	—	0	√
	3,11	1	1	0	—	√
	5,7	1	—	1	0	√
	9,11	1	—	0	1	√
	12,14	0	—	1	1	P_2
3	7,15	1	1	1	—	√
	11,15	1	1	—	1	√
	14,15	—	1	1	1	P_3

表 2-14(c)

组号	最小项编号	A	B	C	D	
0	0,1,8,9	—	0	0	—	P_4
1	1,3,5,7	1	—	—	0	P_5
	1,3,9,11	1	—	0	—	P_6
2	3,7,11,15	1	1	—	—	P_7

第 2 步：选出必要质蕴涵项。

表 2-15(a)是质蕴涵表。作行、列消去，最后得表 2-15(b)所示必要质蕴涵表，至此简化过程结束，函数最简式为：

$$F = P_3 + P_4 + P_5 + P_7 = BCD + \overline{B}\,\overline{C} + A\overline{D} + AB$$

表 2-15(a)

P \ m_i	m_0	m_1	m_5	m_7	m_8	m_{11}	m_{14}
P_1					×		
P_2,P_3							×
P_4	×	×			×		
P_5		×	×	×			
P_6		×				×	
P_7				×		×	

表 2-15(b)

P \ m_i	m_0	m_5	m_8	m_{11}	m_{14}
P_2、P_3					×
P_4	×		×		
P_5		×			
P_6、P_7				×	

2.2.6 不同形式逻辑函数的变换及化简

一个逻辑函数可以用不同形式的逻辑电路来实现。不同线路结构的逻辑电路有它自己宜采用的逻辑形式。有的宜采用“与非”形式，有的宜采用“或非”形式。因此，用限定的逻辑电路来实现某一逻辑功能时，常常要进行逻辑函数的变换并化简。例如，以“与或”形式给出的逻辑函数 $F=A\overline{B}+\overline{A}B$，可以用公式化简法和图解化简法变换成如下几种形式，并由对应的逻辑电路来实现：

(1) 用“与非”电路实现(图 2-30(a))

$$F=A\overline{B}+\overline{A}B=\overline{\overline{A\overline{B}}\cdot\overline{\overline{A}B}}$$

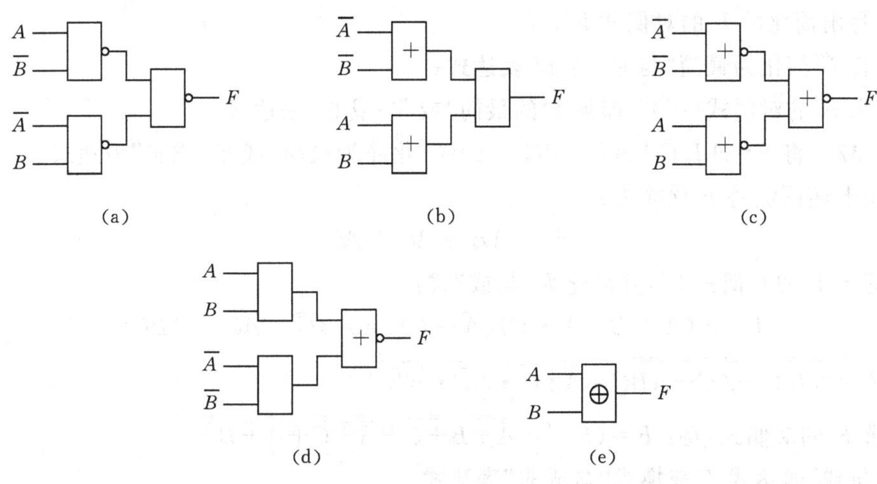

图 2-30　$F=A\overline{B}+\overline{A}B$ 的几种逻辑表示

(2) 用“或与”电路实现(图 2-30(b))

$$F=(\overline{A}+\overline{B})(A+B)$$

(3) 用“或非”电路实现(图 2-30(c))

$$F=\overline{\overline{\overline{A}+\overline{B}}+\overline{A+B}}$$

(4) 用“与或非”电路实现(图 2-30(d))

$$F=\overline{AB+\overline{A}\,\overline{B}}$$

(5) 用“异或”电路实现(图 2-30(e))

$$F=A\oplus B$$

这一小节中，将介绍几种不同形式的逻辑函数变换并简化的方法。

1. “与或”表达式变换为“与非-与非”表达式

变换步骤如下：

(1) 利用公式法或卡诺图法将逻辑函数化简为最简“与或”形式；

(2) 对化简的“与或”式进行两次求反，即可得简化的“与非-与非”式。

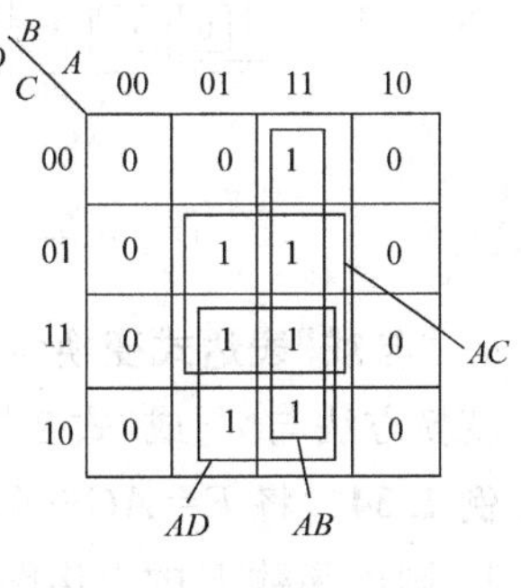

DC\BA	00	01	11	10
00	0	0	1	0
01	0	1	1	0
11	0	1	1	0
10	0	1	1	0

图　2-31

例 2.31　将 $F=AB\overline{D}+AC+A\overline{C}D+AD$ 变换为“与非-与非”式。

采用卡诺图化简法，如图 2-31 所示。将函数 F 化简为：$F=AB+AC+AD$。对化简后的逻辑函数进行两次求反，得：

$$F=\overline{\overline{F}}=\overline{\overline{AB+AC+AD}}=\overline{\overline{AB}\cdot\overline{AC}\cdot\overline{AD}}$$

2. "与或"表达式 F 变换为"或非-或非"表达式

变换步骤如下：

(1) 先将 F 简化为最简"与或"式；

(2) 写出简化的 F 的对偶式 F'；

(3) 将 F' 简化为最简"与非-与非"表达式；

(4) 求 F' 的对偶式 $(F')'$，即得 F 的最简"或非-或非"表达式。

例 2.32 将 $F=A\overline{B}\,\overline{C}+AB+BC+\overline{A}\,\overline{B}C$ 化简为最简"或非-或非"表达式。

1) 用卡诺图法将 F 化简为：

$$F=AB+A\overline{C}+\overline{A}C$$

2) 写出 F 的对偶式 F'，并简化为"与或"式：

$$F'=(A+B)(A+\overline{C})(\overline{A}+C)=\overline{A}B\overline{C}+AC+ABC$$

3) $F'=\overline{\overline{\overline{A}B\overline{C}+AC+ABC}}=\overline{\overline{\overline{A}B\overline{C}}\cdot\overline{AC}\cdot\overline{ABC}}$

4) 求 F' 的对偶式，得：$F=(F')'=\overline{\overline{\overline{A}+B+\overline{C}}+\overline{A+C}+\overline{A+B+C}}$

3. "与或"表达式 F 变换成"与或非"表达式

变换步骤如下：

(1) 用卡诺图法求 $\overline{F}$ 的"与或"表达式；

(2) 求 $\overline{(\overline{F})}$，即得最简"与或非"式。

例 2.33 求 $F=AB+\overline{B}\,\overline{C}+AB\overline{C}+\overline{A}B\overline{C}+\overline{A}\,\overline{B}\,\overline{C}$ 的"与或非"表达式。

用如图 2-32 所示卡诺图将 F 用"1"填写，那么填"0"的部分即 $\overline{F}$，可得 $\overline{F}=\overline{A}C+\overline{B}C$。再对 $\overline{F}$ 求反，即得 F 的"与或非"表达式：$F=\overline{\overline{F}}=\overline{\overline{A}C+\overline{B}C}$。

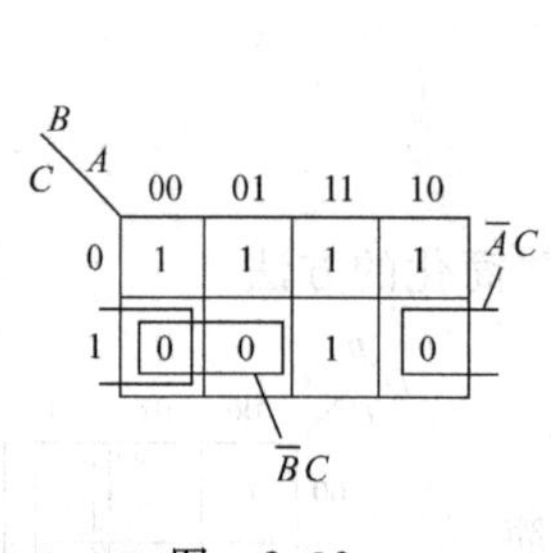

图 2-32

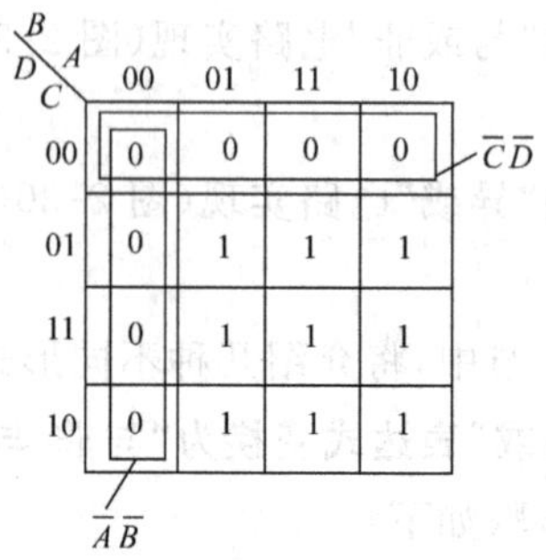

图 2-33

4. "与或"表达式变换为"或与"表达式

变换方法与"与或"式变换为"与或非"式的方法相同。

例 2.34 将 $F=AC+AD+BC+BD$ 变换成"或与"式。

1) 画出函数 F 的卡诺图，如图 2-33 所示。由卡诺图求出反函数 $\overline{F}=\overline{A}\,\overline{B}+\overline{C}\,\overline{D}$。

2) 对反函数 F 再求反，得函数 F 为

$$F=\overline{\overline{F}}=\overline{\overline{\overline{A}\,\overline{B}+\overline{C}\,\overline{D}}}=(A+B)(C+D)$$

5. “或与”表达式变换为“或非-或非”表达式

例 2.35 $F=(\overline{A}+\overline{B})(\overline{A}+\overline{C}+D)(A+C)(B+\overline{C})$

1) 求函数 F 的对偶式

$$F'=\overline{A}\,\overline{B}+\overline{A}\,\overline{C}D+AC+B\overline{C}$$

2) 化简 F'

$$\begin{aligned}F'&=\overline{A}\,\overline{B}+\overline{A}\ \overline{C}D+AC+B\overline{C}\\&=B\overline{C}+\overline{A}\,\overline{B}+AC\end{aligned}$$

3) 求 F'的对偶式

$$F=(F')'=(\overline{A}+\overline{B})(A+C)(B+\overline{C})$$

4) 对化简后的“或与”表达式两次求反，即得最后简化的“或非-或非”表达式

$$\begin{aligned}F&=\overline{\overline{F}}=\overline{\overline{(\overline{A}+\overline{B})(A+C)(B+\overline{C})}}\\&=\overline{\overline{\overline{A}+\overline{B}}+\overline{A+C}+\overline{B+\overline{C}}}\end{aligned}$$

习　　题

2.1 用布尔代数的基本公式和规则证明下列等式。

(1) $A\overline{B}+BD+\overline{A}D+DC=A\overline{B}+D$

(2) $AB\overline{D}+A\overline{B}\,\overline{D}+AB\overline{C}=A\overline{D}+AB\overline{C}$

(3) $BC+D+\overline{D}(\overline{B}+\overline{C})(DA+B)=B+D$

(4) $ACD+A\overline{C}D+\overline{A}D+BC+B\overline{C}=B+D$

(5) $AB+BC+CA=(A+B)(B+C)(C+A)$

(6) $ABC+\overline{A}\,\overline{B}\,\overline{C}=\overline{A\overline{B}+B\overline{C}+C\overline{A}}$

(7) $A\overline{B}+B\overline{C}+C\overline{A}=\overline{A}B+\overline{B}C+\overline{C}A$

(8) $(Y+\overline{Z})(W+X)(\overline{Y}+Z)(Y+Z)=YZ(W+X)$

(9) $(A+B)(A+\overline{B})(\overline{A}+B)(\overline{A}+\overline{B})=0$

(10) $(AB+\overline{A}\,\overline{B})(BC+\overline{B}\,\overline{C})(CD+\overline{C}\,\overline{D})=\overline{A\overline{B}+B\overline{C}+C\overline{D}+D\overline{A}}$

(11) $A\oplus B\oplus C=A\odot B\odot C$

(12) 如果$\overline{A\oplus B}=0$，证明$\overline{AX+BY}=A\overline{X}+B\overline{Y}$

2.2 求出下列函数的反函数。

(1) $F=AB+\overline{A}\,\overline{B}$

(2) $F=ABC+AB\overline{C}+A\overline{B}C+A\overline{B}\,\overline{C}$

(3) $F=A\overline{B}+B\overline{C}+C(\overline{A}+D)$

(4) $F=B(A\overline{D}+C)(C+D)(A+\overline{B})$

(5) $F=\overline{R}S\overline{T}+R\overline{S}T+RST$

2.3 写出下列函数的对偶式。

(1) $F=(A+B)(\overline{A}+C)(C+DE)+E$

(2) $F=\overline{\overline{AB}\cdot\overline{C\overline{B}}\cdot\overline{D\overline{A}\,\overline{B}}}$

(3) $F=\overline{\overline{\overline{A}+B+\overline{B+C}+\overline{A}+C+\overline{B+C}}}$

(4) $F=\overline{\overline{\overline{XY}\cdot Z}+\overline{\overline{X}\,\overline{Y}\cdot Z}}$

2.4 证明函数 F 为自对偶函数。

$F=C\,\overline{(A\overline{B}+\overline{A}B)}+\overline{C}(A\overline{B}+\overline{A}B)$

2.5 函数的真值表如表 2-16,列出该函数最小项及最大项的表达式。

表 2-16

A	B	C	D	F	A	B	C	D	F
0	0	0	0	1	0	0	0	1	0
1	0	0	0	0	1	0	0	1	1
0	1	0	0	0	0	1	0	1	1
1	1	0	0	1	1	1	0	1	0
0	0	1	0	1	0	0	1	1	1
1	0	1	0	0	1	0	1	1	0
0	1	1	0	0	0	1	1	1	1
1	1	1	0	1	1	1	1	1	1

2.6 用公式法将下列函数化简为最简"与或"式。

(1) $F=\overline{A}\,\overline{B}+(AB+A\overline{B}+\overline{A}B)C$

(2) $F=(X+Y)Z+\overline{X}\,\overline{Y}W+ZW$

(3) $F=AB+\overline{A}C+\overline{B}\,\overline{C}$

(4) $F=AB+\overline{A}\,\overline{B}C+BC$

(5) $F=\overline{A}B+\overline{A}C+\overline{B}\,\overline{C}+AD$

(6) $F=\overline{A}\,\overline{B}+\overline{A}\,\overline{C}D+AC+B\overline{C}$

(7) $F=AC+\overline{A}\,\overline{B}+\overline{B}\,\overline{C}\,\overline{D}+BE\overline{C}+DE\overline{C}$

(8) $F=A(B+\overline{C})+\overline{A}(\overline{B}+C)+BCD+\overline{B}\,\overline{C}D$

(9) $F=\overline{X}\,\overline{Y}+(X+Y)Z$

(10) $F=(X+Y+Z+\overline{W})(V+X)(\overline{V}+Y+Z+\overline{W})$

2.7 将下列函数展开为最小项之和。

(1) $F=ABC+\overline{A}+\overline{B}+\overline{C}$

(2) $F=AB+A\overline{B}+\overline{A}B+\overline{C}\,\overline{D}$

(3) $F=\overline{\overline{A}(B+\overline{C})}$

(4) $F=A(\overline{B}+C\overline{D})+\overline{A}BCD$

(5) $F=A(B+CD)+A\overline{B}CD$

2.8 逻辑函数 $F=(A+\overline{B})(A+B)(\overline{A}+B)(\overline{A}D+C)+\overline{C+\overline{A}+\overline{B}}(\overline{B}\,\overline{C}D+C\overline{D})$。若 A、B、C、D 的输入波形如图 2-34 所示,画出逻辑函数 F 的波形。

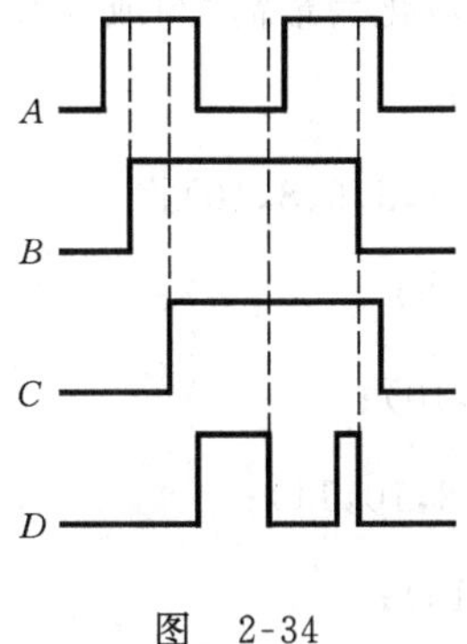

图 2-34

2.9 逻辑函数 F_1、F_2、F_3 的逻辑图如图 2-35 所示，证明 $F_1=F_2=F_3$。

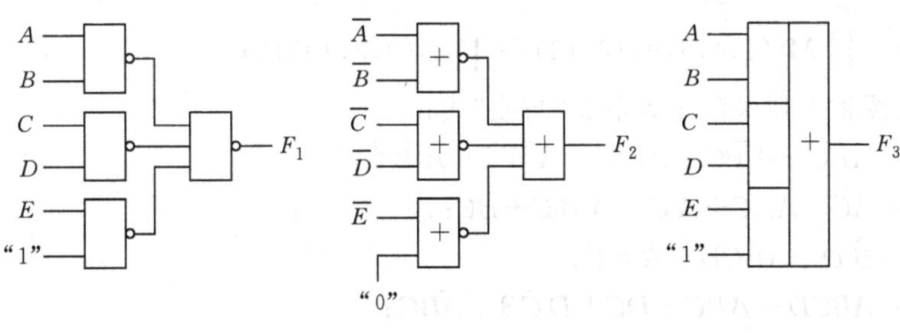

图 2-35

2.10 给出"与非"门、"或非"门及"异或"门逻辑符号如图 2-36(a)所示，若 A、B 的波形如图 2-36(b)所示，画出 F_1、F_2、F_3 波形图。

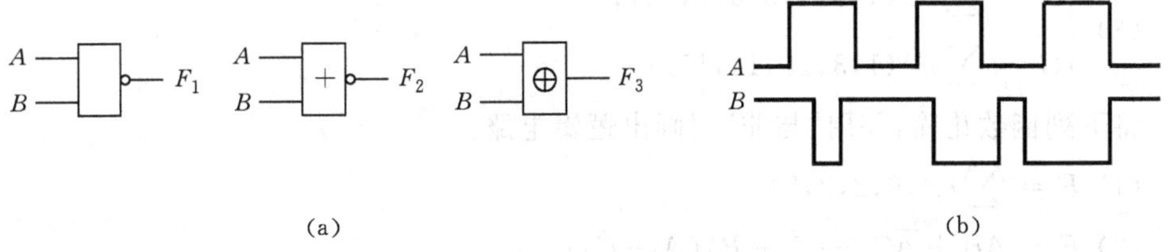

图 2-36

2.11 用卡诺图将下列函数化为最简"与或"式。

(1) $F=\sum m^3(0,1,2,4,5,7)$；

(2) $F=\sum m^4(0,1,2,3,4,6,7,8,9,11,15)$；

(3) $F=\sum m^4(3,4,5,7,9,13,14,15)$；

(4) $F=\sum m^4(2,3,6,7,8,10,12,14)$；

(5) $F=\sum m^5(4,6,12,14,20,22,28,30)$；

(6) $F=\prod M^4(3,4,6,7,11,13,15)$；

2.12 将下列具有无关最小项的函数化为最简“与或”式。

(1) $F = \sum m^4(0,2,7,13,15)$

无关最小项为 $\sum d(1,3,4,5,6,8,10)$；

(2) $F = \sum m^4(0,3,5,6,8,13)$

无关最小项为 $\sum d(1,4,10)$；

(3) $F = \sum m^4(0,2,3,5,7,8,10,11)$；

无关最小项为 $\sum d(14,15)$；

(4) $F = \sum m^4(2,3,4,5,6,7,11,14)$

无关最小项为 $\sum d(9,10,13,15)$；

(5) $F = \prod M^4(1,4,6,9,12,13) + \prod D(0,5,10,15)$；

2.13 用卡诺图将下列函数化为最简“与或”式；

(1) $F=ABC+\overline{A}\,\overline{B}C+\overline{A}B\,\overline{C}+A\,\overline{B}\,\overline{C}+\overline{A}\,\overline{B}\,\overline{C}$；

(2) $F=AC+ABC+A\,\overline{C}+\overline{A}\,\overline{B}\,\overline{C}+BC$；

(3) $F=\overline{B}\,\overline{D}+ABCD+\overline{A}\,\overline{B}\,\overline{C}$；

(4) $F=\overline{A}BCD+ABC+DC+D\,\overline{C}B+\overline{A}BC$；

(5) $F=A\,\overline{B}+\overline{A}C+B\,\overline{C}\,\overline{D}+BCE+B\,\overline{D}E$；

2.14 用 Q-M 法化简下列函数。

(1) $F=(X+Y)Z+XYW+ZW$；

(2) $F=(X+Y)Z+\overline{X}\,\overline{Y}W+ZW$；

(3) $\begin{cases} F = \sum m^4(1,3,4,5,6,7,15); \\ G = \sum m^4(1,3,10,14,15); \end{cases}$

2.15 将下列函数化简，并用“与非”门画出逻辑电路。

(1) $F = \sum m^3(0,2,3,7)$；

(2) $F = AB + \overline{A}C + (\overline{A} + B)(A + \overline{C})$；

(3) $F = \overline{A}(\overline{B} + A)(\overline{B} + \overline{C}) + (CB + \overline{D})$；

(4) $F = A\,\overline{B} + A\,\overline{C}D + \overline{A}C + B\,\overline{C}$；

(5) $F = \sum m^4(0,2,8,10,14,15)$；

2.16 用最少的“与非”门画出下列多输出逻辑函数的逻辑图。

(1) $\begin{cases} F = A\,\overline{C} + \overline{B}C + \overline{A}C \\ G = A\,\overline{B} + B\,\overline{C} + \overline{A}B \end{cases}$

(2) $\begin{cases} F = \sum m^4(2,3,4,10,11,15) \\ G = \sum m^4(0,2,4,8,10,11,15) \\ H = \sum m^4(0,2,4,6,10,11,15) \end{cases}$

第 3 章　集成门电路与触发器

3.1　集成逻辑电路的分类

目前，在数字系统中使用的集成逻辑电路，基本上分为两大类：一类是用双极型半导体器件作为元件的双极型集成逻辑电路；一类是用金属-氧化物-半导体场效应晶体管(metel-oxide-semiconductor field effect transister，MOSFET)作元件的 MOS 集成逻辑门电路。

常用的集成双极型逻辑电路有以下几类：

(1) 晶体管-晶体管逻辑 (transistor-transistor logic，TTL)电路。TTL 电路又分为中速 TTL；高速 TTL (简称 HTTL)；在电路中引入肖特基二极管 (Schottky diode)的 TTL，称为肖特基 TTL (简称 STTL)；低功耗肖特基 TTL (简称 LSTTL)；先进肖特基 TTL(简称 ASTTL)；先进低功耗肖特基 TTL (简称 ALSTTL)等。

TTL 电路具有中等开关速度，每级门的传输延迟时间最快为 3～7m/μs；电路占用管芯面积较大，集成度低于 MOS 集成电路；电路的驱动能力较强，扇出系数一般为 10；电路的功耗较大(但 LTTL、LSTTL 功耗较低)，典型 TTL 门电路的速度功耗乘积为 1.32×10^{-10}J。典型 TTL 电路的"性能价格比"较为理想。在数字系统中，广泛地使用了 TTL 电路。

(2) 射极耦合逻辑 (emitter coupled logic，ECL)电路。电路特点是：速度快，电路的传输时间可达毫微秒量级；功耗大，速度功耗乘积和 TTL 电路相当；负载能力强；逻辑摆幅仅有 0.8 V，抗干扰能力弱；具有互补输出。因此，ECL 电路使用在要求速度快、干扰小，而又不计较功耗的数字系统中。

(3) 高阈值逻辑 (high threshold logic，HTL) 电路。在电路中引入了齐纳二极管，以提高电路的阈值电压。因此，HTL 电路使用在环境比较恶劣而对速度要求不高的数字系统中。

双极型逻辑电路还有集成注入逻辑(integrated injection logic，I^2L) 电路，或者称为并合晶体管逻辑 (merged transistor logic，MTL)电路。

MOS 集成电路种类很多，MOS 电路按沟道类型来分，有 N 沟和 P 沟两种；按工作类型来分，有耗尽型(depletion) 和增强型(enchancement)两种；按栅极材料来分有铝栅和硅栅两种；此外还有互补 MOS 电路等。MOS 电路线路简单、功耗小、集成度高和制造工艺简单。目前在大规模和超大规模集成电路中应用比较广泛，但是其速度比 TTL 低。

为了提高 MOS 集成电路的速度，降低功耗，提高集成度，在线路结构、制造工艺上采取不同的措施，发展了 V 型沟道的 MOS(简称 VMOS)、双扩散 MOS(简称 DMOS)、HMOS 等新型 MOS 电路。

由于篇幅限制，在这一章中，只介绍 TTL 门电路与触发器。

3.2 正逻辑和负逻辑的概念

如果把逻辑电路的输入、输出电压的高电平“H”赋值为逻辑“1”；把低电平“L”赋值为逻辑“0”，这种关系为正逻辑关系。

如果把逻辑电路输入、输出电压的高电平赋值逻辑“0”；把低电平赋值逻辑“1”，这种逻辑关系为负逻辑关系。

假设有一个逻辑门电路，它的两个输入端 A、B 中只要有一个为低电平时，输出 F 为高电平(H)；当两个输入均为高电平时，输出 F 为低电平(L)。写出该逻辑门电路的功能表如表 3-1(a)所示。如果以正逻辑关系来写该电路的真值表(表 3-1(b))，并根据真值表，写出输出 F 的逻辑表达式为：$F=\overline{AB}$，电路输出和输入为“与非”关系。如果按照负逻辑关系列上述电路的真值表(表 3-1(c))，写出的逻辑表达式为 $F=\overline{A+B}$，电路输出与输入为“或非”的关系。

表 3-1(a)

某电路功能表

A	B	F
L	L	H
H	L	H
L	H	H
H	H	L

表 3-1(b)

电路的正逻辑功能表

A	B	F
0	0	1
1	0	1
0	1	1
1	1	0

表 3-1(c)

电路的负逻辑功能表

A	B	F
1	1	0
0	1	0
1	0	0
0	0	1

从上述可以看到：同一个逻辑门电路，在正逻辑下是实现“与非” 功能的，在负逻辑下却实现“或非”功能。正逻辑下的“与非”门就是负逻辑下的“或非”门，表 3-2 列出了正、负逻辑下对应的门电路的类型。为了避免混淆，在分析逻辑电路时，首先必须规定是正逻辑还是负逻辑。以后凡无特殊说明，本书都采用正逻辑。

表 3-2 正、负逻辑下对应的门电路

正逻辑	负逻辑	正逻辑	负逻辑
或门	与门	或非门	与非门
与门	或门	异或门	同或门
与非门	或非门	同或门	异或门

3.3 TTL 门电路

3.3.1 “与非”门

TTL 门电路是构成逻辑系统的主要产品之一。它不仅是构成中、大规模集成电路的一种基本电路，也是由中、大规模集成电路组成的数字系统及微处理机系统中不可缺少的一种电路。

“与非”门是门电路中最重要的一种电路，图 3-1 是典型“与非”门的电路图和结构图。

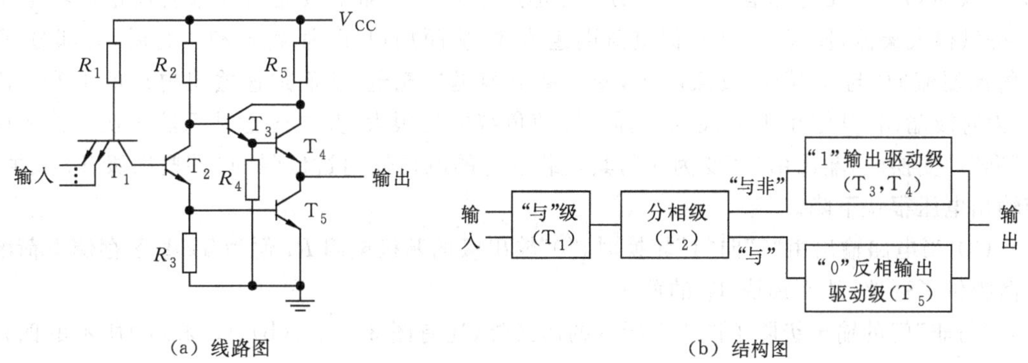

（a）线路图　　（b）结构图

图 3-1　典型“与非门”

“与非”门的“与”功能是由多发射管 T_1 来实现的。这里，T_1 的射极是“与”级的输入端，T_1 的集极是“与”级的输出。若 T_1 有一个输入为“0”，那么，R_1 中的电流 I_{R_1}（又称门电流）便经 T_1 射极流向“0”输入端，由于 T_1 集流为零，此时 T_1 深饱和，其集电极为低电平，“与”输出为“0”。若 T_1 的输入均为“1”，那么，I_{R_1} 便经 T_1 集极流向 T_2 基极，使 T_2、T_5 导通。此时，T_1 处于倒置工作状态，其集极电位较高（为 T_2、T_5 射结正向压降之和），“与”输出为“1”。

T_2 是分相放大器，基极是它的输入，它有两个输出端：集极和射极。集极电压和射极电压是反相的，而射极电压则是跟随基极电压的。所以，T_2 集极和射极的逻辑状态是相反的。T_2 集极实现“与非”逻辑，而 T_2 射极仍实现“与”逻辑。

T_3、T_4 射极跟随器网络组成“1”输出驱动级（简称“1”输出级）；T_5（反相器）组成“0”反相输出驱动级（简称“0”输出级）。上述两输出级的输出连在一起便构成了“与非”门的输出。这两个输出级分别是由分相级的两个输出来驱动的。在静态时，只有一个输出级是工作的。

当“与非”门输入有一个为“0”时，T_2 和“0”输出级均截止。此时，T_2 的集极电位约为 V_{CC}，它能使“1”输出级的 T_3、T_4 导通，从而把分相级集极的“与非”逻辑（此时为“1”）传送到“与非”门的输出。由于射极跟随器的输出阻抗很低，所以此电路有较强的驱动负载（指接地的电阻和接地的电容）能力。

当“与非”门输入均为“1”时，T_2、T_5 均导通，“0”输出级处于饱和状态。因为 T_2 集极电位为其集-射饱和压降 V_{ces_2} 和 T_5 射结压降 V_{be_5} 之和（约为 1V），它仅能使 T_3 微导通，而不能使 T_4 导通，所以“1”输出级是截止的。“0”输出级起下述两个作用：第一，它使分相级的射极输出“1”反相，从而实现输出对输入的“与非”逻辑；第二，提高电路驱动（接电源的）电阻负载能力。

“与非”门电路的结构能保证电路有较快的开关速度，其原因如下：

（1）当“与非”门输入由“1”变为“0”时，因 T_1 射极突然接低电平，I_{R_1} 流向 T_1 射极，T_1 处于放大工作状态，因此，有一股很大的 $\beta_1 I_{R_1}$ 电流（这里，β_1 是 T_1 的共射电流放大倍数）从 T_2 基极流向 T_1 集极，使 T_2 基区存储电荷迅速消散，从而加速电路由“1”向“0”转换。待 T_2 基区电荷逸散后，T_1 集流为零，T_1 处于深饱和状态。

(2) “与非”门的“1”输出级和“0”输出级组成了“推拉”式输出结构。当输入由“1”向“0”变换时，在 T_2 截止过程中，T_2 集压 V_{c_2} 迅速上升，“1”输出级能给尚未脱离饱和状态的 T_5 提供很大集流，使 T_5 集区存储电荷迅速消散，从而加快 T_5 脱离饱和。此后，大部分 T_4 的射流便流向“与非”门的负载电容，使负载电容迅速充电，从而加速输出电压的上升。因 T_4 为射极输出，其输出阻抗很低，因此，即使负载电容很大，其电压上升仍然很快。输入由“0”向“1”变换时，输出由“1”变为“0”，其负载电容的电荷便通过低阻的“0”输出级 T_5 放掉，使输出电压很快下降。

(3) 当电路输出由“0”向“1”转换时，“0”输出级的基极电阻 R_3 便为 T_5 基区存储电荷的消散提供了通路，从而加快 T_5 的截止。

“与非”门的输出级除了图 3-1 所示的形式外，还有图 3-2(a)、(b)、(c)和(d)所示的四种形式。下面分别介绍这四种形式的特点。

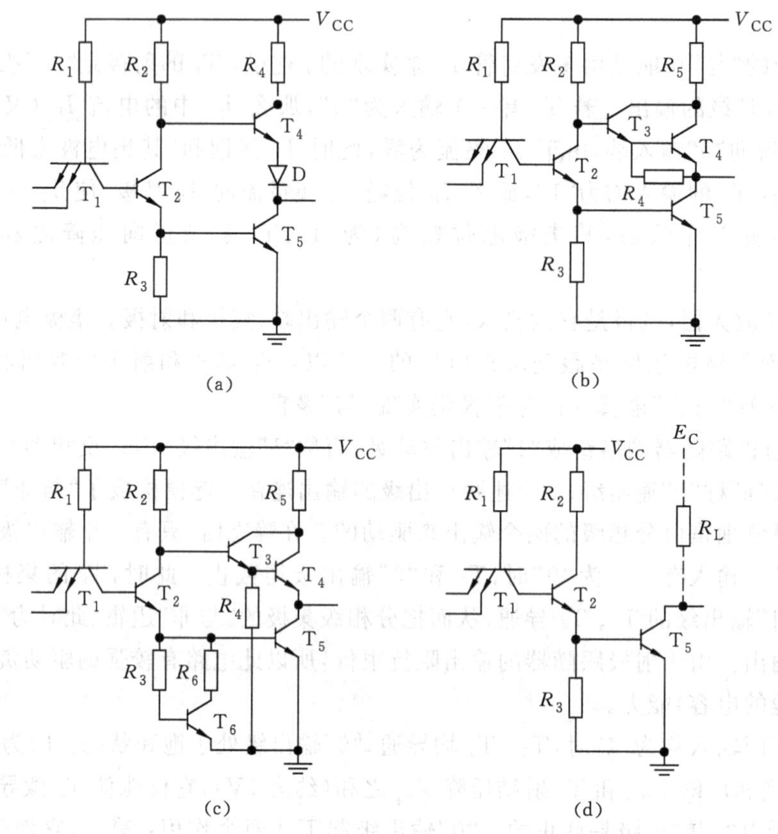

图 3-2 “与非”门的其他四种输出形式

图 3-2(a)所示电路的“1”输出级由射极跟随器 T_4 和 D 组成，它和图 3-1 所示电路相比较有以下两个特点：

(1) 截止功耗(输出为“1”时电路的功耗)比图 3-1 所示电路小。在图 3-1 所示电路中，当电路输出为“1”时，R_4 上的压降比较高，约为 $V_{CC}-V_{be_3}$，R_4 要消耗一定的电流。而图 3-2(a) 所示电路由于去掉了 R_4、T_3，因此截止功耗小。

(2) “1”输出驱动负载的能力弱一些。因为此电路“1”输出阻抗比图 3-1 所示电路大，当输出电压上升时，对负载电容充电时间变长。为获得较小的上升时间，应适当减少负载电容。

图 3-2(b)所示电路是对图 3-1 所示电路的改进，它将 R_4 接在输出端，这种输出形式有如下三个特点：

(1) 在一般使用情况下，电路的“1”输出电流 I_{OH} 是比较小的。此时，它在 R_4 上的压降不能打开 T_4 射结，输出“1”电平比图 3-1 和图 3-2(a)所示电路约高一个结压降，其值为：

$$V_{OH} = V_{CC} - V_{be_3} - I_{OH}R_4 \approx V_{CC} - V_{be_3}$$

所以，电路的输出逻辑摆幅以及“1”噪声容限都比图 3-1 所示电路大，只有当 I_{OH} 较大时，T_4 才导通，V_{OH} 和图 3-1、图 3-2(a)所示电路相同。

(2) 因 R_4 不接地，故电路的截止功耗比图 3-1 所示电路小。

(3) 输出电压的上升时间比图 3-1 所示电路的大，其原因如下：在输出电压上升的开始阶段，因电压较低，故“1”输出级的电流很大，此时，T_4 是导通的，输出电压上升速度和图 3-1 所示电路相同。随着输出电压的升高，T_4 趋向截止，“1”输出级输出阻抗变大。因此，在输出上升结束阶段，对负载电容的充电速度变慢。

图 3-2(c)所示电路的特点是用三极管网络 T_6 代替 T_5 的基极电阻 R_3，它给电路带来了下述两个好处：

(1) 当输入由“1”向“0”转换时，由于 T_6 和 T_5 同时导通，因而可以增强电路转移特性的矩形性，增大电路的“0”噪声容限。

(2) 可以改善开关特性。在 T_5 基极采用分流电阻 R_3 的电路中，减小 R_3 虽能使 T_5 工作在浅饱和区，从而使电路的上升延迟 $t_{P_{LH}}$ 减小，但这却使 T_5 的开启基流减小，从而使电路的下降延迟 $t_{P_{HL}}$ 增大。为了较好地解决这个矛盾，可以采用饱和的 T_6 网络来代替 R_3。下面从两个方面来说明采用 T_6 网络的好处。第一，如果适当地增大 T_6 基极电阻 R_3，那么，T_6 的导通便被推迟。只要使 T_6 的导通滞后于 T_5 的导通，那么，在电路由“1”向“0”过渡时，由于截止的 T_6 不会使 T_5 的基流分流，而使 T_2 的射流全部流向 T_5 基极，因此可以加速 T_5 的开启。这种情况就不像图 3-1 和图 3-2(b)所示电路那样，那里 R_3 的分流作用在 T_5 开始获得基流时就已经存在了。第二，只要 R_3 和 R_6 保持一定比值，使 T_6 饱和，并在此前提下尽量减小 R_6，以增强在 T_5 截止过程中它对 T_5 的分流，那么，这样便可在不增加电路 $t_{P_{HL}}$ 的前提下减小 $t_{P_{LH}}$。因为在电路中没有采取加速 T_6 电荷消散的措施，故它的截止比 T_5 的截止要慢。于是，在 T_5 截止过程中，T_6 就成了 T_5 基区电荷消散的低阻通路。综合上述两个方面可以得出：采用 T_6 网络既可使 T_5 工作在浅饱和状态，又可获得较小的下降延迟。因此，这种六管电路又称为高速浅饱和电路。

图 3-2(d)所示电路是集极开路输出“与非”门(简称开路“与非”门)。由于它比其他输出形式的门电路少了“1”输出级，因此有以下两个特点：

(1) 可以对它们进行“线与”连接(正逻辑的“线与”相当于负逻辑的“线或”)，如图 3-3 所示。其连接点的逻辑状态为各门输出状态的“与”。

(2) 电路的上升延迟比较大。其原因可以从两方面来说明：一方面，由于它没有“1”输出级，故 T_5 的退饱和时间比其他形式的门电路要长；另一方面，由该电路对负载电容的充电电流只能由 V_{CC} 通过“线与”端的负载电阻(它连向 V_{CC}，故称提升电阻)R_L 来提供，而 R_L

又受集极开路输出门最大“0”输出电流 $I_{OL_{max}}$ 的限制，R_L 不能太小，因此“线与”端电压上升时间比较长。如果不允许出现较大的上升延迟，则可以使用大功率集极开路输出门，并通过减小开路门的负载电阻 R_L 来缩短上升延迟。

开路门主要用来驱动总线和其他元件，如发光二极管等。

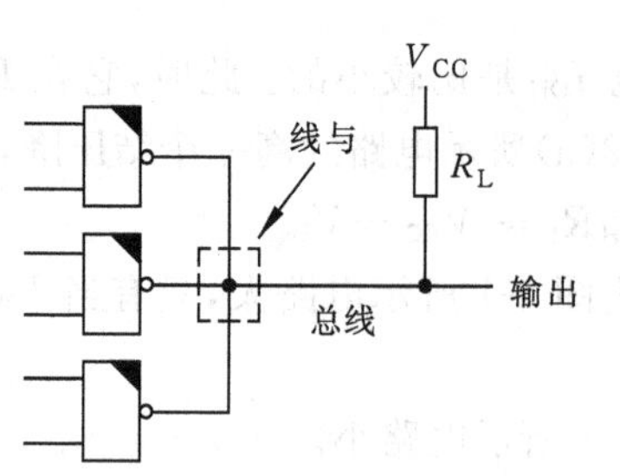

图 3-3 集电极开路输出“与非”门进行“线与”连接

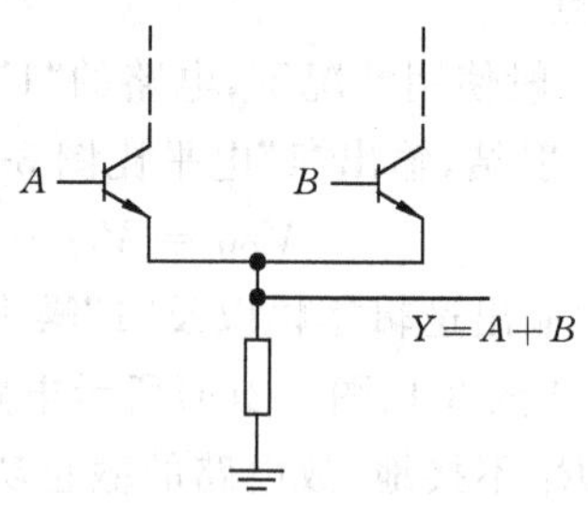

图 3-4 “线或”连接图

3.3.2 “与或非”门

在 TTL 电路中，除了有“线与”连接外，还有一种如图 3-4 所示的“线或”连接。这时，只要将信号分别送至射极跟随器的输入端，将各射极输出连在一起，便可在连接处实现“或”逻辑。

采用“线与”、“线或”连接，可以很容易地实现“与或非”功能。在图 3-5 所示的“与或非”电路中，是借助于 T_2 和 T_2' 的集极来分别实现 $\overline{AB}$ 和 $\overline{CD}$ 的逻辑关系。T_2 和 T_2' 集极“线与”，其连接点 Y' 的逻辑表达式为：

$$Y' = \overline{AB}\ \overline{CD} = \overline{AB + CD}$$

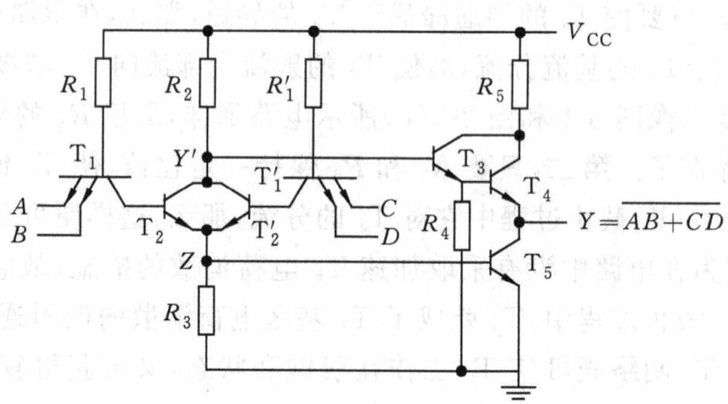

图 3-5 “与或非”的线路图

T_2 和 T_2' 的射极分别实现 AB 和 CD，其射极“线或”，其连接点 Z 的逻辑表达式为：

$$Z = AB + CD$$

Y' 和 Z 分别经“1”、“0”输出级到达输出端 Y。此时 Y 的逻辑表达式即为：

$$Y = \overline{AB + CD}$$

和“与非”门相似，“与或非”门的输出形式同样可以有如图 3-2 所示的几种类型。

3.3.3 “与”门

图 3-6 所示的是“与”门线路，它是按“与非-非”逻辑构成的。首先由 T_2 集电极实现“与非”逻辑，然后再经 T'_2 分相级、“1”输出级 T_3、T_4 网络、“0”输出级 T_5 形成“与”输出。线路中设置 D 是为了使“与”门电路的门槛电平(或称阈电平)和“与非”门的相当。由于 T_2 集极“0”电平较高(其值为 $V_{ces_2}+V_{D_1}\approx 1V$)，因此，为了增大电路的噪声容限，采用三极管网络作为“与”门电路“0”输出级的基极回路。因为 T_2 集极只驱动 T'_2分相级，它的负载很小，可以不在 T_2 后面设置“0”、“1”输出级。

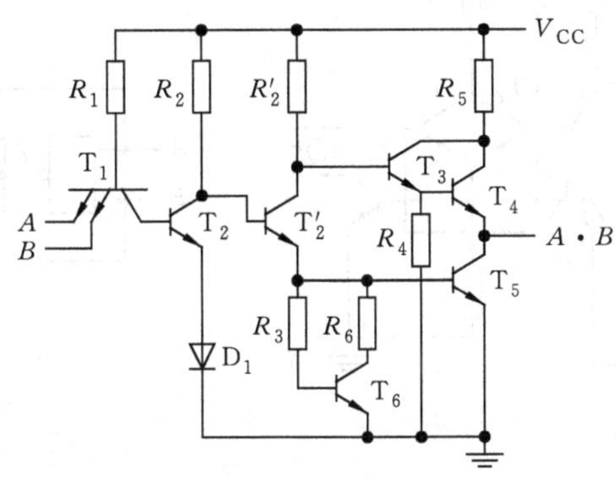

图 3-6 “与”门线路图

3.3.4 “异或”门和“异或非”门

图 3-7 所示电路是一种集成化的“异或”门电路。现在通过分析其逻辑结构来说明其原理。图中 T_1 为“与”级，其输出为：$P=AB$。$T_2\sim T_5$、D_1 组成“或非”门，其输出 $Q=\overline{A+B}$。$T_6\sim T_{11}$是一个对 P、Q 实现“或非”运算、同时又具有“0”、“1”输出级的“或非”门，其输出表达式为：

$$Y=\overline{P+Q}=\overline{AB+\overline{A+B}}=\overline{A}B+A\overline{B}=A\oplus B$$

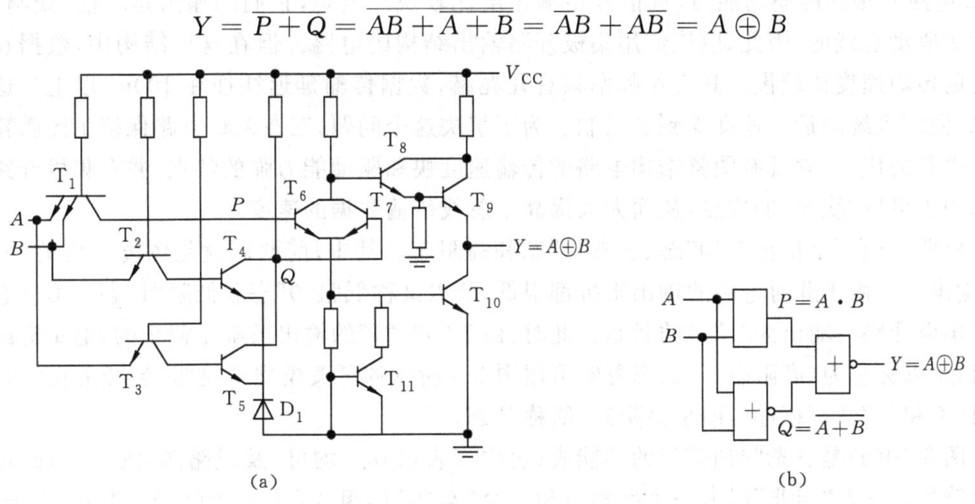

图 3-7 “异或”门的线路图

所以,图 3-7 是一个“异或”门电路。

图 3-8 所示电路是一种集成化的集极开路输出的“异或非”门。

$T_1 \sim T_3$ 是“与非”门,其输出 $P=\overline{AB}$。$T_4 \sim T_8$ 是集极开路输出“与或非”门,其输出 Y 为“异或非”逻辑:

$$Y=\overline{PA+PB}=\overline{\overline{AB}A+\overline{AB}B}$$
$$=\overline{A \oplus B}$$

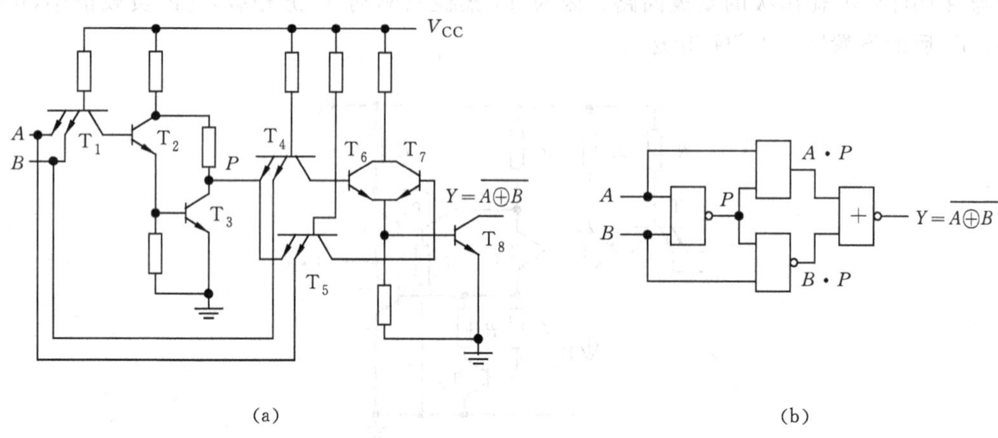

图 3-8 “异或非”门的线路图

3.3.5 三态门

1. 原理

三态电路是一种最重要的总线接口电路,它是计算机系统不可缺少的电路。在其他数字系统中,三态电路也得到了愈来愈广泛的应用。

前面已讲过,虽然图腾输出结构(指图 3-1、图 3-2(a)、(b)、(c)所示电路的输出结构)的 TTL 电路有很强的驱动能力,且信号传输速度比较快。但是,它们的输出是不能“线与”在一起去驱动总线的,因此,应该使用集极开路输出结构的电路。但在这种结构中,数据在总线上的传输速度比较慢。其工作频率只有几兆赫,数据传输延迟往往在 100ns 以上。这样一来,便使系统的运行速度受到了限制。为了解决这个问题,三态逻辑电路保留了图腾输出结构电路的优点:它既有图腾结构电路的传输速度快和驱动能力强的特点,并有集极开路电路的输出可以“线与”的优点,从而大大提高了总线传输数据的速度。

所谓“三态”是指正常“0”态、正常“1”态和高阻态。其中,前两态就是图腾结构的“0”和“1”输出态。由于此时电路的输出阻抗都很低,所以又称低阻“0”态和低阻“1”态。第三态相当于集极开路门输出为“1”时的状态。此时,由于“0”、“1”的输出级都是截止的,电路输出呈高阻,所以称它为“高阻态”。三态逻辑可用图 3-9 所示的开关模型来说明:当开关在中间位置时(不和“0”、“1”相连),即呈高阻态,简称 Z 态。

图 3-10(a)是三态“与非”门的功能表(表中×表示 0、1 均可)及线路图,图 3-10(c)是其图形符号。三态“与非”门由一个反相门和一个“与非”门组成(图 3-10(b))。其中,$T_1 \sim T_6$ 为“与非”门,$T_7 \sim T_{10}$ 为反相门。当控制输入 $\overline{G}$ 为“0”时,反相门输出为“1”,三态电路就是

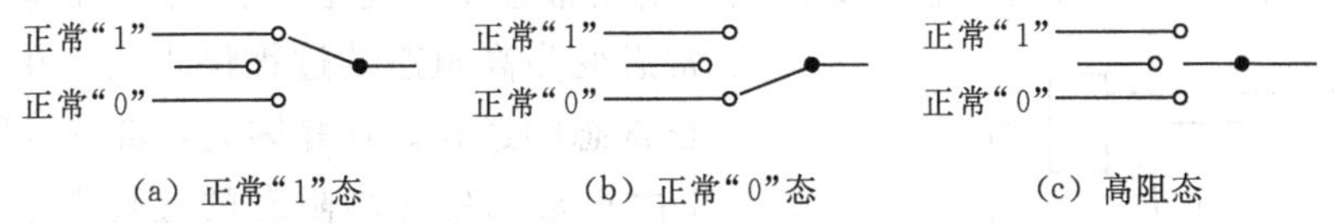

(a) 正常“1”态　　(b) 正常“0”态　　(c) 高阻态

图 3-9　三态电路的模型

一个普通“与非”门，其输出 Y 和数据输入 A、B 的关系为 $Y=\overline{AB}$，三态电路处于正常态；当 $\overline{G}$ 为“1”时，反相门输出为“0”，因反相门输出和“与非”门输入是连接的，所以，不管数据是“0”还是“1”，T_2、T_5 均处于截止状态；由于反相门的输出还经过二极管 D_2 和 T_2 集极相连，它把原来约为 5V 的 T_2 集电位钳制在($V_{ces_{10}}+V_{D_2}$)(约为 0.9V)上，而这个电压只能打开 T_3 而不能打开 T_4，所以“与非”门的“1”输出级也处于截止状态。由于此时，“与非”门输出既不能吸收负载电流，又不能向负载流出电流，电路输出阻抗很高，故属高阻态。这里，D_2 是非常必要的，因为如果 D_2 用短线代替，那么当 $\overline{G}$ 为“0”时，T_9 导通，如果此时 $A=B=$“1”，则 T_2 也导通，这样一来，就会有很大的电流自 T_9 流向 T_2，使 T_2 集极电位抬高而影响 Y 的逻辑状态。若设置了 D_2，则可阻挡由 T_9 流向 T_2 的电流。

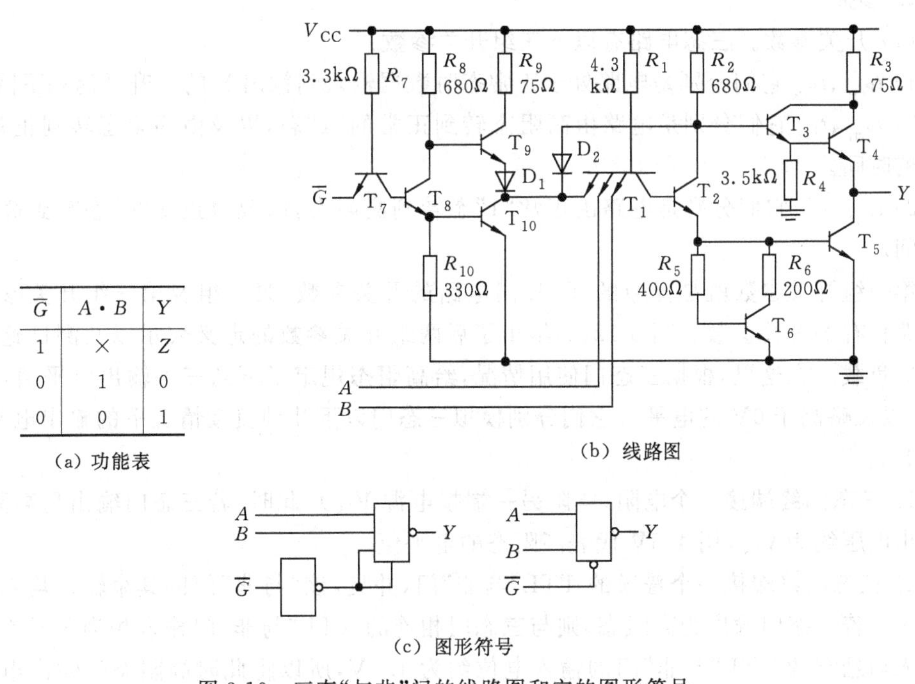

$\overline{G}$	$A\cdot B$	Y
1	×	Z
0	1	0
0	0	1

(a) 功能表　　(b) 线路图

(c) 图形符号

图 3-10　三态“与非”门的线路图和它的图形符号

当几个三态门共同驱动总线时，应该只有一个三态门处于正常态，其余的三态门均应处于高阻态。在图 3-11 所示的三态门系统中，如果要使数据 D_1 通过总线，那么 D_2 就应该被禁止。所以，此时 $\overline{G}_1$ 应为“0”，$\overline{G}_2$ 应为“1”。这样一来，三态门 2 就和总线脱开，三态门 1 和总线接通，数据 D_1 通过图腾结构的“与非”门流向总线。因此，数据传输速度很高。

在图 3-11 中，如果原来是 D_1 通过总线，而现在要使 D_2 通过总线，那么，如何实现这种转换呢？为了实现这个转换，$\overline{G}_2$ 应由“1”变为“0”，也就是应使门 2 由高阻态变为正常态，与此同时，$\overline{G}_1$ 应由“0”变为“1”，也就是应使门 1 由正常态变为高阻态。但是，必须使门 1 由正常态变为高阻态的过程快于门 2 由高阻态变为正常态的过程。这是因为：如果不是这样(即门 1 由正常态变为高阻态的过程慢于门 2 由高阻态变为正常态的过程)，那么在转换过程中，就会出现门 1、2 均为正常态的短暂过程。此时，如 $D_1=0$、$D_2=1$，门 1 的“1”输出级和门 2 的“0”输出级之间(或者如 $D_1=1$、$D_2=0$，门 2 的“1”输出级和门 1 的“0”输出级之间)就会有较大的电流(称为浪涌电流)，从而影响总线的正常工作；如果门 1 由正常态变为高阻态的过程快于门 2 由高阻态变为正常态的过程，那么，在转换过程中，先是门 1、2 均为高阻态，然后门 2 才进入正常态，此时总线的工作才会正常。可以从两个方面来实现上述要求：第一方面，在使用三态电路时，使控制信号 $\overline{G}_1$ 的正跳变比它的负跳变先到达；第二方面，在设计三态电路时，确保电路由正常态到高阻态的传输延迟小于电路由高阻态到正常态的传输延迟。

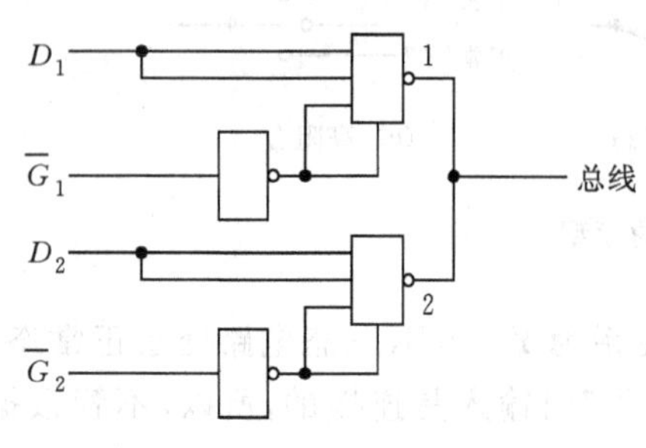

图 3-11　两个三态门驱动总线

2. 参数

(1) 开关参数。三态电路有以下三组开关参数：

1) $t_{P_{LH}}$、$t_{P_{HL}}$ 它们分别是电路处于正常态时数据输入到输出 Y 的上升延迟和下降延迟。

2) $t_{P_{ZH}}$、$t_{P_{ZL}}$ 它们分别是电路由高阻态转到正常的“1”态，以及由高阻态转到正常“0”态所需的时间。

3) $t_{P_{HZ}}$、$t_{P_{LZ}}$ 它们分别是电路由正常“1”态转到高阻态，以及由正常“0”态转到高阻态所需时间。

第一组开关参数就是普通的 TTL 门电路的开关参数，第二组及第三组开关参数是三态电路特有的开关参数。图 3-12(a)给出了后两组开关参数的定义表示以及测试这些参数的等效负载。在这里，根据三态门使用情况，给高阻态规定了下列三种输出电平值：4.5V、1.5V 以及略高于 0V 的电平。它们分别模拟三态门以下几种负载情况下的输出电平值(见图 3-13)：

1) 三态门终端接一个电阻(电阻另一端接电源 V_{CC})，此时，若三态门输出呈高阻态，则其输出电压约为 V_{CC}，用 4.5V 代表高阻态的电平值。

2) 三态门终端接一个普通的 TTL“与非”门，并且，该“与非”门的其余输入均悬空或呈高阻态。若三态门输出为高阻态，则与三态门相连的 TTL“与非”门输入相当于悬空的。由于输入均悬空的 TTL“与非”门的输入电位约为 1.5V，所以将此时高阻态的输出电平规定为 1.5V。

3) 三态门终端接一个普通“与非”门，并且该“与非”门的其余输入中有一个为“0”。我们知道，若“与非”门有一个输入为“0”，那么，此门的另一个悬空输入端的电位便约为 0V。所以，若三态门输出为高阻态，用略高于零伏的电平代表高阻态的输出电平(图 3-13)。

这三种电平可由图 3-12(b)所示的等效负载来形成。如果等效负载中的开关 S_1 合上、S_2 打开，那么等效负载的电位便约为 4.5V；如果 S_1、S_2 均合上，那么等效负载的电位约为 1.5V；如果 S_1 打开、S_2 合上，那么等效负载的电位便约为 0V。

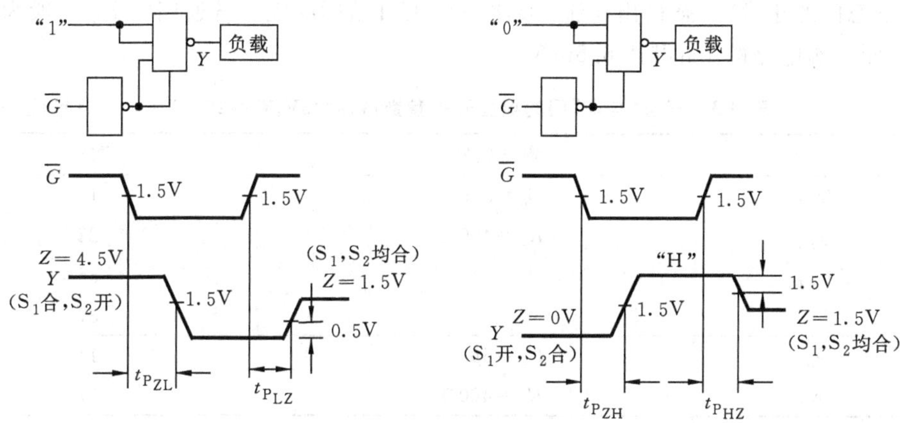

(a) 三态电路开关参数

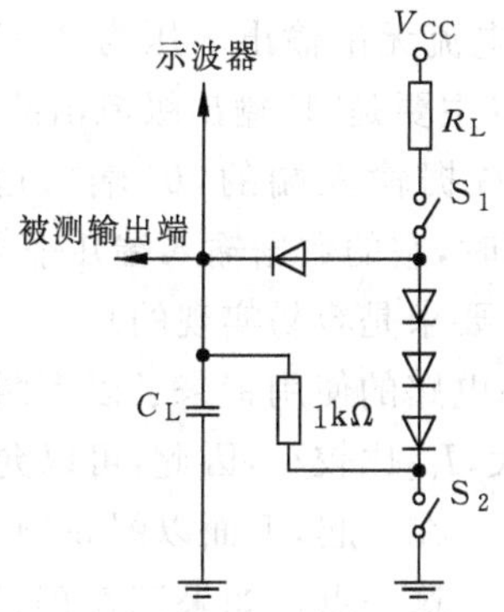

(b) 测试开关参数时等效负载

图 3-12

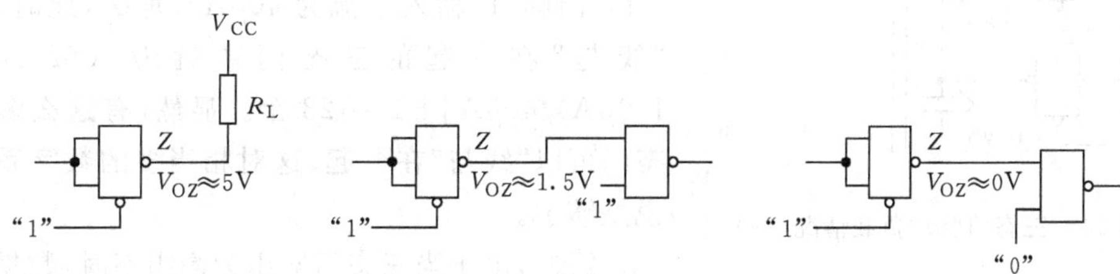

图 3-13　三态电路的三种负载

已经讲过，三态电路由正常态转到高阻态的延迟，应小于由高阻态转到正常态的延迟。因此开关参数应满足 $t_{P_{LZ}}<t_{P_{ZL}}$、$t_{P_{HZ}}<t_{P_{ZH}}$，由于 $t_{P_{LZ}}$、$t_{P_{HZ}}$ 是 $\overline{G}$ 由“0”变到“1”时的开关参数，$t_{P_{ZL}}$、$t_{P_{ZH}}$ 是 $\overline{G}$ 由“1”变到“0”时的开关参数，所以，只要适当地选择三态“与非”门中反相门的参数(例如，适当地减小它的 R_7 及分相级的射极电阻 R_{10}，使它的下降延迟小于它的上升延迟)，这个参数要求是容易满足的。表 3-3 给出了三态“与非”门的典型开关参数。

(2) 直流参数。三态电路的直流参数和普通 TTL 门的直流参数相比，有三个显著的特点：

1) 三态门的正常“1”态输出电流 I_{OH} 比一般 TTL 的 I_{OH} 大。普通门的 I_{OH} 一般为 400～1000μA，而三态电路的 I_{OH} 可达 6.5mA。

表 3-3 三态“与非”门的典型开关参数($V_{CC}=5V, T=20℃$) （单位：ns）

参数	测试条件	数值
$t_{P_{LH}}$	$C_L=50p$	16
$t_{P_{HL}}$	$R_L=400\Omega$	22
$t_{P_{ZH}}$		35
$t_{P_{ZL}}$		37
$t_{P_{HZ}}$	$C_L=5p$	11
$t_{P_{LZ}}$	$R_L=400\Omega$	27

2) 三态门高阻态的输出漏电流 I_{OZ}，比集电极开路门电路的输出漏电流小。后者的漏电流一般最高达 250μA，而前者的漏电流无论输出电压为 2.4V 时（主要是流向“0”输出级的漏电流），还是输出电压为 0.4V 时（主要是“1”输出级流出的漏电流）都不大于 40μA。

3) 当三态门输出为高阻态时，数据输入端的“0”输入电流 I_{IL} 非常小，一般不大于 40μA。这就是说，三态门处于高阻态时，它的数据输入端几乎与前一级是脱开的（只要三态门中反相门的“0”输出电平较低，这个要求是容易实现的）。

上述三个直流参数的特点给三态电路的使用带来了以下两个好处：

第一，由于三态电路的 I_{OH} 比较大，I_{OZ} 比较小，因此，可以允许很多三态电路输出“线与”在一起，下面以图 3-14 所示三态门系统为例来说明这一点。如果三态门的 I_{OH} 为 5.2mA，I_{OZ} 为 40μA（**注意**：I_{OZ} 是流向输出端的），要求三态电路输出“线与”后，当总线逻辑状态为“1”时，还能向总线提供 120μA 的“1”输出电流去驱动 3 个 TTL 门（假定 TTL 门的“1”输入电流为 40μA），那么，此时，可以“线与”在一起的三态门数就为 $[(5200\mu A - 120\mu A)/40\mu A]+1=128$ 个。显然，有这么多个三态门可以“线与”在一起，这对相当多的数字系统来说是够了。

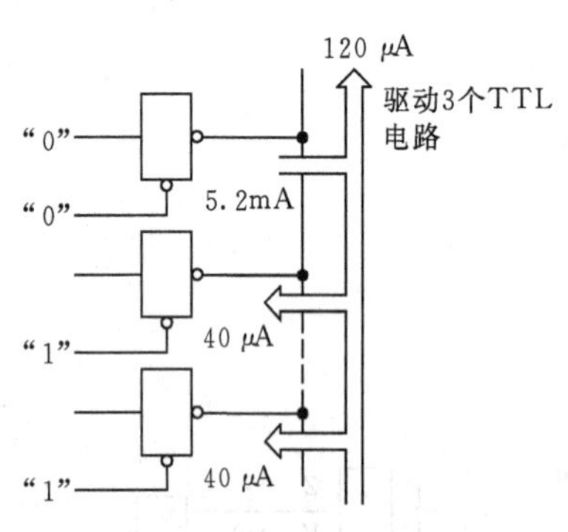

图 3-14 三态门驱动负载情况(一)

第二，由于当三态门输出为高阻态时，数据输入端的 I_{IL} 很小，因此，可以大大增加总线所驱动的三态接收门数。现以图 3-15 所示三态门系统为例来说明这一点，图中，A 组三态门和 B 组三态门各为一组驱动门和接收门；C 组三态门和 D 组三态门也各为一组驱动门和接收门。这里，数据在总线上是双向传输的。现在，如果由 A 组中的一个门去驱动总线，由 B 组中的一个门来接收数据，那么，总线上的其余所有的门电路均应处于“高阻”态。当驱动门输出为“0”时，按普通门计算负载的方法就可以确定，驱动门的“0”输出电流为 $4I_{IL}$（其中 B 组门和 D 组门各为 $2I_{IL}$），再加上处于高阻态的门电路的输出漏电流为 $5I_{OZ}$（其中 C 组为 $3I_{OZ}$，A 组为 $2I_{OZ}$）。但是，由于在 B 组中只有一个处于正常态的门的 I_{IL} 比较大（和普通 TTL 门的 I_{IL} 相当），B 组的另一个门及 D 组的两个门因均处于高阻态，它们的数据输入端的 I_{IL} 很小，所以，在驱动门的“0”输出电流中，除提供了一个处于正常态的接收门的 I_{IL} 外，所剩的大部分“0”输出电流就可以驱动很多个处于高阻态的接收门了。这样一来，系统的性能便可大大提高。

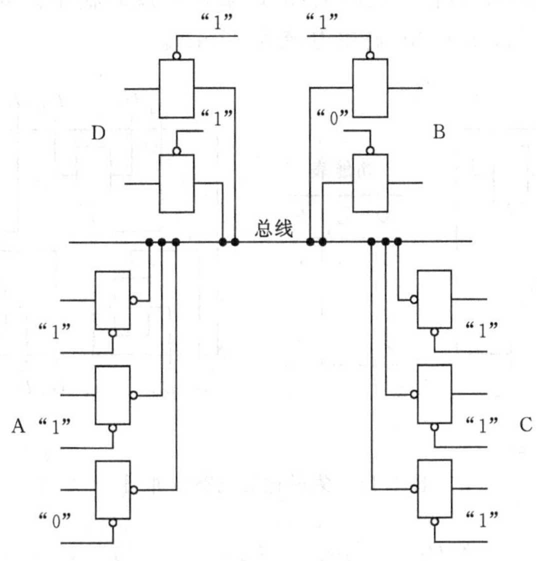

图 3-15　三态门驱动负载情况(二)

表 3-4 列出如图 3-16(a)所示典型的三态缓冲门的直流参数。

表 3-4　三态门的直流参数

参　　数	测 试 条 件 (电压单位：V;电流单位:mA)		最小	典型	最大	单位
V_{IH}(“1”输入电平)			2			V
V_{IL}(“0”输入电平)					0.8	V
V_{OH}(“1”输出电平)	$V_{CC}=4.75, V_{IH}=2, V_{IL}=0.8, I_{OH}=-5.2$		2.4	2.8		V
V_{OL}(“0”输出电平)	$V_{CC}=4.75, V_{IH}=2, V_{IL}=0.8, I_{OL}=16$				0.4	V
I_{OZ}(高阻态输出电流)	$V_{CC}=5.25, V_{IH}=2, V_{IL}=0.8$	$V_0=2.4$			40	μA
		$V_0=0.4$			−40	μA
I_{IH}(“1”输入电流)	$V_{CC}=5.25$	$V_{IH}=5.5$			1000	μA
		$V_{IH}=2.4$			40	μA
I_{IL}(“0”输入电流)	$\overline{G}$	$V_{IL}=0.4$			−1.6	mA
	数据	$\overline{G}=1$　$V_{IL}=0.4$			−40	μA
		$\overline{G}=0$　$V_{IL}=0.4$			−1.6	mA
I_{OS}(输出短路电流)			−28		−70	mA
I_{CC}(电源电流)				36	62	mA

3. 三态电路的种类及它们的应用

由于三态电路有其独特的优点，因此，三态逻辑电路的品种很多。现选几种典型的小规模产品介绍如下：

(1) 三态缓冲器及三态驱动器。图 3-16 和图 3-17 分别是常用的四三态缓冲门和六三态驱动门。在图 3-16 中，每个缓冲门都有各自的三态控制门；在图 3-17 中，6 个电路公用一个三态控制门。为了便于使用，图 3-16 所示三态缓冲门有下列两种类型：三态控制为“1”时输出为高阻态(此时，三态控制端记作 $\overline{G}$)；三态控制为“0”时输出为高阻态(此时控制端记作 G)。缓冲门和驱动门的输出均有下述两类：原码输出和反码输出。驱动门有较大的输出功率，它的“1”输出电流为 5.2mA，“0”输出电流为 32mA。

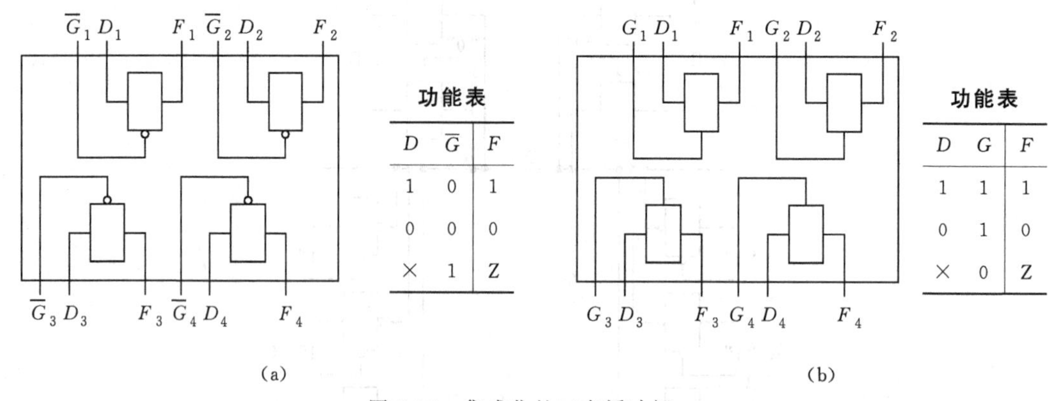

功能表

D	$\overline{G}$	F
1	0	1
0	0	0
×	1	Z

(a)

功能表

D	G	F
1	1	1
0	1	0
×	0	Z

(b)

图 3-16　集成化的三态缓冲门

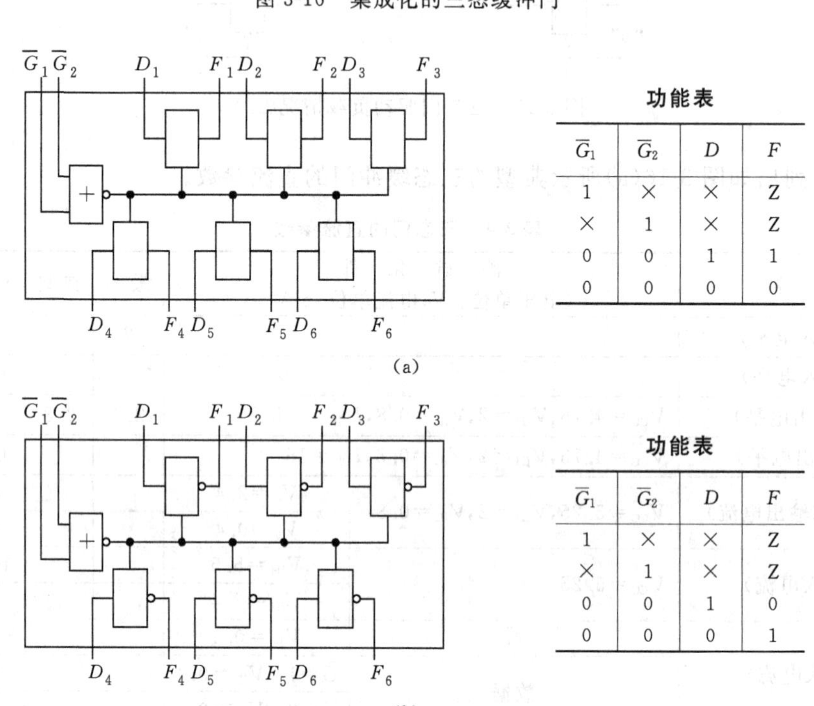

功能表

$\overline{G}_1$	$\overline{G}_2$	D	F
1	×	×	Z
×	1	×	Z
0	0	1	1
0	0	0	0

(a)

功能表

$\overline{G}_1$	$\overline{G}_2$	D	F
1	×	×	Z
×	1	×	Z
0	0	1	0
0	0	0	1

(b)

图 3-17　集成化的三态驱动器

将三态缓冲门和三态驱动门接在普通输出结构的 TTL 系统的输出，就能使 TTL 系统成为有相当驱动能力的三态输出系统，如图 3-18 所示。所以，这些三态缓冲门和驱动门的一个主要用途就是作为 TTL 系统和总线之间的接口。

图 3-19 给出了用图 3-16(a)、(b)所示电路组成总线换向开关。由图 3-19 可知，若换向控制为“0”时，则数据 A 流向上总线，数据 B 流向下总线；若换向控制为“1”，则数据 A 流向下总线，数据 B 流向上总线。

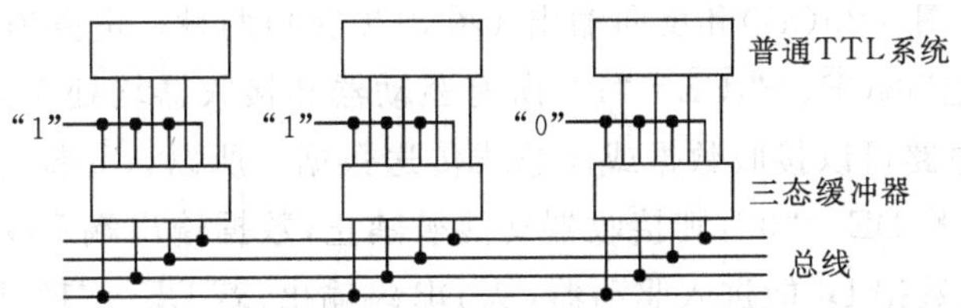

图 3-18 用普通 TTL 系统和三态缓冲门、三态驱动门组成三态输出系统

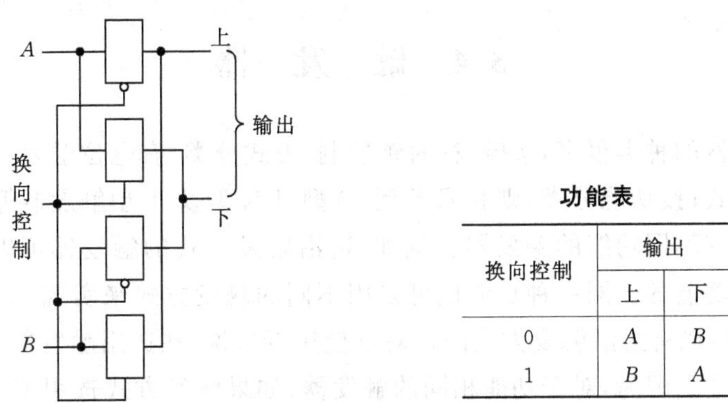

功能表

换向控制	输出	
	上	下
0	A	B
1	B	A

图 3-19 用三态缓冲门构成三态总线换向开关

(2) 双向总线驱动器/接收器。双向总线驱动器/接收器是常用的一种三态电路，它既可以用于接收来自双向总线 DB 的数据经接收器向 DO 总线输出，又可把总线 DI 的数据经驱动器向总线传送数据(数据在双向总线 DB 上的传送是双向的)，图 3-20 是它的典型产品。

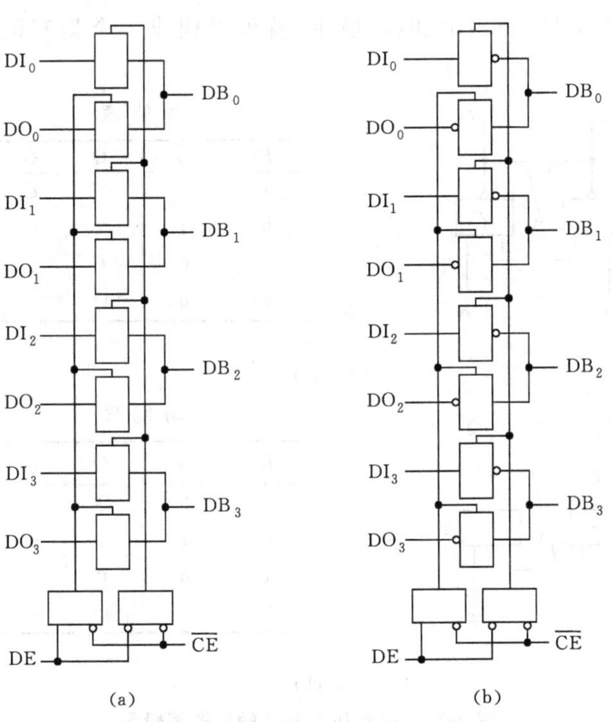

图 3-20 2 种双向总线驱动器/接收器

它有同向输出(图 3-20(a))和反向输出(图 3-20(b))两种。电路有两个控制端:"数据使能"端 DE 及"片选"端$\overline{CE}$。当$\overline{CE}$="1",所有驱动器和接收器均处于高阻态,电路功能被禁止;当$\overline{CE}$="0",电路可以接收数据或向总线传送数据。所以,$\overline{CE}$端实际上就是三态控制端。在$\overline{CE}$="0"时,若 DE="0",则接收器功能被禁止,数据输出端 DO 呈高阻态,此时,驱动器是工作的,输入数据 DI 能进入驱动器,从 DB 端输出;若 DE="1",则接收器工作,它接收来自 *DB* 的数据,再从 DO 端输出,此时,驱动器被禁止,它的输出呈高阻态。

3.4 触 发 器

集成化触发器的种类很多,按触发(时钟控制)方式分类,有电位触发方式、主-从触发方式及边沿触发方式;按功能分类,则有 R-S 型、D 型、J-K 型及 T 型触发器等。同一种触发方式又可以实现具有不同功能的触发器。例如,边沿触发方式的触发器可以有 D 型功能的,也可以有 J-K 型功能的。同一种功能也可以用不同的触发方式来实现,如 J-K 触发器就有主-从触发方式的,也有边沿触发方式的。对于使用者来说,在选用触发器时,触发方式必须是首要考虑的。这是因为,对于功能相同的触发器,如果触发方式选用不当,系统就可能达不到预期设计要求,甚至不能正常工作。下面以触发方式为线索,介绍几种常用的集成化触发器。

3.4.1 基本 R-S 触发器

用两个"与非"门或者用两个"或非"门或用两个"与或非"门,把它们的输入、输出端交叉耦合连接,如图 3-21(a)、(b)和(c)所示,就可以构成一个具有记忆功能的基本 R-S 触发器。

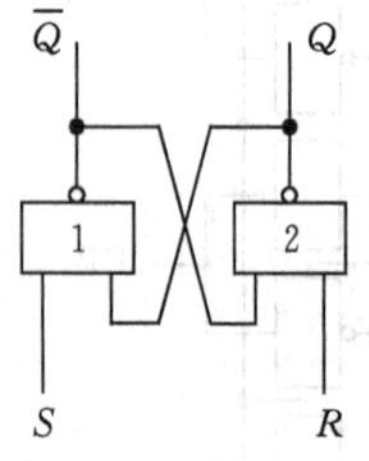

功能表

R	S	Q	$\overline{Q}$
1	1	Q_0	$\overline{Q}_0$
0	1	1	0
1	0	0	1
0	0	1*	1*

(a)

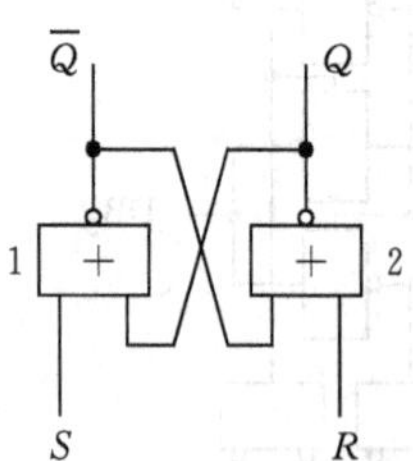

功能表

R	S	Q	$\overline{Q}$
0	0	Q_0	$\overline{Q}_0$
0	1	1	0
1	0	0	1
1	1	0*	0*

(b)

图 3-21 三种基本 R-S 触发器逻辑图

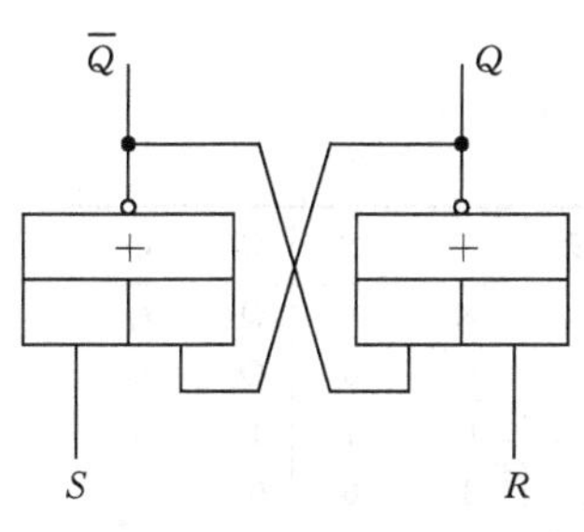

功 能 表

R	S	Q	$\overline{Q}$
0	0	Q_0	$\overline{Q}_0$
1	0	0	1
0	1	1	0
1	1	0*	0*

(c)

图 3-21 （续）

R-S 触发器有两个输出端 Q、$\overline{Q}$，两个输入端 R、S，触发器正常工作状态时，Q、$\overline{Q}$ 为互补关系。一般规定用 Q 的状态代表触发器的状态。若 $Q=0$，$\overline{Q}=1$ 时，称触发器处于“0”状态，也称复位状态；若 $Q=1$，$\overline{Q}=0$，称触发器为“1”状态，也称置位状态。基本 R-S 触发器设置了两个控制输入端 R、S。一般称 S(set)为置“1”端，又称置位端，R(reset)为置“0”端，又称复位端。图 3-21(a)所示基本 R-S 触发器中，当 $R=1$、$S=0$ 时，输出 $Q=0$，$\overline{Q}=1$。反之，当 $R=0$、$S=1$ 时，则 $Q=1$，$\overline{Q}=0$。当 $S=1$、$R=1$ 时，触发器将保持原有状态不变，记作 Q_0，$\overline{Q}_0$。当 $S=0$，$R=0$ 时，即发生 $Q=\overline{Q}=1$ 的情况，这就破坏了触发器所规定的 Q 和 $\overline{Q}$ 互补关系，此时触发器既不表示“1”状态，也不表示为“0”状态，而且此时当 S、R 同时由“0”跳变到“1”时，触发器究竟变成“0”还是变成“1”状态是随机的，触发器状态将是不确定的。为了防止出现此类情况，要求 R、S 的输入应该满足如下的条件：$\overline{R}\,\overline{S}=0$。

图 3-21(b)和(c)所示基本触发器的原理和图 3-21(a)所示触发器类似，不再赘述。

基本 R-S 触发器电路简单，它既可存储一位二进制数，又是构成各种性能更完善的触发器的基础，但 R、S 之间有约束关系：$\overline{R}\,\overline{S}=0$，因此限制了它的使用。

3.4.2 电位触发方式的触发器

具备以下条件的触发器称为电位触发方式的触发器，简称电位触发器。

当触发器的同步控制信号 E 为约定的状态时，触发器接收数据，此时，输入数据的任何变化都会在输出端得到反映；当 E 为非约定状态时，触发器状态保持不变。由于这种触发器接收数据的条件是同步控制信号 E 为约定的逻辑电位，因此称这种触发器为电位触发方式的触发器。

图 3-22 所示为一个由 4 个“与非”门组成的 R-S 型电位触发方式的触发器；上面的两个“与非”门组成基本触发器；下面的两个“与非”门组成 E 电平控制门。当 $E=0$，控制门封锁，R、S 数据不会被基本触发器接收，触发器保持原有状态。当 $E=1$，控制门打开，R、S 才经控制门直接去控制触发器状态：此时，若 $R=0$，$S=1$，则 $Q=1$，$\overline{Q}=0$，触发器为“1”状态；若 $R=1$，$S=0$，则 $Q=0$，$\overline{Q}=1$，触发器为“0”状态；若 $R=S=0$ 时，控制门封锁，$Q=Q_0$，$\overline{Q}=\overline{Q}_0$，触发器处于保持状态；若 $R=S=1$ 时，则控制门输出都为“0”，造成 $Q=\overline{Q}=1$，这就破坏了 Q 和 $\overline{Q}$ 的互补关系，所以，$RS=0$ 是该电位触发器的约束条件。图 3-22(b)为 R-S 电位触发器的功能表。

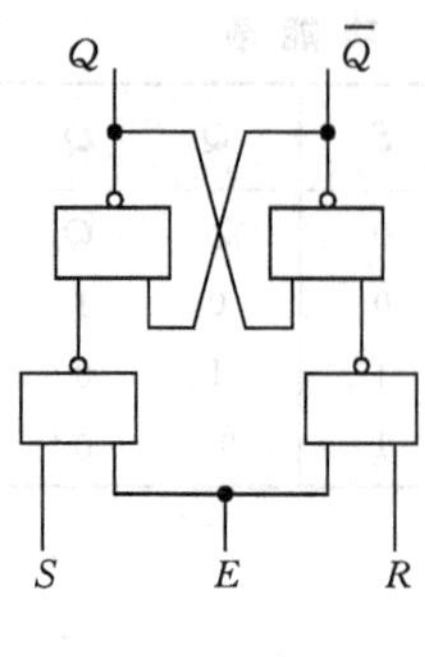

(a) 逻辑图

E	R	S	Q	$\overline{Q}$
0	×	×	Q_0	$\overline{Q}_0$
1	0	0	Q_0	$\overline{Q}_0$
1	0	1	1	0
1	1	0	0	1
1	1	1	1*	1*

(b) 功能表

图 3-22　R-S 型电位触发器

图 3-23(a)所示的电位触发器是对 3-22(a)电路的改进。它的数据输入是单端的，称这种单端输入的电位触发器为电位型 D 触发器，又称锁存器或锁定触发器，其工作原理如下。

当 $E=1$ 时，门 3、4 打开，输入数据 D 被由“与或非”门 1、2 组成的基本触发器接收。门 7 的作用是形成互补数据。因此，若 $D=1$，门 7 的输出为“0”，使 $Q=1$、$\overline{Q}=0$；若 $D=0$，则 $Q=0$、$\overline{Q}=1$。当 $E=0$ 时，触发器将处于保持状态。由于输入数据 D 经门 7 变成互补信号加至门 3、4，这样，就克服了锁存器输出状态可能出现不定的缺点。图 3-23(d)为它的典型波形图。图 3-23(c)是它的方框图。

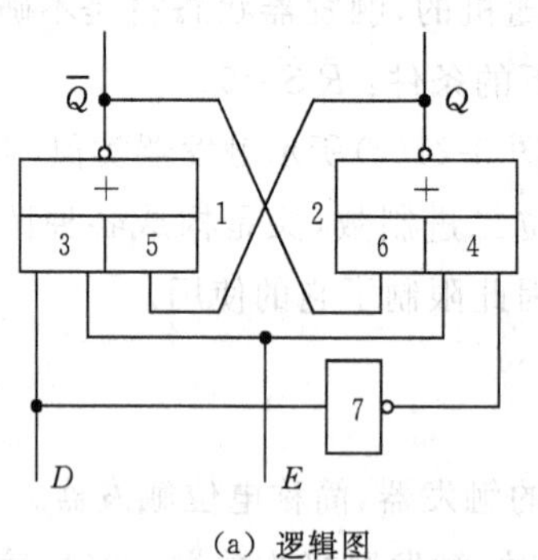

(a) 逻辑图

E	D	Q	$\overline{Q}$
0	×	Q_0	$\overline{Q}_0$
1	0	0	1
1	1	1	0

(b) 功能表

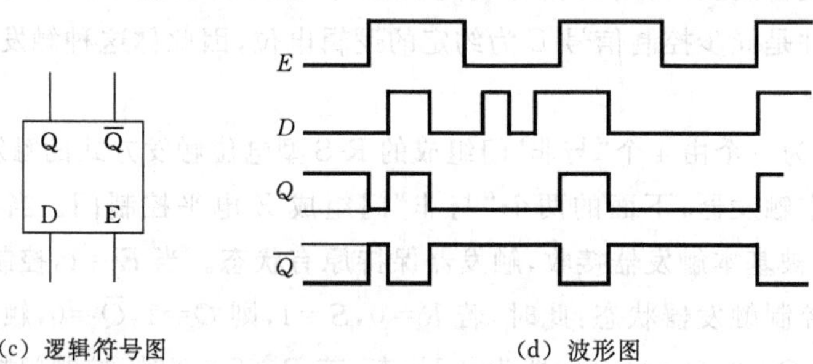

(c) 逻辑符号图　　(d) 波形图

图 3-23　电位型 D 触发器

图 3-24(a)所示是另一种电位触发器的逻辑图，它的工作原理如下：

先看该触发器的简化逻辑图(图 3-24(c))，当 $E=0$ 时，门 6 封锁，门 4 打开，门 1、4 交叉耦合连接，触发器保持不变；若 $E=1$，则出现下述两方面情况，一方面，门 4 被封锁，门 1、4 交叉耦合被切断，触发器状态不再保持。另一方面，D 经门 2 传送到 Q 端，于是 $Q=D$。图 3-24(a)中门 5 是为了消除输出尖峰干扰脉冲而设置的，现将清除尖峰信号的过程解释如下。若触发器的原始状态 $Q=1$，而且 $D=1$，那么，当 E 的负跳变到达时，便会由于设置或不设置门 5(图 3-24(c))而出现两种不同情况。若不设门 5，结果为下述情况，由于 E 的“0”电平须经反相门 6 的传输延迟之后，才能使门 4 输出为“0”，所以，当 E 的负跳变到来，门 2 输出先变为“1”，而门 4 输出又尚未变为“0”的短暂时间内，门 2、4 输出均为“1”，此时 Q 将由“1”跳到“0”；当门 4 输出变为“0”后，Q 再又从“0”回到“1”。这样一来，在 Q 端就出现一个负向尖峰信号。若设置了一个不受 E 控制的“与”门 5，其结果则是另一种情况，门 5 起到了消除尖峰信号的作用，这是因为，当 $Q=1$，$D=1$ 时，门 5 仍能确保“与或非”门 2 输出为“0”，所以 Q 仍是“1”，这样就可消除尖峰干扰信号。

电位触发器具有结构简单的优点，但是当 $E=1$ 时，输入数据的变化会直接引起输出状态的变化，因此如用它来组成计数器或移位寄存器就会造成空翻现象。鉴于这种原因，电位触发器只用来组成暂存器。

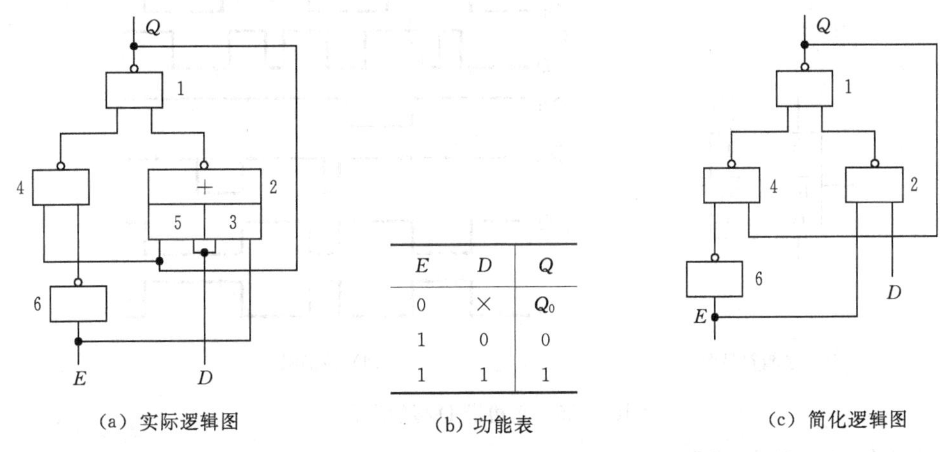

E	D	Q
0	×	Q_0
1	0	0
1	1	1

(a) 实际逻辑图　　(b) 功能表　　(c) 简化逻辑图

图 3-24　另一种电位型 D 触发器

3.4.3　边沿触发方式的触发器

同时具备以下条件的触发器称为边沿触发方式的触发器，简称边沿触发器。

(1) 触发器只有在时钟输入 CP 的某一约定跳变(正跳变或负跳变)到来时，才接收输入数据。在其功能表中，CP 的约定正、负跳变分别用↑、↓符号表示。

(2) 在 CP=0 及 CP=1 期间，输入数据的变化不会引起触发器输出状态的变化。此外，在时钟脉冲 CP 的非约定跳变来到时，触发器也不会接收输入数据。

实现边沿触发的方法有两种，一种是利用直流反馈原理(维持-阻塞原理)，常见的正边沿触发的 D 型触发器就是利用这种原理。另一种是利用触发器内部门电路的延迟时间不同来实现边沿触发，常见的负边沿触发的 J-K 触发器就是利用这种原理。下面对这两种边沿触发器作一介绍：

1. 正边沿触发的D型触发器

正边沿触发的D型触发器(图3-25(a))是由3个互相有连系的基本触发器(它们分别是门1、3,门2、4,门5、6)组成。

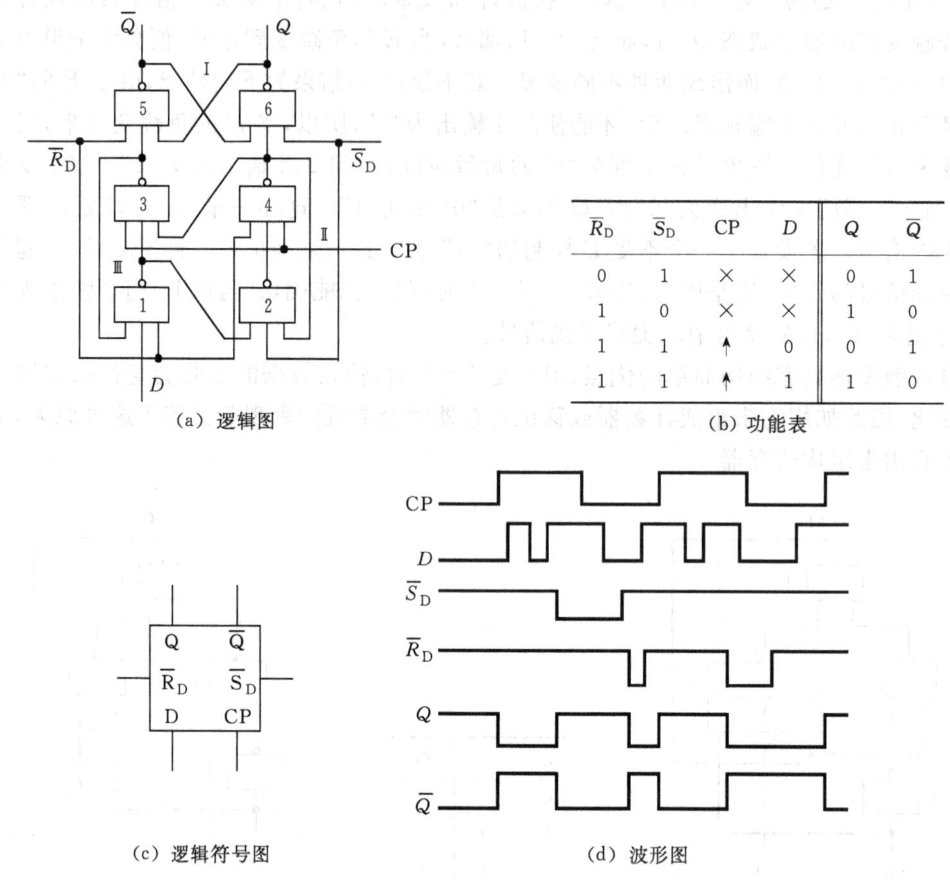

$\overline{R}_D$	$\overline{S}_D$	CP	D	Q	$\overline{Q}$
0	1	×	×	0	1
1	0	×	×	1	0
1	1	↑	0	0	1
1	1	↑	1	1	0

(a) 逻辑图　(b) 功能表

(c) 逻辑符号图　(d) 波形图

图3-25　正边沿D型触发器

下面介绍它的工作原理:

在CP=0期间,输入数据D经过门1、2变成互补数据$\overline{D}$、D,加在门3、4的输入端。由于门3、4被CP封锁,$\overline{D}$、D不能进入门5、6组成的基本触发器Ⅰ,所以触发器的输出Q、$\overline{Q}$保持不变。

当CP的正跳变来到时,门3、4打开,互补数据D、$\overline{D}$进入基本触发器Ⅰ。若CP正跳变来到$D=1$时,则$Q=1$、$\overline{Q}=0$;若$D=0$,则$Q=0$、$\overline{Q}=1$。

CP=1期间,D的变化是不会反映到Q、$\overline{Q}$端的,现就此问题作如下解释。若CP的正跳变使门3输出为"1",门4输出为"0"(即CP正跳变前$D=1$),那么这个"0"的输出,就立即被由门2、4组成的基本触发器Ⅱ记忆下来,从而维持门4输出为"0"。此外,有门4到门3的直流反馈线使门4输出的"0"又阻塞了D的变化对门3产生的影响。从而保持了门3输出为"1"。

若CP正跳变使门3输出为"0",门4输出为"1"(即CP正跳变前$D=0$),那么门3的"0"输出就立即被由门1、3所组成的基本触发器Ⅲ记忆下来,从而维持门3输出为"0",此外，门 1 的输出还和门 2 的输入相连，门 1 的“1”输出和门 4 的“1”输出又保证了门 2 输出为“0”，从而“阻塞”门 4 输出为“0”的可能性。由此可见，这种“维持-阻塞”原理确保 CP=1 期间触发器的输出 Q、$\overline{Q}$ 保持不变。

在边沿 D 型触发器中设置了异步置“0”端 $\overline{R}_D$ 和异步置“1”端 $\overline{S}_D$。不论 CP 处于什么状态，加在 $\overline{R}_D$ 或 $\overline{S}_D$ 端的“0”信号，都能使触发器直接置“0”或直接置“1”。下面通过 CP=0 期间引入 $\overline{R}_D$ 信号和 CP=1 期间引入 $\overline{R}_D$ 信号的两种情况，来分析异步置“0”的工作原理。

若 CP=0 期间引入 $\overline{R}_D$ 信号，由于此时 CP=0，门 3、4 的输出均为“1”，所以基本触发器Ⅱ、Ⅲ和基本触发器Ⅰ是隔离的，此时 $\overline{R}_D$ 信号只要通过门 5 相连的 $\overline{R}_D$ 输入线就能将 D 触发器置“0”。当 $\overline{R}_D$ 信号撤除后，触发器仍能保持“0”状态。若 CP=1 期间引入 $\overline{R}_D$ 信号，还必须依靠和门 1、4 相连的两条 $\overline{R}_D$ 线，置“0”才能正常进行。这是因为，假设触发器原来为“1”态，则门 4 输出为“0”。若门 1、门 4 输入端无 $\overline{R}_D$ 输入线，当 $\overline{R}_D$ 信号撤消后，门 4 输出的“0”又会使触发器回到“1”态，因此 D 触发器无法置“0”。鉴于上述原因，还必须在 1、4 输入端增加 $\overline{R}_D$ 信号线，以便通过 $\overline{R}_D$ 去改变基本触发器Ⅱ、Ⅲ的状态，使门 4 输出由“0”变“1”，使门 3 输出由“1”变“0”，以确保 $\overline{R}_D$ 信号撤消后，触发器仍能处于“0”状态。异步置“1”的原理和异步置“0”的类似，这里不再叙述了。

图 3-25(c)是方框图，图 3-25(d)是典型的波形图。

2. 负边沿触发的 J-K 触发器

图 3-26(a)所示的是一种负边沿触发器，它是利用触发器内部门电路的延迟时间不同来实现负沿触发的。

下面叙述图 3-26(a)所示负边沿 J-K 触发器的工作过程。

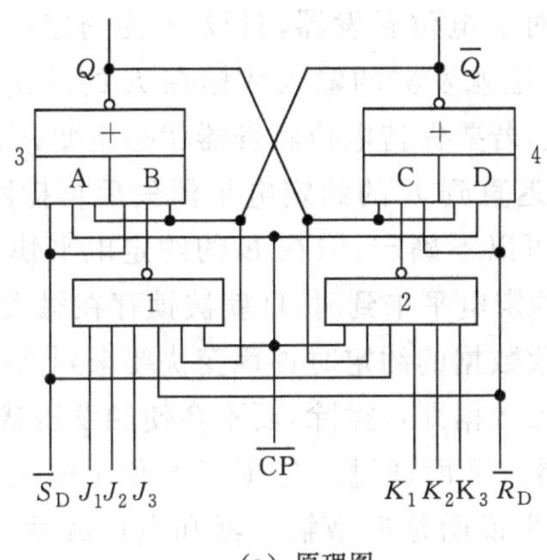

(a) 原理图

$\overline{R}_D$	$\overline{S}_D$	CP	J	K	Q	$\overline{Q}$
0	1	×	×	×	0	1
1	0	×	×	×	1	0
1	1	↓	0	1	0	1
1	1	↓	1	0	1	0
1	1	↓	0	0	Q_0	$\overline{Q}_0$
1	1	↓	1	1	$\overline{Q}_0$	Q_0

(b) 功能表

图 3-26　负边沿 J-K 触发器

在 CP=0 期间，“与非”门 1、2 及“与”门 A、D 均被封锁，基本触发器(门 3、4)经过门 B、C 处于保持状态，输入数据 J、K 不会被接收。

在 CP=1 期间，基本触发器可以通过与 J、K 无关的“与”门 A、D 而处于保持状态，此时 J、K 数据能经门 1、2 到达“与”门 B、C 的输入端，但它无法进入基本触发器。例如，若触发器的原始状态为 $Q=0$、$\overline{Q}=1$，那么，此时的门 2 被 $Q=0$ 封锁，经门 1 到达门 B 的输入数据将会被门 A 的“1”输出封锁在“与或非”门 3 之外，从而使 B 门的输入不能进入基本触发器。

当 CP 的负跳变来到时，就会产生两方面的情况。首先，CP 将关闭门 A、D，从而破坏了基本触发器保持状态的条件，使已进入“与”门 B 或“与”门 C 的数据能进入基本触发器。随后，CP 的负沿封锁了门 1、2，从而把“与”门 B、C 打开，又使基本触发器通过门 B、C 处于保持状态。然而，基本触发器能否可靠地翻转，取决于内部一些门的延迟时间：如果电路参数选得合理，使“与”门 A、D 关闭较快，使门 1、2 关闭时间较慢，此外，基本触发器翻转较快，那么，在门 A、D 关闭的同时，进入 B、C 的输入数据在基本触发器翻转稳定后，门 1、2 输出信息才消失，这样，触发器才能可靠地接收数据。

由于 CP 正跳变来到时，CP 要打开“与”门 A、D 和“与非”门 1、2，如果使门 A、D 的开启比“与非”门 1、2 的开启快，就能确保 CP 正跳变来到时触发器仍处于保持状态，否则触发器就要接收数据。图 3-26(a)所示的触发器就是利用门 A、D 的开启快于门 1、2 的开启；门 A、D 的关闭快于门 1、2 的关闭以及基本触发器翻转较快来实现负边沿触发的。

图 3-26 中 $\overline{R}_D$ 和 $\overline{S}_D$ 除了分别与基本触发器相连外，还分别和接收数据门 1、2 相连。下面以异步置“0”为例说明 $\overline{R}_D$ 与门 1 相连的原因。假设 $\overline{R}_D$ 的“0”信号作用期间 $J=1$，若 $\overline{R}_D$ 只和 C、D 相连而不与门 1 相连，则当 CP 负跳变来到时，门 A 输出的负跳变就一定比门 B 输出的正跳变提前来到，于是在 Q 端就会出现一个正向的尖峰脉冲信号，如用 $\overline{R}_D$ 信号去封锁门 1，那么 CP 的负跳变就不能到达门 B，这样也就消除了尖峰信号。

3.4.4 比较电位触发器和边沿触发器

第一，对于边沿触发器，为了使数据可靠地被接收，其输入数据必须比使触发器接收数据的约定时钟跳变提前到达数据输入端。对于电位触发器，只要 E 为约定的接收数据电平，数据来到后就立即被接收；但是，如果电位触发器的输入数据在 E 的约定电平期间撤除，那么，触发器的状态也将随之改变。因此，若要保持电位触发器状态不变，则输入数据就不应在 E 的约定电平期间撤除，而应使其延迟直到 E 的约定电平消失后再撤除数据信号。或者说，在 E 的约定接收电平开始阶段，D 可以不确定；但在 E 的约定电平快要结束前，D 必须确定。这样，当 D 被接收后，在 E 的非约定电平来到时，D 就被锁存在触发器中了。边沿触发器则不同，它的输入数据在触发器接收数据的约定时钟跳变快要来到前必须确定，待时钟约定跳变把输入数据送入触发器后，输入数据即可撤除，而不会使触发器状态改变。

边沿触发器是一种延迟型(delay)触发器。下面通过 4 位锁存器和 4 位正沿 D 型触发器同时接收一个 4 位加法器的输出 $F_0 \sim F_3$ 来说明延迟型触发器和电位触发器的区别(图 3-27)。图 3-27(a)中 4 位加法器的被加数 $A_0 \sim A_3$、加数 $B_0 \sim B_3$ 是在时钟 CP 正沿作用下进入加法器并经 t_1 后才形成 $F_0 \sim F_3$ 的。由于形成 $F_0 \sim F_3$ 时 CP 仍为“1”，故 $F_0 \sim F_3$ 能在该时钟周期 T_1 内被锁存器接收(图中所示 t_2 是锁存器接收数据所需时间)。因形成 $F_0 \sim F_3$ 时 T_1 周期的 CP 正沿已过去，因此正沿 D 触发器只能“延迟”到下一个时钟周期 T_2 的时钟正沿来到后(经 t_3)才能接收 T_1 周期加法器的输出，并一直保持到 T_3 周期的时钟正沿到来时为止。正沿“D 型触发器”的“D”代表英文“延迟”的字头。显然，锁存器不是延迟型的，它能在同一时钟周期内接收数据。

第二，对于电位触发器，在 E 的约定电平期间出现在数据端的干扰很容易被触发器接

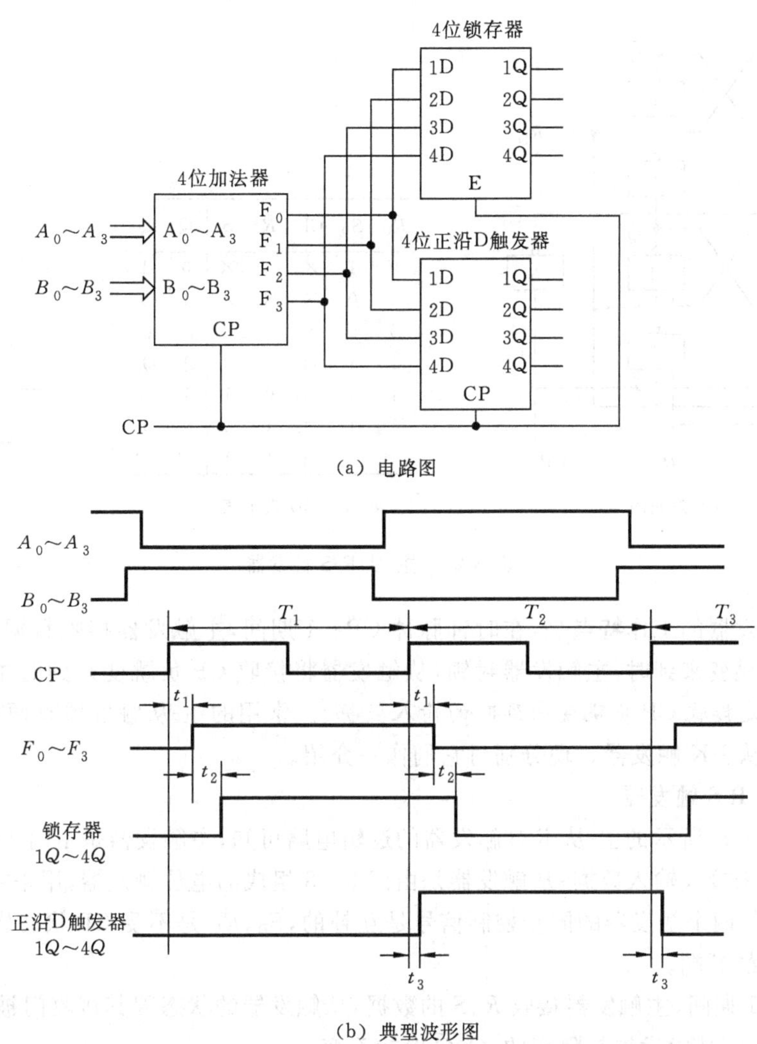

图 3-27　加法结果同时被电位触发器和正边沿触发器接收

收。对于边沿触发器，在 CP=0 及 CP=1 期间，出现在触发器数据输入端的正向及负向干扰均不会被接收。因此，它具有很强的抗干扰能力。

第三，由于边沿触发器在约定时钟跳变来到后的逻辑电平期间，数据的变化是不会被接收的，因此，用边沿触发器组成计数器或移位寄存器时不存在“空翻”现象，鉴于上述情况，边沿触发器有着广泛的应用，除了可用来组成寄存器外，还可用来组成计数器和移位寄存器。对于电位触发器，由于存在空翻现象，它只能用来组成寄存器，而不能用作计数器和移位寄存器(其原因将在后面阐述)。

3.4.5　主-从触发方式的触发器

主-从触发方式的触发器简称主-从触发器，它是由两级电位触发器(主触发器和从触发器)串联而成，如图 3-28(a)所示。

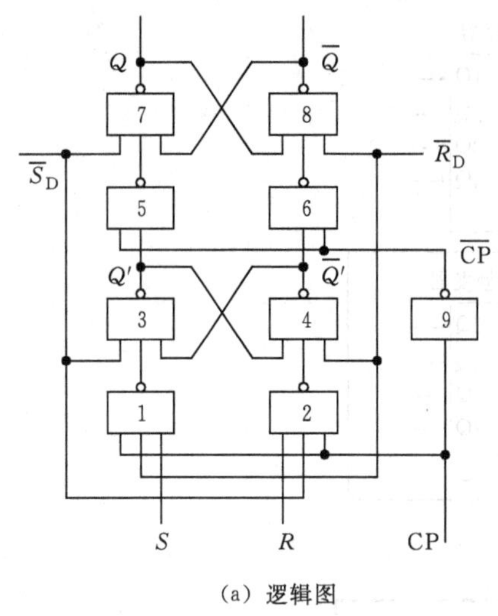

(a) 逻辑图

$\overline{R}_D$	$\overline{S}_D$	CP	R	S	Q	$\overline{Q}$
0	1	×	×	×	0	1
1	0	×	×	×	1	0
0	0	×	×	×	1^*	1^*
1	1	⎍	0	0	Q_0	$\overline{Q}_0$
1	1	⎍	0	1	1	0
1	1	⎍	1	0	0	1
1	1	⎍	1	1	1^*	1^*

(b) 功能表

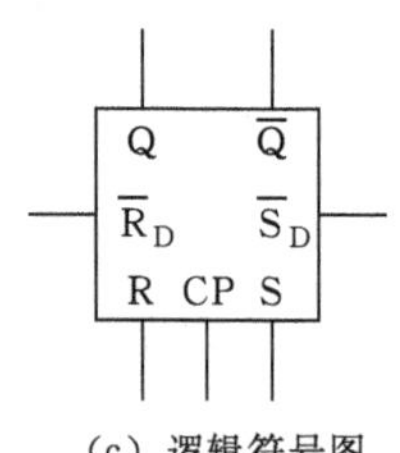

(c) 逻辑符号图

图 3-28 主-从 R-S 触发器

主-从触发器的工作特点是:在时钟脉冲 CP=1 期间,主触发器接收数据,从触发器封锁,然后在负跳变来到时,主触发器封锁,从触发器将接收 CP 负跳变来到时主触发器的状态(**注意**:不是接收 CP 负跳变来到时的输入数据)。常用的主-从触发器有两种:主从 R-S 触发器和主-从 J-K 触发器。现分别对它们作一介绍。

1. 主-从 R-S 触发器

由图 3-28(a)所示的主-从 R-S 触发器的逻辑电路可知,主触发器是由门 1~4 组成的电位触发器,用来接收输入数据;从触发器是由门 5~8 组成的电位触发器,用来接收主触发器的输出 Q'、$\overline{Q}'$,两个触发器的同步控制信号是互补的,$\overline{S}_D$、$\overline{R}_D$ 是不受 CP 状态影响的异步置“1”端、异步置“0”端。

在 CP=1 期间,主触发器接收 R、S 的数据,从触发器的状态因其接收门被$\overline{CP}$封锁而保持不变,此时主、从触发器是隔离的,Q、$\overline{Q}$ 保持不变。

当 CP 负跳变到来时,主触发器的接收门封锁,输入数据不能进入主触发器,从触发器的接收门打开,使主触发器在 CP 负跳前接收的数据传送到从触发器。

由于主触发器仍然是一种电位触发器,它将和图 3-22(a)的电位触发器一样,如果在 CP=1 期间 R、S 同时由“1”跳变到“0”,则主触发器的状态不定,当 CP 负跳变来到后从触发器的状态也将是不定的,这种情况在使用中应注意避免。

图 3-28(b)为主-从 R-S 触发器的功能表,表中 CP 用⎍表示。

2. 主-从 J-K 触发器

将主-从 R-S 触发器的 Q、$\overline{Q}$ 分别和 R、S 相连,并再在门 1、2 设置 J、K 输入端,那么,主-从 R-S 触发器就成为图 3-29 所示的主-从 J-K 触发器。

在 CP=1 期间,主-从 J-K 触发器的主触发器接收数据为 $J\overline{Q}$、KQ,所以,主触发器的接收门 1、2 中至少有一个门有“0”输入,因此触发器就不再会出现输出状态不定情况,这是主-从 J-K 触发器的优点。

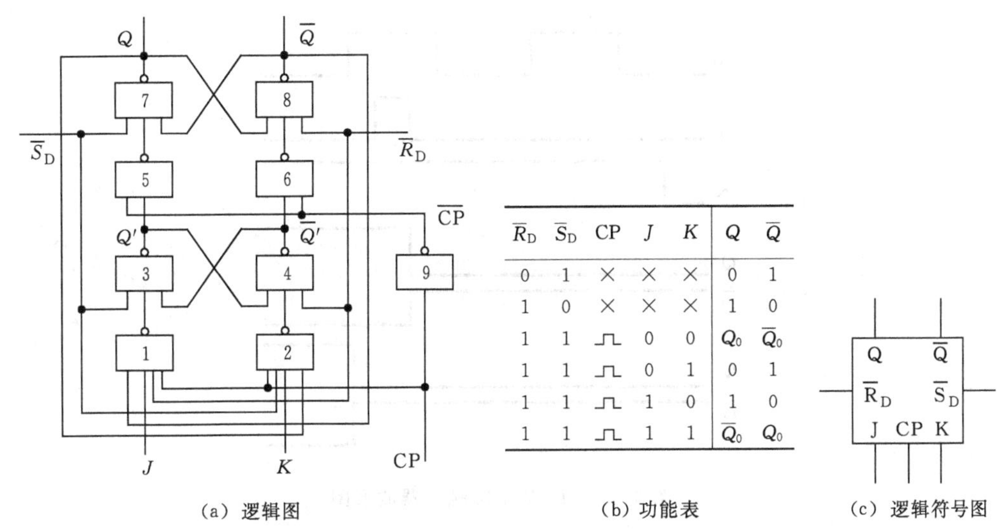

$\overline{R}_D$	$\overline{S}_D$	CP	J	K	Q	$\overline{Q}$
0	1	×	×	×	0	1
1	0	×	×	×	1	0
1	1	⎍	0	0	Q_0	$\overline{Q}_0$
1	1	⎍	0	1	0	1
1	1	⎍	1	0	1	0
1	1	⎍	1	1	$\overline{Q}_0$	Q_0

(a) 逻辑图　　(b) 功能表　　(c) 逻辑符号图

图 3-29　主-从 J-K 触发器

由图 3-29(a)可知，主触发器在 CP=1 期间，主触发器先以电位触发方式接收数据，然后在时钟负跳变来到时，从触发器接收主触发器的状态。主-从触发器的输出 Q、$\overline{Q}$ 只是在 CP 负跳变来到时才发生变化的，似乎它是一种负边沿触发器。但是主-从 J-K 触发方式和边沿触发方式是截然不同的。不同之处在于，在边沿触发器中，Q、$\overline{Q}$ 反映的是使触发器接收数据的约定时钟跳变来到时触发器的输入数据，而在主-从 J-K 触发器中，Q、$\overline{Q}$ 反映的是 CP 负跳变来到时的主触发器的状态，而不一定是此时 J、K 的状态。因为主-从 J-K 触发器在一定的 J、K 条件下，主触发器的状态并不一定随 J、K 的变化作相应的改变，所以当 CP 负跳变来到时，主触发器的状态和此时 J、K 的状态有可能是不一致的，下面通过实例来进一步说明主-从触发方式和边沿触发方式的差别。

图 3-30 是主-从触发器的典型波形图。在图示第 2 个 CP 负跳变来到时，$J=0$、$K=1$，对于负边沿 J-K 触发器来说，此时触发器的输出将变为 $Q=0$、$\overline{Q}=1$。如把同样输入波形加在主-从 J-K 触发器的输入端，在第 2 个 CP=1 期间的 t_1 前，由于 $J=0$、$K=1$，加在主触发器的数据接收门 1、2 输入端是 $J\overline{Q}=0$、$KQ=0$，所以主触发器应该保持第 1 个 CP=1 期间的状态不变，即 $Q'=0$、$\overline{Q'}=1$。而在 $t=t_1$ 时刻起，J 由"0"变成"1"，此时主触发器的状态将变成 $Q'=1$、$\overline{Q'}=0$。当 $t=t_2$ 时起，J 由"1"回到"0"，K 仍为"1"，此刻主触发的状态仍保持 $Q'=1$、$\overline{Q'}=0$ 不变。由此可见，虽然 J 在第 2 个 CP=1 时发生了变化，但 Q'、$\overline{Q'}$ 并不随 J 的改变而作相应的变化，它仍将保持 $J=1$、$K=1$ 时的状态。这样，在第 2 个 CP 负跳变来到时，从触发器接收的将是主触发器的"1"状态。显然它不再与此时 $J=0$、$K=1$ 对应。

仔细分析主-从 J-K 触发器的工作过程可发现，若在 CP 负跳变之前(即 CP=1 期间)，J、K 发生例如下面的变化，那么 CP 负跳变来到时，主触发器的状态便不和此时 J、K 状态相对应：

(1) 触发器的原始状态为 $Q=1$，输入 $J=1$，K 由"1"变至"0"；

(2) 触发器的原始状态为 $Q=0$，输入 $K=1$，J 由"1"变成"0"；

(3) J、K 同时由"1"变至"0"；

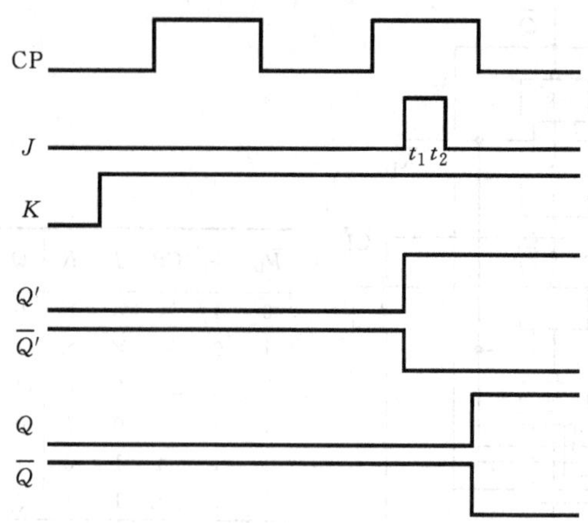

图 3-30　主-从 J-K 触发器波形图

(4) 触发器的原始状态为 $Q=0$、输入 $J=\overline{K}$，J 由“1”变至“0”；

(5) 触发器的原始状态为 $Q=1$，输入 $J=\overline{K}$，J 由“0”变至“1”；

(6) ……。

主-从 J-K 触发器的功能表只是在 CP=1 期间，J、K 不变化的前提下给出的，如果 CP=1 期间 J、K 发生变化，则主-从 J-K 触发器有可能不满足主-从 J-K 触发器的功能表，这就是主-从 J-K 触发器的主要缺点。

如果在 CP=1 期间，主-从 J-K 触发器的 J 或 K 端出现一定宽度和一定幅度的干扰，那么，由于上述原因，干扰就可能被主触发器接收，从而在 CP 负跳变时 Q、$\overline{Q}$ 就会和功能表不一致。由此可见，主-从 J-K 触发器抗干扰能力较弱，这是主-从 J-K 触发器的另一缺点。因此在使用主-从 J-K 触发器时，为了减少触发器接收干扰的机会，CP=1 的宽度不宜过大，应以窄正脉冲、宽负脉冲的 CP 为宜。

对于主-从 R-S 触发器，如果使 $R=\overline{D}$、$S=D$（如图 3-31 所示，那么此时已排除了 $R=S=0$ 的情况），故在 CP=1 期间，主触发器不可能出现保持状态，Q'、$\overline{Q'}$ 将随 D 的改变而相应变化。所以就触发方式而言，此时它是一个主-从结构的负边沿触发方式的触发器。

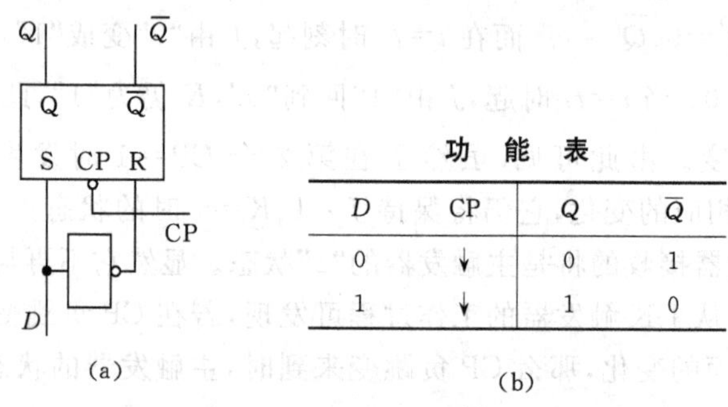

功　能　表

D	CP	Q	$\overline{Q}$
0	↓	0	1
1	↓	1	0

(b)

图 3-31　主-从 R-S 结构的负边沿触发器

如果主-从 J-K 触发器的 J、K 互补，那么因主触发器接收门除接收 J、K 外，仍还

接收 Q、$\overline{Q}$，故不能排除主触发器两个接收门均有“0”输入的情况，所以它仍是主-从触发器。

实际上，集成化的主-从 J-K 触发器，并不像图 3-29 所示那样复杂，直接由 9 个“与非”门组成。图 3-32 是常用的集成化主-从 J-K 触发器的逻辑图。这里主触发器由 2 个“与或非”门组成，它的 Q'、$\overline{Q'}$ 的表达式和图 3-29 的 Q'、$\overline{Q'}$ 表达式完全相同，从触发器的接收门及 CP 的反相门，在这里被化简成两个三极管。

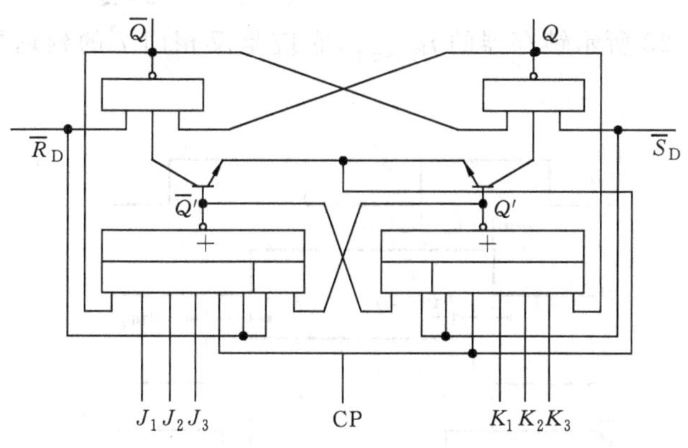

图 3-32　实用的主-从 J-K 触发器

在集成电路中，还常用到 T 型触发器，它不设数据输入端，只要每来一个时钟脉冲，触发器的状态就翻转一次。T 型触发器可由正沿 D 型或主-从 J-K 型等触发器构成，如图 3-33(a)、(b)所示。不论是哪种结构，T 型触发器是边沿触发器。如果图 3-23 所示锁存器按图 3-33(a)连接，由于电位触发的特点，在 $T=1$ 期间触发器会多次翻转(即空翻)，显然，它不能成为 T 触发器。

还有一种可控 T 触发器(图 3-33(c))，当控制 C 为“1”时，T 触发器工作；当 $C=0$ 时，T 触发器保持。

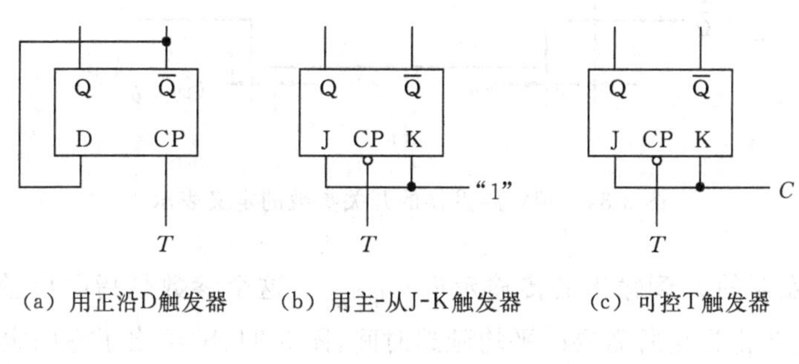

(a) 用正沿D触发器　(b) 用主-从J-K触发器　(c) 可控T触发器

图 3-33　T 型触发器

3.5　触发器的开关特性及时钟偏移

1. 开关特性

描述触发器的开关特性的参数很多，既有描述传输延迟的参数以及描述各输入波形的宽度、时钟频率的参数，还有描述各输入波形之间时间配合要求的参数。如果在使用触发器时不能满足这些参数要求，那么电路的电性能就不能满足要求，甚至不能正常工作。

触发器的开关参数有以下几种：

(1) 电位触发器的数据送到输出的传输延迟 $t_{Pd_{D\to Q,\overline{Q}}}$。这个参数是电位触发器特有的，它指在接收数据的约定 E 电平期间从输入数据变化到 Q、$\overline{Q}$ 出现相应的变化为止所需的平均延迟时间：$t_{Pd_{D\to Q,\overline{Q}}}$。这里 $t_{Pd_{D\to Q,\overline{Q}}}=\frac{1}{2}(t_{P_{LH_{D\to Q,\overline{Q}}}}+t_{P_{HL_{D\to Q,\overline{Q}}}})$，图 3-34(a)给出了该参数的定义，对于图 3-23 所示锁存器的 $t_{Pd_{D\to Q,\overline{Q}}}$，它应是反相门 7 的延迟加上基本触发器的翻转时间。

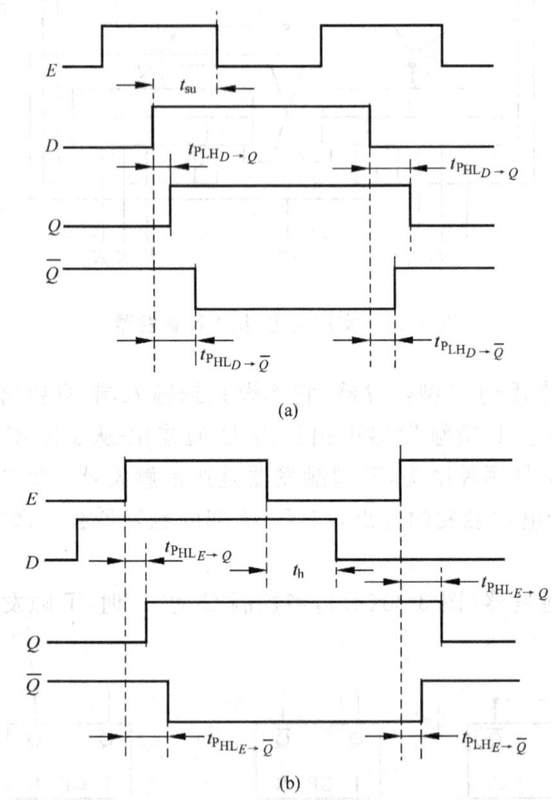

图 3-34 锁定触发器的开关参数的定义表示

(2) 电位触发器的 E 到输出的传输延迟 $t_{Pd_{E\to Q,\overline{Q}}}$。这个参数是指电位触发器的 E 开始到来至 Q、$\overline{Q}$ 发生变化为止所需要的平均延迟时间，图 3-34(b)给出了它的定义表示。

(3) CP 到输出的传输延迟 $t_{Pd_{CP\to Q,\overline{Q}}}$。对于主-从 J-K 触发器和边沿触发器，CP 到输出的传输时间 $t_{Pd_{CP\to Q,\overline{Q}}}$是指从触发器接收主触发器状态，或从边沿触发器的约定时钟跳变开始到 Q、$\overline{Q}$ 发生变化为止所需的平均延迟时间，图 3-35(a)、(b)分别用波形表示了主-从 J-K 触发器和正沿 D 触发器这一参数定义。对于主-从 J-K 触发器，这个参数是指 CP 下降沿到来开始至 Q、$\overline{Q}$ 发生变化为止的时间，也就是从触发器的翻转时间，再加上 CP 反相门的延迟时间。对于正沿 D 型触发器，这个参数是指 D 的互补数据通过门 3、4 的时间再加上基本触发器Ⅰ接收信息所需的延迟时间。

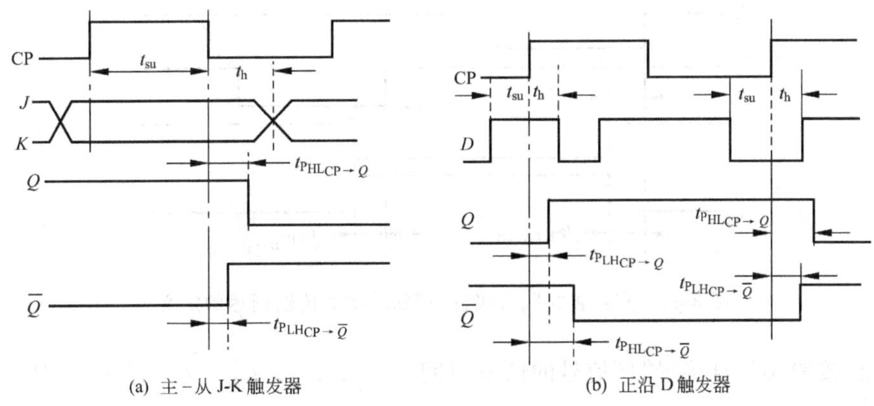

图 3-35　触发器的 CP 到 $Q(\overline{Q})$ 的传输延迟、数据建立时间、保持时间和定义表示

(4) 数据建立时间 t_{su}，数据保持时间 t_h。对于边沿触发器，为了使时钟的约定跳变能正确地把输入数据传送到输出端，其输入的数据就必须比时钟的约定跳变早到，这段最小的提前时间就是数据建立时间 t_{su}。数据保持时间是指时钟约定跳变来到之后，该输入数据还须保持一段时间才能撤除，这段必须保持的最短时间为保持时间 t_h。图 3-35(b)给出了正边沿 D 型触发器的 t_{su}、t_h 的定义。

对于主-从触发器，在 CP＝1 期间，主触发器接收数据。所以，接收数据的过程就应在 CP 反相门的输出出现正跳变前完成，因此 t_{su} 即 CP 正脉冲的最小宽度。主-从触发器的 t_h 一般为零。图 3-35(a)给出了主-从 J-K 触发器的 t_{su}、t_h 的定义。

对于正边沿 D 型触发器，在 CP＝0 期间，输入数据 D 应经过门 1、2 形成互补数据，使门 3、4 作好接收 CP 的准备，所以，t_{su} 为门 1 及门 2 的传输延迟时间之和。它的 t_h 是这样确定的：假定在 CP 正跳变到来前，D＝1，在 CP 正跳变到来后，门 4 的输出为“0”，那么，就必须等门 4 的“0”输出封锁门 3、2 后，同时 D＝1 的撤除使门 1 的“0”输出到达门 3、2 输入端后，D 的变化才不会进入门 3 和门 2，门 3、4 的输出才不会改变。若 CP 正跳变来到前，D＝0，在 CP 正跳变来到后，门 3 的输出为“0”，那么就必须等门 3 的“0”输出封锁门 1 之后，D 的变化才不会进入门 1。

电位触发器的 t_{su} 定义和边沿触发器、主-从触发器不同。它的定义为：为了使在 E＝1 撤除前到来的数据能可靠地被接收，其数据应提前在 E＝1 撤除前建立，这个最小的提前时间即为 t_{su}。此外，应使电位触发器的数据在 E＝1 撤除后保持一段时间，使触发器进入保持状态后再将其撤除，这样才能保证数据的撤除不会对触发器的状态产生影响。数据的这段最小保持时间，就是锁存器的保持时间 t_h。图 3-34 表示了它们的定义。

(5) 直接置“0”、置“1”的脉冲宽度 $t_{W_{\overline{R}_D}}$、$t_{W_{\overline{S}_D}}$。要使触发器可靠地置“0”或置“1”，就要求 $\overline{R}_D$ 或 $\overline{S}_D$ 具有一定的宽度，这个最小的脉冲宽度就是 $t_{W_{\overline{R}_D}}$、$t_{W_{\overline{S}_D}}$。

(6) $\overline{R}_D$ 或 $\overline{S}_D$ 到输出的传输延迟 $t_{PHL_{\overline{R}_D\to Q}}$、$t_{PLH_{\overline{R}_D\to \overline{Q}}}$、$t_{PLH_{\overline{S}_D\to Q}}$、$t_{PHL_{\overline{S}_D\to Q}}$。其定义可见图 3-36 所示。

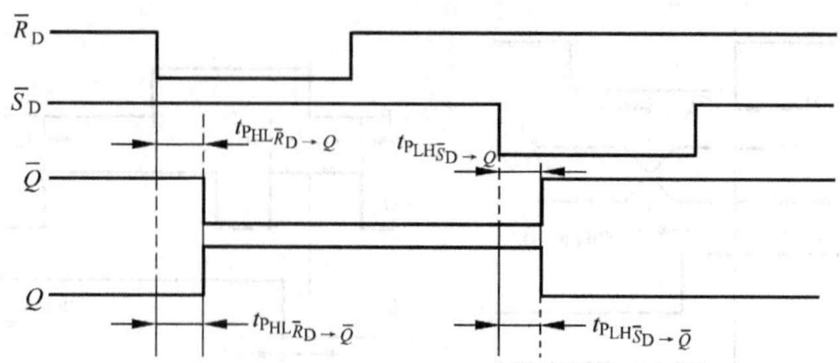

图 3-36　直接置“0”、直接置“1”到输出的传输延迟的定义

(7) 直接置“0”、直接置“1”信号的恢复时间，$t_{rel_{\overline{R}_D}}$、$t_{rel_{\overline{S}_D}}$。$t_{rel_{\overline{R}_D}}$、$t_{rel_{\overline{S}_D}}$ 表示在 $\overline{R}_D$、$\overline{S}_D$ 信号撤除后，为了使将要来到的 CP 脉冲能正确地把已到来的输入数据传送入触发器，从 $\overline{R}_D$、$\overline{S}_D$ 撤除起到下一个 CP 脉冲触发边沿来到时的最小时间，图 3-37(a)、(b)分别给出了主-从 J-K 触发器、正沿 D 触发器的 $t_{rel_{\overline{R}_D}}$ 的定义，实际上 $t_{rel_{\overline{R}_D}}$、$t_{rel_{\overline{S}_D}}$ 就是触发器的建立时间 t_{su}。

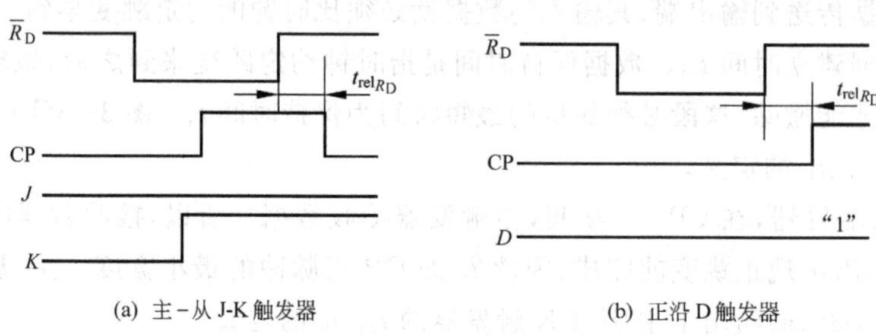

(a) 主-从 J-K 触发器　　(b) 正沿 D 触发器

图 3-37　$t_{rel_{\overline{R}_D}}$ 的定义表示

(8) 时钟脉冲的最小宽度 $t_{W_{CP}}$ 及最高时钟工作频率 $f_{max_{CP}}$。对于正沿 D 型触发器，D 信号经门 1、2 形成互补信号，是在由 CP＝0 期间进行的，所以 CP 负脉冲宽度应大于 t_{su}，而 CP 正脉冲宽度应大于 CP 到触发器输出的传输延迟。由此，即可得 D 触发器的 $f_{max_{CP}}$。

对于主-从 J-K 触发器，其 CP 正脉冲宽度应大于 t_{su}，CP 负脉冲宽度一般应大于 CP 的输出的传输延迟。

$f_{max_{CP}}$ 是触发器的最高时钟频率，而不是触发器系统的最高工作频率。例如，在图 3-38 所示的正沿触发器系统中，接在触发器 1 输出端的控制门 G_1、G_2 加大了信号传输延迟，为

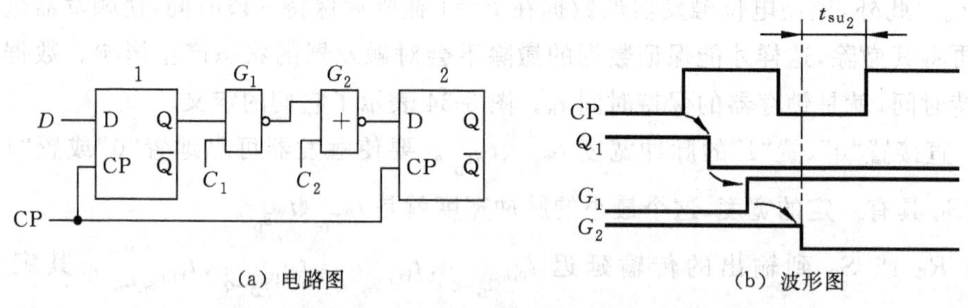

(a) 电路图　　(b) 波形图

图 3-38　一个典型的正沿触发器系统及其波形图

了使触发器 2 能正确地接收触发器 1 的输出，CP 的周期 T_{CP} 至少应是

$$T_{CP} = t_{Pd_{CP\to Q_1}} + t_{Pd_{G1}} + t_{Pd_{G_2}} + t_{su_2}$$

其中 t_{su_2} 为触发器 2 的建立时间，显然，由于增加了两个控制门的传输延迟，故一般说来系统的最高时钟频率低于触发器的最高时钟频率。

2. 时钟偏移现象

“时钟偏移”现象在使用触发器时应加以注意，如果因负载过重，一个时钟信号无法驱动一组较多的触发器时，常将时钟脉冲经两个缓冲门后，再分别去驱动半组触发器，如图 3-39(a)所示。一般情况下两个缓冲门的传输延迟可能有差别，此外，所带的负载情况也可能不一致，因此，CP_1 和 CP_2 存在延迟时间 t_{skew}，称这段延迟时间为“时钟偏移”。

在图 3-39(a)中，若 CP_1 领先于 CP_2，而且 t_{skew} 较长，那么在 CP_2 的正跳变来到前，CP_1 的正跳变可能已使触发器 2 接收了触发器 1 的状态信息，此时触发器 3 接收的将不是触发器 2 的状态信息，而是触发器 1 的状态信息。为了避免上述错误，应限制“时钟偏移”。图 3-39(b)给出了使系统不产生错误的极限时钟偏移的条件，由图可知，不产生错误的极限条件是：

$$t_{skew} \leqslant t_{Pd_{CP\to Q}} - t_h$$

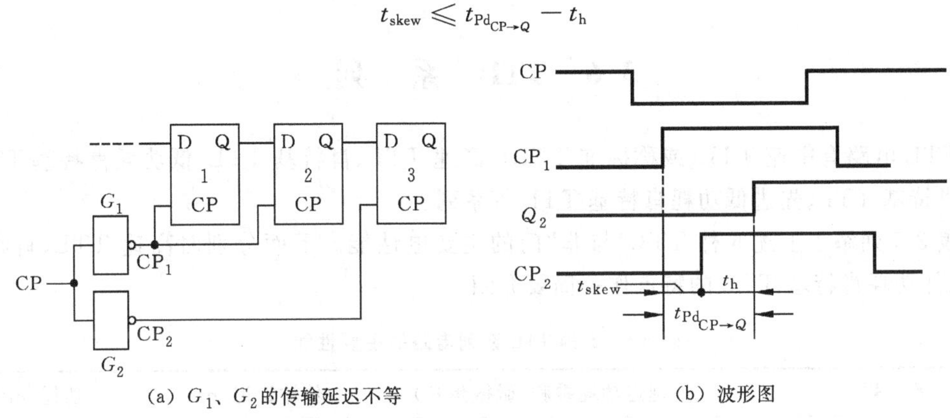

(a) G_1、G_2 的传输延迟不等　　(b) 波形图

图 3-39　时钟偏移现象

这里，$t_{Pd_{CP\to Q}}$ 是触发器 2 的传输延迟，t_h 是触发器 3 的保持时间，由上式可知，只要选具有较大 $t_{Pd_{CP\to Q}}$ 的触发器作为触发器 2，选具有较小 t_h 的触发器作触发器 3，就可允许有较大的 t_{skew}。

图 3-40 所示是正边沿 D 型触发器和负边沿 J-K 触发器混合使用的情况。若图 3-40(a)所示的时钟反相门的传输延迟过长，则系统可能会产生误动作，若按图 3-40(b)连接，系统就可正常工作。

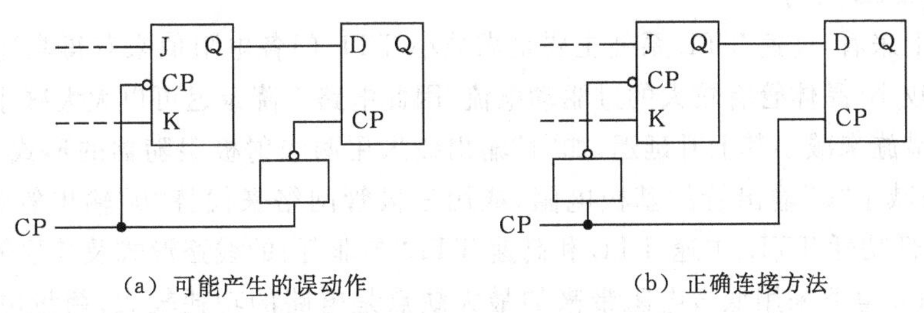

(a) 可能产生的误动作　　(b) 正确连接方法

图 3-40　正、负边沿触发器混合使用

图 3-41 所示是因布线不当产生“时钟偏移”的例子。采用高速触发器(它的 $t_{Pd_{CP\to Q}}$ 仅几个毫微秒),那么过长的 CP 线(图 3-41(a))所产生的延迟就有可能接近高速触发器的时钟到输出的延迟,从而使电路产生误动作。若使触发器 2 的 CP 线长度接近它的数据输入线的长度(图 3-41(b)),则可消除这种误动作。

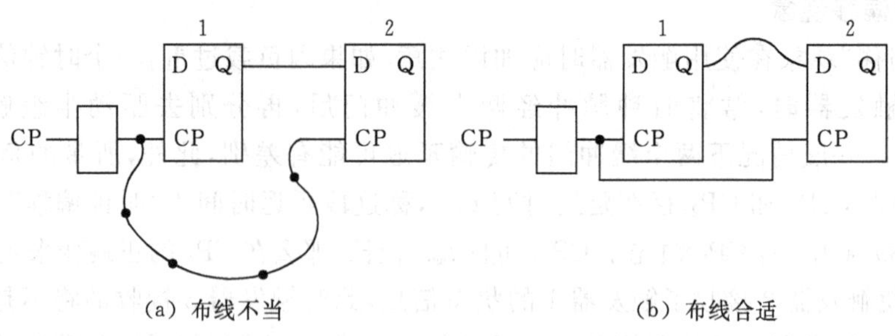

图 3-41 触发器之间的布线原理图

3.6 TTL 系 列

TTL 电路有中速 TTL(或称标准 TTL)、高速 TTL、肖特基 TTL、低功耗肖特基 TTL、先进肖特基 TTL、先进低功耗肖特基 TTL 等系列。

表 3-5 列举了上述 6 种 TTL“与非”门的主要电性能。下面分别对高速 TTL、肖特基 TTL、低功耗肖特基 TTL 的特点作一简要介绍。

表 3-5 5 种 TTL 系列电路的主要性能

系 列	延迟功耗乘积(微微焦耳)	传输延迟/ns	功耗/mW
中速 TTL	100	10	10
高速 TTL	132	6	22
肖特基 TTL	57	3	19
低功耗肖特基 TTL	19	9.5	2
先进肖特基 TTL	30	1.5	20
先进低功耗肖特基 TTL	4	4	1

1. 高速 TTL 系列

从线路上来看,高速 TTL 系列主要是靠减小 TTL 门各电阻值来获得高速度的。因为线路的阻值较小,晶体管有较大的过驱动电流,因此电路下降延迟可以大大减小。此外电路还采取以下措施来减小其上升延迟,如“1”输出级采用两级射极跟随器的形式,并减小其集极限流电阻;减小“0”输出管的基极电阻,或用三极管网络来代替“0”输出管的基极电阻。图 3-42 示出低功耗 TTL、中速 TTL 和高速 TTL“与非”门的线路形式及其阻值。

高速 TTL 电路采用低值电阻带来的最大缺点是电路的功耗较大;衡量电性能优劣的一个重要指标是延迟功耗乘积也较大。在 5 种 TTL 系列中,高速 TTL 系列的延迟功耗乘积是最大的。靠减小阻值所能得到的“与非”门传输延迟,一般不小于 6ns。

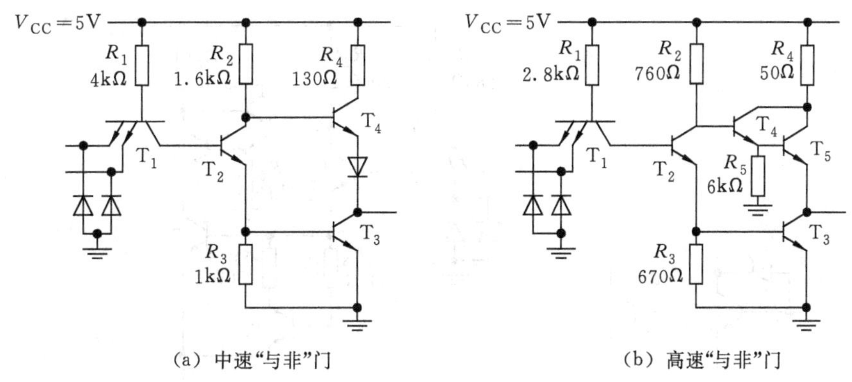

图 3-42 中速 TTL“与非”门和高速 TTL“与非”门的线路比较

在高速 TTL 电路的输入端设置了钳位二极管,其作用如下:当下降边较陡的脉冲信号经不匹配的传输线加在高速电路的输入端时,在它的输入端会产生较大幅度的负向反射电压,这个反射电压会损坏接收门的输入管。而设置了钳位二极管以后,便减小负向反射电压的幅度,从而避免输入管的损坏。

2. 肖特基 TTL 系列

要进一步提高电路的开关速度,比较有效的方法是:用肖特基二极管对 TTL 电路的饱和三极管进行抗饱和钳位,使它们不进入深饱和工作状态。这样,TTL 电路的开关时间就可以大大减少。

TTL 集成电路中的抗饱和钳位二极管,应具有以下三个特点:

(1) 钳位二极管的开关速度应该是比较快的,而肖特基二极管能够满足这一要求。这种二极管是由金属铝和一定掺杂浓度的 n 型硅经过一定的工艺加工而成的。这里,金属为正极,半导体为负极。当二极管正向偏置时,n 型硅中的电子进入铝,形成导通电流。由于电子在金属中是多数载流子,因此不存在少数载流子储存和逸散现象。这样,就使得肖特基二极管有极快的开关速度。

(2) 钳位二极管的正向导通电压应低于三极管的集结导通电压。只有这样,才能在三极管进入饱和状态以前,使大部分过驱动基流被钳位二极管分流。由于 TTL 电路中的肖特基二极管的正向压降只有 0.4V 左右,它低于硅 P-N 结的约 0.7V 的正向压降,因此,它能有效地进行抗饱和钳位。

(3) 设置钳位二极管既不应增加集成电路的工序,也不应增加集成电路管芯的面积,铝-硅肖特基二极管恰好能满足这个要求。

肖特基二极管以及用它抗饱和的三极管的符号示于图 3-43。图 3-43 还给出肖特基 TTL“与非”门的线路图,图中除了不会进入饱和状态的 T_4(不需要抗饱和钳位)外,其余三极管均用肖特基二极管钳位。

肖特基 TTL 系列有以下优点:

(1) 在功耗小于高速 TTL 系列的前提下,肖特基 TTL 系列能获得比高速 TTL 系列高得多的开关速度。以肖特基 TTL“与非”门为例,它的传输延迟只有高速 TTL“与非”门的一半,而速度功耗乘积却不到高速 TTL 电路的一半。所以,用肖特基二极管进行抗饱和,

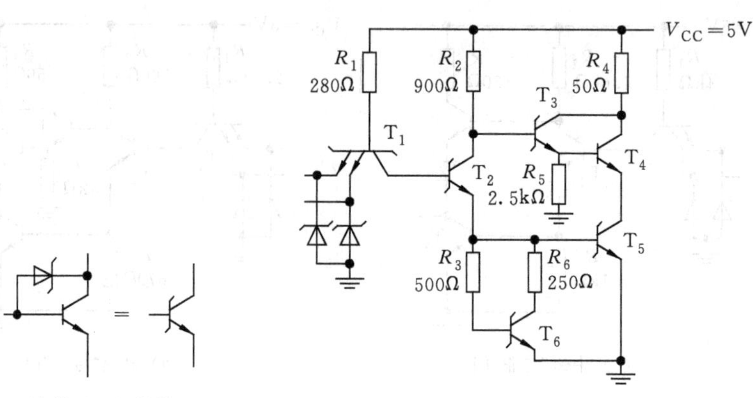

(a) 用肖特基二极管抗饱和的三极管的图形符号

(b) 肖特基TTL"与非"门的线路图

图 3-43

对于改善电路的电性能是比较有效的。

(2) 电路的输入可用肖特基二极管进行钳位。由于肖特基二极管固有的特点,用它去削弱因传输线不匹配而造成的负向电压冲击,其效果要比用普通二极管进行输入钳位的中速 TTL 系列和高速 TTL 系列好得多。

(3) 多发射极管 T_1 经抗饱和钳位后,当电路输入均为"1"时,来自 R_1 的大部分电流便流向肖特基二极管。这样一来,就可以较大地减少 T_1 的基流,从而使电路的输入漏电流 I_{IH} 大为减小。

肖特基 TTL 系列存在以下缺点:

(1) 电路抗干扰能力较低。这可以从两方面来说明其原因。一方面,经肖特基二极管钳位后,"与非"门 T 管的 c—e 正向压降,比未经抗饱和钳位的 T_1 管提高了 0.1～0.2V。随之,肖特基 TTL"与非"门的门槛电平也比中速 TTL"与非"门相应地降低了 0.1～0.2V;另一方面,电路的"0"输出电平(即输出低电平)V_{OL} 比中速 TTL 系列高 0.1～0.2V。由于上述两方面的原因,肖特基 TTL 电路的"0"噪声容限比中速 TTL 电路低。也就是说,前者的抗干扰能力比后者低。为了弥补这一缺点,同时也为了提高开关速度,肖特基 TTL 系列一般采用如图 3-43(b)所示的浅饱和结构形式。

(2) 电路反射干扰较大。肖特基 TTL 电路输出电压的上升沿和下降沿都很陡,一般都大于 1V/ns。这个数值约为中速 TTL 系列的 2～3 倍,约为射极耦合逻辑 ECL 电路的 2～5 倍。因此,即使在安装集成电路的印制电路板上,将门电路用 10～20cm 长度的线条互连,也会产生严重的传输线反射干扰。这就给使用者带来了一定的困难,而为了消除这种反射,往往要耗掉电路的一部分输出功率。

3. 低功耗肖特基 TTL 系列

低功耗肖特基 TTL 系列是采用肖特基二极管进行抗饱和的低功耗 TTL 系列,它有以下几个特点:

(1) 功耗只有中速 TTL 系列的 20%;

(2) 传输延迟和中速 TTL 系列相近,它的延迟功耗乘积在 5 种 TTL 系列中是最小的;

(3) 它的"0"输入电流 I_{IL} 比较小(约为 0.36mA)。同 TTL 兼容的 MOS 电路的输出在低电平时通常只能吸收 2mA 的电流，即它只能驱动一个中速或高速 TTL 门，如果由 MOS 电路去驱动低功耗肖特基 TTL 门，那么一个 MOS 电路便可驱动约 6 个低功耗肖特基 TTL 门电路。

正因为有以上几个特点，在 MOS 微处理机、MOS 大规模集成电路的接口电路中，常常采用这种低功耗肖特基电路。

低功耗肖特基 TTL 门电路有如图 3-44(a)、(b)、(c)所示的 3 种输入形式：第一种用多发射极管作为"与非"门的"与"输入级(图 3-44(a))。第二种用肖特基二极管作为"与非"门的"与"输入级(图 3-44(b))。在这里，门电路实际上成了二极管-三极管逻辑结构，它的开关速度要比图 3-44(a)所示的电路差些。但是，图 3-44(b)所示电路的结构简单。第三种是用 PNP 晶体管作为反相门的输入级(图 3-44(c))。这种输入结构简称 PNP 输入结构，在这种结构中，无论"1"输入还是"0"输入时其输入电流都是很小的(约几十 μA)，驱动这种输入形式的电路已不再成为问题。

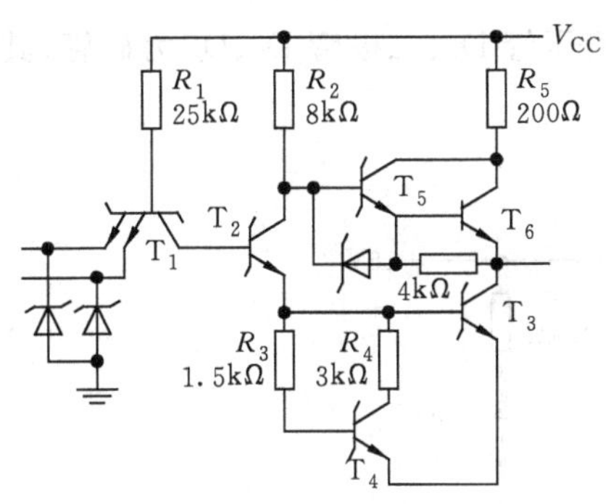

(a) 用多发射管作为"与非"门的"与"输入

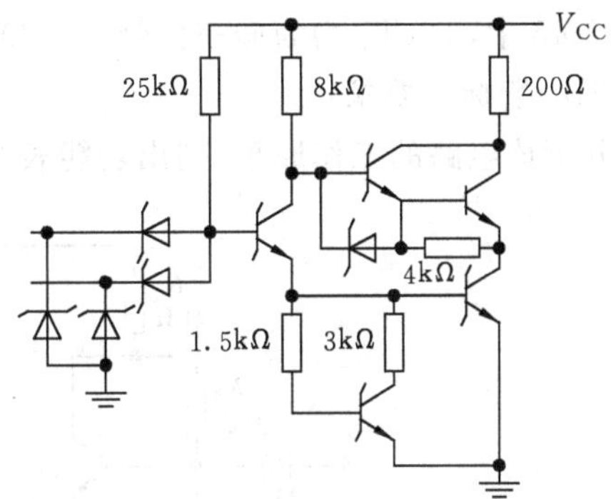

(b) 用肖特基二极管组成"与非"门的"与" 输入级

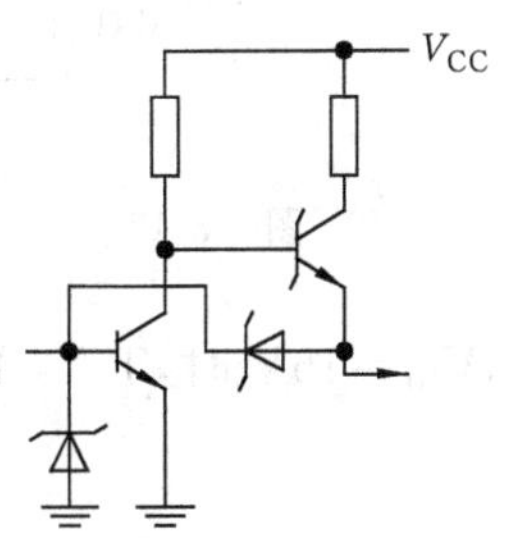

(c) 用PNP管作为反相门的输入

图 3-44 低功耗肖特基 TTL 门电路的 3 种输入级形式

各种 TTL 系列的"0"输入电流 I_{IL}、"1"输入电流 I_{IH}、"0"输出电流 I_{OL}、"1"输出电流 I_{OH} 等直流参数值是各不相同的。表 3-6 给出了美国 54/74 系列 5 种门电路的直流参数。在集成电路参数手册中，有时还给出了电路的扇出系数。在这里要指出的是，电路的扇出系数是指它驱动同一系列的"与非"门的个数。如果不同系列的电路混用，则其电路的实际扇出系数应按驱动电路的 I_{OL}、I_{OH} 以及被驱动电路 I_{IL}、I_{IH} 重新计算。例如，低功耗"与非"门的扇出系数是 20，但它只能驱动 2 个中速 TTL"与非"门。

表 3-6 5 种 TTL 系列门电路的直流参数

参数	中速	高速	肖特基	低功耗肖特基	先进低功耗肖特基
V_{OL}(V)	0.4	0.4	0.5	0.5	0.4
V_{OH}(V)	2.4	2.4	2.7	2.7	2.7
I_{IL}(mA)	1.6	2	2	0.36	0.1
I_{IH}(mA)	0.04	0.05	0.005	0.02	0.02
I_{OL}(mA)	16	20	20	3.0	8
I_{OH}(mA)	0.4	0.5	1.0	0.4	0.4

习　　题

1. TTL 门电路

3.1 在图 3-45 中，T_1、T_2 均为硅三极管，$\beta=20$。稳压管 D_1、二极管 D_2、D_3 为硅管，其他参数见图中所标。要求：

(1) 分析该电路的工作原理，列出功能表。

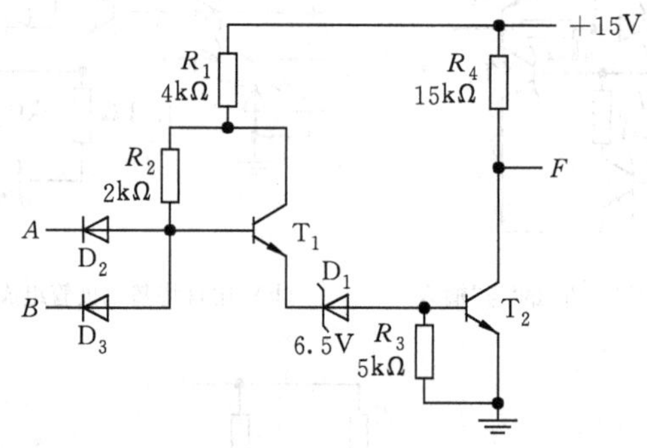

图 3-45

(2) 分别计算当 $V_{IL}=0.5V$，$V_{IH}=15V$ 时，T_1 T_2 各级电流、电位并分析三极管的工作状态。

(3) 求阈值电压 $V_T=$?

(4) $V_{IL}=0.5V$，$V_{IH}=15V$ 时抗干扰容限？

(5) 估计最大的"0"输出电流。

3.2 分析图 3-46 所示电路。

(1) 简叙此图的工作原理，列出功能表。

(2) 求阈值电压 $V_T=$?

(3) "1"输出时，T_4 处于什么状态？

(4) 该电路有"1"输出限流功能，试估算最大"1"输出电流(R_3 和 R_4 较大)。

(5) 该电路有"0"输出限流功能，试分析限流原理。

(6) $F=L$ 时，T_5 处于何种工作状态？

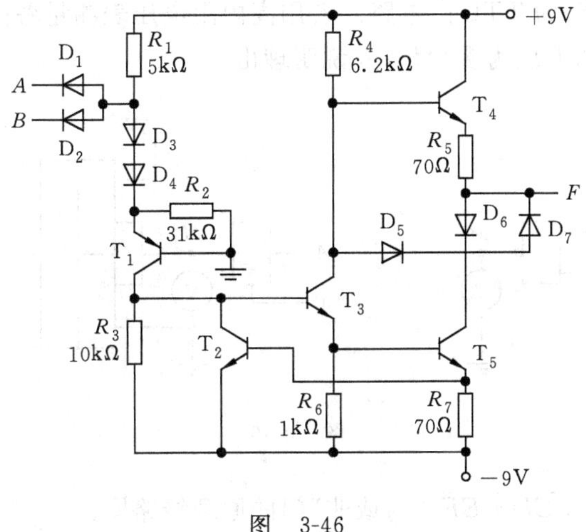

图 3-46

3.3 画出图 3-47 所示电路结构图，写出输出逻辑表达式。

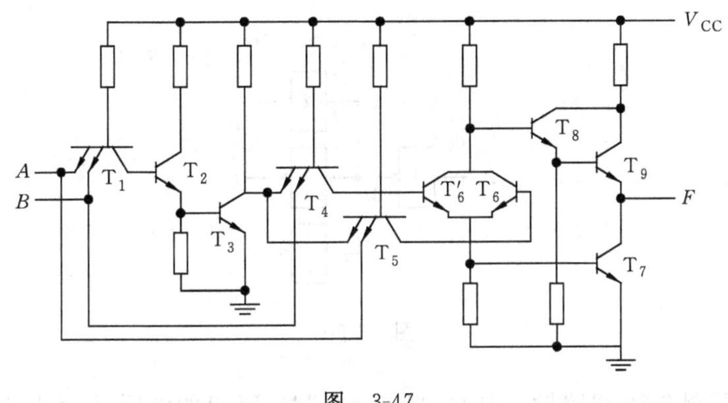

图 3-47

3.4 分析图 3-48 所示电路的工作原理，列出功能表，求阈值电压。

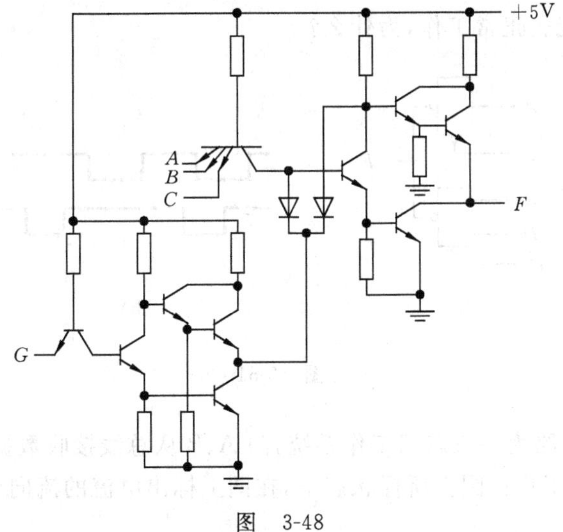

图 3-48

3.5 图 3-49 所示电路，为 TTL 门电路。若用高内阻电压表测量各图 M 点的电压，估算一下量测出 M 点的电压为多少伏，并说明理由。

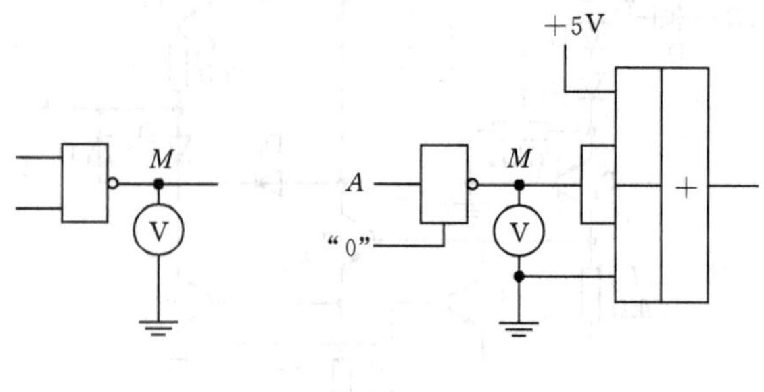

图 3-49

3.6 画出实现 $F=\overline{AB+CD+EF}$ "与或非"门的原理线路图。

3.7 图 3-50 所示电路为 TTL 门电路。非门的输入短路电流 $I_{IL}=-1.5\text{mA}$，高电平输入电流为 $I_{IH}=0.05\text{mA}$，当门 1 输入端 A 为"1"或"0"时，问各流入门 1 输出端的电流为多少毫安？

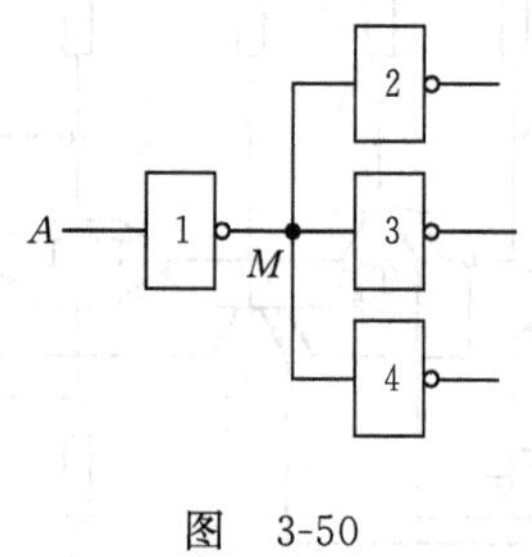

图 3-50

3.8 某同学按照图 3-50 线路做实验时，当 $A=$"1"时，M 点的电压 $V_M=1.6\text{V}$ 左右，试分析原因。

3.9 图 3-51(a)所示电路为 TTL 三态门。三态门控制端 $\overline{C}_1$ 和 $\overline{C}_2$ 波形如图 3-51(b)所示，试分析此电路能否正常工作，为什么？

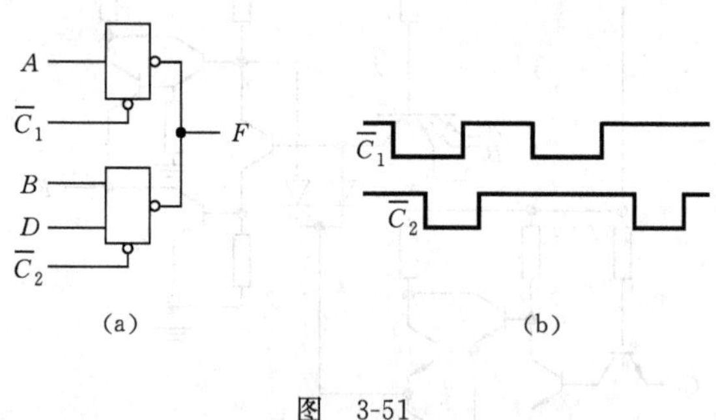

图 3-51

3.10 图 3-52 所示电路为一三态门工作系统，门 A、B 从总线接收数据；门 C、D 向总线发送数据。若电路工作在图上所标状态下，在图上标出电流的流向。

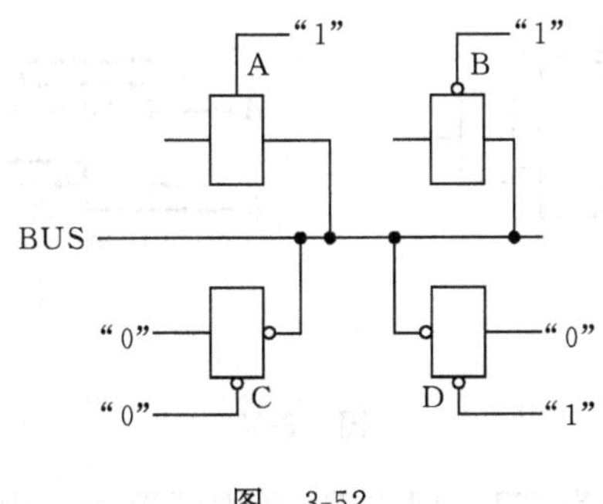

图 3-52

3.11 在图 3-53 所示各图中,将能正常工作的打"√",不能正常工作的打"×"。

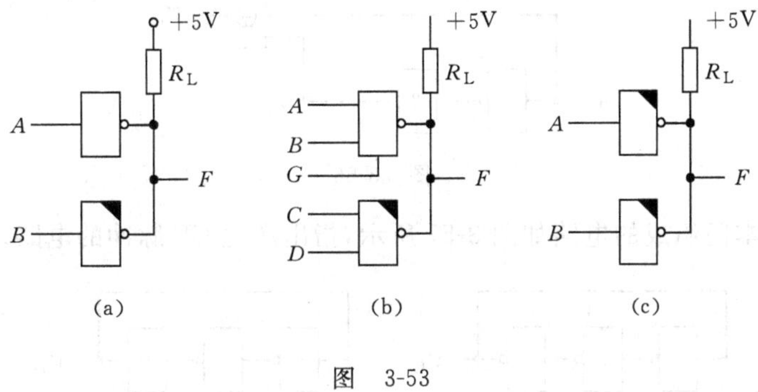

图 3-53

3.12 在图 3-54 所示电路中,L 为发光二极管,导通电压为 1.6V,请分析图中所示电路,能不能正常工作的原因。

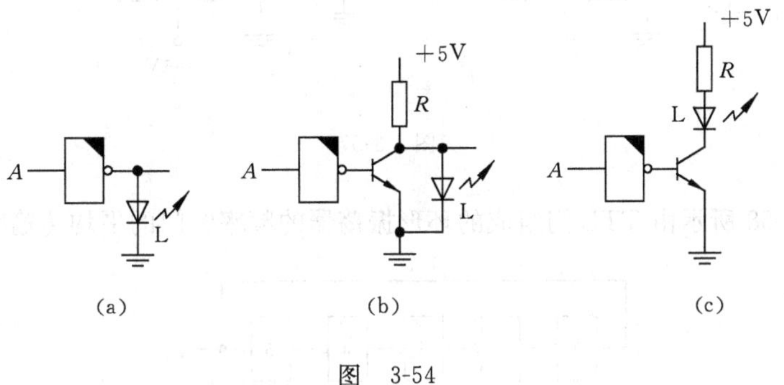

图 3-54

3.13 图 3-55(a)为由 TTL"与非"门组成的电路,输入 A、B 的波形如图 3-55(b)所示。试画 V_O 的波形。

1. 忽略"与非"门的平均传输时间。
2. 考虑"与非"门的平均传输时间 $t_{Pd}=20$ns。

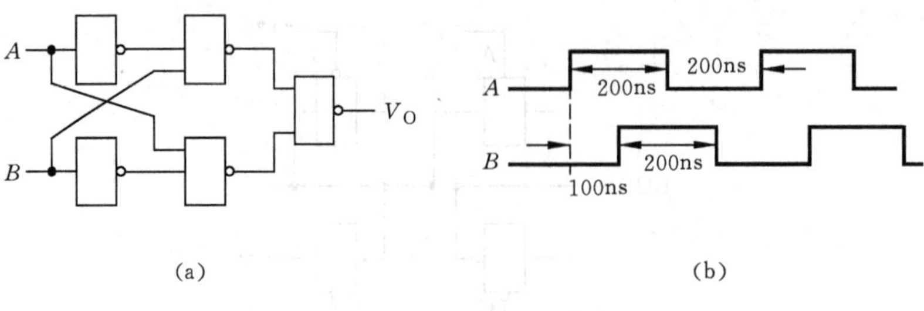

图 3-55

3.14 图 3-56 中门 1、2、3 均为 TTL 门电路，平均延迟时间为 20ns，画出 V_O 的波形（A 的波形自设）。

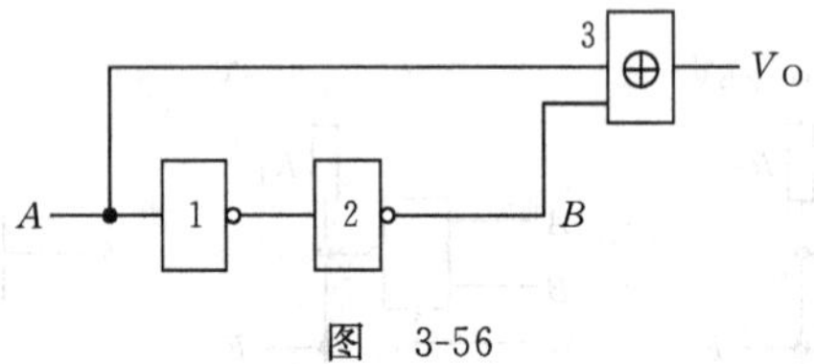

图 3-56

3.15 分析由基本门组成的电路如图 3-57 所示，指出产生 CP 脉冲的电路。

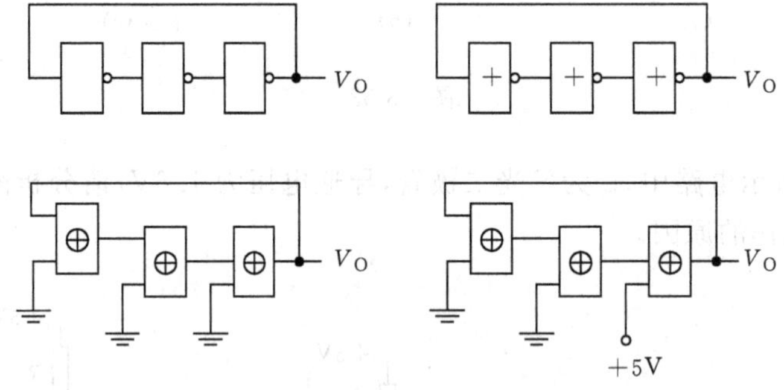

图 3-57

3.16 计算图 3-58 所示由 TTL 门组成的环形振荡器的频率？门的平均传输时间 $t_{Pd}=20ns$。

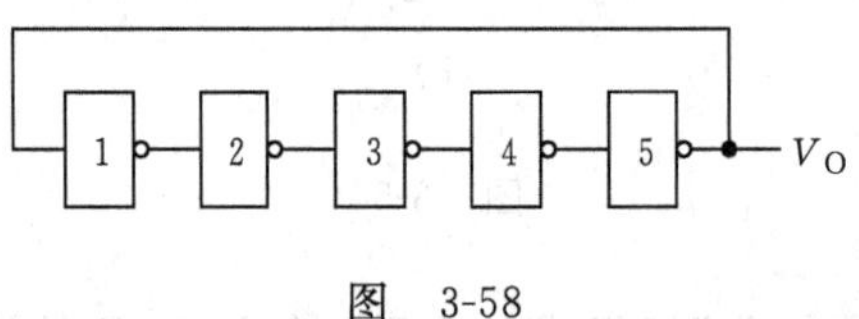

图 3-58

3.17 画出一个由 TTL 门构成的 RC 环形振荡器？要求振荡频率近似为 500kHz，确定 R，C 的值。如果要求振荡脉冲的占空比为 50%时，如何改动电路。

3.18 设计一个能控制的 TTL 门组成 RC 环形振荡器。控制端 C=“0”，电路可振；C=“1”，电路停止振荡。

3.19 分析图 3-59 所示电路，说明输出 V_0 为高电平、低电平时，电容 C 充放电的路径。

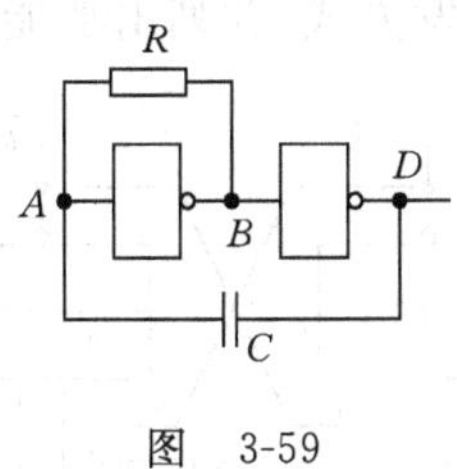

图 3-59

2. 触发器

3.20 图 3-60 所示是“与非”门构成的基本触发器，输入 R、S 的波形如图 3-60(b)所示，画出 Q 和 $\overline{Q}$ 的波形，并指出不定状态。

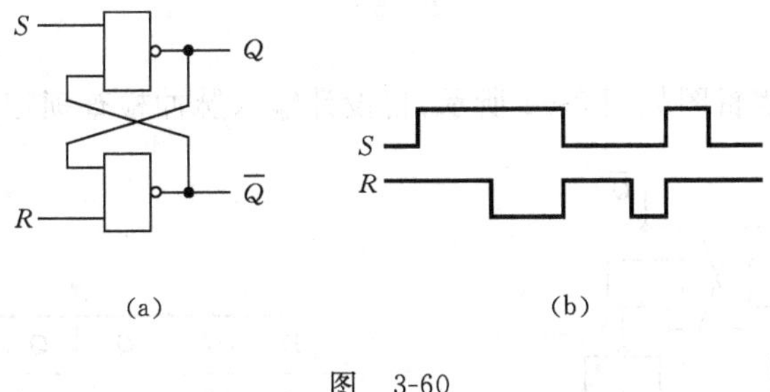

图 3-60

3.21 图 3-61(a)所示为由“或非”门构成的基本 RS 触发器，R、S 的输入波形如图 3-61(b)所示，画出输出 Q、$\overline{Q}$ 的波形(不考虑传输时间)，指出不定状态的区域。

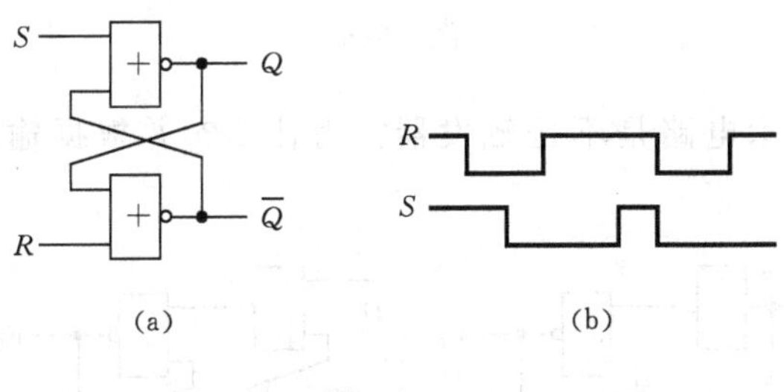

图 3-61

3.22 RS 型电位触发器如图 3-62(a)所示及触发器输入 $R.S.E$ 的波形图如图 3-62(b)所示，初态为 0。试画出 Q 及 $\overline{Q}$ 的波形，并指出触发器状态不定区域。

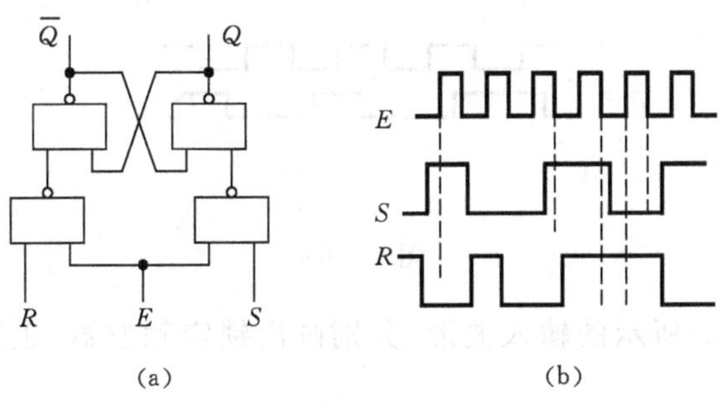

图 3-62

3.23　分析图 3-63 所示触发器的触发方式，并列出功能表。

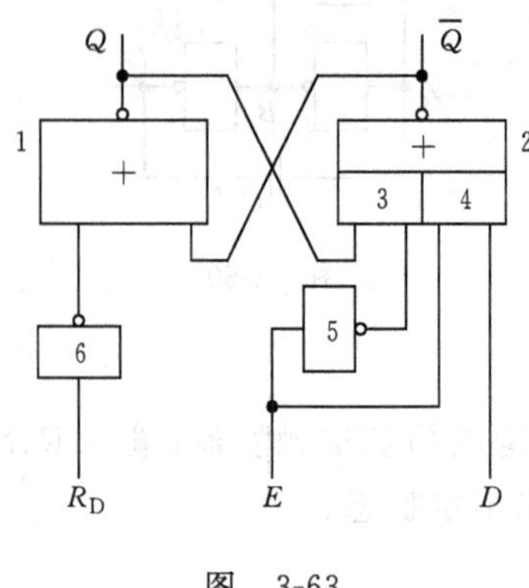

图　3-63

3.24　锁定触发器的逻辑图如图 3-64 所示，自设计输入脉冲检查锁定触发器的功能。

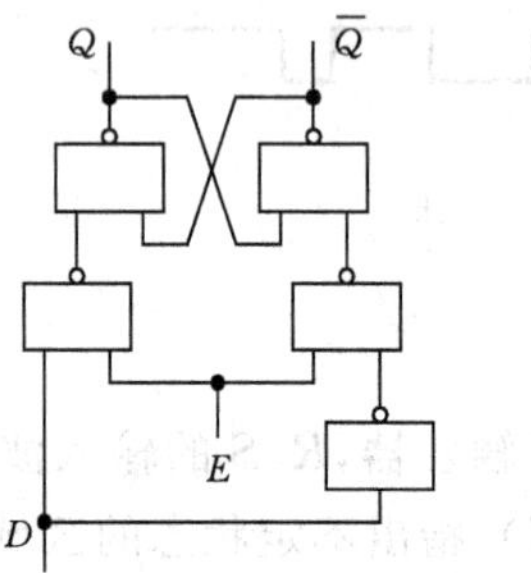

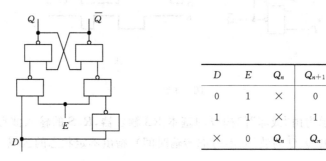

D	E	Q_n	Q_{n+1}
0	1	×	0
1	1	×	1
×	0	Q_n	Q_n

图　3-64

3.25　判断图 3-65 所示电路是不是触发器？为什么？并根据输入 D，画出输出 V_O 的波形。

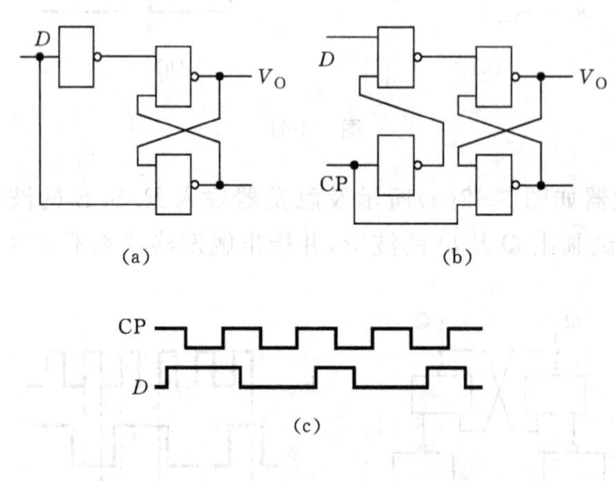

图　3-65

3.26　(1) 按图 3-66(a)所示的输入波形，分别画出锁定触发器，正边沿 D 触发器的输出波形。

(2) 按图 3-66(b)所示 JK 触发器的输入波形，试画出主从触发器及负边沿 JK 触发

器的输出波形。(两组波形)

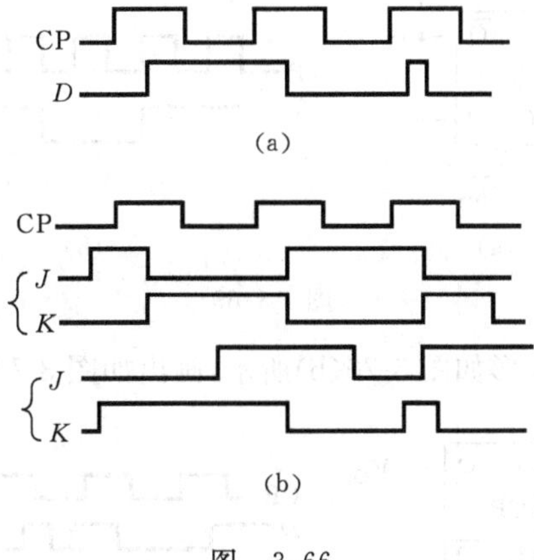

图 3-66

3.27 为什么说 *RS* 互补的主从 RS 触发器是边沿触发方式的触发器,如图 3-67(a)所示,而 JK 互补的主从触发器仍是主从触发器,如图 3-67(b)所示(不考虑延时)。

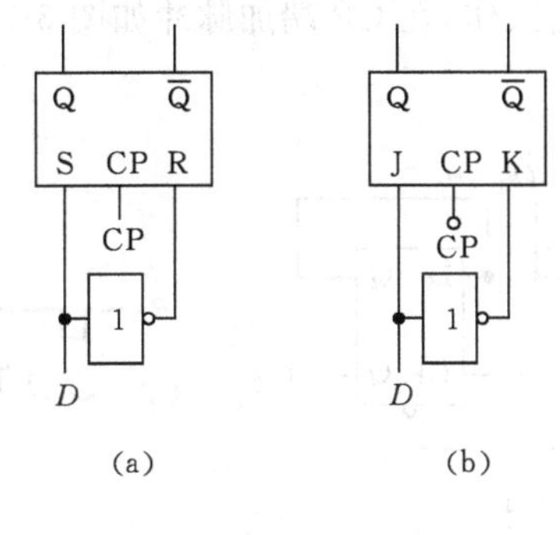

图 3-67

3.28 如果有一电路,有两个输入,两个输出波形如图 3-68(a)所示。若在输入端各加输入信号如图 3-68(b)所示,测出 V_{O_1} 及 V_{O_2} 的对应波形如图所示,画出电路图。

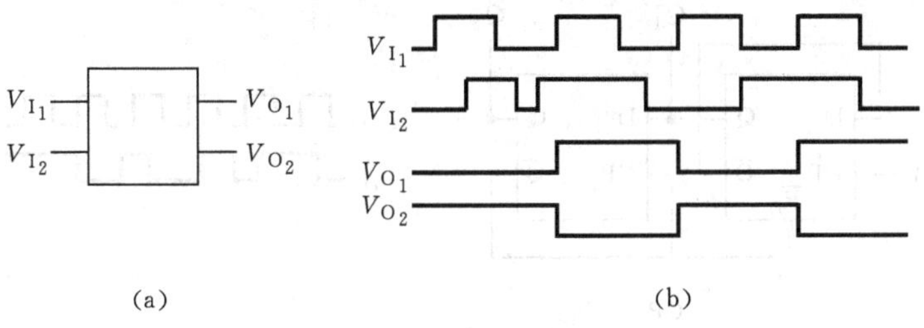

图 3-68

3.29 有一个带有置位端 $\overline{S}_D$ 和复位端 $\overline{R}_D$ 的正沿 D 型触发器,如图 3-69(a)所示。在使用中,将 $\overline{Q}$ 端接 *D* 端,在 CP 端输入信号如图 3-69(b)所示。在用示波器测试 *Q* 端的波形时,发现 *Q* 端波形不受 CP 控制。请分析原因。

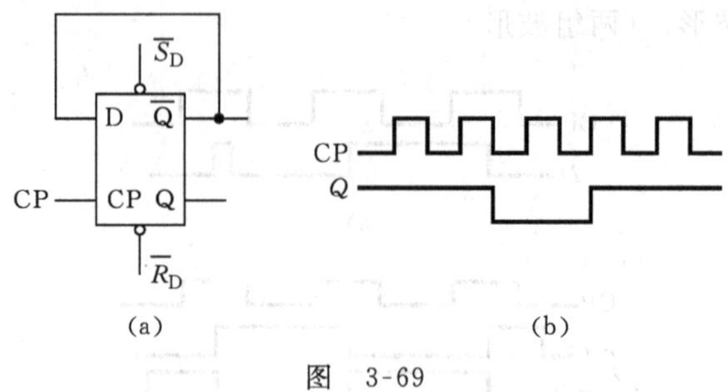

图 3-69

3.30 如果 CP 和 D 输入的波形如图 3-70(b)所示，画出如图 3-70(a)所示电路的输出波形。

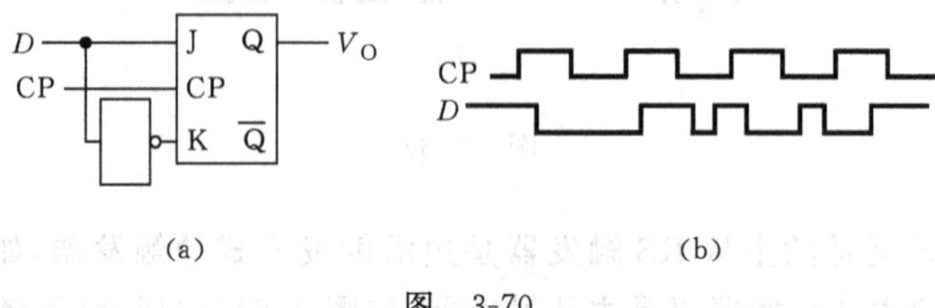

图 3-70

3.31 按照图 3-71(a)所示电路工作，在 CP 端加脉冲如图 3-71(b)所示，画两个正边沿触发器的输出波形。

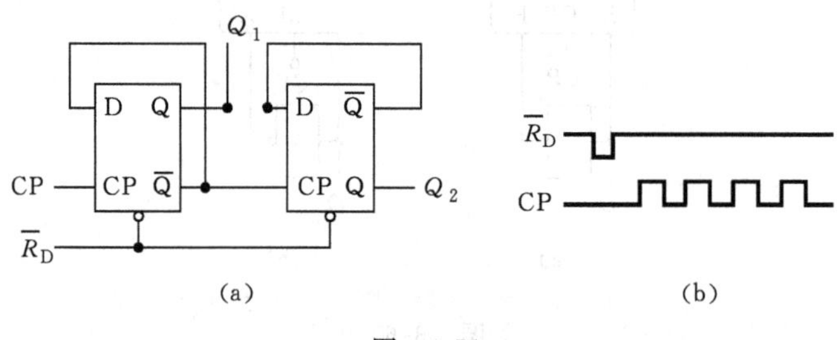

图 3-71

3.32 在图 3-72(a)所示电路中，A、CP 的波形如图 3-72(b)所示。先将触发器置为"00"状态。画出触发器 Q_1 和 Q_2 的输出波形。

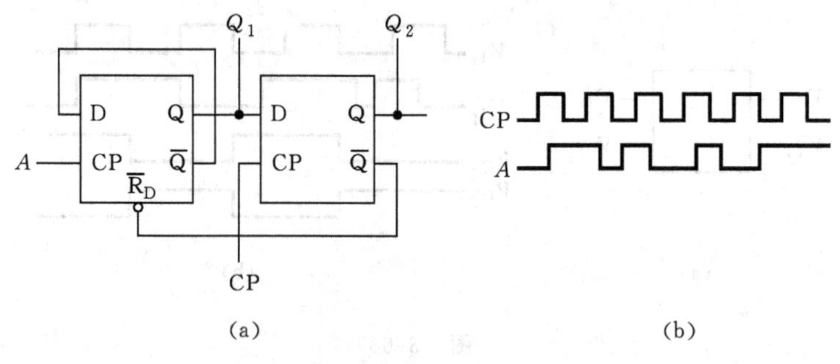

图 3-72

3.33 如何测试正沿触发的 D 型触发器的 D 端到输出 Q 的传输时间？

3.34 某正边沿 D 型触发器的 $t_{su}=20\text{ns}$，$t_h=5\text{ns}$，$t_{Pd_{CP\to Q,\overline{Q}}}=35\text{ns}$，分析图 3-73(a)、(b)所示电路能否正常工作。

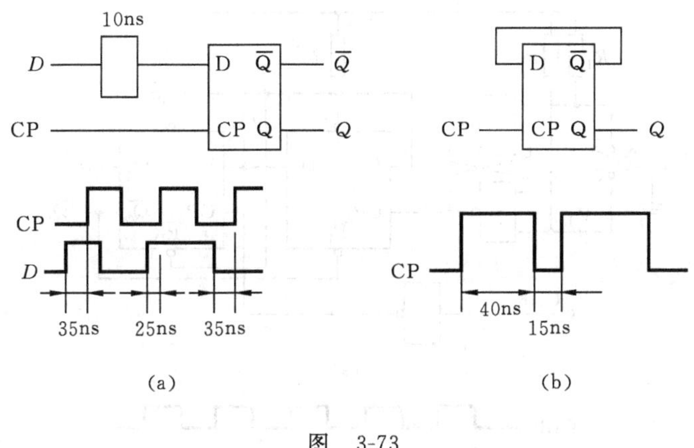

图 3-73

3.35 主从 JK 触发器的数据建立时间为 20ns，时钟到输出的传输延迟时间为 25ns，加如图 3-74 所示的 CP 脉冲，能否使触发器处在正确计数状态。

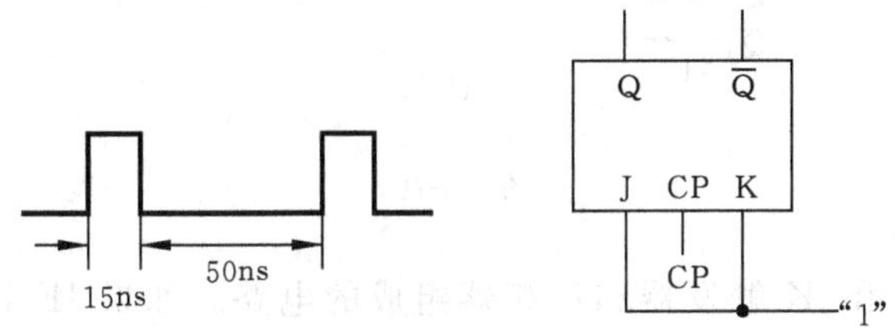

图 3-74

3.36 已知正边沿 D 型触发器的最小数据建立时间 $t_{su}=20\text{ns}$。由时钟正跳变沿到输出 Q 和 $\overline{Q}$ 的传输延迟分别为 $t_{P_{LH}}=14\text{ns}$ 和 $t_{P_{HL}}=20\text{ns}$，为保证 D 触发器可靠运行，选时钟脉冲低电平宽度为 30ns(见图 3-75)。

(1) 求在系统中触发器的最高运行频率 $f_{max}=?$

(2) 如果门 G 的延迟时间为 $t_{Pd_G}=10\text{ns}$，求该系统的最高运行频率 $F_{max}=?$

(3) 若门 G 的延迟时间为 $t_{Pd_G}=15\text{ns}$，$F_{max}=?$

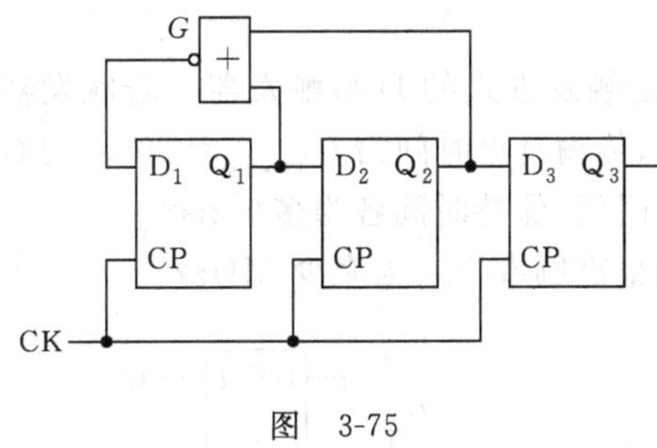

图 3-75

3.37 图 3-76(a)是为解决外部开关输入和系统时钟同步而设计的电路。当开关由位置 1 掷向位置 2 时，由于开关触点的抖动，V_I 的波形如图 3-76(b)所示。请画出 A，Q_1，Q_2 和 $\overline{Q_2}$ 的波形(不考虑门和触发器的延迟)。初始态为 Q_1Q_2＝"00"。

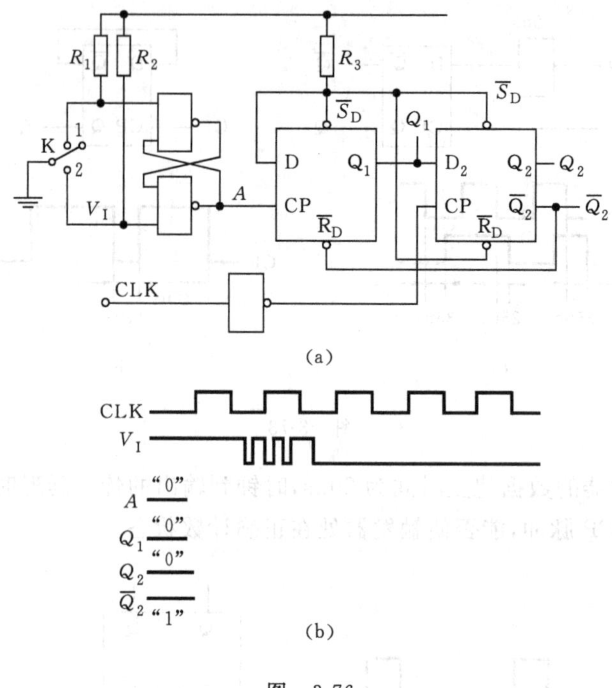

图 3-76

3.38 图 3-77 是用正沿 JK 触发器和反相器组成的电路。如果 JK-FF 的建立时间 $t_{su}=30$ns；保持时间 $t_h=5$ns；反相器 G 的传输延迟时间 $t_{Pd}=10$ns。

请问：(1) 数据 D 的建立时间和保持时间应当为多少毫微秒才能正常工作。

(2) 如何量测 J、K 到输出的传输延迟时间 $t_{Pd_{J,K-Q}}$。

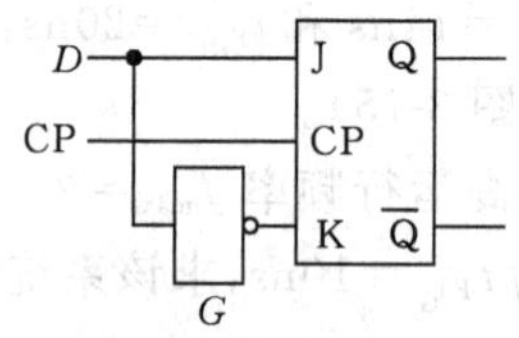

图 3-77

3.39 图 3-78 所示为正边沿触发方式的 D 型触发器。若触发器的建立时间为 $t_{su}=20$ns；保持时间为 $t_H=5$ns；传输延迟时间为 $t_{Pd_{CP\to Q,\overline{Q}}}=30$ns，门 G 的延迟时间 $t_{Pd_G}=10$ns。

求：(1) 系统的建立时间，保持时间各为多少 ns?

(2) 时钟脉冲的最高频率 F_{max} 为多少 MHz?

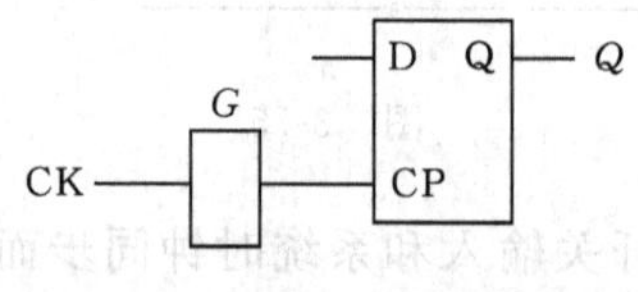

图 3-78

第 4 章　组合逻辑电路

数字逻辑电路分为两大类：一类是组合逻辑电路，它的输出只和当时的输入逻辑状态有关，而和电路过去的状态无关；另一类是时序逻辑电路，它的输出不仅和当时的输入逻辑状态有关，而且还和电路过去的状态有关。在本章中将介绍中规模组合逻辑电路的原理及应用。

目前在数字系统中使用的中规模组合逻辑电路，按照用途来分，大体有以下几种：(1) 译码器；(2) 编码器；(3) 数据选择器(多路选择器)、数据分配器；(4) 数据比较器；(5) 算术逻辑运算单元；(6) 奇偶检测器。

下面分别介绍这些中规模组合逻辑电路。

4.1 译　码　器

译码器是一种组合逻辑网络，它的输入代码的组合将在某一个输出端上产生特定的电位信号。按用途来分，译码器大体上有以下 3 类：(1) 变量译码器；(2) 码制变换译码器；(3) 显示译码器。

4.1.1 变量译码器

用来表示输入变量状态的译码器称为变量译码器。它是一种二进制译码器，n 个输入代码有 2^n 个输入状态，因此译码器就有 2^n 个输出和输入状态相对应，每个输出的特定电位状态表示输入代码的一种组合。常见的变量译码器有 2 输入 4 输出译码器(简称 2-4 译码器)、3 输入 8 输出译码器(3-8 译码器)以及 4 输入 16 输出译码器(4-16 译码器)等。

1. 变量译码器的原理

以 2 输入 4 输出变量译码器为例来说明其原理。图 4-1(a)给出它的功能表，A、B 是变量输入端，其中 A 表示输入变量的低位，B 为高位，$Y_0 \sim Y_3$ 是译码器的输出。以输出端 $Y_0=0$，其余输出端 $Y_1 \sim Y_3$ 均以 1 来表示输入状态 $AB=00$；以 $Y_1=0$，其余输出均为 1，表示输入代码为 10；以 $Y_2=0$，其余输出均为 1，表示输入代码为 01；以 $Y_3=0$，其余输出均为 1，表示输入代码为 11。

由功能表可直接写出 Y_0、Y_1、Y_2、Y_3 表达式：

$$Y_0=\overline{\bar{A}\,\bar{B}};Y_1=\overline{A\,\bar{B}};Y_2=\overline{\bar{A}\,B};Y_3=\overline{A\,B}$$

由 $Y_0 \sim Y_3$ 的表达式，可以画出它的逻辑图，如图 4-1(a)所示。

从 $Y_0 \sim Y_3$ 式还可以看到，输入端 A、B 分别均要驱动 3 个“与非”门，为了减轻前一级电路驱动 A、B 端的负担，设置了 A、B 输入缓冲反相门，如图 4-1(a)所示。以形成译码器所需要的 A 和 $\bar{A}$、B 和 $\bar{B}$ 的互补输入，使前级电路驱动译码器时，只须驱动一个“与非”门。此外，还增设了“使能”(enable)端 $\bar{E}$。$\bar{E}$ 是一个控制端，当 $\bar{E}=1$ 时，译码器的 4 个输出均为 1，译码器的工作被禁止；只有当 $\bar{E}=0$ 时，译码器才处于正常的译码工作状态。增设了 $\bar{E}$ 端及输入缓冲门的2输入译码器如图4-1(b)所示。

功能表

A	B	Y_0	Y_1	Y_2	Y_3
0	0	0	1	1	1
1	0	1	0	1	1
0	1	1	1	0	1
1	1	1	1	1	0

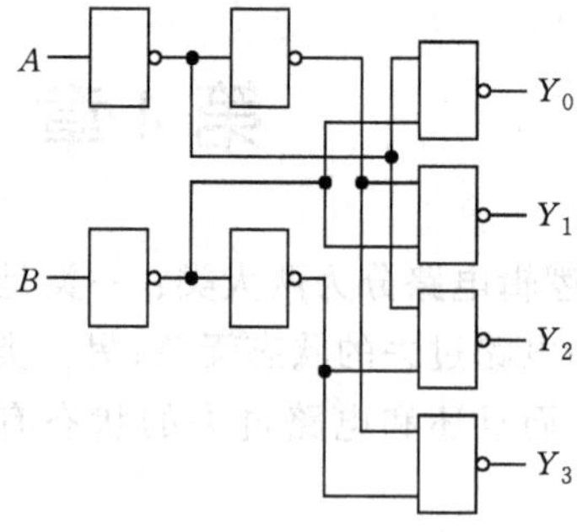

(a) 无使能输入

功能表

输入			输出			
$\bar{E}$	A	B	Y_0	Y_1	Y_2	Y_3
1	×	×	1	1	1	1
0	0	0	0	1	1	1
0	1	0	1	0	1	1
0	0	1	1	1	0	1
0	1	1	1	1	1	0

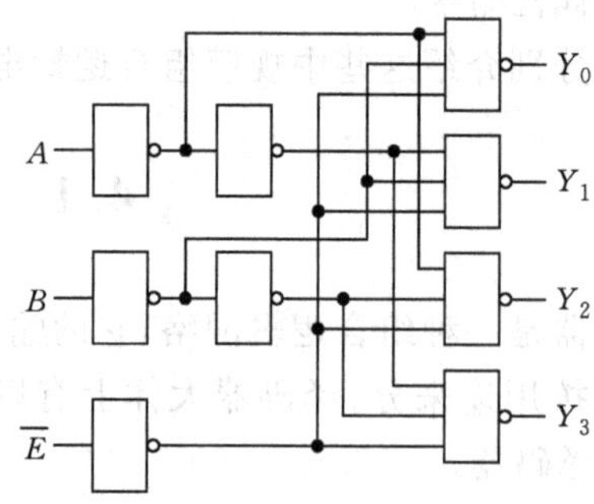

(b) 具有使能输入

图4-1 2输入变量译码器逻辑图

由图4-1(b)可写出有"使能"控制端$\bar{E}$的2输入译码器表达式如下：

$$\begin{cases} Y_0 = \overline{\bar{E}\,\bar{A}\,\bar{B}} \\ Y_1 = \overline{\bar{E}\,A\,\bar{B}} \\ Y_2 = \overline{\bar{E}\,\bar{A}\,B} \\ Y_3 = \overline{\bar{E}\,A\,B} \end{cases}$$

由表达式可画出译码器的逻辑图如图4-1(b)所示。"使能"端$\bar{E}$的功能将在"2. 使能端的功能"中阐述。图4-2和图4-3分别为3输入、4输入变量译码器(A为最低位)的功能表及其逻辑图。

为了充分利用封装的所有引脚，并增强逻辑功能，在图4-2所示的3-8译码器中，设置了3个使能端E_1、$\bar{E}_{2A}$、$\bar{E}_{2B}$。当$E_1=1$且$\bar{E}_{2A}$、$\bar{E}_{2B}$均为"0"时译码器处于工作状态，当$E_1=0$，或者$\bar{E}_{2A}$、$\bar{E}_{2B}$有一个为1时，译码器处于禁止状态。

在图4-3所示的4-16译码器中，设置了2个使能端$\bar{E}_1$和$\bar{E}_2$。当$\bar{E}_1$和$\bar{E}_2$均为"0"时，电路处于工作状态，否则电路为禁止状态。

2. 使能端的功能

集成化的变量译码器一般都设置了"使能"端，它有以下用途：

功 能 表

输入					输出							
E_1	$\overline{E}_{2A}+\overline{E}_{2B}$	A	B	C	Y_0	Y_1	Y_2	Y_3	Y_4	Y_5	Y_6	Y_7
×	1	×	×	×	1	1	1	1	1	1	1	1
0	×	×	×	×	1	1	1	1	1	1	1	1
1	0	0	0	0	0	1	1	1	1	1	1	1
1	0	1	0	0	1	0	1	1	1	1	1	1
1	0	0	1	0	1	1	0	1	1	1	1	1
1	0	1	1	0	1	1	1	0	1	1	1	1
1	0	0	0	1	1	1	1	1	0	1	1	1
1	0	1	0	1	1	1	1	1	1	0	1	1
1	0	0	1	1	1	1	1	1	1	1	0	1
1	0	1	1	1	1	1	1	1	1	1	1	0

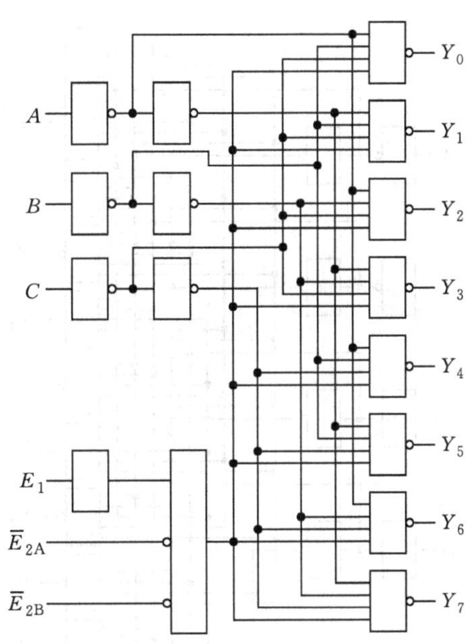

图 4-2　3 输入变量译码器的逻辑图

(1) 消除译码器输出的“0”重叠和尖峰信号。

由于译码器设置了输入缓冲门，因此，在无使能端的情况下，译码器的输出端会出现“0”重叠和尖峰信号。如果译码器输入波形还存在着偏移，则尖峰信号的宽度还会增加。以 2 输入变量译码器为例(图 4-4)来说明“0”重叠和尖峰信号产生的原因。若 A、B 均由“1”跳至“0”，且输入 B 负跳变较输入 A 的负跳变滞后 t_{skew}，则先来到的 A 的负跳变将使 Y_3 由“0”跳至“1”，Y_2 由“1”跳至“0”，然后，接着到来的 B 的负跳变将使 Y_0 由“1”跳至“0”，Y_2 由“0”跳至“1”。由于由输入 A 到输出 Y_2 只经一级缓冲门和一级译码器输出“与非”门，而 A 至 Y_3 要经两级缓冲门和一级“与非”，显然，后者的传输时间要大于前者。因此，Y_2 和 Y_3 有一段时间同时为“0”，这就是输出“0”重叠。

尖峰信号形成原因如下：由于输入存在偏移，A 的负跳变经一级缓冲门，使 Y_2 由“1”跳到“0”，而 B 的负跳变经两级缓冲门又使 Y_2 由“0”回到“1”。于是，在 Y_2 端出现了尖峰信号。t_{skew} 愈大，尖峰信号就愈宽(图 4-4)。

“0”重叠时间 t_{ol} 和尖峰脉冲宽度 t_{sp} 分别为：

$$t_{\text{ol}}=t_{\text{P}_{\text{LH}_3}}-t_{\text{P}_{\text{HL}_2}}$$

$$t_{\text{sp}}=t_{\text{skew}}+t_{\text{P}_{\text{LH}_3}}-t_{\text{P}_{\text{HL}_2}}$$

其中 $t_{\text{P}_{\text{LH}_2}}$、$t_{\text{P}_{\text{HL}_3}}$ 的注脚 2、3 分别表示信号经过门的个数。

由于“0”重叠和尖峰信号均能使逻辑系统产生错误动作，因此，在设计译码器时，应注意的一个问题是减小译码器缓冲门的传输时间，以减小 t_{ol} 和 t_{sp}。此外，减小输入信号的偏移，也有利于减小尖峰信号宽度。

由于加在 $\overline{E}$ 端的“1”电平能封锁所有的输出门，所以利用它能抑制“0”重叠和尖峰信号，但 $\overline{E}$ 端正脉冲的来到应在译码器输入的变化之前，而它的撤除则应滞后于输入的变化。把这段最小的提前时间和最小的滞后时间分别称为 $\overline{E}$ 的建立时间 $t_{\text{su}_{\overline{E}}}$ 和 $\overline{E}$ 的保持时间 $t_{\text{h}_{\overline{E}}}$(图 4-5)。

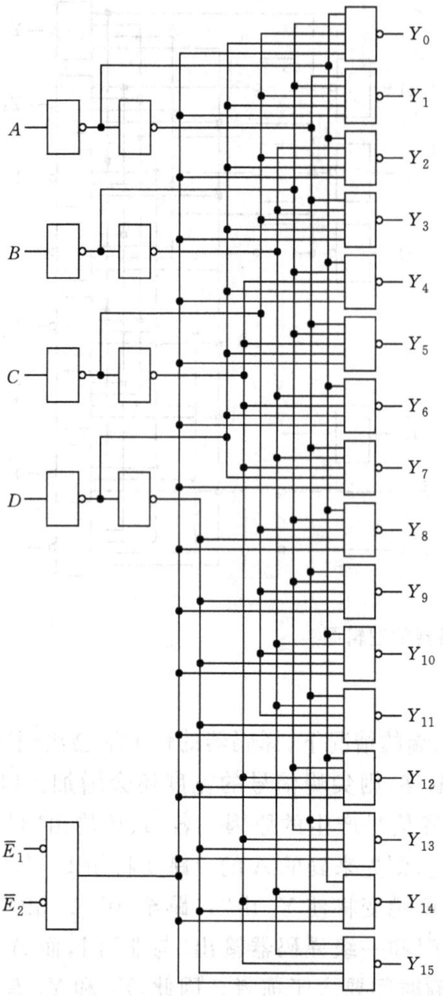

功　能　表

$\overline{E}_1$	$\overline{E}_2$	A	B	C	D	Y_0	Y_1	Y_2	Y_3	Y_4	Y_5	Y_6	Y_7	Y_8	Y_9	Y_{10}	Y_{11}	Y_{12}	Y_{13}	Y_{14}	Y_{15}
0	0	0	0	0	0	0	1	1	1	1	1	1	1	1	1	1	1	1	1	1	1
0	0	1	0	0	0	1	0	1	1	1	1	1	1	1	1	1	1	1	1	1	1
0	0	0	1	0	0	1	1	0	1	1	1	1	1	1	1	1	1	1	1	1	1
0	0	1	1	0	0	1	1	1	0	1	1	1	1	1	1	1	1	1	1	1	1
0	0	0	0	1	0	1	1	1	1	0	1	1	1	1	1	1	1	1	1	1	1
0	0	1	0	1	0	1	1	1	1	1	0	1	1	1	1	1	1	1	1	1	1
0	0	0	1	1	0	1	1	1	1	1	1	0	1	1	1	1	1	1	1	1	1
0	0	1	1	1	0	1	1	1	1	1	1	1	0	1	1	1	1	1	1	1	1
0	0	0	0	0	1	1	1	1	1	1	1	1	1	0	1	1	1	1	1	1	1
0	0	1	0	0	1	1	1	1	1	1	1	1	1	1	0	1	1	1	1	1	1
0	0	0	1	0	1	1	1	1	1	1	1	1	1	1	1	0	1	1	1	1	1
0	0	1	1	0	1	1	1	1	1	1	1	1	1	1	1	1	0	1	1	1	1
0	0	0	0	1	1	1	1	1	1	1	1	1	1	1	1	1	1	0	1	1	1
0	0	1	0	1	1	1	1	1	1	1	1	1	1	1	1	1	1	1	0	1	1
0	0	0	1	1	1	1	1	1	1	1	1	1	1	1	1	1	1	1	1	0	1
0	0	1	1	1	1	1	1	1	1	1	1	1	1	1	1	1	1	1	1	1	0
0	1	×	×	×	×	1	1	1	1	1	1	1	1	1	1	1	1	1	1	1	1
1	0	×	×	×	×	1	1	1	1	1	1	1	1	1	1	1	1	1	1	1	1
1	1	×	×	×	×	1	1	1	1	1	1	1	1	1	1	1	1	1	1	1	1

图 4-3　4 输入变量译码器逻辑图

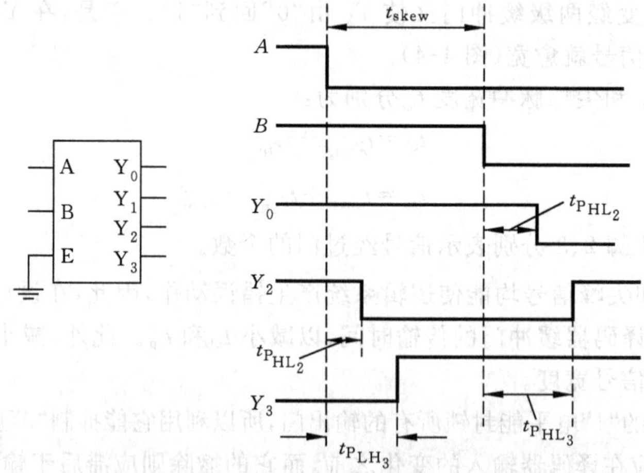

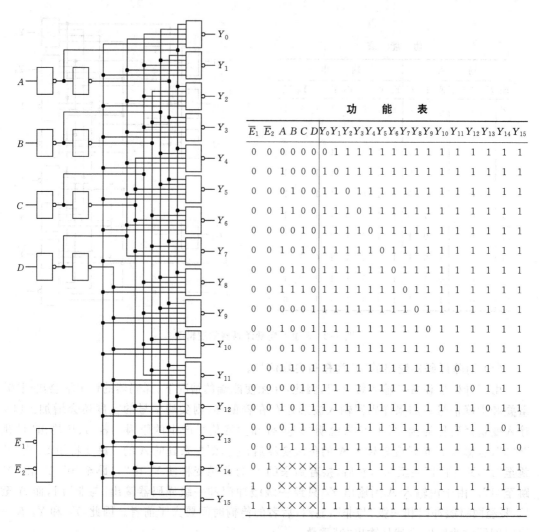

图 4-4　说明变量译码器“0”重叠和尖峰信号形成原因的波形图

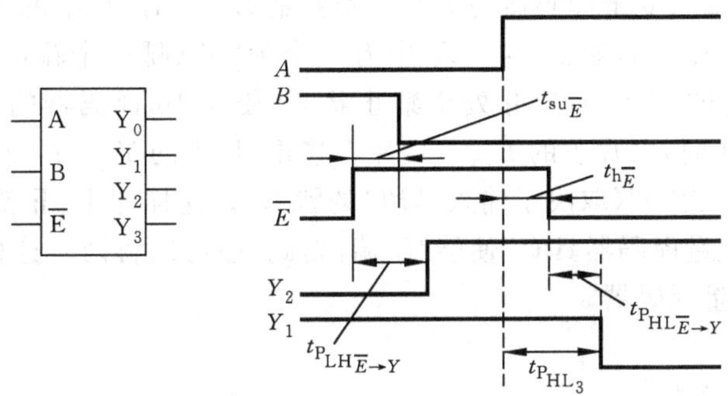

图 4-5　说明"使能"信号最小正脉宽的波形图

因为从变量输入到输出至少需经两级门延迟，而由 $\overline{E}$ 到输出也要经两级门延迟，因此，从理论上讲，$\overline{E}$ 的正跳变可以和输入跳变同时到来，但考虑到内部门传输延迟的离散，故 $\overline{E}$ 的正跳变仍应比输入的跳变提前到来。从变量输入到输出最慢需经三级门延迟。为了使 $\overline{E}$ 的负跳变能够比变量输入的跳变先到达输出门的输入端，$t_{h_{\overline{E}}}$ 应为：

$$t_{h_{\overline{E}}} \geqslant t_{P_{HL_3}} - t_{P_{HL_{\overline{E}\to Y}}}$$

其中 $t_{P_{HL_{\overline{E}\to Y}}}$ 为 $\overline{E}$ 由"1"变至"0"时输出的下降延迟(2 级门延迟)。由此可知，减小缓冲门延迟的离散可减小 $t_{su_{\overline{E}}}$；减小缓冲门延迟可减小 $t_{h_{\overline{E}}}$，对于提高译码器的工作频率是有利的。

在使用 $\overline{E}$ 信号后，译码器输出正、负跳变分别发生在 $\overline{E}$ 的正、负跳变之后，而不是发生在输入变量的跳变之后。图 4-6 给出了不使用和使用 $\overline{E}$ 时译码器的输出波形图。

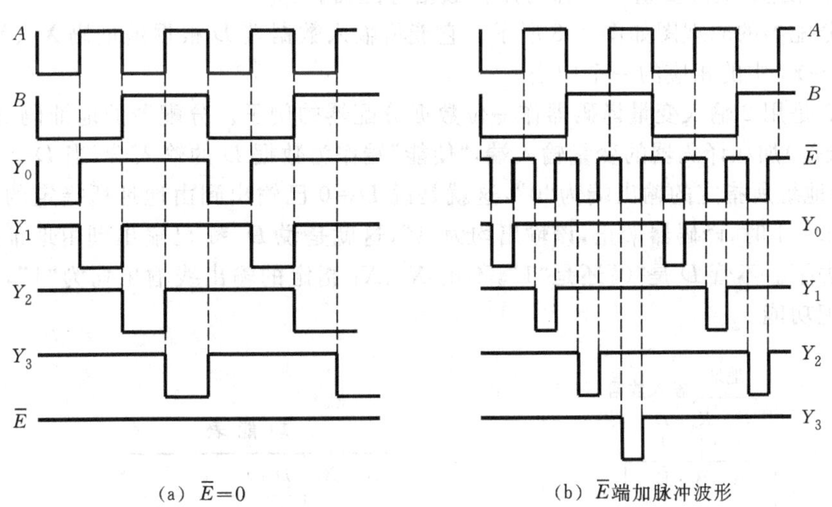

(a) $\overline{E}=0$　　(b) $\overline{E}$端加脉冲波形

图 4-6　译码器的输出波形图

(2) 扩大译码器的输入数。

使用译码器时常常会遇到这种情况：现有的译码器的输入端数太少，不能满足使用要求。这时可把几片有 $\overline{E}$ 端的译码器连接成输入端数较多的译码器。用两块 3 输入变量译码器扩展成 4 输入 16 输出变量译码器，如图 4-7 所示。图中，将片 Ⅰ 的"使能"端 $\overline{E}_{2A}$ 和片 Ⅱ 的使能端 E_1 相连，作为第 4 个变量 D(最高位)的输入端，片 Ⅰ 的 E_1 接"1"电位，把片 Ⅰ 的 $\overline{E}_{2B}$ 和片 Ⅱ 的 $\overline{E}_{2A}$、$\overline{E}_{2B}$ 连在一起作为 4 输入变量译码器的"使能"端。其工作原理如下：

当图 4-7 所示 4 输入变量译码器的 $\overline{E}=0$，若变量 $D=0$ 时，片Ⅰ的 $E_1=1$，$\overline{E}_{2A}=\overline{E}_{2B}=0$，片Ⅰ处于工作状态，片Ⅰ的输出 $Y_0\sim Y_7$ 中有一个为“0”(哪一个输出处于“0”态取决于 ABC 的状态)，而片Ⅱ的 $E_1=0$，片Ⅱ处于禁止状态，使 4-16 译码器的输出 $Y_8\sim Y_{15}$ 均为“1”；当 $\overline{E}=0$，且 $D=1$ 时，因片Ⅰ的 $\overline{E}_{2A}=1$，片Ⅰ禁止，片Ⅰ的 $Y_0\sim Y_7$ 为“1”；而片Ⅱ工作，输出 $Y_8\sim Y_{15}$ 中有一个为“0”(取决于输入 ABC 的状态)。这样片Ⅰ、Ⅱ就实现了 4-16 译码器的功能。该 4-16 变量译码器具有“使能”$\overline{E}$ 端，因此，还可以将两个这样的 4 输入变量译码器扩展为 5 输入变量译码器。

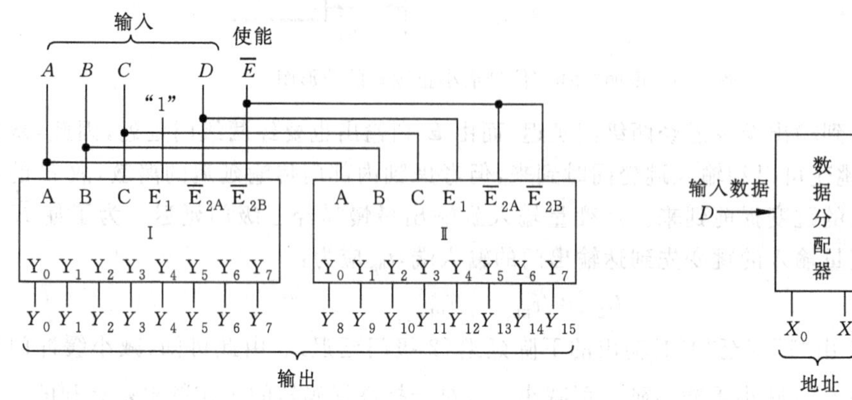

图 4-7　2 块 3 输入变量译码器扩展成 4 输入变量译码器

图 4-8　数据分配器

(3) 有“使能”端的变量译码器可用作数据分配器。

数据分配器的原理图如图 4-8 所示。它能将输入数据端 D 根据地址码 X_0、X_1 分配到输出端 $Y_0\sim Y_3$ 中的相应的一个中去。

图 4-9 是用 2 输入变量译码器作一位数据分配器的例子。分配器的地址码 X_0、X_1(其中 X_0 为低位)加在译码器的变量输入端，“使能”端作为数据 D 的输入端，当 $D=0$ 时，译码器工作，由地址所指定的输出端为“0”，这就是说 $D=0$ 已输出到由地址所指定的输出线上去了。当 $D=1$ 时，译码器禁止，该输出均为“1”，这就是说 $D=1$ 已输出到由地址所指定的输出线上去了。不管 D 是“0”还是“1”，不由 X_0、X_1 指定的输出线输出均为“1”，这就实现了数据分配功能。

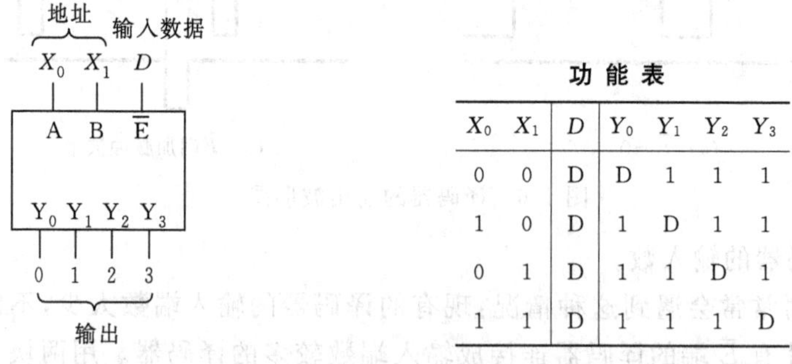

功 能 表

X_0	X_1	D	Y_0	Y_1	Y_2	Y_3
0	0	D	D	1	1	1
1	0	D	1	D	1	1
0	1	D	1	1	D	1
1	1	D	1	1	1	D

图 4-9　译码器用作数据分配器

图 4-10 是双 2 输入变量译码器作两位数据分配器的例子。

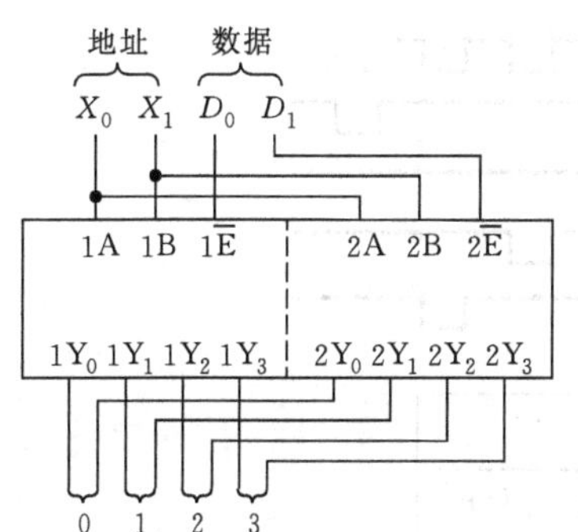

功 能 表

地址		输			出				
X_0	X_1	$1Y_0$	$2Y_0$	$1Y_1$	$2Y_1$	$1Y_2$	$2Y_2$	$1Y_3$	$2Y_3$
0	0	D_0	D_1	1	1	1	1	1	1
1	0	1	1	D_0	D_1	1	1	1	1
0	1	1	1	1	1	D_0	D_1	1	1
1	1	1	1	1	1	1	1	D_0	D_1

图 4-10 变量译码器用作 2 位数据分配器

下面再举几个变量译码器应用的实例。译码器的一个用途是实现存储器系统(将在第7章中详细介绍)的地址译码。图 4-11 是 4 输入变量译码器用于三态输出的半导体只读存储器(简称 ROM)地址译码的一个实例。图中,每片存储器只能存储 32 个字,每字为 8 位,由地址 $A_0 \sim A_4$ 对 32 个字中的一个进行选择。当片选信号$\overline{\mathrm{CE}}=0$,允许选中字从 $Y_0 \sim Y_7$ 中输出;当$\overline{CE}=1$,片禁止,$Y_0 \sim Y_7$ 为高阻。图 4-11 所示系统共用存储器 16 片,总存储容量为 512 个字,用地址码 $A_0 \sim A_8$ 对 512 个存储字进行选择。16 片存储器的相应输出端并联在一起,作为存储器系统的输出。用一片 4-16 译码器,译码器的输出用来控制存储器的片选端$\overline{\mathrm{CE}}$,由高位地址码 $A_5 \sim A_8$(其中 A_8 为最高位)从 16 片存储器片中选出一片,再由低位地址码 $A_0 \sim A_4$(其中 A_0 为最低位)从被选片中读出选中字的内容。这里,$A_0 \sim A_4$ 同时加至各存储器片的地址输入端。

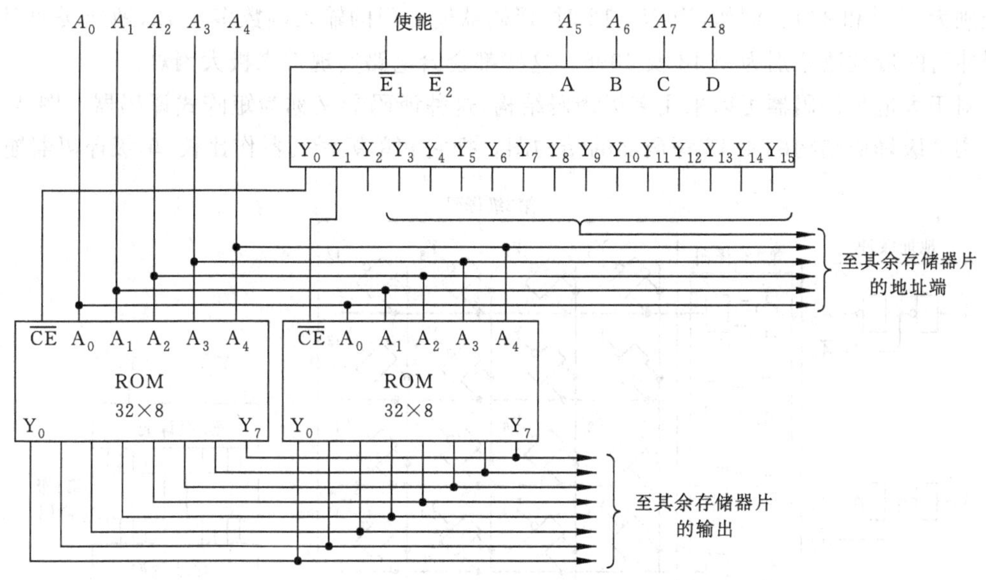

图 4-11 4 输入变量译码器用于存储器的地址译码

图 4-12 是一个 4 相时钟分配器。图中,触发器Ⅰ、Ⅱ组成循环码计数器,其 Q_1、Q_2 变化顺序为 00,10,11,01,…。由于每次只有一个触发器状态变化,所以译码器的输出就不会出现尖峰信号。

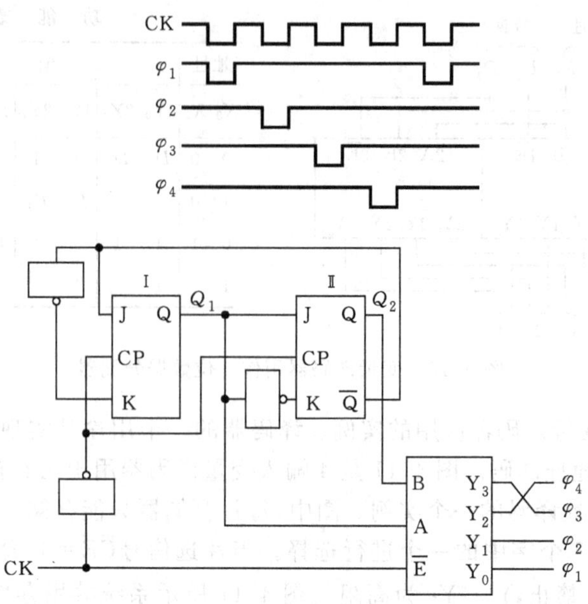

图 4-12　变量译码器和触发器组成四相时钟分配器

3. 矩阵式译码器

上面介绍过的译码器都是单级译码器。当译码器地址数 N 很大时，单级译码器每个输出门的输入端会增大至 N；每个地址缓冲门和 $\overline{E}$ 缓冲门的输出负载均会加重(它们的带载数分别为 2^{N-1} 和 2^N)。例如，当 $N=12$ 时，译码器输出门的输入端数多至 12，地址缓冲门及 $\overline{E}$ 缓冲门的带载数分别为 2048 及 4096。这些都会给电路实现带来极大困难。

对于大地址译码器可以采用多级译码结构，这种译码器又称为矩阵式译码器。图 4-13 是采用 2 级译码结构的 4-16 译码器的结构图。把它和单级译码器作比较：单级译码器输出

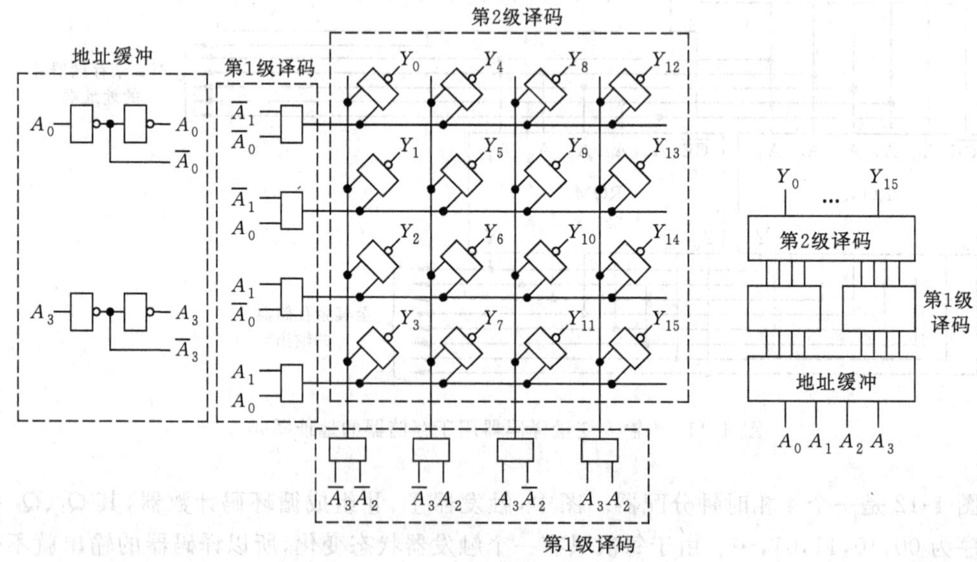

图 4-13　2 级矩阵型译码器结构图

门的输入数为 4，而 2 级译码器减少至 2；单级结构地址缓冲门带载数为 8，而 2 级结构则为 2。但 2 级译码器所用门电路数增加了(增加量为第 1 级译码器的门电路数)，此外，译码时间也增加了。

当 N 更大时，可采用 3 级译码结构，图 4-14 是 $N=12$ 的 3 级译码器结构图。其中第 1 级译码器采用 4 个 3-8 译码器。第 2 级是 2 个排列成 8×8 矩阵的译码器，矩阵的每个结点是一个 2 输入“与”门，它的输入分别来自每个相关 3-8 译码器的输出。第 3 级译码为一个64×64 矩阵，矩阵的每个结点也是一个 2 输入“与”门，其输入分别来自第 2 级译码器的输出。

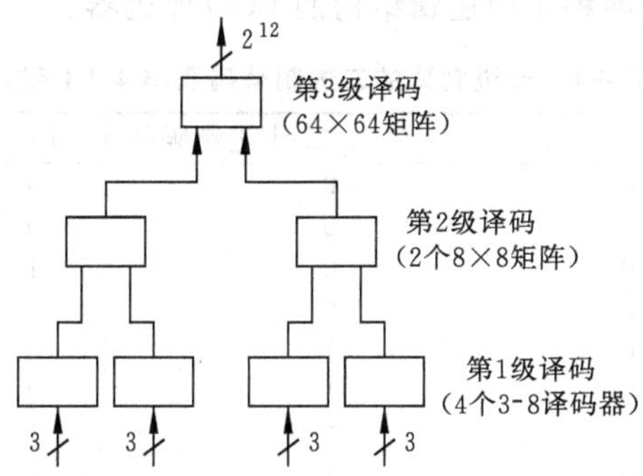

图 4-14　3 级矩阵型译码器结构图

在 3 级译码器中，第 2 级译码器的每输出门带载十分大。在图 4-14 中，带载数为 64。为了解决矩阵式译码器带载数过大的问题，可采用树型译码结构，图 4-15 是树型 3-8 译码器的逻辑图。图中，虽然每个门的带载数较少，但当地址码增多时，后引入的地址线带载数还是比较大的。可是这只要用少数几个驱动器便可解决。而不像矩阵型结构那样，每个 2 级译码输出门都要承担很大的带载数。树型结构的缺点是级数过多，以致译码时间过长。

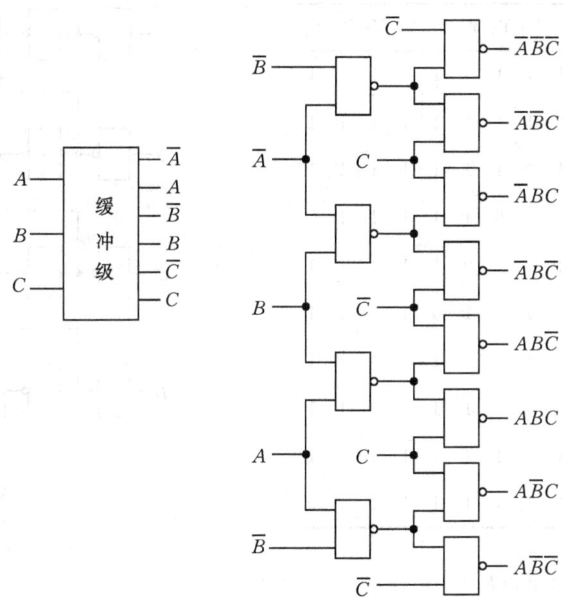

图 4-15　树型 3-8 译码器

对大地址译码器来说，可根据具体情况选用译码结构，也可以将几种结构组合应用。

4.1.2 码制变换译码器

最常用的码制变换译码器有二-十进制码(8-4-2-1 码)至十进制码译码器(简称 BCD 译码器)、余三码至十进制码译码器、余三循环码至十进制码译码器等几种。

BCD 译码器能将二-十进制码转换成十进制码。4 位二进制数有 16 种组合，而二-十进制码只选用其中的前 10 种，后 6 种是不采用的，如表 4-1 所示。对于 6 种不采用的输入代码有两种处置方法，就得到两种不同逻辑结构的 BCD 译码器。

表 4-1　十进制码的二进制编码表(8-4-2-1 码)

十进制码	二-十进制码(8-4-2-1)			
0	0	0	0	0
1	0	0	0	1
2	0	0	1	0
3	0	0	1	1
4	0	1	0	0
5	0	1	0	1
6	0	1	1	0
7	0	1	1	1
8	1	0	0	0
9	1	0	0	1

下面分别阐述它们的原理。

(1) 不完全译码的 BCD 译码器。实现二-十进制码至十进制码的变换时，在译码器的输入端只出现规定的前 10 种代码，而不会出现另外 6 种不采用的代码，则得到译码器的功能表如图 4-16(a)所示，这种译码器称为不完全译码的 BCD 译码器。

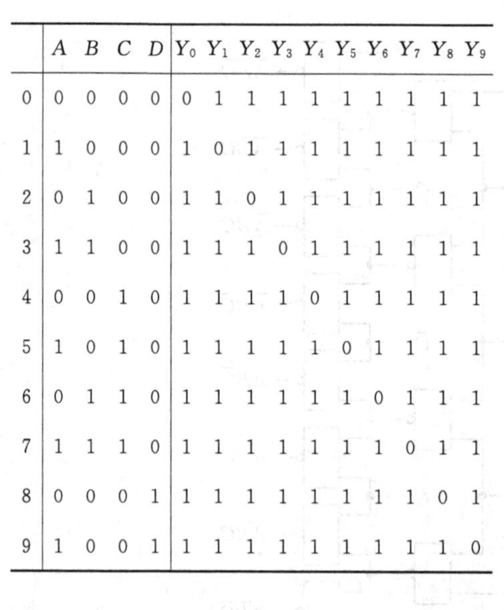

	A	B	C	D	Y_0	Y_1	Y_2	Y_3	Y_4	Y_5	Y_6	Y_7	Y_8	Y_9
0	0	0	0	0	0	1	1	1	1	1	1	1	1	1
1	1	0	0	0	1	0	1	1	1	1	1	1	1	1
2	0	1	0	0	1	1	0	1	1	1	1	1	1	1
3	1	1	0	0	1	1	1	0	1	1	1	1	1	1
4	0	0	1	0	1	1	1	1	0	1	1	1	1	1
5	1	0	1	0	1	1	1	1	1	0	1	1	1	1
6	0	1	1	0	1	1	1	1	1	1	0	1	1	1
7	1	1	1	0	1	1	1	1	1	1	1	0	1	1
8	0	0	0	1	1	1	1	1	1	1	1	1	0	1
9	1	0	0	1	1	1	1	1	1	1	1	1	1	0

(a) 功能表

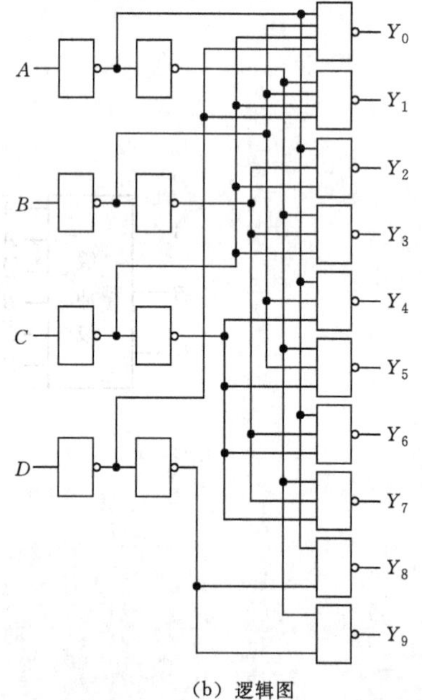

(b) 逻辑图

图 4-16　不完全译码器的二-十进制到十进制译码器

图 4-17 画出了 $Y_0 \sim Y_9$ 的卡诺图，当变量为不会出现的 6 种代码时函数值为 X，可得 $Y_0 \sim Y_9$ 的逻辑表达式如下：

$$Y_0 = \overline{\bar{A}\,\bar{B}\,\bar{C}\,\bar{D}} \qquad Y_1 = \overline{A\,\bar{B}\,\bar{C}\,\bar{D}}$$

$$Y_2 = \overline{\bar{A}\,B\,\bar{C}} \qquad Y_3 = \overline{A\,B\,\bar{C}}$$

$$Y_4 = \overline{\bar{A}\,\bar{B}\,C} \qquad Y_5 = \overline{A\,\bar{B}\,C}$$

$$Y_6 = \overline{\bar{A}\,B\,C} \qquad Y_7 = \overline{A\,B\,C}$$

$$Y_8 = \overline{\bar{A}\,D} \qquad Y_9 = \overline{A\,D}$$

根据逻辑表达式画出逻辑图示于图 4-16(b)。

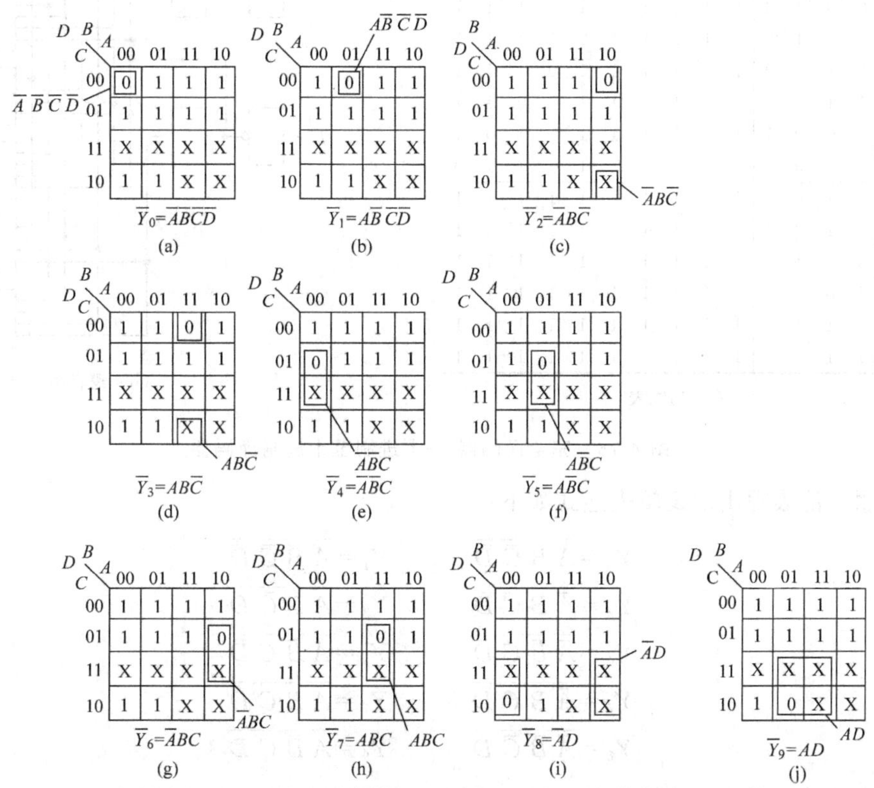

图 4-17　不完全译码的 BCD 译码器输出 $Y_0 \sim Y_9$ 的卡诺图

对不完全译码器的 BCD 译码器，如果在输入端出现不采用的 6 种代码时，那么译码器可能有一个以上的输出为“0”。例如，在输入端出现 $ABCD = 1111$ 时，则译码器输出 Y_7 和 Y_9 均为“0”，显然这和译码器的功能表不一致，因而也是不允许的。不完全译码的 BCD 译码器常用来驱动数字显示管、指示灯等。

(2) 完全译码的 BCD 译码器。如果 BCD 译码器的输入出现不采用的 6 种代码 $ABCD = 0101 \sim 1111$ 时，它的各输出均为“1”，这种译码器称为完全译码的 BCD 译码器，其功能表示于图 4-18(a)。

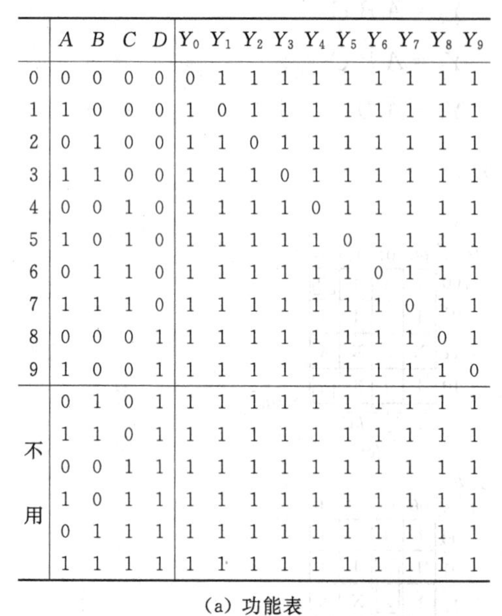

	A	B	C	D	Y_0	Y_1	Y_2	Y_3	Y_4	Y_5	Y_6	Y_7	Y_8	Y_9
0	0	0	0	0	0	1	1	1	1	1	1	1	1	1
1	1	0	0	0	1	0	1	1	1	1	1	1	1	1
2	0	1	0	0	1	1	0	1	1	1	1	1	1	1
3	1	1	0	0	1	1	1	0	1	1	1	1	1	1
4	0	0	1	0	1	1	1	1	0	1	1	1	1	1
5	1	0	1	0	1	1	1	1	1	0	1	1	1	1
6	0	1	1	0	1	1	1	1	1	1	0	1	1	1
7	1	1	1	0	1	1	1	1	1	1	1	0	1	1
8	0	0	0	1	1	1	1	1	1	1	1	1	0	1
9	1	0	0	1	1	1	1	1	1	1	1	1	1	0
不用	0	1	0	1	1	1	1	1	1	1	1	1	1	1
	1	1	0	1	1	1	1	1	1	1	1	1	1	1
	0	0	1	1	1	1	1	1	1	1	1	1	1	1
	1	0	1	1	1	1	1	1	1	1	1	1	1	1
	0	1	1	1	1	1	1	1	1	1	1	1	1	1
	1	1	1	1	1	1	1	1	1	1	1	1	1	1

(a) 功能表

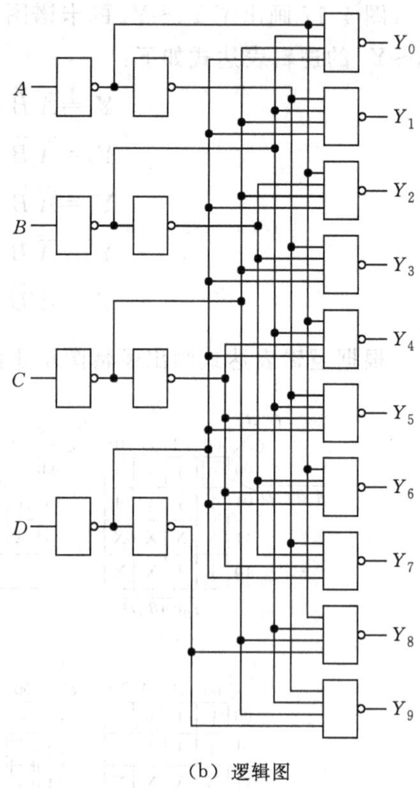

(b) 逻辑图

图 4-18 完全译码器二-十进制至十进制译码器

根据功能表写出的逻辑表达式如下：

$$Y_0=\overline{\bar{A}\,\bar{B}\,\bar{C}\,\bar{D}} \qquad Y_1=\overline{A\,\bar{B}\,\bar{C}\,\bar{D}}$$

$$Y_2=\overline{\bar{A}\,B\,\bar{C}\,\bar{D}} \qquad Y_3=\overline{A\,B\,\bar{C}\,\bar{D}}$$

$$Y_4=\overline{\bar{A}\,\bar{B}\,C\,\bar{D}} \qquad Y_5=\overline{A\,\bar{B}\,C\,\bar{D}}$$

$$Y_6=\overline{\bar{A}\,B\,C\,\bar{D}} \qquad Y_7=\overline{A\,B\,C\,\bar{D}}$$

$$Y_8=\overline{\bar{A}\,\bar{B}\,\bar{C}\,D} \qquad Y_9=\overline{A\,\bar{B}\,\bar{C}\,D}$$

由表达式可得出完全译码的 BCD 译码器的逻辑图如图 4-18(b)所示。

不论完全译码的和不完全译码的集成化的 BCD 译码器产品都不设置“使能”端，这是因为每个二-十进制数是独立占用一片 BCD 译码器的，在将它用作码制变换时，不会存在像变量译码器那样的扩展。此外，所用标准的 16 脚封装已无空闲引脚，因而，不设“使能”控制端。

BCD 译码器除了用于驱动十进制数字显示管、指示灯、继电器等外，还可用作具有“使能”端的 3 输入变量译码器，如图 4-19 所示。图中，完全译码的 BCD 译码器 D 输入端用作“使能”端 $\bar{E}$，A、B、C 为代码输入端；输出 Y_8、Y_9 不用。若 $\bar{E}=0$，即 $D=0$ 时，则由 A、B、C 决定 $Y_0 \sim Y_7$ 中的一个为“0”；若 $D=1$ 时，则 $Y_0 \sim Y_7$ 均为“1”，译码功能被禁止。

用 4 块完全译码的 BCD 译码器和一块 2 输入变量译码器可组成一个 5 输入译码器，如图 4-20 所示。图 4-20 中，高位输入 D、E 经 2 输入变量译码器产生“片选”信号，用以去选出某一片码制变换译码器，而由低三位输入码去决定被选片的哪个输出处于“0”态。

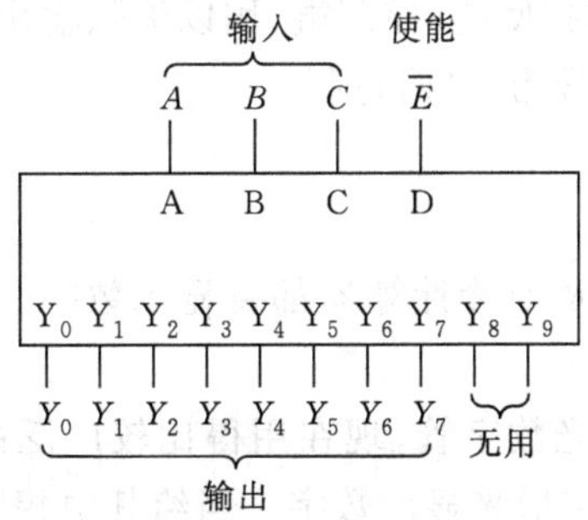

图 4-19　完全译码的 BCD 译码器用作有“使能”的 3 输入变量译码器

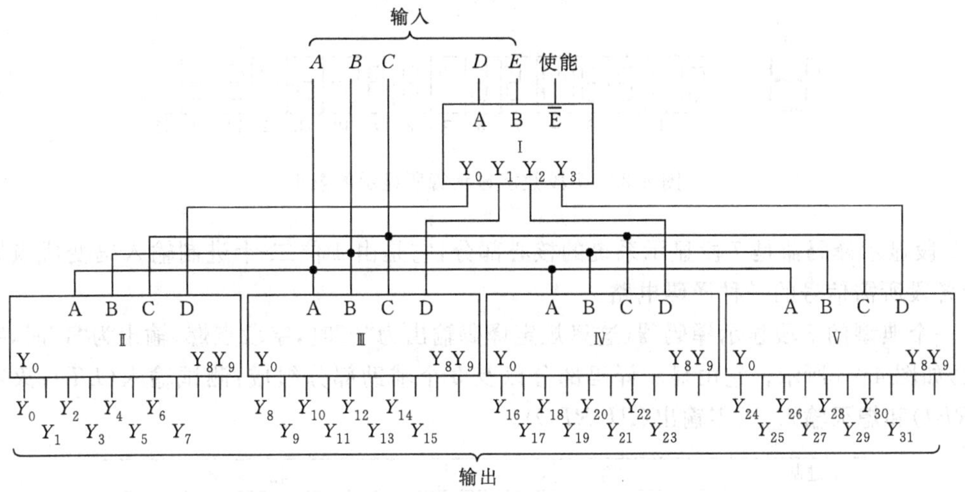

图 4-20　BCD 译码器扩展为 5 输入变量译码器

用 5 块完全译码的 BCD 译码器组成具有“使能”端的 32 输出分配器，如图 4-21 所示。

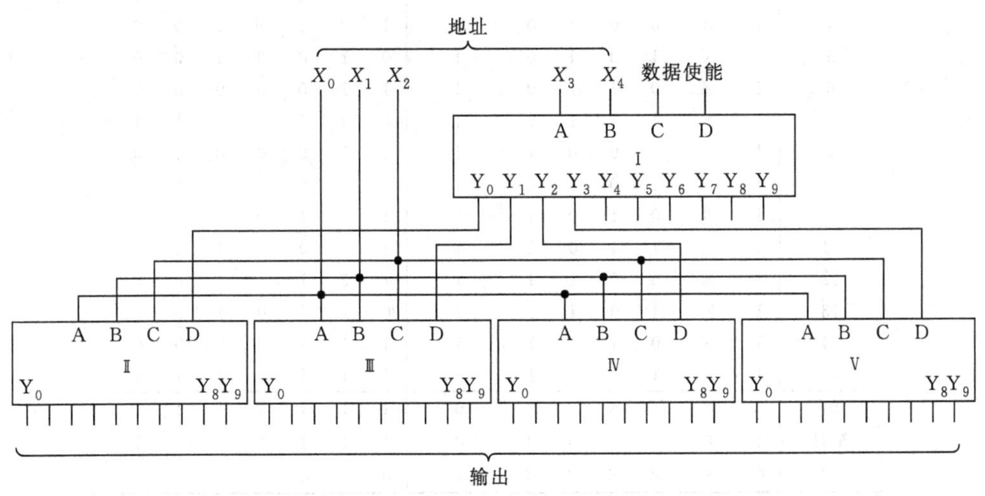

图 4-21　BCD 译码器组成 32 输出分配器

图中，片Ⅰ的 D 端作为分配器的“使能”控制端，用以消除输出尖峰信号。在这种情况下，分配器的地址变化应在“使能”信号为“1”时进行。

4.1.3 显示译码器

计算机的一些终端设备以及袖珍计算器都要显示数字。显示译码器接收二-十进制数据，经译码后去激励显示器。

最早的显示器是十选一辉光数字管，现在用得比较广泛的是 7 段数字显示器。7 段数字显示管由 7 段直线排列成8字形来显示数字。当给其中相应的某些段加一定电流或电压时，这些段就被点燃，从而显示出相应的数字。这种数字显示管所显示的数字如图 4-22 所示。为了鉴别输入情况，当输入码大于 9 时，仍显示一定的图形。

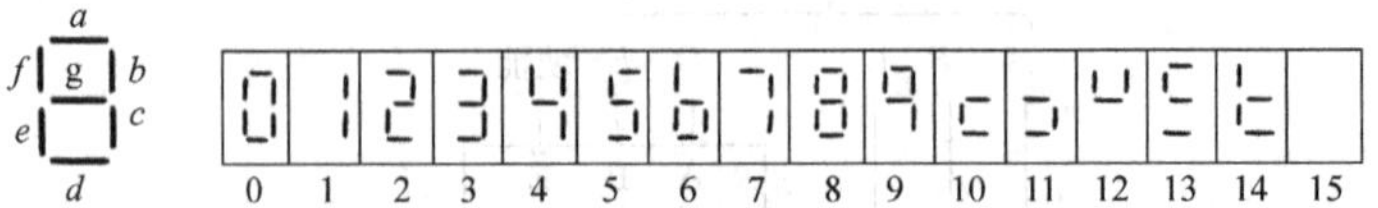

图 4-22　7 段数字显示管所显示的数字

7 段显示译码器是 7 段显示系统的核心部分，它是由 4 位二-十进制输入码变成点燃数码管各段所需信号的一种译码电路。

一个典型的 7 段显示译码器(这里规定译码输出为“0”时，字段点燃；输出为“1”时，字段熄灭)如图 4-23 所示。它由显示译码部分以及 3 个辅助部分组成：测试输入(LT)、灭零输入(RBI)和熄灭输入/灭零输出(BI/RBO)。

十进制	输	入						输	出					
或功能	LT	RBI	A	B	C	D	BI/RBO	a	b	c	d	e	f	g
0	1	1	0	0	0	0	1	0	0	0	0	0	0	1
1	1	×	1	0	0	0	1	1	0	0	1	1	1	1
2	1	×	0	1	0	0	1	0	0	1	0	0	1	0
3	1	×	1	1	0	0	1	0	0	0	0	1	1	0
4	1	×	0	0	1	0	1	1	0	0	1	1	0	0
5	1	×	1	0	1	0	1	0	1	0	0	1	0	0
6	1	×	0	1	1	0	1	1	1	0	0	0	0	0
7	1	×	1	1	1	0	1	0	0	0	1	1	1	1
8	1	×	0	0	0	1	1	0	0	0	0	0	0	0
9	1	×	1	0	0	1	1	0	0	0	1	1	0	0
10	1	×	0	1	0	1	1	1	1	1	0	0	1	0
11	1	×	1	1	0	1	1	1	1	0	0	1	1	0
12	1	×	0	0	1	1	1	1	0	1	1	1	0	0
13	1	×	1	0	1	1	1	0	1	1	0	1	0	0
14	1	×	0	1	1	1	1	1	1	1	0	0	0	0
15	1	×	1	1	1	1	1	1	1	1	1	1	1	1
BI	×	×	×	×	×	×	0	1	1	1	1	1	1	1
RBI	1	0	0	0	0	0	0	1	1	1	1	1	1	1
LT	0	×	×	×	×	×	1	0	0	0	0	0	0	0

(a) 功能表

图 4-23　7 段显示译码器

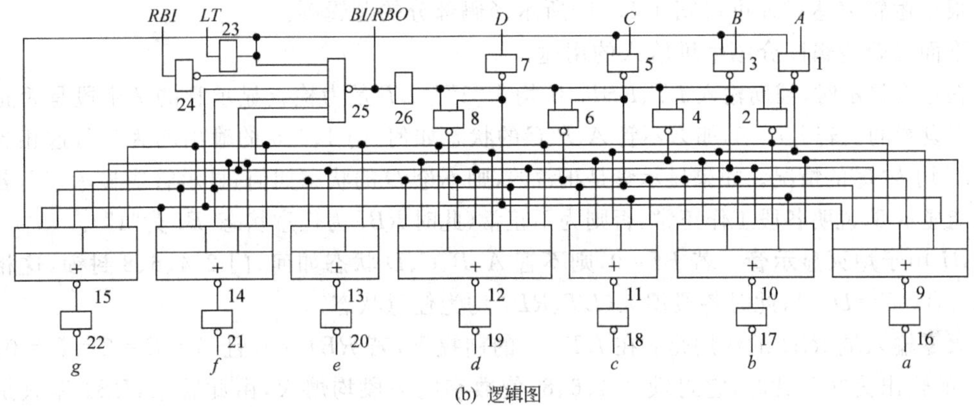

(b) 逻辑图

图 4-23 （续）

图 4-23(b)所示显示译码部分是通过下列步骤得到的。首先根据功能表写出逻辑表达式并化简为：

$$a=A\overline{B}\overline{C}\,\overline{D}+\overline{A}BC\overline{D}+\overline{A}\overline{B}C\overline{D}+\overline{A}B\overline{C}D+AB\overline{C}D+\overline{A}\overline{B}CD+\overline{A}BCD+ABCD$$
$$=A\overline{B}\overline{C}\,\overline{D}+\overline{A}C+BD$$

$$b=A\overline{B}C\overline{D}+\overline{A}BC\overline{D}+\overline{A}B\overline{C}D+AB\overline{C}D+A\overline{B}CD+\overline{A}BCD+ABCD$$
$$=A\overline{B}C+BD+\overline{A}BC$$

$$c=\overline{A}B\overline{C}\,\overline{D}+\overline{A}B\overline{C}D+\overline{A}\,\overline{B}CD+A\overline{B}CD+\overline{A}BCD+ABCD$$
$$=\overline{A}B\overline{C}+CD$$

$$d=A\overline{B}\overline{C}\overline{D}+\overline{A}\,\overline{B}C\overline{D}+ABC\overline{D}+A\overline{B}\overline{C}D+\overline{A}\overline{B}CD+ABCD$$
$$=A\overline{B}\overline{C}+\overline{A}\overline{B}C+ABC$$

$$e=A\overline{B}\overline{C}\overline{D}+AB\overline{C}\overline{D}+\overline{A}\overline{B}C\overline{D}+A\overline{B}C\overline{D}+ABC\overline{D}+AB\overline{C}D+\overline{A}\overline{B}CD+A\overline{B}CD+ABCD$$
$$=A+\overline{B}C$$

$$f=A\overline{B}\overline{C}\overline{D}+\overline{A}B\overline{C}\overline{D}+AB\overline{C}\overline{D}+ABC\overline{D}+\overline{A}B\overline{C}D+AB\overline{C}D+ABCD$$
$$=A\overline{C}\overline{D}+AB+B\overline{C}$$

$$g=\overline{A}\,\overline{B}\overline{C}\overline{D}+A\overline{B}\overline{C}\overline{D}+ABC\overline{D}+ABCD$$
$$=\overline{B}\overline{C}\overline{D}+ABC$$

用“与或非”门实现其逻辑，则改写表达式为：

$$\begin{cases}a=\overline{\overline{A\overline{B}\overline{C}\overline{D}+\overline{A}C+BD}}\\ b=\overline{\overline{A\overline{B}C+\overline{A}BC+BD}}\\ c=\overline{\overline{\overline{A}B\overline{C}+CD}}\\ d=\overline{\overline{A\overline{B}\overline{C}+\overline{A}\overline{B}C+ABC}}\\ e=\overline{\overline{A+\overline{B}C}}\\ f=\overline{\overline{AB+A\overline{C}\overline{D}+B\overline{C}}}\\ g=\overline{\overline{ABC+\overline{B}\overline{C}\overline{D}}}\end{cases}$$

根据逻辑表达式即可得图 4-23(b)所示译码部分的逻辑图。

下面结合逻辑图介绍辅助输入的用途：

在正常显示时，辅助输入 LT、RBI、BI 均为“1”。LT 是为检查显示管的 7 个段是否正常工作而设置的。若 $LT=0$，那么不管 A、B、C 的状态如何，门 1、3、5 的输出均为“1”，这相当于 A、B、C 均为“0”的情况。如果显示管是正常的，则不论 D 的状态如何，显示管应显示“8”，若显示管能显示 8，说明各段工作正常，否则为不正常(此时 RBI 为任意状态，BI 为“1”)。

BI 用于熄灭显示管。若 $BI=0$，则不管 A、B、C、D 状态如何，门 2、4、6、8 封锁，这相当于 $A=B=C=D=1$，此时各段熄灭(LT、RBI 均为任意状态)。

灭零输入端 RBI 的作用是：在 $LT=1$ 的前提下，若 $RBI=0$，且 $A=B=C=D=0$，则门 25 的输出为“0”，此时，它封锁 2、4、6、8，使数字的各段均熄灭，由此看来，RBI 端只是在不需要显示“0”的场合才使用的。应该指出，$RBI=0$，只熄灭数字“0”，而不会熄灭其他数字。这是因为，门 25 的输出 $RBO=\overline{LT\,\bar{A}\,\bar{B}\,\bar{C}\,\bar{D}\,RBI}$，只要 A、B、C、D 中有一个为“1”，门 25 的输出就为“1”，这样就不会使其他数字熄灭。如果要正常显示“0”字，则应使 $RBI=1$。

由于 RI/RBO 既是门 25 的输出端，又是熄灭输入 BI 的输入端，因此，提供熄灭信号的门电路及门 25 均应采用集极开路输出结构形式。

现在通过图 4-24 所示的数码显示系统来说明这 3 个辅助输入的应用。例如，若要显示“5.7”而不希望显示出“005.700”，那么就不允许显示器有下述情况出现：百位出现“0”，十位和百位同时出现“0”，1/1000 位出现“0”，1/100 位和 1/1000 位同时出现“0”。因此，这就要片Ⅰ、Ⅱ同时“灭零”，片Ⅴ、Ⅵ也同时“灭零”。只要按以下方式连接就能达到上述目的：把片Ⅰ的 RBI 接“0”，把片Ⅰ的 BI/RBO 与片Ⅱ的 RBI 相连，把片Ⅵ的 RBI 接“0”，把片Ⅵ的 RI/RBO 与片Ⅴ的 RBI 相连。下面分析其原因，如片Ⅰ、Ⅱ的输入数码 $ABCD=$“0000”，那么由于片Ⅰ的 RBI 为“0”，它的 BI/RBO 便为“0”，所以片Ⅰ、Ⅱ处于灭零状态。若片Ⅰ的 $ABCD$ 不为“0000”，那么，由于它的 BI/RBO 不为“0”，片Ⅱ不灭零。片Ⅴ、Ⅵ的灭零原理和片Ⅰ、Ⅱ的灭零原理相似。图 4-24 中的“亮度调制”可用一个频率较低的占空比约为 50% 的多谐振荡器与 BI/RBO 相连接来实现。若振荡波形的“1”电平能覆盖显示译码器输入的变化，那么，显示器将间歇地闪现数据。改变脉冲宽度便可以控制闪现数据的时间。

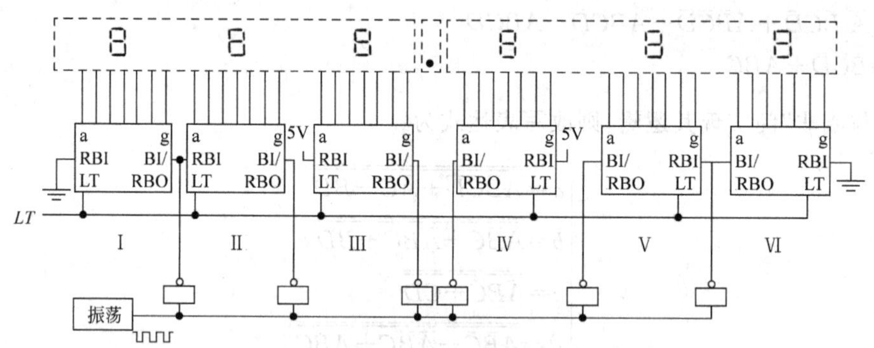

图 4-24 数码显示系统

由于考虑到显示译码器要与各种性能的显示器相连，故 7 段译码器应设计成具有各种输出功率和输出结构。常见的显示译码器输出管的击穿电压和输出电流有下列几种情况：

30V/40mA、15V/40mA、30V/20mA、15V/20mA、5.5V/10mA 等。它们适合于驱动一般的荧光(或发光)二极管显示器。输出结构有集极开路输出(或集极接电阻输出)、发射极开路输出以及输出设置反相门、不设置反相门等形式,它们可以驱动各种不同结构的显示器。例如,发光二极管显示器有共阳极和共阴极两种形式(图 4-25(a)、(b)):前者要求显示译码器具有输出反相门、集电极开路输出结构,并且要求译码器能够吸收显示器的输出电流;而后者要求显示译码器无输出反相门,输出为集极电阻输出或射极开路输出结构,并且要求译码器有电流流向显示器。

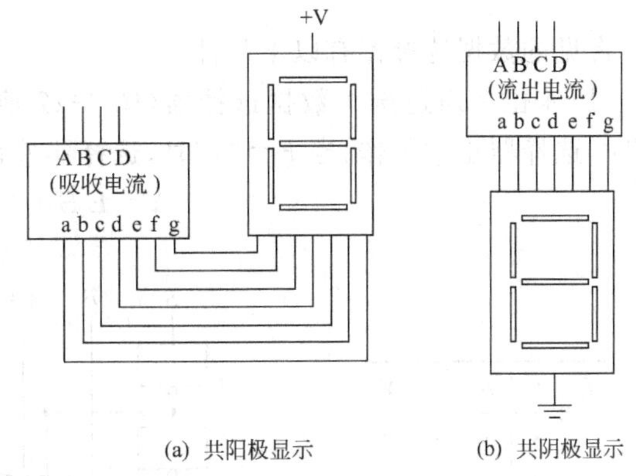

(a) 共阳极显示　　(b) 共阴极显示

图 4-25　显示译码器和显示器连接

4.2　数据选择器

4.2.1　原理

数据选择器又称多路开关,它是以"与或非"门或以"与或"门为主体的组合电路。它在选择控制信号的作用下,能从多个输入数据中选择某一个数据作为输出。图 4-26(a)是 4 通道选 1 数据选择器的逻辑图。其工作原理如下:$D_0 \sim D_3$ 是输入数据,S_0、S_1 为通道选择命令。当 $S_0S_1=00$ 时,"与"门 8 打开,数据 D_0 被选;当 $S_0S_1=10$ 时,"与"门 7 被打开,D_1 被选;当 $S_0S_1=01$ 时,"与"门 6 被打开,D_2 被选;当 $S_0S_1=11$ 时,"与"门 5 被打开,D_3 被选。该数据选择器的输出逻辑表达式为:

$$Y=\overline{S}_0\overline{S}_1D_0+S_0\overline{S}_1D_1+\overline{S}_0S_1D_2+S_0S_1D_3$$

其功能表如图 4-26(b)所示。

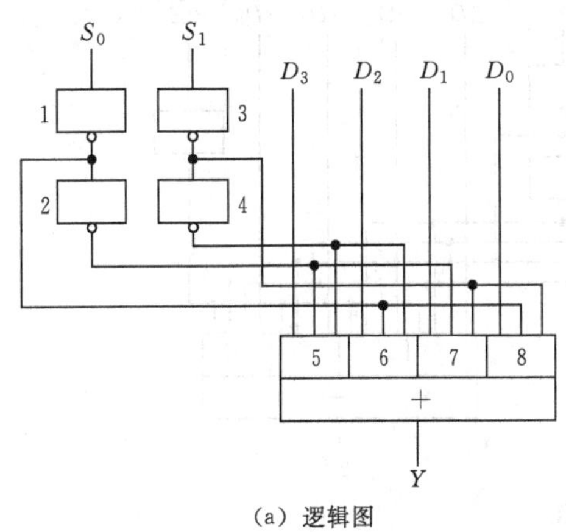

(a) 逻辑图

S_0	S_1	D_0	D_1	D_2	D_3	Y
0	0	0	×	×	×	0
0	0	1	×	×	×	1
1	0	×	0	×	×	0
1	0	×	1	×	×	1
0	1	×	×	0	×	0
0	1	×	×	1	×	1
1	1	×	×	×	0	0
1	1	×	×	×	1	1

(b) 功能表

图 4-26　4 通道选 1 数据选择器原理图

4.2.2 常见的数据选择器

常见的数据选择器有以下几种：

(1) 4 位 2 通道选 1 数据选择器(图 4-27 所示)。该选择器设有“使能”端 $\bar{E}$。当 $\bar{E}$=“0”时，选择器正常工作；当 $\bar{E}$=“1”时，选择器禁止，输出为“0”。其逻辑表达式为：

$$Y=\bar{\bar{E}}\,\bar{S}A+\bar{\bar{E}}S\,B$$

$\bar{E}$	S	A	B	Y
1	×	×	×	0
0	0	0	×	0
0	0	1	×	1
0	1	×	0	0
0	1	×	1	1

(a) 功能表

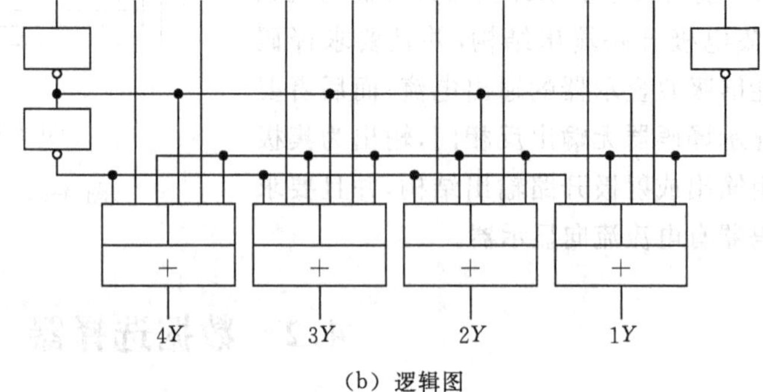

(b) 逻辑图

图 4-27 4 位 2 通道选 1 数据选择器

(2) 4 通道选 1 数据选择器。其功能表及逻辑图如图 4-28 所示。

$\bar{E}$	S_0	S_1	D_0	D_1	D_2	D_3	Y
1	×	×	×	×	×	×	0
0	0	0	D_0	×	×	×	D_0
0	1	0	×	D_1	×	×	D_1
0	0	1	×	×	D_2	×	D_2
0	1	1	×	×	×	D_3	D_3

(a) 功能表

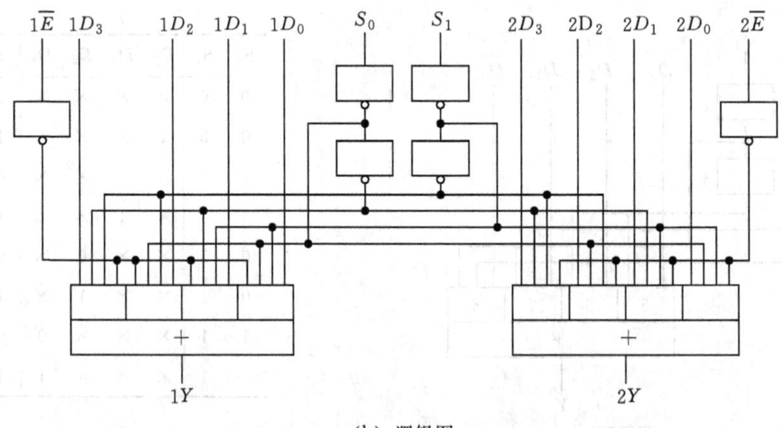

(b) 逻辑图

图 4-28 有“使能”端的 4 通道选 1 数据选择器

它的逻辑表达式为：

$$Y=\overline{\overline{E}}\,\overline{S}_0\overline{S}_1D_0+\overline{\overline{E}}S_0\overline{S}_1D_1+\overline{\overline{E}}\,\overline{S}_0S_1D_2+\overline{\overline{E}}S_0S_1D_3$$

(3) 无“使能”端双 4 通道选 1 数据选择器。其功能表和逻辑图如图 4-29 所示。

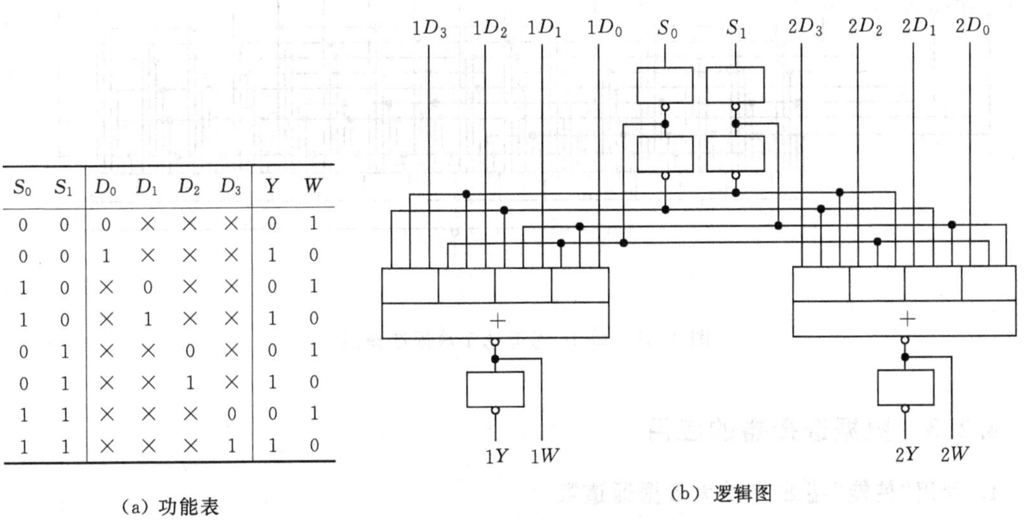

S_0	S_1	D_0	D_1	D_2	D_3	Y	W
0	0	0	×	×	×	0	1
0	0	1	×	×	×	1	0
1	0	×	0	×	×	0	1
1	0	×	1	×	×	1	0
0	1	×	×	0	×	0	1
0	1	×	×	1	×	1	0
1	1	×	×	×	0	0	1
1	1	×	×	×	1	1	0

(a) 功能表　　(b) 逻辑图

图 4-29　无“使能”端双 4 通道选 1 数据选择器

(4) 具有“使能”端的互补输出的单 8 选 1 数据选择器。其功能表和逻辑图如图 4-30 所示。

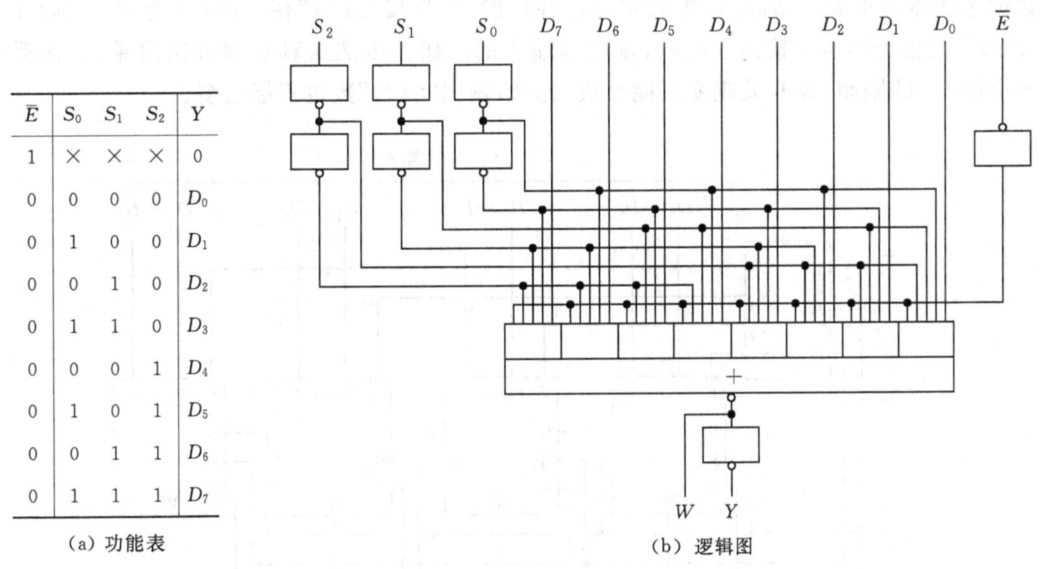

$\overline{E}$	S_0	S_1	S_2	Y
1	×	×	×	0
0	0	0	0	D_0
0	1	0	0	D_1
0	0	1	0	D_2
0	1	1	0	D_3
0	0	0	1	D_4
0	1	0	1	D_5
0	0	1	1	D_6
0	1	1	1	D_7

(a) 功能表　　(b) 逻辑图

图 4-30　具有“使能”端的互补输出的单 8 选 1 数据选择器

(5) 16 选 1 数据选择器。其逻辑图如图 4-31 所示。

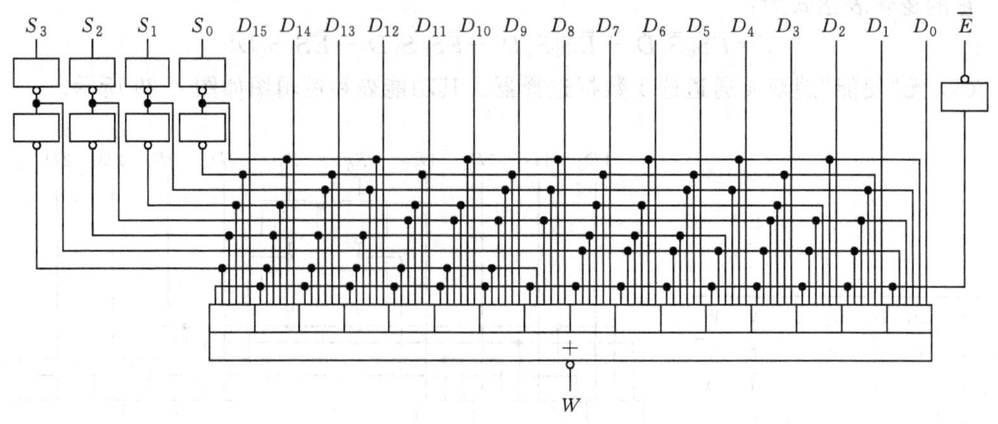

图 4-31 单 16 通道选 1 数据选择器

4.2.3 数据选择器的应用

1. 利用"使能"端 $\overline{E}$ 来扩大数据通道数

图 4-32 所示是用 4 片集极开路输出的 8 通道选 1 数据选择器扩展为 32 通道选 1 数据选择器的逻辑图。图中，2 输入译码器的输出作 8 选 1 数据选择器的"片选"信号。用 S_3、S_4 来选择选择器。例如，$S_3S_4=00$ 时，2 输入变量译码器 Y_0 输出为"0"，使片Ⅰ被选，其余各选择器均禁止。由 S_0、S_1、S_2 的状态从片Ⅰ选择 $D_0\sim D_7$ 中的某一个作为输出。因为 8 选 1 数据选择器为集极开路输出，所以才可将各片的 W 直接"线与"在一起(不能用 Y 端)作为 32 选 1 数据选择器的输出。此时，输出是输入的反码。虽然这种扩展方法简单，但因受提升电阻 R_L 的限制，故开关速度不能很快，此外，输出"线与"数也不能过多。

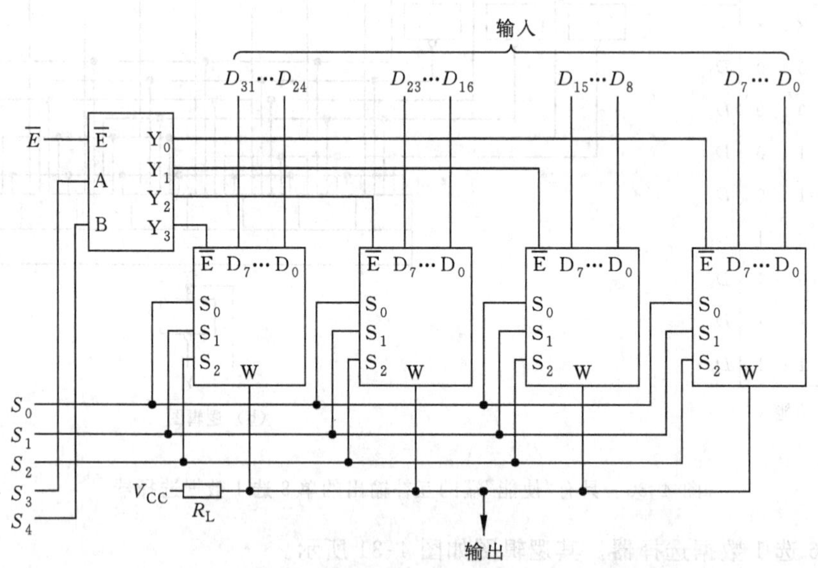

图 4-32 4 片 8 选 1 数据选择器扩展为 32 选 1 数据选择器

图 4-33 给出由两片 16 选 1 数据选择器扩展为 32 选 1 数据选择器的逻辑图。由于 16 选 1 选择器的输出不是集极开路输出结构的，因此选择器输出经一附加“与非”门来实现“与”逻辑。此时，输出是输入的原码，用 S_4 作“片选”信号。当 S_4 为“0”时，左片工作，右片禁止；S_4 为“1”时，右片工作，左片禁止。

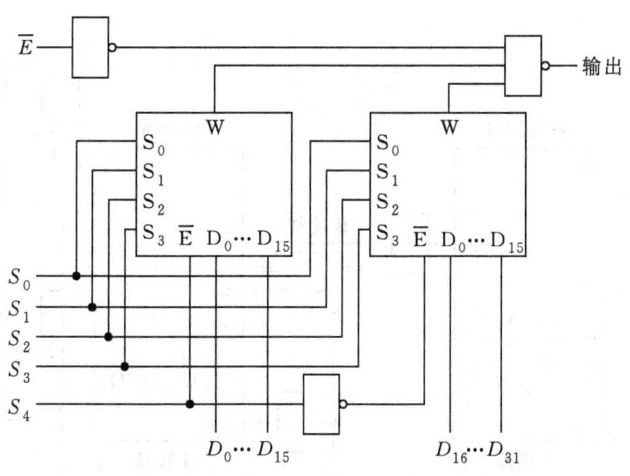

图 4-33 标准输出结构的多路开关的扩展逻辑图

2. 无“使能”端的数据选择器的扩展

图 4-34 是由 3 块无“使能”端、有互补输出的双 4 选 1 数据选择器扩展为 16 选 1 数据选择的逻辑图。把 16 个输入数据分为 4 组，分别加在片Ⅰ、Ⅱ的数据输入端，由选择信号 S_2、S_3 从 4 组数据中各选出一组数据作为片Ⅲ的 4 个输入数据。再由选择信号 S_0、S_1 从选中的 4 个数据中选择 1 个数据作为输出。

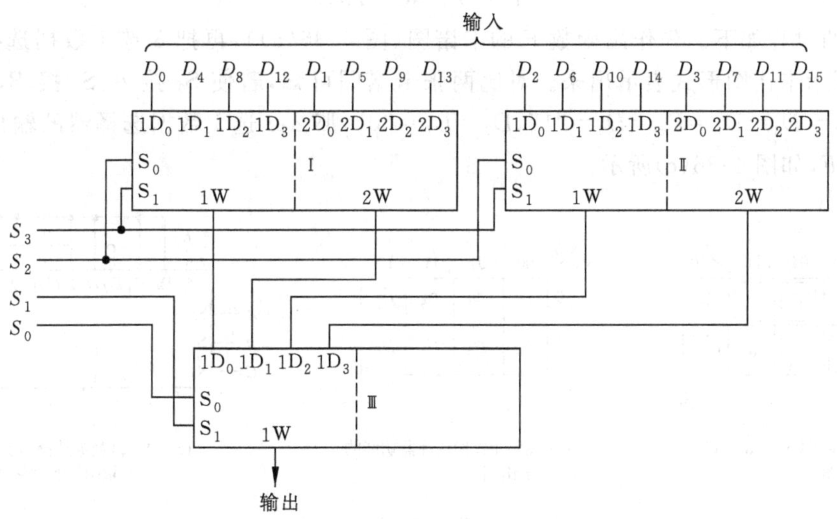

图 4-34 双 4 选 1 数据选择器扩展为 16 选 1 数据选择器

3. 数据传输系统

图 4-35 是由 16 选 1 数据选择器和 4 输入变量译码器组成的总线数据传输系统，它能将 16 位并行数据转换成串行的顺序传送。图中，2 个二进制计数器的状态应该一致。随着计数器状态的变化，输入数据依次被数据选择器选出，并在传输后被译码器分配到相应的并行输出线上去。

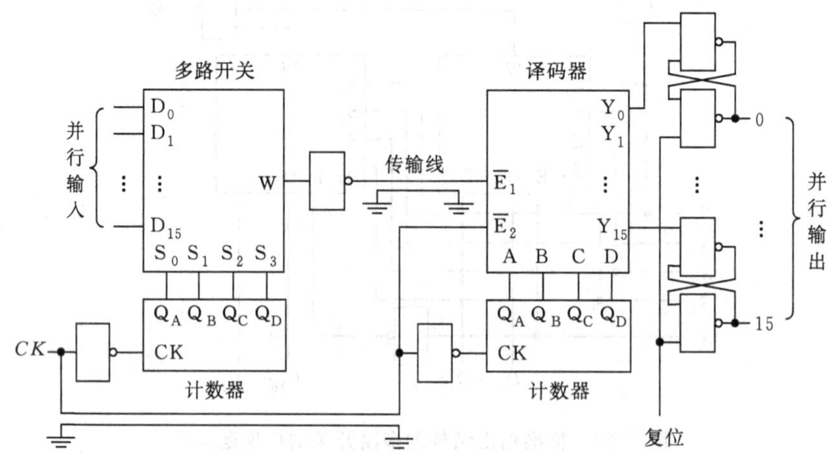

图 4-35 数据选择器和变量译码器组成数据传输系统

4. 函数发生器

由于数据选择器是以“与或非”门或“与或”门为主体的组合逻辑电路，因此可用它来实现逻辑运算。

例如，用 8 选 1 数据选择器可实现函数：

$$F=\overline{B}+A\overline{C}+\overline{A}C$$

实现的过程如下。先作出函数 F 的卡诺图(图 4-36(a))，再把 8 选 1 数据选择器用图 4-36(b)所示卡诺图形式表示出来。对比两张卡诺图可知，若使 S_0 接 A，S_1 接 B，S_2 接 C，使 $D_0=D_1=D_3=D_4=D_5=D_6=$“1”，$D_2=D_7=$“0”，那么 8 选 1 数据选择器的输出 Y 就实现了函数 F，如图 4-36(c)所示。

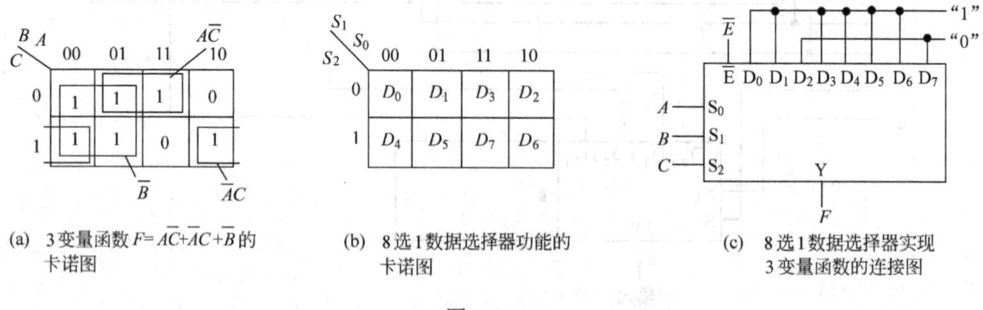

(a) 3 变量函数 $F=A\overline{C}+\overline{A}C+\overline{B}$ 的卡诺图

(b) 8 选 1 数据选择器功能的卡诺图

(c) 8 选 1 数据选择器实现 3 变量函数的连接图

图 4-36

同样，8 选 1 数据选择器还可以实现 4 变量函数运算。如果要实现 $F=A\overline{C}+\overline{A}CN+\overline{B}\,\overline{N}$，则需要先把 $A\overline{C}$ 变成 $A\overline{C}=A\overline{C}(N+\overline{N})$。于是函数 F 可改写为：

$$F=(A\overline{C}+\overline{B})\overline{N}+(A\overline{C}+\overline{A}C)N$$

令 $$F'=A\overline{C}+\overline{B},\qquad F''=A\overline{C}+\overline{A}C$$

则 $$F=F'\overline{N}+F''N$$

然后，分别作函数 $F'=A\overline{C}+\overline{B}$ 的卡诺图（图 4-37 中(a)）以及函数 $F''=A\overline{C}+\overline{A}C$ 的卡诺图（图 4-37(b)）。

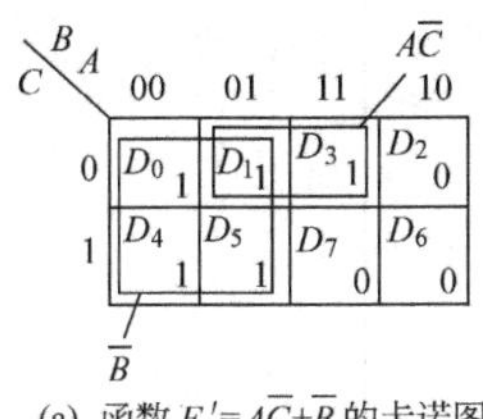

(a) 函数 $F'=A\overline{C}+\overline{B}$ 的卡诺图

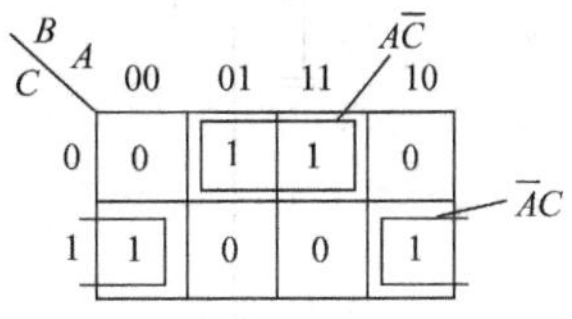

(b) 函数 $F''=A\overline{C}+\overline{A}C$ 的卡诺图

S_0 S_1 S_2	输入数据	F'	F''	函数 F 的值
0 0 0	D_0	1	0	$F=\overline{N}\cdot 1+N\cdot 0=\overline{N}$
1 0 0	D_1	1	1	$\overline{N}\cdot 1+N\cdot 1=1$
0 1 0	D_2	0	0	$\overline{N}\cdot 0+N\cdot 0=0$
1 1 0	D_3	1	1	$\overline{N}\cdot 1+N\cdot 1=1$
0 0 1	D_4	1	1	$\overline{N}\cdot 1+N\cdot 1=1$
1 0 1	D_5	1	0	$\overline{N}\cdot 1+N\cdot 0=\overline{N}$
0 1 1	D_6	0	1	$\overline{N}\cdot 0+N\cdot 1=N$
1 1 1	D_7	0	0	$\overline{N}\cdot 0+N\cdot 0=0$

(c) 数据输入方式表

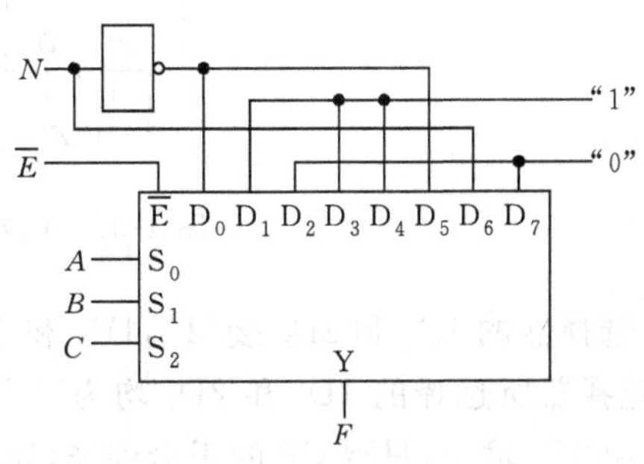

(d) 8选1数据选择器实现4变量函数的连接图

图 4-37

接着，按式 $F=F'\overline{N}+F''N$ 综合这两张卡诺图，便可得如图 4-37(c)所示的数据输入方式表。于是，只要在数据选择器的 S_0、S_1、S_2 分别接变量 A、B、C，在数据选择器的数据输入端加如图 4-37(d)所示的输入信息（$D_0=D_5=\overline{N}$、$D_6=N$、$D_1=D_3=D_4=1$、$D_2=D_7=0$），即可实现函数 F 的运算（图 4-37(d)）。

5. 数据比较器

图 4-38 是 4 位并行数据的等值比较器，它比较两个 4 位数据是否等值。图中，要比较的数据 $A_0\sim A_3$、$B_0\sim B_3$ 分别在 4 输入译码器的输入变量端和 16 选 1 数据器的选择端。如果 $A_0\sim A_3=B_0\sim B_3$，则译码器"0"输出被 16 选 1 数据选择器选出，此时比较器的输出 $W=1$；若 $A_0\sim A_3\neq B_0\sim B_3$，选择器选出的是译码器"1"输出，于是 $W=0$。

用数据选择器和触发器还可组成串行数码比较器。

串行数码有两种比较方式：一种是从低位开始逐位比较，它是按最后出现的 A_i、B_i 不等的情况来判断两个数的大小，若最后出现的 $A_i>B_i$，则 $A>B$，若最后出现的 $A_i<B_i$，则 $A<B$；另一种是从高位开始逐位比较，它是按第一次出现 A_i、B_i 不相等的情况判断两个数的大小的，若首先出现 $A_i>B_i$，则数 A 大于 B，而不管以后低位数的大小如何；若首先出现 $A_i<B_i$，则数 A 小于 B，而不管以后低位数的大小如何。图 4-39 是由一片双 4 选 1 数据选择器和双 D 触发器组成的从低位开始比较的串行数码比较器的原理图。图中触发器的作用是记忆选择的输出 1Y 和 2Y 的状态。触发器Ⅰ、Ⅱ的输出 Q_1 和 Q_2 的状态表明 A 和 B 的大

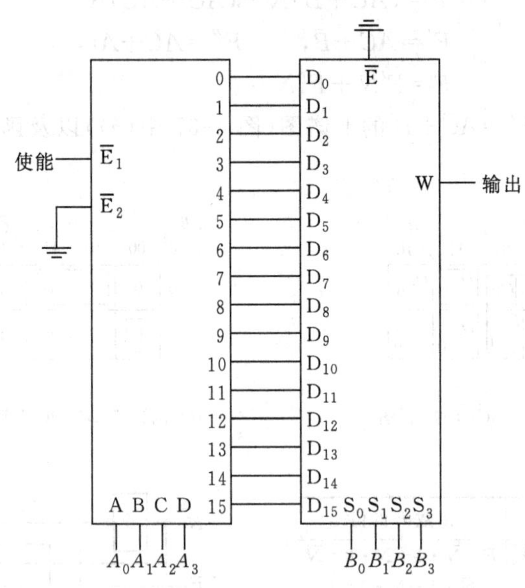

图 4-38　4 位并行数据比较器原理图

小。选择器的 $1D_1$ 和 $2D_2$ 接“1”，$1D_2$ 和 $2D_1$ 接“0”，工作前，触发器先清零。当 $A_i=B_i=1$ 时，选择器所选择的 $1D_3$ 和 $2D_3$ 均为“0”，触发器不翻转；当 $A_i=1, B_i=0$ 时，选择器选择 $1D_1$ 和 $2D_1$ 输出，只要 CP 的正沿到来，触发器翻转，使 $Q_1=1, Q_2=0$，表示 $A>B$；若 $A_i=0$，$B_i=1$ 时，则选择器选择 $1D_2$、$2D_2$ 输出，CP 的正沿使触发器翻转为 $Q_1=0, Q_2=1$，表明 $A<B$。因此，触发器的最后状态就反映了最后的 A、B 不相等时的情况：若 $Q_1=0, Q_2=1$，则 $A<B$；若 $Q_1=1$、$Q_2=0$，则 $A>B$；若 $Q_1=Q_2$，则 $A=B$。

从高位开始逐位比较的比较器不在此介绍了，读者可自行设计。

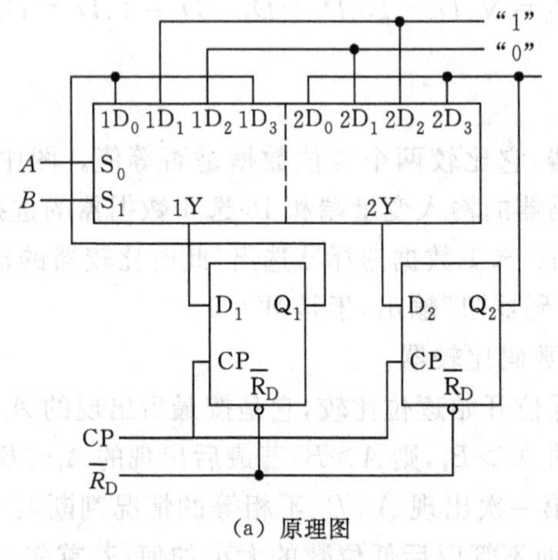

(a) 原理图

A_i	B_i	Q_1	Q_2
0	0	0	0
1	0	1	0
0	1	0	1
1	1	0	0

(b) 功能表

图 4-39　数据选择器和 D 触发器组成从低位开始比较的串行比较器

4.3 编 码 器

把二进制码按照不同规律编排的过程叫做编码。实现编码的电路为编码器。通常有二进制编码器、二-十进制编码器及优先编码器。下面以二进制优先编码器电路设计为例，说明编码器的原理。

优先编码器广泛用于计算机的优先中断系统、键盘编码系统中，它有二进制和十进制两种，这里只介绍二进制优先编码器。图 4-40 所示电路是一个典型的二进制优先编码器。该电路有 8 条数据输入线 0～7。电路有 3 条输出线，A_0～A_2（其中 A_2 为最高位，A_0 为最低

输入									输出				
$\overline{E}_1$	0	1	2	3	4	5	6	7	A_0	A_1	A_2	G_s	E_0
1	×	×	×	×	×	×	×	×	1	1	1	1	1
0	1	1	1	1	1	1	1	1	1	1	1	1	0
0	×	×	×	×	×	×	×	0	0	0	0	0	1
0	×	×	×	×	×	×	0	1	1	0	0	0	1
0	×	×	×	×	×	0	1	1	0	1	0	0	1
0	×	×	×	×	0	1	1	1	1	1	0	0	1
0	×	×	×	0	1	1	1	1	0	0	1	0	1
0	×	×	0	1	1	1	1	1	1	0	1	0	1
0	×	0	1	1	1	1	1	1	0	1	1	0	1
0	0	1	1	1	1	1	1	1	1	1	1	0	1

(a) 功能表

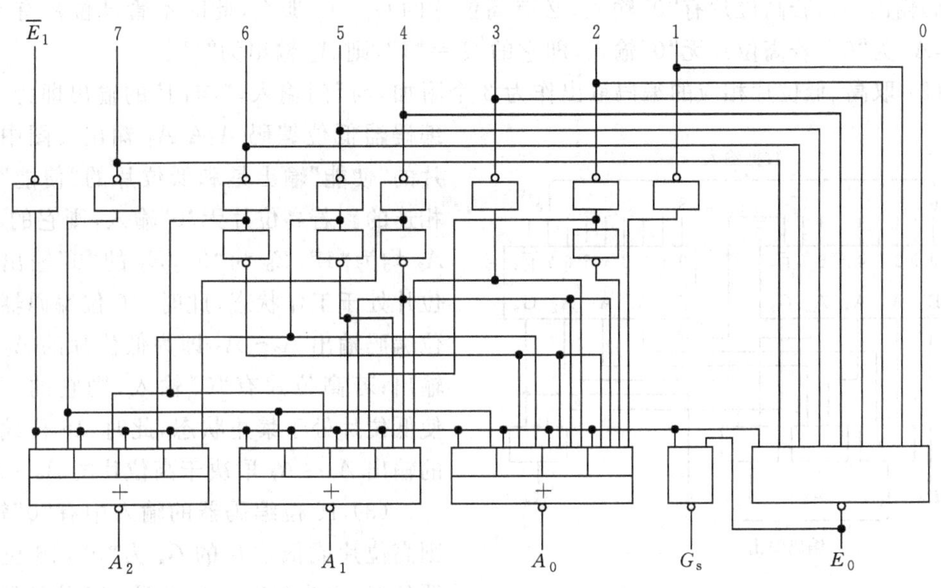

(b) 逻辑图

图 4-40　8 位二进制优先编码器功能表和逻辑图

位）。优先编码的特点是：如有两根或两根以上的输入线为"0"时，它就"优先"按输入编号最大的"0"输入信号进行编码。例如，若编码器的6输入线和2输入线的输入均为"0"，其余输入线均为"1"，那么由于此时6输入线的编号大于2输入线的编号，故电路就优先按6输入进行编码。这里要指出的是：我们所介绍的编码器的输出 A_0、A_1、A_2 是以反码形式而不是以原码形式进行编码的。例如，当按6输入线进行编码时，电路的输出 $A_0A_1A_2$ 是100，而不是011；此外，电路还设有"使能"输入 $\overline{E}_1$，当 $\overline{E}_1=0$ 时，允许电路编码；当 $\overline{E}_1=1$ 时，禁止电路编码。电路还设有"使能"输出 E_0 和优先编码输出端 G_s。只有当数据输入出现"0"时，E_0 为"1"，G_s 为"0"，表明编码器对输入数据在进行优先编码。

根据上述，可列出该优先编码器的功能表（图4-40(a)），由功能表写出逻辑表达式，并化简如下：

$$
\begin{cases}
A_0=\overline{\overline{\overline{E}}_1\cdot\overline{7}+\overline{\overline{E}}_1\cdot 6\cdot\overline{5}+\overline{\overline{E}}_1\cdot 6\cdot 4\cdot\overline{3}+\overline{\overline{E}}_1\cdot 6\cdot 4\cdot 2\cdot\overline{1}} \\
A_1=\overline{\overline{\overline{E}}_1\cdot\overline{7}+\overline{\overline{E}}_1\cdot\overline{6}+\overline{\overline{E}}_1\cdot 5\cdot 4\cdot\overline{3}+\overline{\overline{E}}_1\cdot 5\cdot 4\cdot\overline{2}} \\
A_2=\overline{\overline{\overline{E}}_1\cdot\overline{7}+\overline{\overline{E}}_1\cdot\overline{6}+\overline{\overline{E}}_1\cdot\overline{5}+\overline{\overline{E}}_1\cdot\overline{4}} \\
E_0=\overline{\overline{\overline{E}}_1\cdot 7\cdot 6\cdot 5\cdot 4\cdot 3\cdot 2\cdot 1\cdot 0} \\
G_s=\overline{\overline{\overline{E}}_1\cdot E_0}
\end{cases}
$$

表达式中的0～7是输入编号，由表达式画出集成化8位二进制优先编码器逻辑图如图4-40(b)所示。

图4-40所示的优先编码器可以扩展。图4-41是用两片8位优先编码器串联而成的16位输入优先编码电路。对该编码器，有以下3点要着重说明：

(1) 在高、低位片中，以高位片（右片）为优先片，取高位片的 G_s 作为16位编码器的最高编码输出 A_3，若高位片有"0"输入，必有高位片的 $G_s=0$，那么，此时不管低位片有无"0"输入，A_3 为"0"；若高位片无"0"输入，即它的 $G_s=$"1"，则 A_3 输出为"1"。

(2) 取高、低位片相应的编码输出作为3个附加"与"门输入，"与门"的输出即为16位编码器低位编码 $A_0A_1A_2$ 输出。图中高位片的"使能"输出是和低位片的"使能"输入相连的。若高位片无"0"输入，则它的 A_0～A_2 均为"1"，E_0 为"0"，E_0 的"0"输出使低位片处于工作状态，此时，16位编码器的低位编码输出 A_0～A_2 即为低位片的 A_0～A_2 输出；若高位片有"0"输入，则它的 $E_0=1$ 使低位片处于禁止状态，此时，16位编码器的输出 A_0～A_2 取决于高位片的 A_0～A_2。

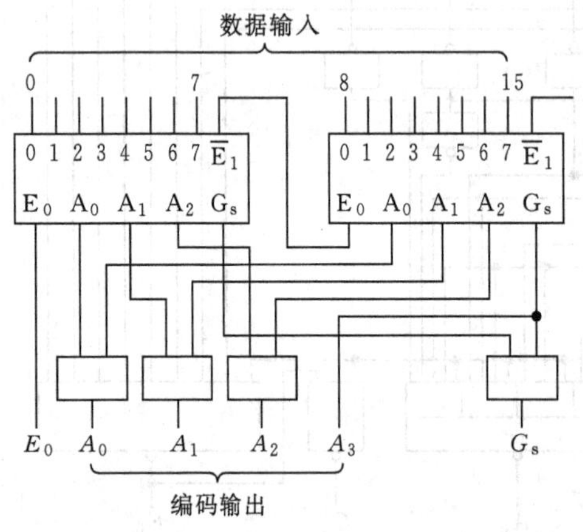

图4-41　2片8输入优先编码器扩展成16输入优先编码器

(3) 16位编码器的输入中有"0"输入，则高位片或低位片的 G_s 为"0"，16位编码器的 G_s 也为"0"，此时表明：16位编码器在对输入进行编码。

图4-41所示16位输入优先编码器，其

片间工作是串行的，即必须待高位片的 E_0 产生后，送至低位片的 $\bar{E}_1$ 端，低位片才能工作，因而工作速度较低。用 4 组图 4-41 所示电路可以串联扩展为 64 位优先编码器，但系统工作速度仍较低。

用并联扩展的方法可以获得较高的工作速度。图 4-42 是并行扩展的 64 位优先编码器的原理图。电路中，8 片初级编码器的 $\bar{E}_1$ 由同一个"使能"信号来控制，它们的 E_0 端是不用的。首先形成高位输出 $A_3 \sim A_5$。$A_3 \sim A_5$ 同时又作为 8 通道选 1 的数据选择器的通道选择信号，由它再从 8 片初级编码器中选出优先片的编码输出，作为系统的低位编码输出。

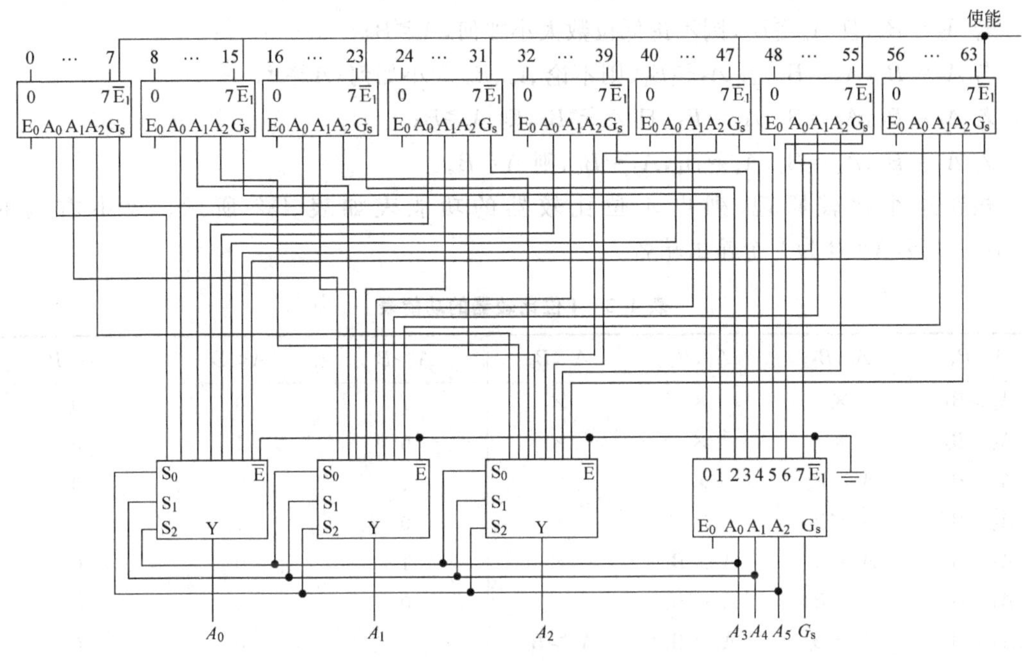

图 4-42　64 位输入优先编码器(并联扩展)

4.4　数字比较器

在数字系统中常常要对数字进行比较，完成这种功能的部件称为数字比较器。比较器有两类：第一类是"等值"比较器，它只检验两数是否相等；第二类是"量值"比较器，它不但检验两数是否相等，而且还要检验两数中哪个为大。按数的传输方式，又有串行比较器和并行比较器。本节主要讨论并行量值比较器。

4.4.1　并行比较器的原理

比较两数码 A、B 大小的方法很多，下面我们列举其中 2 种：

第 1 种是：

若 $A_i > B_i$，则 $A_i\bar{B}_i = 1$；

若 $A_i < B_i$，则 $B_i\bar{A}_i = 1$；

若 $A_i = B_i$，则 $\overline{A_i\bar{B}_i + B_i\bar{A}_i} = 1$

第 2 种是：

若 $A_i > B_i$，则 $A_i \overline{A_i B_i} = 1$；

若 $A_i < B_i$，则 $B_i \overline{A_i B_i} = 1$；

若 $A_i = B_i$，则 $\overline{A_i \cdot \overline{A_i \cdot B_i} + B_i \cdot \overline{A_i B_i}} = 1$

在比较一位数的基础上，可用下面的方法判断两个 4 位数 $A_3A_2A_1A_0$ 和 $B_3B_2B_1B_0$ 的大小(其中注脚“3”为最高位)：

若 $A_3 \gtrless B_3$，则不论低位数大小如何，$A \gtrless B$；

若 $A_3 = B_3$，且 $A_2 \gtrless B_2$，则不论低位数大小如何，$A \gtrless B$；

若 $A_3 = B_3$，$A_2 = B_2$，且 $A_1 \gtrless B_1$，则不论 A_0、B_0 大小如何，$A \gtrless B$；

若 $A_3 = B_3$，$A_2 = B_2$，$A_1 = B_1$，且 $A_0 \gtrless B_0$，则 $A \gtrless B$；

若 $A_3 = B_3$，$A_2 = B_2$，$A_1 = B_1$，$A_0 = B_0$，则 $A = B$。

根据这个比较原理，列出 4 位比较器的功能表如表 4-2 所示。表中右端的 $A>B$，$A<B$，$A=B$ 为 3 个输出端名。

表 4-2　4 位比较器的功能表

A_3, B_3	A_2, B_2	A_1, B_1	A_0, B_0	$A>B$	$A<B$	$A=B$
$A_3>B_3$	×	×	×	1	0	0
$A_3<B_3$	×	×	×	0	1	0
$A_3=B_3$	$A_2>B_2$	×	×	1	0	0
$A_3=B_3$	$A_2<B_2$	×	×	0	1	0
$A_3=B_3$	$A_2=B_2$	$A_1>B_1$	×	1	0	0
$A_3=B_3$	$A_2=B_2$	$A_1<B_1$	×	0	1	0
$A_3=B_3$	$A_2=B_2$	$A_1=B_1$	$A_0>B_0$	1	0	0
$A_3=B_3$	$A_2=B_2$	$A_1=B_1$	$A_0<B_0$	0	1	0
$A_3=B_3$	$A_2=B_2$	$A_1=B_1$	$A_0=B_0$	0	0	1

按照数码比较的第 2 种方法，由功能表可写出比较器的 3 个输出表达式如下：

$$(A > B) = \overline{W_3 + Y_3 \cdot W_2 + Y_3 \cdot Y_2 \cdot W_1 + Y_3 \cdot Y_2 \cdot Y_1 \cdot W_0 + Y_3 \cdot Y_2 \cdot Y_1 \cdot Y_0}$$

$$(A < B) = \overline{Z_3 + Y_3 \cdot Z_2 + Y_3 \cdot Y_2 \cdot Z_1 + Y_3 \cdot Y_2 \cdot Y_1 \cdot Z_0 + Y_3 \cdot Y_2 \cdot Y_1 \cdot Y_0}$$

$$(A = B) = Y_3 \cdot Y_2 \cdot Y_1 \cdot Y_0$$

其中 W_i、Y_i、Z_i 分别为 $B_i \cdot \overline{A_i \cdot B_i}$、$\overline{A_i \cdot \overline{A_i B_i} + \overline{A_i B_i} \cdot B_i}$、$A_i \cdot \overline{A_i \cdot B_i}$，它们分别表示 $A_i < B_i$、$A_i = B_i$、$A_i > B_i$。

根据输出$(A>B)$、$(A<B)$、$(A=B)$的表达式画出 4 位比较器的原理图如图 4-43 所示。

如果要比较的数字位数增多时，仍用图 4-43 所示结构，则比较器输出“与或非”表达式中的“或”项数以及“与”项数都要增加，此外，Y 逻辑门的扇出数也要增大。这会给线路的实现带来困难。可采用“分段比较”的方法进行位数较多的并行数比较。下面以 8 位数比较为例，说明分段比较的原理。

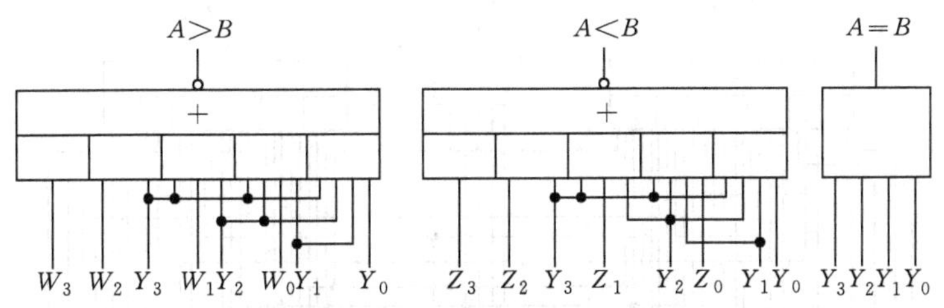

图 4-43　4 位并行比较器原理图

4.4.2　“分段比较”的原理

采用两个 4 位数比较器：高 4 位 $A_7 \sim A_4$ 和 $B_7 \sim B_4$ 送入高位片，低 4 位数 $A_3 \sim A_0$ 和 $B_3 \sim B_0$ 送入低位片。若 $A_7A_6A_5A_4 = B_7B_6B_5B_4$，则由 $A_3A_2A_1A_0$ 和 $B_3B_2B_1B_0$ 的大小来决定 A、B 的大小：若 $A_3A_2A_1A_0 > B_3B_2B_1B_0$ 时，则 $A>B$；若 $A_3A_2A_1A_0 < B_3B_2B_1B_0$ 时，则 $A<B$；若 $A_3A_2A_1A_0 = B_3B_2B_1B_0$ 时，则 $A=B$。为此，应在高位片设置 3 个输入端，它们分别接收低位片的 3 个输出$(A>B)$、$(A<B)$、$(A=B)$，把这 3 个输入端称为串联输入端。当 $A_7A_6A_5A_4 = B_7B_6B_5B_4$ 时，高位片的输出状态和其串联输入端的状态一样。当 $A_7A_6A_5A_4 \neq B_7B_6B_5B_4$ 时，不管 $A_3A_2A_1A_0$ 和 $B_3B_2B_1B_0$ 的大小如何，由 $A_7A_6A_5A_4$ 和 $B_7B_6B_5B_4$ 来决定 A 和 B 的大小，此时，高位片的输出和串联输入端的状态无关。由此可得图 4-44(a)所示具有串联输入端的 4 位比较器的功能表，并由表得表达式：

$$(A<B) = W_3 + Y_3W_2 + Y_3Y_2W_1 + Y_3Y_2Y_1W_0 + Y_3Y_2Y_1Y_0 \cdot (A<B)$$
$$(A>B) = Z_3 + Y_3Z_2 + Y_3Y_2Z_1 + Y_3Y_2Y_1Z_0 + Y_3Y_2Y_1Y_0 \cdot (A>B)$$
$$(A=B) = Y_3Y_2Y_1Y_0 \cdot (A=B)$$

该表达式右边所示的$(A<B)$、$(A>B)$、$(A=0)$为 3 个串联输入名。由表达式得逻辑图(图 4-44(b))。

输			入				输	出	
A_3,B_3	A_2,B_2	A_1,B_1	A_0,B_0	$A>B$	$A<B$	$A=B$	$A>B$	$A<B$	$A=B$
$A_3>B_3$	×	×	×	×	×	×	1	0	0
$A_3<B_3$	×	×	×	×	×	×	0	1	0
$A_3=B_3$	$A_2>B_2$	×	×	×	×	×	1	0	0
$A_3=B_3$	$A_2<B_2$	×	×	×	×	×	0	1	0
$A_3=B_3$	$A_2=B_2$	$A_1>B_1$	×	×	×	×	1	0	0
$A_3=B_3$	$A_2=B_2$	$A_1<B_1$	×	×	×	×	0	1	0
$A_3=B_3$	$A_2=B_2$	$A_1=B_1$	$A_0>B_0$	×	×	×	1	0	0
$A_3=B_3$	$A_2=B_2$	$A_1=B_1$	$A_0<B_0$	×	×	×	0	1	0
$A_3=B_3$	$A_2=B_2$	$A_1=B_1$	$A_0=B_0$	1	0	0	1	0	0
$A_3=B_3$	$A_2=B_2$	$A_1=B_1$	$A_0=B_0$	0	1	0	0	1	0
$A_3=B_3$	$A_2=B_2$	$A_1=B_1$	$A_0=B_0$	0	0	1	0	0	1

(a) 功能表

图 4-44　具有串联输入端集成化 4 位比较器

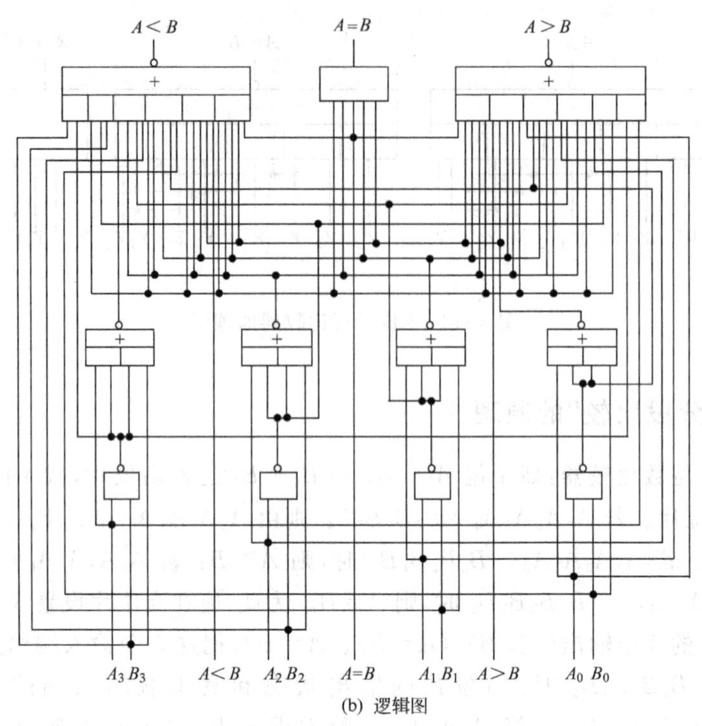

(b) 逻辑图

图 4-44 （续）

图 4-44 是设置串联输入端的 4 位并行比较器的功能表及其逻辑图。图 4-45 给出用图 4-44 组成 8 位比较器的连接图。图中，数的高位部分 $A_7 \sim A_4$、$B_7 \sim B_4$ 分别加在高位片的 $A_3 \sim A_0$，$B_3 \sim B_0$ 输入端，低位片的输出$(A>B)$、$(A=B)$、$(A<B)$分别加在高位片的串联输入端$(A>B)$、$(A=B)$、$(A<B)$处；数的低位部分 $A_3 \sim A_0$，$B_3 \sim B_0$ 分别加在低位片的 $A_3 \sim A_0$，$B_3 \sim B_0$ 输入端，它的串联输入端$(A>B)$、$(A=B)$、$(A<B)$分别接“0”、“1”、“0”。

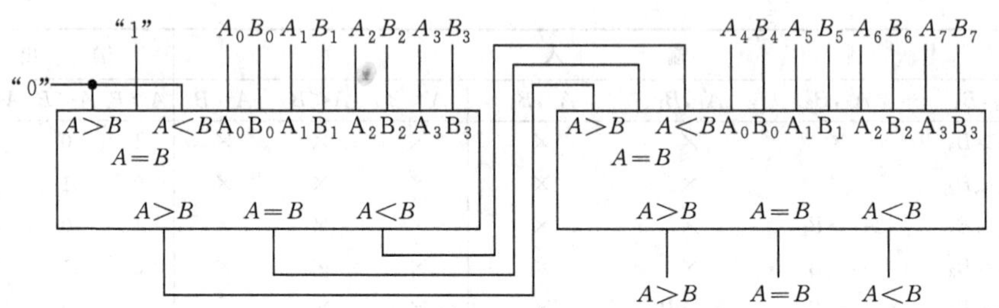

图 4-45 用 2 片 4 位比较器组成 8 位比较器

把 4 位比较器的串联输入端$(A>B)$、$(A<B)$用来作最低位数码输入端，就成为一个 5 位数字比较器，如图 4-46 所示。图中$(A=B)$输出端是不用的。由图 4-44(a)4 位比较器的功能表可知：当 $A_4A_3A_2A_1=B_4B_3B_2B_1$ 时，只要 $A_0>B_0$（即串行输入$(A>B)>(A<B)$），则输出$(A>B)=1$，$(A<B)=0$；而 $A_4A_3A_2A_1=B_4B_3B_2B_1$ 时，只要 $A_0<B_0$，则$(A>B)=0$，$(A<B)=1$。因此，可用输出$(A>B)$、$(A<B)$中究竟哪一个出现“1”来判别 $A_4A_3A_2A_1A_0$ 和 $B_4B_3B_2B_1B_0$ 哪个大。

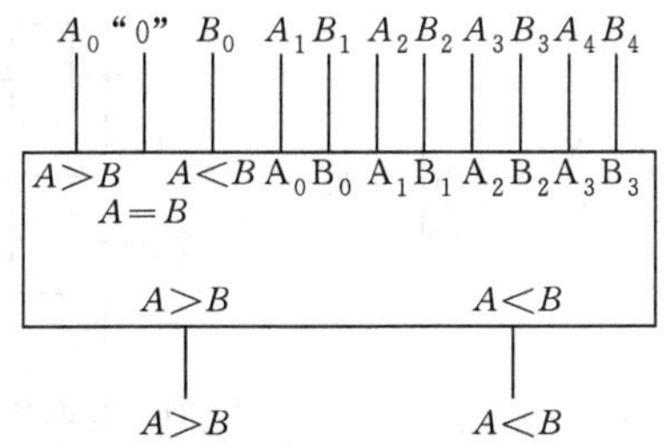

图 4-46 用图 4-44 所示比较器组成 5 位数字比较器

由具有串联输入端的 4 位比较器组成的 24 位比较器，如图 4-47 所示。

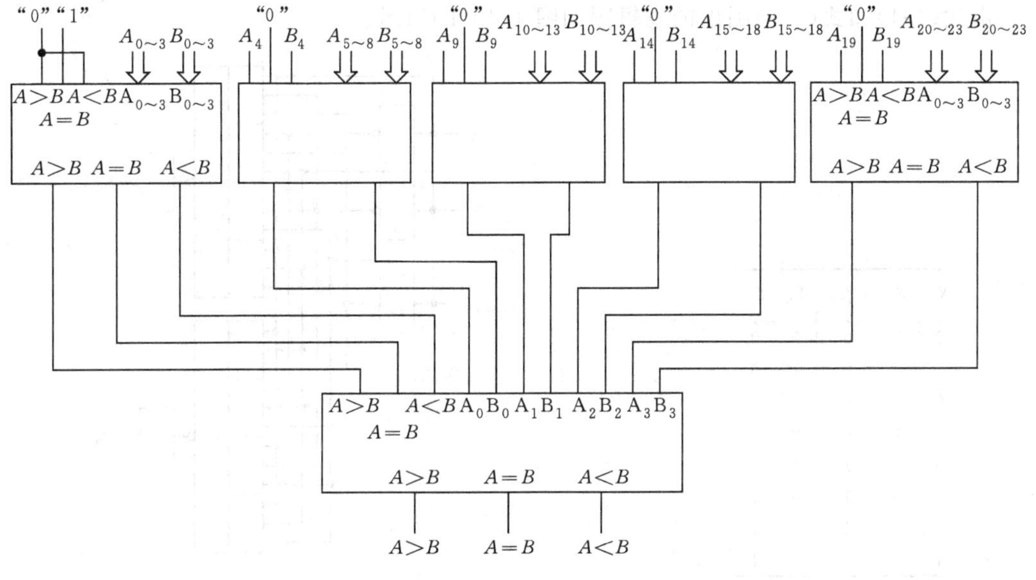

图 4-47 24 位数字比较器

4.5 算术逻辑运算单元

4.5.1 一位加法器

不考虑低位进位，两个数码 X_n、Y_n 算术加称为半加，实现半加功能的逻辑元件称为半加器。图 4-48(a)是功能表。半加和的逻辑表达式为 $F_n = X_n\overline{Y}_n + \overline{X}_nY_n = X_n \oplus Y_n$。半加器的逻辑图如图 4-48(b)、(c)所示。

考虑低位进位 C_{n-1} 的两个二进制数码相加，称为全加。图 4-49(a)是它的功能表，其中 F_n 是全加和，C_n 是进位输出。F_n、C_n 表达式为：

$$F_n = X_n\overline{Y}_n\overline{C}_{n-1} + \overline{X}_nY_n\overline{C}_{n-1} + \overline{X}_n\overline{Y}_nC_{n-1} + X_nY_nC_{n-1} \tag{4-1}$$

或

$$F_n = X_n \oplus Y_n \oplus C_{n-1} \tag{4-2}$$

$$C_n = X_nY_n\overline{C}_{n-1} + X_n\overline{Y}_nC_{n-1} + \overline{X}_nY_nC_{n-1} + X_nY_nC_{n-1} \tag{4-3}$$

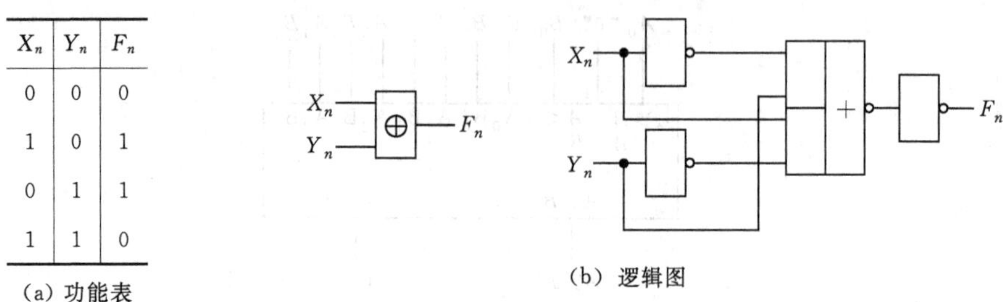

X_n	Y_n	F_n
0	0	0
1	0	1
0	1	1
1	1	0

(a) 功能表　　(b) 逻辑图

图 4-48　1 位半加器

对式(4-3)进行化简可得 C_n 的另一表达式：

$$C_n = X_n Y_n + X_n C_{n-1} + Y_n C_{n-1} \tag{4-4}$$

由式(4-1)和式(4-3)画出的逻辑图如图 4-49(b)所示。

X_n	Y_n	C_{n-1}	F_n	C_n
0	0	0	0	0
1	0	0	1	0
0	1	0	1	0
1	1	0	0	1
0	0	1	1	0
1	0	1	0	1
0	1	1	0	1
1	1	1	1	1

(a)　(b)

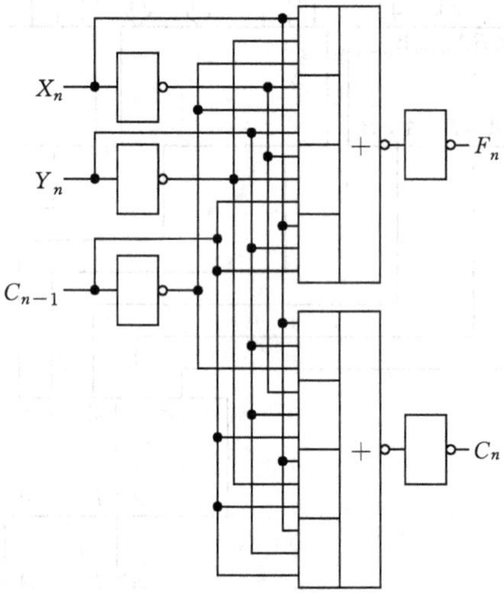

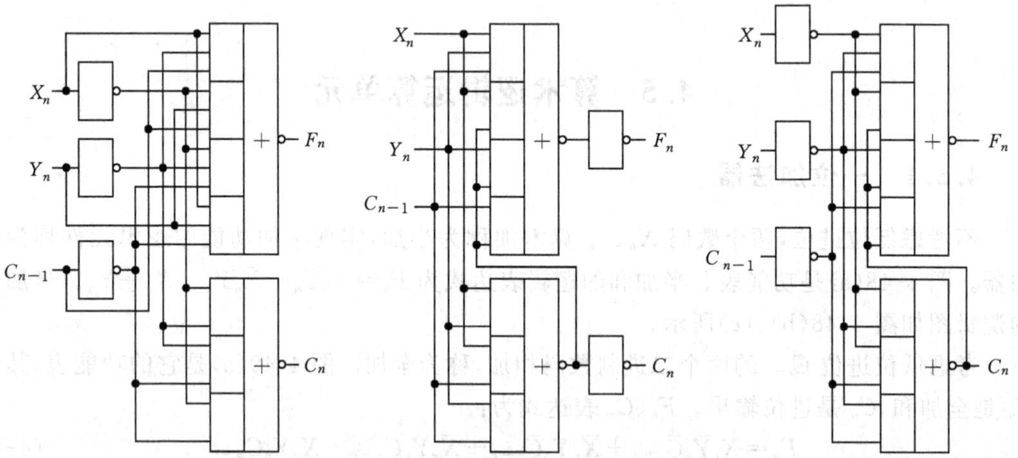

(c)　(d)　(e)

图 4-49　1 位全加器功能表及 4 种类型的全加器电路

从全加器的功能表可知，如果把一位全加器的输入均取反码，即输入为 $\overline{X}_n$、$\overline{Y}_n$、$\overline{C}_{n-1}$，那么全加和输出 F_n 和进位输出 C_n 也均为反码，即为 $\overline{F}_n$、$\overline{C}_n$。例如，当 X_n、Y_n、C_{n-1} 均为"0"时，F_n 和 C_n 也均为"0"(图 4-49(a)的第 1 栏)，若 X_n、Y_n、C_{n-1} 均为"1"，则 F_n 和 C_n 也均取反码，即 F_n、C_n 输出均为"1"(图 4-49(a)的最后一栏)。根据这个原理，可把式(4-1)和式(4-4)改写为：

$$F_n = \overline{\overline{X}_n Y_n C_{n-1} + X_n \overline{Y}_n C_{n-1} + X_n Y_n \overline{C}_{n-1} + \overline{X}_n \overline{Y}_n \overline{C}_{n-1}} \tag{4-5}$$

$$C_n = \overline{\overline{X}_n \overline{Y}_n + \overline{X}_n \overline{C}_{n-1} + \overline{Y}_n \overline{C}_{n-1}} \tag{4-6}$$

根据式(4-5)和式(4-6)画出全加器的逻辑图如图 4-49(c)所示。该电路的优点是 C_n 和 F_n 形成时间都很短，只需两级门的传输延迟时间(图 4-49(b)所示电路需 3 级延迟)。这种全加器又称"保留进位"全加器。

由 1 位全加器的功能表还可知：F_n 为"1"的条件有两个：第 1，X_n、Y_n、C_{n-1} 均为"1"；第 2，3 个输入中只有一个输入为"1"，且 C_n 为"0"。根据这两个特点，可把 F_n 的逻辑表达式改写为：

$$F_n = X_n \cdot Y_n \cdot C_{n-1} + X_n \cdot \overline{C}_n + Y_n \cdot \overline{C}_n + C_{n-1} \cdot \overline{C}_n \tag{4-7}$$

再进一步把式(4-7)改写成"与或非"表达式：

$$F_n = \overline{\overline{X}_n \overline{Y}_n \overline{C}_{n-1} + \overline{X}_n C_n + \overline{Y}_n C_n + \overline{C}_{n-1} C_n} \tag{4-8}$$

那么，由逻辑表达式(4-7)和式(4-4)、式(4-8)和式(4-6)分别画出 1 位全加器的逻辑图如图 4-49(d)、(e)所示。图 4-49(d)、(e)中，C_n 的形成时间以及 F_n 的形成时间分别为 2 级门延迟和 3 级门延迟。

4.5.2 4 位串行进位加法器

4 位串行进位加法器的原理图如图 4-50 所示。图中的每一个方框代表 1 位全加器。由于该全加器的高位全加和必须等低位进位来到后才能形成，因此串行进位加法器完成加法的时间较长，且位数愈多，加法完成的时间愈长。

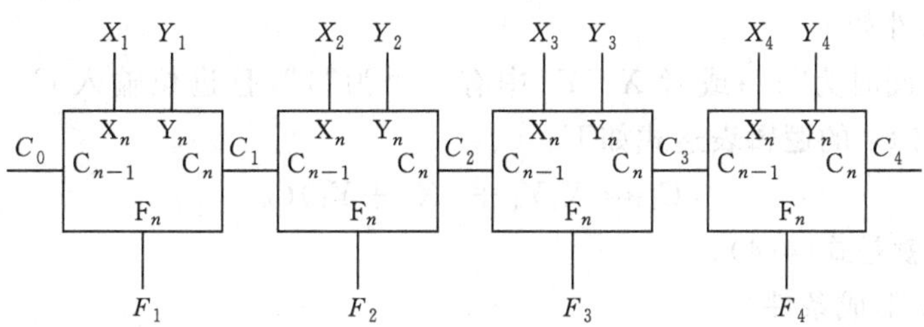

图 4-50 4 位串行进位加法器原理图

在设计 4 位串行进位加法器时，对 1 位全加器采用哪一种结构形式，要从提高加法速度和节省电路元件来考虑。图 4-51 是常见的集成化 4 位加法器(注脚"4"为最高位)。图中，第 1 位采用图 4-49(d)的形式，由它送给第 2 位全加器的进位是以反码形式出现的，由于这个原因，第 2 位就可采用图 4-49(e)的形式，这样形成第 2 位全加器的进位输出总共只经 2 级门延迟。第 3、4 位全加器的组成和第 1、2 位相同。4 位加法器的进位输出 C_4 以及全加和 F_1、F_2、F_3、F_4 经 4 级门延迟就可以形成了。这样组成的串行进位 4 位全加器比全用图4-49(d)或全用图 4-49(e)所示电路来组成，不仅提高了加法速度，而且还可以节约元件数目。

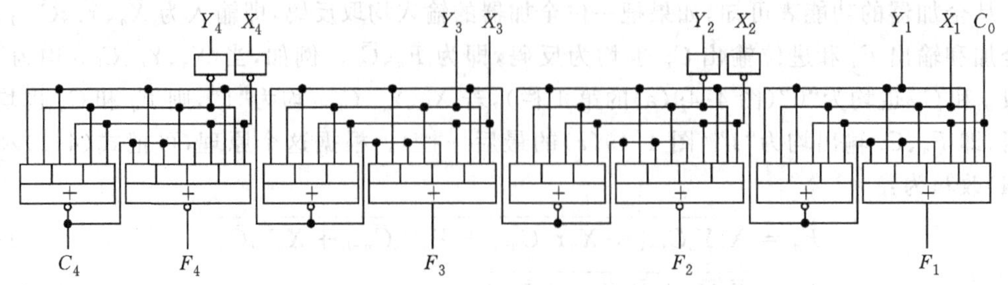

图 4-51　集成化的 4 位串行进位加法器的逻辑图

4.5.3　4 位并行进位加法器

用串行进位加法器进行加法操作时，加法时间比较长。为了提高速度，一般都采用"超前进位"技术。超前进位（又称并行进位和快速进位）加法器和串行进位加法器本质的区别在于：前者各位的进位不是由前一级全加器的进位输出来提供的，而是由专门的进位门来提供的。图 4-52 是并行进位加法器的原理图。图中，注脚"4"为最高位，注脚"1"为最低位，C_0 是最低位的进位输入。各位的进位是同时形成的，加法完成的时间与加法器的位数无关。用这种方法形成的进位称超前进位，又称快速进位。下面讨论进位门的结构。

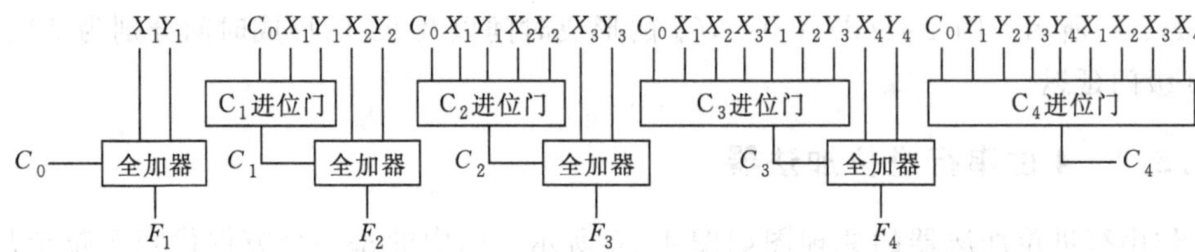

图 4-52　并行进位加法器原理图

各进位门是根据各进位形成条件来实现的。

C_1 形成的条件如下：

若 X_1 和 Y_1 同时为"1"；或者 X_1、Y_1 中有一个为"1"，且进位输入 C_0 为"1"，则 C_1 为"1"。据此可写出 C_1 的逻辑表达式如下：

$$C_1 = X_1Y_1 + (X_1 + Y_1)C_0 \tag{4-9}$$

实际上，式(4-9)就是式(4-4)。

下面讨论 C_2 形成条件。

只要满足下述三个条件中的一个，C_2 就为"1"：

(1) X_2、Y_2 同时为"1"；

(2) X_2、Y_2 中有一个为"1"，同时 X_1、Y_1 均为"1"；

(3) X_2、Y_2 中有一个为"1"，同时 X_1、Y_1 中有一个为"1"，并且 C_0 也为"1"。把 C_2 形成条件写成逻辑表达式，即有：

$$C_2 = X_2Y_2 + (X_2 + Y_2)X_1Y_1 + (X_2 + Y_2)(X_1 + Y_1)C_0 \tag{4-10}$$

同理，可写出 C_3 和 C_4 的逻辑表达式：

$$\begin{aligned} C_3 = & X_3Y_3 + (X_3 + Y_3)X_2Y_2 + (X_3 + Y_3)(X_2 + Y_2)X_1Y_1 \\ & + (X_3 + Y_3)(X_2 + Y_2)(X_1 + Y_1)C_0 \end{aligned} \tag{4-11}$$

$$
\begin{aligned}
C_4 = {} & X_4Y_4 + (X_4+Y_4)X_3Y_3 + (X_4+Y_4)(X_3+Y_3)X_2Y_2 \\
& + (X_4+Y_4)(X_3+Y_3)(X_2+Y_2)X_1Y_1 \\
& + (X_4+Y_4)(X_3+Y_3)(X_2+Y_2)(X_1+Y_1)C_0
\end{aligned} \tag{4-12}
$$

前面已经讲过，当全加器的输入均取反码时，它的输出也均为反码。根据这个原理，把式(4-9)～式(4-12)改写为：

$$C_1 = \overline{\overline{X}_1\overline{Y}_1 + (\overline{X}_1+\overline{Y}_1)\overline{C}_0} \tag{4-13}$$

$$C_2 = \overline{\overline{X}_2\overline{Y}_2 + (\overline{X}_2+\overline{Y}_2)\overline{X}_1\overline{Y}_1 + (\overline{X}_2+\overline{Y}_2)(\overline{X}_1+\overline{Y}_1)\overline{C}_0} \tag{4-14}$$

$$
\begin{aligned}
C_3 = {} & \overline{\overline{X}_3\overline{Y}_3 + (\overline{X}_3+\overline{Y}_3)\overline{X}_2\overline{Y}_2 + (\overline{X}_3+\overline{Y}_3)(\overline{X}_2+\overline{Y}_2)\overline{X}_1\overline{Y}_1} \\
& \overline{+ (\overline{X}_3+\overline{Y}_3)(\overline{X}_2+\overline{Y}_2)(\overline{X}_1+\overline{Y}_1)\overline{C}_0}
\end{aligned} \tag{4-15}
$$

$$
\begin{aligned}
C_4 = {} & \overline{\overline{X}_4\overline{Y}_4 + (\overline{X}_4+\overline{Y}_4)\overline{X}_3\overline{Y}_3 + (\overline{X}_4+\overline{Y}_4)(\overline{X}_3+\overline{Y}_3)\overline{X}_2\overline{Y}_2} \\
& \overline{+ (\overline{X}_4+\overline{Y}_4)(\overline{X}_3+\overline{Y}_3)(\overline{X}_2+\overline{Y}_2)\overline{X}_1\overline{Y}_1} \\
& \overline{+ (\overline{X}_4+\overline{Y}_4)(\overline{X}_3+\overline{Y}_3)(\overline{X}_2+\overline{Y}_2)(\overline{X}_1+\overline{Y}_1)\overline{C}_0}
\end{aligned} \tag{4-16}
$$

利用摩根定律又可以把式(4-13)～式(4-16)改为：

$$C_1 = \overline{\overline{X_1+Y_1} + \overline{X_1Y_1}\,\overline{C}_0} \tag{4-17}$$

$$C_2 = \overline{\overline{X_2+Y_2} + \overline{X_2Y_2}\;\overline{(X_1+Y_1)} + \overline{X_2Y_2}\;\overline{X_1Y_1}\,\overline{C}_0} \tag{4-18}$$

$$
\begin{aligned}
C_3 = {} & \overline{\overline{X_3+Y_3} + \overline{X_3Y_3}\;\overline{(X_2+Y_2)} + \overline{X_3Y_3}\cdot\overline{X_2Y_2}\cdot\overline{(X_1+Y_1)}} \\
& \overline{+ \overline{X_3Y_3}\;\overline{X_2Y_2}\;\overline{X_1Y_1}\,\overline{C}_0}
\end{aligned} \tag{4-19}
$$

$$
\begin{aligned}
C_4 = {} & \overline{\overline{X_4+Y_4} + \overline{X_4Y_4}\;\overline{(X_3+Y_3)} + \overline{X_4Y_4}\;\overline{X_3Y_3}\;\overline{(X_2+Y_2)}} \\
& \overline{+ \overline{X_4Y_4}\;\overline{X_3Y_3}\;\overline{X_2Y_2}\;\overline{(X_1+Y_1)} + \overline{X_4Y_4}\;\overline{X_3Y_3}\;\overline{X_2Y_2}\;\overline{X_1Y_1}\,\overline{C}_0}
\end{aligned} \tag{4-20}
$$

式(4-17)～式(4-20)就是形成各位进位门的逻辑表达式，采用式(4-2)作为全加和的逻辑表达式，就可画出 4 位并行进位加法器逻辑图如图 4-53 所示。从图中可以看到，只要 $X_1 \sim X_4$、$Y_1 \sim Y_4$ 和 C_0 同时来到，便可以同时形成 $C_1 \sim C_4$、$F_1 \sim F_4$，且进位形成时间和位数无关。

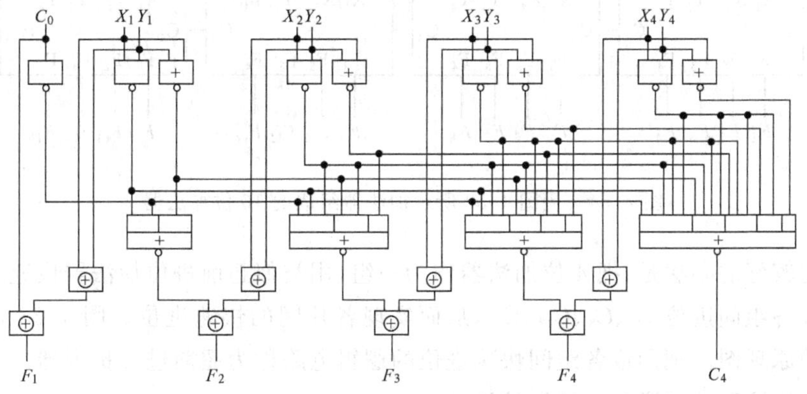

图 4-53　4 位并行加法器

在这里要引入进位传递函数(P_i)和进位产生函数(G_i)的概念，其定义为：

$$
\begin{cases}
P_i = X_i + Y_i & \text{(4-21)} \\
G_i = X_i \cdot Y_i & \text{(4-22)}
\end{cases}
$$

进位传递函数 P_i 的意义是：当 X_i、Y_i 中有一个为"1"时，若本位有进位输入(来自低位的)，那么，本位就向高位"传递"一个进位，这个进位可以看成是低位进位越过本位直接向高位传递的。进位产生函数 G_i 的意义是：当 X_i、Y_i 均为"1"时，不管有无进位输入，本位必定要"产生"一个向高位的进位。

将 P_i 和 G_i 的表达式代入式(4-9)～式(4-12)得 C_1～C_4 分别为：

$$C_1 = G_1 + P_1C_0 \tag{4-23}$$

$$C_2 = G_2 + P_2G_1 + P_2P_1C_0 \tag{4-24}$$

$$C_3 = G_3 + P_3G_2 + P_3P_2G_1 + P_3P_2P_1C_0 \tag{4-25}$$

$$C_4 = G_4 + P_4G_3 + P_4P_3G_2 + P_4P_3P_2G_1 + P_4P_3P_2P_1C_0 \tag{4-26}$$

将 P_i 和 G_i 的表达式代入式(4-17)～式(4-20)得 C_1～C_4 的表达式为：

$$C_1 = \overline{\overline{P}_1 + \overline{G}_1\overline{C}_0} \tag{4-27}$$

$$C_2 = \overline{\overline{P}_2 + \overline{G}_2\overline{P}_1 + \overline{G}_2\overline{G}_1\overline{C}_0} \tag{4-28}$$

$$C_3 = \overline{\overline{P}_3 + \overline{G}_3\overline{P}_2 + \overline{G}_3\overline{G}_2\overline{P}_1 + \overline{G}_3\overline{G}_2\overline{G}_1\overline{C}_0} \tag{4-29}$$

$$C_4 = \overline{\overline{P}_4 + \overline{G}_4\overline{P}_3 + \overline{G}_4\overline{G}_3\overline{P}_2 + \overline{G}_4\overline{G}_3\overline{G}_2\overline{P}_1 + \overline{G}_4\overline{G}_3\overline{G}_2\overline{G}_1\overline{C}_0} \tag{4-30}$$

图 4-53 中 C_1～C_4 就是按式(4-27)～式(4-30)画得的。

4.5.4 16 位并行进位加法器

用 4 块图 4-53 所示 4 位加法器组成的 16 位加法器如图 4-54 所示。虽然各片内的进位是采用超前进位的，但是片间进位仍是逐片传递的，即必须等低位片的进位输出加到本片后，才能形成本片的加法结果。所以，16 位全加和形成时间还是比较长。

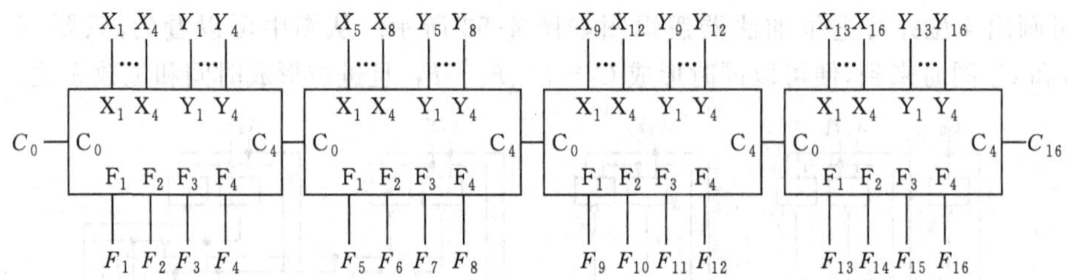

图 4-54 用图 4-53 所示加法器组成的 16 位加法器

一种比较好的办法是，把 4 位加法器作为一组，用类似超前进位加法器快速进位形成的原理去形成各组间进位 C_4、C_8、C_{12}、C_{16}，从而实现各片间的快速进位。图 4-55 是实现这种快速进位的原理图。把形成各组间快速进位的逻辑电路称为超前进位扩展器。

下面讨论这种超前进位扩展器的设计。

利用式(4-26)，写出 C_4、C_8、C_{12}、C_{16} 的表达式如下：

$$\begin{aligned} C_4 &= (G_4 + P_4G_3 + P_4P_3G_2 + P_4P_3P_2G_1) + P_4P_3P_2P_1C_0 \\ &= G_{m_1} + P_{m_1}C_0 \end{aligned} \tag{4-31}$$

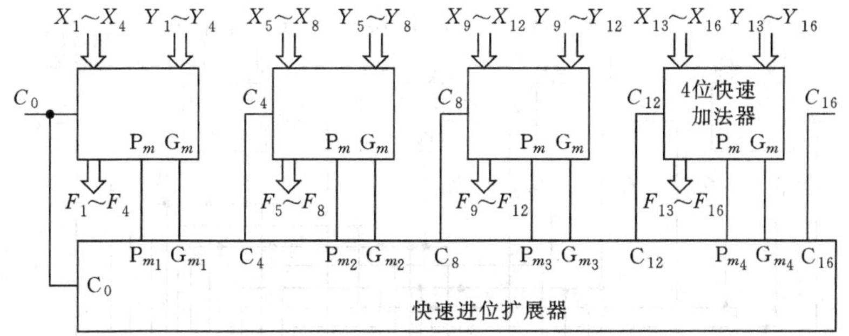

图 4-55　4 位超前进位加法器和超前进位扩展器组成 16 位超前进位加法器

$$\begin{aligned}C_8 &= G_8 + P_8G_7 + P_8P_7G_6 + P_8P_7P_6G_5 + P_8P_7P_6P_5C_4\\&= (G_8 + P_8G_7 + P_8P_7G_6 + P_8P_7P_6G_5)\\&\quad + P_8P_7P_6P_5(G_4 + P_4G_3 + P_4P_3G_2 + P_4P_3P_2G_1 + P_4P_3P_2P_1C_0)\\&= G_{m_2} + P_{m_2}(G_{m_1} + P_{m_1}C_0)\\&= G_{m_2} + P_{m_2}G_{m_1} + P_{m_2}P_{m_1}C_0\end{aligned}\tag{4-32}$$

$$\begin{aligned}C_{12} &= (G_{12} + P_{12}G_{11} + P_{12}P_{11}G_{10} + P_{12}P_{11}P_{10}G_9)\\&\quad + P_{12}P_{11}P_{10}P_9[(G_8 + P_8G_7 + P_8P_7G_6 + P_8P_7P_6G_5)\\&\quad + P_8P_7P_6P_5(G_4 + P_4G_3 + P_4P_3G_2 + P_4P_3P_2G_1 + P_4P_3P_2P_1C_0)]\\&= G_{m_3} + P_{m_3}[G_{m_2} + P_{m_2}(G_{m_1} + P_{m_1}C_0)]\\&= G_{m_3} + P_{m_3}G_{m_2} + P_{m_3}P_{m_2}G_{m_1} + P_{m_3}P_{m_2}P_{m_1}C_0\end{aligned}\tag{4-33}$$

$$C_{16} = G_{m_4} + P_{m_4}G_{m_3} + P_{m_4}P_{m_3}G_{m_2} + P_{m_4}P_{m_3}P_{m_2}G_{m_1} + P_{m_4}P_{m_3}P_{m_2}P_{m_1}C_0 \tag{4-34}$$

其中

$$G_{m_1} = G_4 + P_4G_3 + P_4P_3G_2 + P_4P_3P_2G_1 \tag{4-35}$$

$$G_{m_2} = G_8 + P_8G_7 + P_8P_7G_6 + P_8P_7P_6G_5 \tag{4-36}$$

$$G_{m_3} = G_{12} + P_{12}G_{11} + P_{12}P_{11}G_{10} + P_{12}P_{11}P_{10}G_9 \tag{4-37}$$

$$G_{m_4} = G_{16} + P_{16}G_{15} + P_{16}P_{15}G_{14} + P_{16}P_{15}P_{14}G_{13} \tag{4-38}$$

$$P_{m_1} = P_4P_3P_2P_1 \tag{4-39}$$

$$P_{m_2} = P_8P_7P_6P_5 \tag{4-40}$$

$$P_{m_3} = P_{12}P_{11}P_{10}P_9 \tag{4-41}$$

$$P_{m_4} = P_{16}P_{15}P_{14}P_{13} \tag{4-42}$$

对比 C_4、C_8、C_{12}、C_{16}(式(4-31)～式(4-34))和 C_1、C_2、C_3、C_4(式(4-23)～式(4-26))的表达式，可以看出，它们的表达式的结构是一样的，只要把 $C_1 \sim C_4$ 表达式中的 P_i、G_i 换成 P_{m_i}、G_{m_i} 就可把 $C_1 \sim C_4$ 的表达式换成 C_4、C_8、C_{12}、C_{16} 表达式。图 4-56 所示为产生 C_4、C_8、C_{12}、C_{16} 的超前进位扩展器的逻辑图。图中 G_{m_i}、P_{m_i} 由 4 位全加器给出，这样，只要被加数、加数以及 C_0 同时到达，各片的 G_{m_i}、P_{m_i} 同时形成，再经超前进位扩展，就能同时形成 C_4、C_8、C_{12}、C_{16}。

下面讨论 C_4、C_8、C_{12}、C_{16} 表达式(式(4-31)～式(4-34))的意义。先讨论 G_{m_i}、P_{m_i} 的意义。

把 G_{m_i}、P_{m_i} 分别称为 4 位一组进位产生函数和 4 位一组进位传递函数。下面以 P_{m_1}、G_{m_1} 为例说明它们的意义。

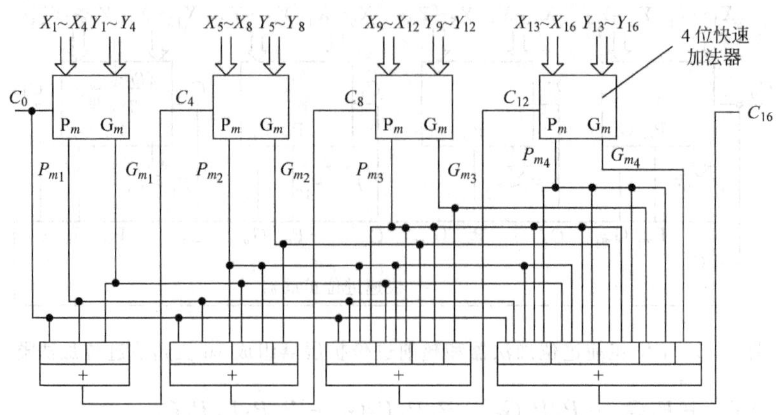

图 4-56　超前进位扩展器逻辑图

G_{m_1} 的表达式(式(4-35))表明,只要满足以下 4 个条件中的任一个,就可以使 G_{m_1} 为"1":

(1) X_4、Y_4 均为"1";(2) X_4、Y_4 中有一个为"1",同时 X_3、Y_3 均为"1";(3) X_4、Y_4 中有一个为"1",同时 X_3、Y_3 中有一个为"1",并且 X_2、Y_2 均为"1";(4) X_4、Y_4 中有一个为"1",X_3、Y_3 中有一个为"1",X_2、Y_2 中有一个为"1",并且 X_1、Y_1 均为"1"。这显然是两个 4 位数 $X_4X_3X_2X_1$、$Y_4Y_3Y_2Y_1$ 相加时内部产生进位的条件。

P_{m_1} 表达式(式(4-39))表明,X_4,Y_4,X_3、Y_3,X_2、Y_2,X_1、Y_1 这 4 对输入中分别均有一个为"1"的条件下,若 C_0 为"1",则一定产生向第 5 位数的进位。由于这个进位也可以看成是 C_0 越过 4 位数直接向第 5 位传递的,因此,P_{m_1} 是两个 4 位数相加时传递进位的条件。

根据以上所述,再来看 C_4、C_8、C_{12}、C_{16} 表达式(式(4-31)～式(4-34))的意义。以 C_4 和 C_8 表达式为例,式(4-31)表明,只要满足下述两个条件之一,就可以形成 C_4:(1) 第 1 位至第 4 位内部产生进位 G_{m_1} 为"1";(2) 它的 4 位一组传递进位 P_{m_1} 为"1",同时 C_0 为"1"。式(4-32)表明,只要满足下述 3 个条件之一,就可以形成 C_8:(1) 第 5 位至第 8 位的内部产生进位 G_{m_2} 为"1";(2) 其传递进位 P_{m_2} 为"1",同时第 1 位至第 4 位的内部产生进位 G_{m_1} 为"1";(3) 第 5 位至第 8 位的传递进位 P_{m_2} 为"1",同时第 1 位至第 4 位 P_{m_1} 为"1",并且 C_0 为"1"。

4.5.5　算术逻辑运算单元

算术逻辑运算单元除了能进行并行加法运算外,还能进行其他算术运算(如减法等)和逻辑运算(如逻辑乘等)。

运算单元的基本逻辑结构是 4 位快速加法器。使运算单元能进行多种运算的方法有两种:一种是通过封锁 4 位加法器中的一些逻辑门来获得多种运算能力;另外一种主要是通过改变加法器的进位产生函数 G_i 及进位传递函数 P_i 来获得多种运算能力。前一种方法比较简单,但只能得到种类较少的运算;后一种方法虽然可获得较多的运算,但运算单元结构较复杂,下面对这两种运算单元的原理及应用作一些介绍。

1. 用封锁加法器中的一些门来获得多功能的运算单元

图 4-57 是用封锁加法器中的一些门来获得多功能的运算单元的逻辑图。在操作控制信号 C_{INH}、E_{INH} 的作用下,能对 4 位数 $X_4X_3X_2X_1$、$Y_4Y_3Y_2Y_1$(注脚"4"表示最高位)进行加、比较和逻辑乘 3 种运算。

C_{INH}	E_{INH}	功　能
0	0	加
0	1	不用
1	0	$\overline{X_n \oplus Y_n}$
1	1	$X_n \cdot Y_n$

(a) 功能表

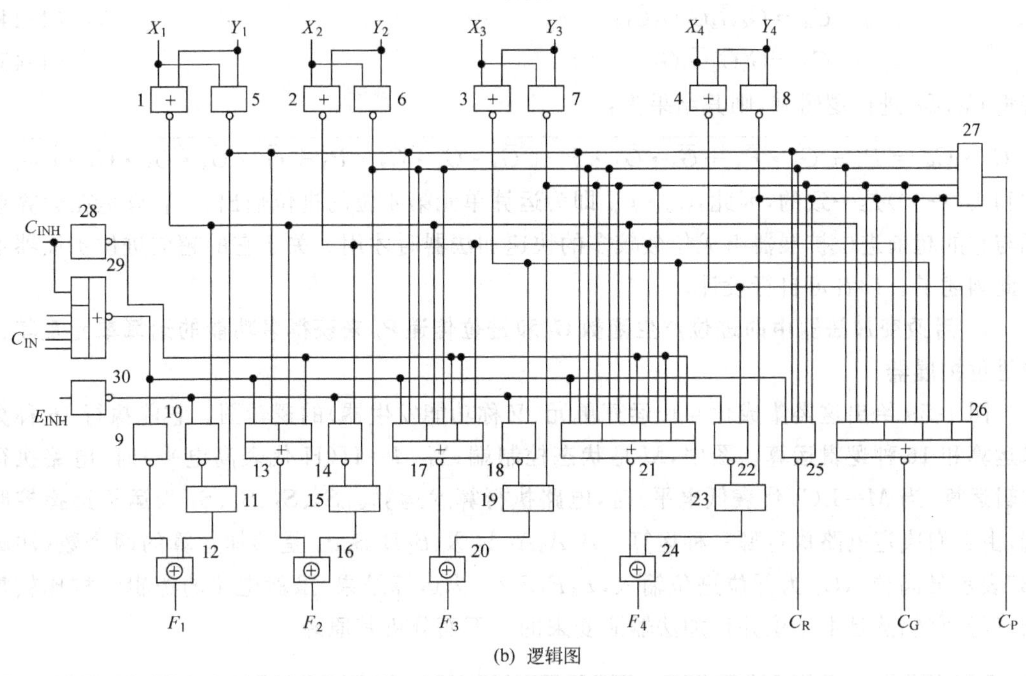

(b) 逻辑图

图 4-57　4 位算术逻辑运算单元

当 $C_{INH}=E_{INH}=0$ 时，电路实现加法运算。此时电路是一个 4 位并行进位加法器，C_{IN} 为最低位进位输入。图中，门 1～4 及门 5～8 输出分别形成 $\overline{P}_i$ 和 $\overline{G}_i$；“与或非”门 13、17、21 是按式(4-27)～式(4-29)实现 C_1、C_2、C_3 的进位门，半加和 H_i 是按下列逻辑表达式形成的：

$$H_i=\overline{\overline{P}_i} \cdot \overline{G}_i=(X_i+Y_i) \cdot \overline{X_i \cdot Y_i}=X_i \oplus Y_i$$

所以门 11、15、19、23 分别实现半加和 H_1、H_2、H_3、H_4。各位的进位输入及半加和再经“异或”门 12、16、20、24，便形成全加和 F_i。

逻辑运算是一种位间不发生关系的运算。进位门是联系各位的逻辑门，因此若运算单元要进行比较、逻辑乘这两种逻辑运算，则应通过 $C_{INH}=1$ 将各进位门封锁，使门 9、13、17、21 的输出均为“1”，这样，位间就不发生关系了。此时，当 $E_{INH}=0$ 时，F_i 是 H_i 的反码，即 $F_i=\overline{X_i \oplus Y_i}$。此时，如果把运算单元按图 4-58 连接，就能对 $X_1 \sim X_4$ 和 $Y_1 \sim Y_4$ 进行比较。若 $X_4X_3X_2X_1=Y_4Y_3Y_2Y_1$，$F_4 \sim F_1$ 均为“1”，则 $Z=0$；若两数不相等，至少有一个 F_i 为“0”，则 $Z=1$。当 $C_{INH}=$

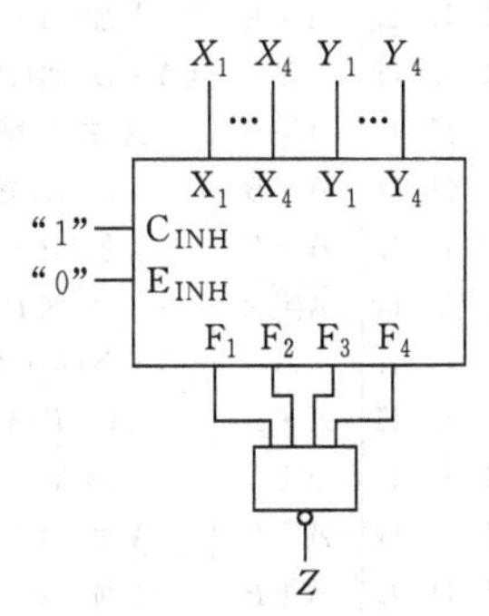

图 4-58　用图 4-57 运算单元作 4 位数字比较器

1，且 $E_{\mathrm{INH}}=1$ 时，图 4-57 中门 10、14、18、22 均封锁，故有 $H_i=\overline{A_iB_i}$，$F_i=A_iB_i$ 电路执行逻辑乘运算。由以上分析可知，用封锁加法器中一些电路的方法得到的运算种类是有限的，但运算单元的结构比较简单。

图 4-57 所示运算单元有 3 种进位输出：C_G、C_R、C_P，它们的表达式分别为：

$$C_G=\overline{\overline{P}_4+\overline{G}_4\cdot\overline{P}_3+\overline{G}_4\cdot\overline{G}_3\cdot\overline{P}_2+\overline{G}_4\cdot\overline{G}_3\cdot\overline{G}_2\cdot\overline{P}_1} \tag{4-43}$$

$$C_R=\overline{\overline{G}_4\overline{G}_3\overline{G}_2\overline{G}_1\overline{C}_{\mathrm{IN}}} \tag{4-44}$$

$$C_P=\overline{G}_4\overline{G}_3\overline{G}_2\overline{G}_1 \tag{4-45}$$

若将 C_G、C_R 进行逻辑乘，则其结果为：

$$C_G\cdot C_R=\overline{\overline{P}_4+\overline{G}_4\cdot\overline{P}_3+\overline{G}_4\cdot\overline{G}_3\cdot\overline{P}_2+\overline{G}_4\cdot\overline{G}_3\cdot\overline{G}_2\cdot\overline{P}_1+\overline{G}_4\cdot\overline{G}_3\cdot\overline{G}_2\cdot\overline{G}_1\cdot\overline{C}_{\mathrm{IN}}}$$

它和式(4-30)是一致的，因此，$C_G\cdot C_R$ 即为运算单元第 4 位的进位输出。C_P 只是在运算单元与它的超前进位扩展器组成位数较多的快速加法器时才用。关于它的超前进位扩展器不在此阐述了。读者可自行设计。

2. 用改变加法器中的进位产生函数 G_i 和进位传递 P_i 来获得多功能的运算单元及其超前进位扩展器

图 4-59 给出这类集成化 4 位运算单元（又称功能发生器）的逻辑图。它能执行 16 种算术运算和 16 种逻辑运算。图中，M 是状态控制端；当 $M=\mathrm{H}$（H 代表高电平）时，电路执行逻辑运算；当 $M=\mathrm{L}$（L 代表低电平）时，电路执行算术运算。S_3、S_2、S_1、S_0 为运算选择控制端，由它们决定电路执行哪一种运算。$A_3A_2A_1A_0$ 及 $B_3B_2B_1B_0$ 是参加运算的两个数（注脚"3"表示最高位），C_n 为低位进位输入，$F_3F_2F_1F_0$ 为运算结果，虽然电路的逻辑结构比较复杂，但是它仍然是由 4 位并行加法器演变来的。下面分析其原理。

S_3 S_2 S_1 S_0	正逻辑			负逻辑		
	M=H 逻辑运算	M=L 算术运算 $C_n=1$	$C_n=0$	M=H 逻辑运算	M=L 算术运算 $C_n=1$	$C_n=0$
L L L L	$\overline{A}$	A	A 加 1	$\overline{A}$	A 减 1	A
L L L H	$\overline{A+B}$	$A+B$	$(A+B)$加 1	$\overline{A\cdot B}$	$(A\cdot B)$减 1	$A\cdot B$
L L H L	$\overline{A}\cdot B$	$A+\overline{B}$	$(A+\overline{B})$加 1	$\overline{A}+B$	$(A\cdot\overline{B})$减 1	$A\cdot\overline{B}$
L L H H	"0"	减 1	"0"	"1"	减 1	0
L H L L	$\overline{A\cdot B}$	A 加$(A\cdot\overline{B})$	A 加$(A\cdot\overline{B})$加 1	$\overline{A+B}$	A 加$(A+\overline{B})$	A 加$(A+\overline{B})$加 1
L H L H	$\overline{B}$	$(A\cdot\overline{B})$加$(A+B)$	$(A\cdot\overline{B})$加$(A+B)$加 1	$\overline{B}$	$(A\cdot B)$加$(A+\overline{B})$	$(A\cdot B)$加$(A+\overline{B})$加 1
L H H L	$A\oplus B$	A 减 B 减 1	A 减 B	$\overline{A\oplus B}$	A 减 B 减 1	A 减 B
L H H H	$A\cdot\overline{B}$	$(A\cdot\overline{B})$减 1	$A\cdot\overline{B}$	$A+\overline{B}$	$A+\overline{B}$	$(A+\overline{B})$加 1
H L L L	$\overline{A}+B$	A 加$(A\cdot B)$	A 加$(A\cdot B)$加 1	$\overline{A}\cdot B$	A 加$(A+B)$	A 加$(A+B)$加 1
H L L H	$\overline{A\oplus B}$	A 加 B	A 加 B 加 1	$A\oplus B$	A 加 B	A 加 B 加 1
H L H L	B	$(A\cdot B)$加$(A+\overline{B})$	$(A\cdot B)$加$(A+\overline{B})$加 1	B	$(A\cdot\overline{B})$加$(A+B)$	$(A\cdot\overline{B})$加$(A+B)$加 1
H L H H	$A\cdot B$	$(A\cdot B)$减 1	$A\cdot B$	$A+B$	$A+B$	$(A+B)$加 1
H H L L	"1"	A 加 A	A 加 A 加 1	"0"	A 加 A	A 加 A 加 1
H H L H	$A+\overline{B}$	A 加$(A+B)$	A 加$(A+B)$加 1	$A\cdot\overline{B}$	A 加$(A\cdot B)$	A 加$(A\cdot B)$加 1
H H H L	$A+B$	A 加$(A+\overline{B})$	A 加$(A+\overline{B})$加 1	$A\cdot B$	A 加$(A\cdot\overline{B})$	A 加$(A\cdot\overline{B})$加 1
H H H H	A	A 减 1	A	A	A	A 加 1

(a) 功能表

图 4-59　4 位功能发生器

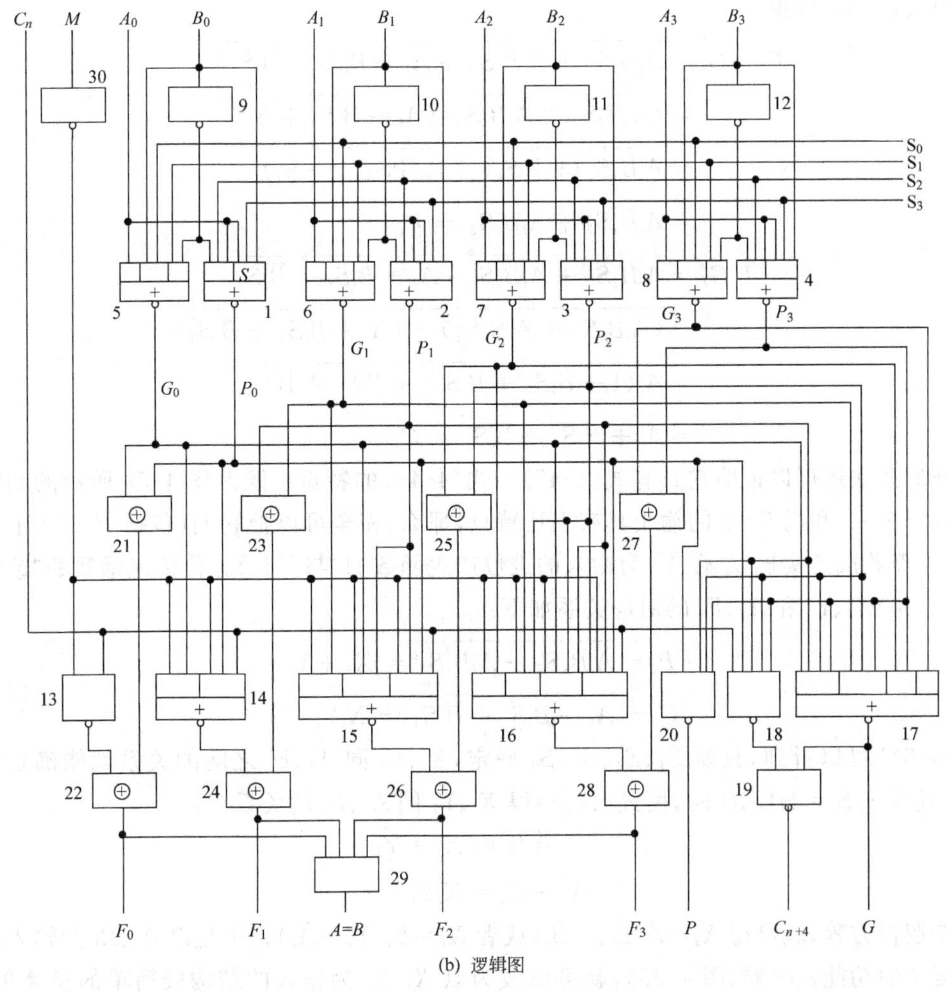

(b) 逻辑图

图 4-59 （续）

可以证明，对于输入为 X_i、Y_i 的全加器，其进位传递函数 $P_i = X_i + Y_i$、进位产生函数 $G_i = X_i \cdot Y_i$ 有以下几个特点：

$$(1)\ P_i + G_i = P_i \qquad (4\text{-}46)$$

$$P_i \cdot G_i = G_i$$

$$(2)\ P_i \oplus G_i = X_i \oplus Y_i \qquad (4\text{-}47)$$

$$(3)\ \overline{P_i \oplus G_i} \cdot P_i = G_i \qquad (4\text{-}48)$$

$$(4)\ P_i \oplus G_i = P_i \cdot \overline{G_i} \qquad (4\text{-}49)$$

如果令图 4-59 所示功能发生器的门 1～4 的输出为 P_i，门 5～8 的输出为 G_i，由逻辑图写出它们的逻辑表达式为：

$$\begin{aligned} P_i &= \overline{A_i\overline{B}_iS_2 + A_iB_iS_3} \\ G_i &= \overline{A_i + B_iS_0 + \overline{B}_iS_1} \end{aligned} \qquad (4\text{-}50)$$

可以证明它们也具有一般加法器的 P_i、G_i 所具有的特点。证明如下：

由式(4-50)可得

$$\begin{aligned}P_i+G_i&=\overline{A_i\overline{B}_iS_2+A_iB_iS_3}+\overline{A_i+B_iS_0+\overline{B}_iS_1}\\&=\overline{(A_i\overline{B}_iS_2+A_iB_iS_3)(A_i+B_iS_0+\overline{B}_iS_1)}\\&=\overline{A_i\overline{B}_iS_2(1+S_1)+A_iB_iS_3(1+S_0)}\\&=\overline{A_i\overline{B}_iS_2+A_iB_iS_3}=P_i\\P_iG_i&=\overline{A_i\overline{B}_iS_2+A_iB_iS_3}\cdot\overline{A_i+B_iS_0+\overline{B}_iS_1}\\&=\overline{(A_i\overline{B}_iS_2+A_iB_iS_3)+(A_i+B_iS_0+\overline{B}_iS_1)}\\&=\overline{A_i(1+\overline{B}_iS_2+B_iS_3)+B_iS_0+\overline{B}_iS_1}\\&=\overline{A_i+B_iS_0+\overline{B}_iS_1}=G_i\end{aligned}$$

用同样的办法还可以证明它具有式(4-47)～式(4-49)的特点。既然图 4-59 所示的功能发生器的门 1～4 和门 5～8 的输出具有上述特点，那么，完全可以把它们(包括 B_i 反相门 9～12)分别等效成是实现以 X_i、Y_i 为输入的进位产生函数的“与”门及进位传递函数的“或”门。由式(4-50)X_i、Y_i 和 A_i、B_i 的对应关系如下：

$$\begin{aligned}P_i&=\overline{A_i\overline{B}_iS_2+A_iB_iS_3}=X_i+Y_i\\G_i&=\overline{A_i+B_iS_0+\overline{B}_iS_1}=X_iY_i\end{aligned}\tag{4-51}$$

由式(4-51)可以看到，只要 S_3、S_2、S_1、S_0 确定，X_i、Y_i 同 A_i、B_i 之间的关系就能确定。例如，当 $S_3S_2S_1S_0$＝HLLH 时，由式(4-51)得 X_i、Y_i 同 A_i、B_i 的关系为：

$$\begin{aligned}\overline{A_iB_i}&=X_i+Y_i\\\overline{A_i+B_i}&=X_iY_i\end{aligned}$$

解这个逻辑方程，就可得 $X_i=\overline{A}_i$、$Y_i=\overline{B}_i$(或者 $X_i=\overline{B}_i$、$Y_i=\overline{A}_i$)。于是以 A_i、B_i 为输入的结构较复杂的功能发生器(图 4-59)，就可以改为以 X_i、Y_i 为输入的结构较简单的运算单元，如图 4-60 所示。

下面，利用图 4-60 对功能发生器在 M＝H、M＝L 两种情况下的功能分别进行讨论。

(1) M＝L

由于 $G_i\oplus P_i=X_i\oplus Y_i$，故“异或”门 21、23、25、27 实现以 X_i、Y_i 为输入的半加和。门 13、14、15、16、19 的输出表达式分别列出如下：

门 13 输出＝$\overline{C}_n$

门 14 输出＝$\overline{G_0+P_0C_n}=\overline{C}_0$

门 15 输出＝$\overline{G_1+P_1G_0+P_1P_0C_n}=\overline{C}_1$

门 16 输出＝$\overline{G_2+P_2G_1+P_2P_1G_0+P_2P_1P_0C_n}=\overline{C}_2$

门 19 输出＝$G_3+P_3G_2+P_3P_2G_1+P_3P_2P_1G_0+P_3P_2P_1P_0C_n=C_3$

由这些表达式可知，门 14、15、16 的输出分别是片内低位向本位进位 C_0、C_1、C_2 的反码 $\overline{C}_0$、$\overline{C}_1$、$\overline{C}_2$，门 19 输出是第 3 位的进位输出 C_3。

由图 4-60 可知，功能发生器输出 P、G 的表达式为：

$$P=\overline{P_0P_1P_2P_3}$$

$$\overline{G = G_3 + P_3G_2 + P_3P_2G_1 + P_3P_2P_1G_0}$$

其中输出 G 即为上面讲过的 4 位一组进位产生函数的反码，输出 P 即为 4 位一组进位传递函数的反码 P_{m_1}，它们的用途将在后面介绍。

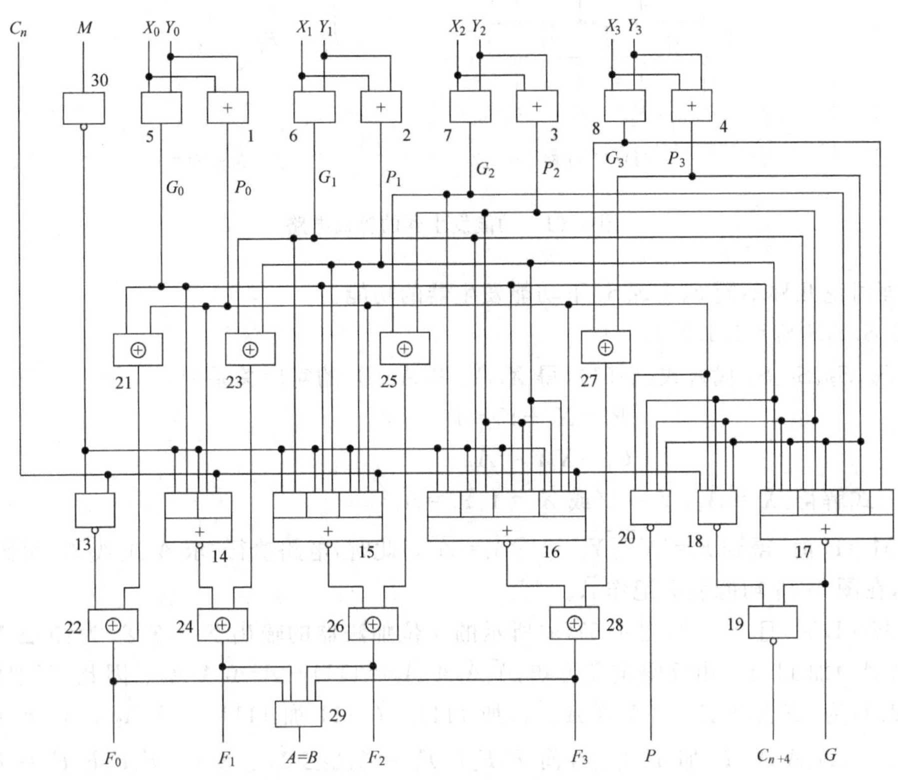

图 4-60　图 4-59 功能发生器的简化逻辑图

“异或”门 22、24、26、28 的输出表达式如下：

$$F_0 = \bar{C}_n \oplus (X_0 \oplus Y_0) = \overline{C_n \oplus X_0 \oplus Y_0}$$

$$F_1 = \bar{C}_0 \oplus (X_1 \oplus Y_1) = \overline{C_0 \oplus X_1 \oplus Y_1}$$

$$F_2 = \bar{C}_1 \oplus (X_2 \oplus Y_2) = \overline{C_1 \oplus X_2 \oplus Y_2}$$

$$F_3 = \bar{C}_2 \oplus (X_3 \oplus Y_3) = \overline{C_2 \oplus X_3 \oplus Y_3}$$

由这些表达式可知，$F_3F_2F_1F_0$ 是 $X_3X_2X_1X_0$、$Y_3Y_2Y_1Y_0$ 及低位进位输入 C_n 全加和的反码。

(2) M=H

由图 4-60 可知，当 M=H 时，门 13 及进位门 14、15、16 均被封锁，各进位门输出为“1”，位间不发生关系。此时，

$$F_i = \overline{X_i \oplus Y_i}$$

电路执行逻辑操作。

综上所述，对正逻辑而言，当 M=L 时，图 4-59 所示的功能发生器可看成是一个全加和取反输出的 4 位并行加法器，该加法器以被加数 $X_3X_2X_1X_0$、加数 $Y_3Y_2Y_1Y_0$ 及最低位 C_n 为输入(图 4-61(a))；当 M=H 时，图 4-59 所示的功能发生器可以看成是一个以 X_i、Y_i 为输入的 4 位“异或非”门(图 4-61(b))。

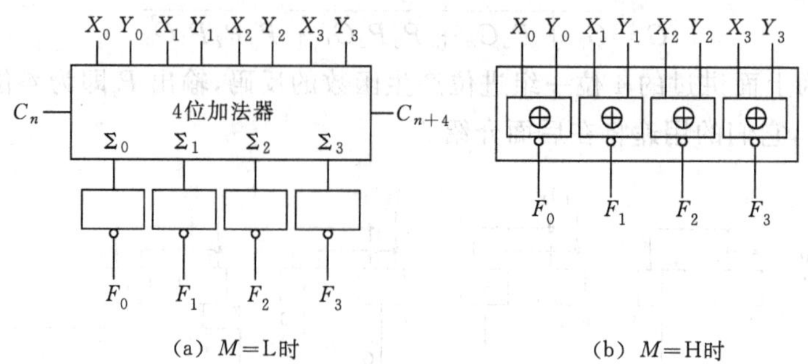

图 4-61 功能发生器的等效电路

下面讨论几种不同 $S_3S_2S_1S_0$ 下功能发生器的功能。

(1) $S_3S_2S_1S_0=\text{L L L L}$

将 S_3、S_2、S_1、S_0 代入式(4-51),得 X_i、Y_i 和 A_i、B_i 的对应关系为:

$$P_i=X_i+Y_i=1$$
$$G_i=X_iY_i=\overline{A}_i$$

由上式解得:$X_i=\overline{A}_i$,$Y_i=1$(或 $X_i=1$,$Y_i=\overline{A}_i$)。

当 M=H 时,得到 $F_i=\overline{X_i\oplus Y_i}=\overline{1\oplus\overline{A}_i}=\overline{A}_i$。此时,电路执行"求 $A_3A_2A_1A_0$ 反码"的逻辑运算,在图 4-59 功能表上记作 $\overline{A}$。

当 M=L 时,且 $C_n=0$,图 4-61(a)所示的 4 位加法器的输出 $\Sigma_3\Sigma_2\Sigma_1\Sigma_0$ 为:$\Sigma_3\Sigma_2\Sigma_1\Sigma_0=(\overline{A}_3\overline{A}_2\overline{A}_1\overline{A}_0)$加 1111。由反码定义可知,$\overline{A}_3\overline{A}_2\overline{A}_1\overline{A}_0=1111-A_3A_2A_1A_0$。因此,可把加法器的输出改写为:$\Sigma_3\Sigma_2\Sigma_1\Sigma_0=(\overline{A}_3\overline{A}_2\overline{A}_1\overline{A}_0)$加 1111=(1111 加 1111)$-A_3A_2A_1A_0$=[(10000 加 1111)$-$($A_3A_2A_1A_0$ 加 1)]$_{\text{取4位}}$,而 $F_3F_2F_1F_0=\overline{\Sigma}_3\overline{\Sigma}_2\overline{\Sigma}_1\overline{\Sigma}_0$。所以,$F_3F_2F_1F_0=1111-\Sigma_3\Sigma_2\Sigma_1\Sigma_0$=[($A_3A_2A_1A_0$ 加 1)$-$10000]$_{\text{取4位}}$=$A_3A_2A_1A_0$ 加 1。这样,电路执行"$A_3A_2A_1A_0$ 加 0001"的运算,在图 4-59 功能表上记作($F=A$ 加 1)。

当 M=L,且 $C_n=1$ 时,$\Sigma_3\Sigma_2\Sigma_1\Sigma_0=(\overline{A}_3\overline{A}_2\overline{A}_1\overline{A}_0)$ 加 1111 加 0001 =[10000 加 $\overline{A}_3\overline{A}_2\overline{A}_1\overline{A}_0$]$_{\text{取4位}}$=$\overline{A}_3\overline{A}_2\overline{A}_1\overline{A}_0$。于是可得,$F_3F_2F_1F_0=A_3A_2A_1A_0$,电路执行"$A_3A_2A_1A_0$ 加 0000"运算,在功能表上记作 $F=A$。

(2) $S_3S_2S_1S_0$=LHLH

将 S_3、S_2、S_1、S_0 代入式(4-51),得:

$$P_i=X_i+Y_i=\overline{A_i\overline{B}_i}$$
$$G_i=X_iY_i=\overline{A_i+B_i}$$

解得:$X_i=\overline{A_i+B_i}$;$Y_i=\overline{A_i\overline{B}_i}$

当 M=H,$F_i=\overline{X_i\oplus Y_i}=\overline{B}_i$。此时电路执行"传送 $B_3B_2B_1B_0$ 的反码"的逻辑运算。

当 M=L,且 $C_n=0$ 时,$\Sigma_3\Sigma_2\Sigma_1\Sigma_0=(\overline{A_3+B_3};\overline{A_2+B_2};\overline{A_1+B_1};\overline{A_0+B_0})$加$(\overline{A_3\overline{B}_3};\overline{A_2\overline{B}_2};\overline{A_1\overline{B}_1};\overline{A_0\overline{B}_0})$①=1111$-(A_3+B_3;A_2+B_2;A_1+B_1;A_0+B_0)$加 1111$-(A_3\overline{B}_3;A_2\overline{B}_2;A_1\overline{B}_1;A_0\overline{B}_0)$=(1111 加 1111)$-$[$(A_3+B_3;A_2+B_2;A_1+B_1;A_0+B_0)$加$(A_3\overline{B}_3;A_2\overline{B}_2;$

① 在式子里位间间隔用";"隔开。

$A_1\overline{B}_1;A_0\overline{B}_0)$]。所以，$F_3F_2F_1F_0=\overline{\Sigma}_3\overline{\Sigma}_2\overline{\Sigma}_1\overline{\Sigma}_0=1111-\Sigma_3\Sigma_2\Sigma_1\Sigma_0=1111-(1111$ 加 $1111)$加 $[(A_3+B_3;A_2+B_2;A_1+B_1;A_0+B_0)$加$(A_3\overline{B}_3;A_2\overline{B}_2;A_1\overline{B}_1;A_0\overline{B}_0)]=\{[(A_3+B_3;A_2+B_2;A_1+B_1;A_0+B_0)$加$(A_3\overline{B}_3;A_2\overline{B}_2;A_1\overline{B}_1;A_0\overline{B}_0)]-(10000-1)\}_{取4位}=[(A_3+B_3;A_2+B_2;A_1+B_1;A_0+B_0)$加$(A_3\overline{B}_3;A_2\overline{B}_2;A_1\overline{B}_1;A_0\overline{B}_0)]$加 1，即 $F=((A+B)$加 $A\overline{B}$ 加 1)。

同理，可推出：当 $M=\text{L}$，且 $C_n=1$ 时，$F=((A+B)$加 $A\overline{B})$。

(3) $S_3S_2S_1S_0=\text{H H H H}$

将 S_3、S_2、S_1、S_0 代入式(4-51)，得：

$$P_i=X_i+Y_i=\overline{A}_i$$
$$G_i=X_iY_i=0$$

解得：$X_i=0;Y_i=\overline{A}_i$

当 $M=\text{H}$ 时，$F_i=\overline{X_i\oplus Y_i}=A_i$。此时，电路执行传送 A 操作。

当 $M=\text{L}$，且 $C_n=0$ 时，$\Sigma_3\Sigma_2\Sigma_1\Sigma_0=\overline{A}_3\overline{A}_2\overline{A}_1\overline{A}_0$。所以，$F_3F_2F_1F_0=A_3A_2A_1A_0$，即 $F=A$。

当 $M=\text{L}$，且 $C_n=1$ 时，$\Sigma_3\Sigma_2\Sigma_1\Sigma_0=\overline{A}_3\overline{A}_2\overline{A}_1\overline{A}_0$ 加 1。根据反码定义可得：$\Sigma_3\Sigma_2\Sigma_1\Sigma_0=1111-A_3A_2A_1A_0$ 加 1，$F_3F_2F_1F_0=1111-\Sigma_3\Sigma_2\Sigma_1\Sigma_0=1111-(1111-A_3A_2A_1A_0$ 加 $1)=A_3A_2A_1A_0$ 减 1，即 $F=(A$ 减 1)。

图 4-59 中还设置了用以比较 A、B 大小的输出：$(A=B)$。此时，只要使电路的 $M=\text{L}$，$S_3S_2S_1S_0=\text{LHHL}$，$C_n=1$，电路执行 $A-B-1$ 操作。如 $A=B$，则 $F_3F_2F_1F_0=1111$，$(A=B)=1$；如果 $A\neq B$，则 $F_3F_2F_1F_0\neq1111$，$(A=B)=0$。

表 4-3 给出了正逻辑时在不同运算选择控制码的情况下，X_i、Y_i 和 A_i、B_i 的对应关系。

表 4-3 功能发生器正逻辑的 P_i、G_i、X_i、Y_i 值

S_3	S_2	S_1	S_0	P_i	G_i	X_i	Y_i
L	L	L	L	1	$\overline{A_i}$	$\overline{A_i}$	1
L	L	L	H	1	$\overline{A_i+B_i}$	$\overline{A_i+B_i}$	1
L	L	H	L	1	$\overline{A_i+\overline{B}_i}$	$\overline{A_i+\overline{B}_i}$	1
L	L	H	H	1	0	0	1
L	H	L	L	$\overline{A_i\cdot B_i}$	$\overline{A_i}$	$\overline{A_i}$	$\overline{A_i\cdot B_i}$
L	H	L	H	$\overline{A_i\cdot\overline{B}_i}$	$\overline{A_i+B_i}$	$\overline{A_i+B_i}$	$\overline{A_i\cdot\overline{B}_i}$
L	H	H	L	$\overline{A_i\cdot\overline{B}_i}$	$\overline{A_i+\overline{B}_i}$	$\overline{A_i}$	B_i
L	H	H	H	$\overline{A_i\cdot\overline{B}_i}$	0	0	$\overline{A_i\cdot\overline{B}_i}$
H	L	L	L	$\overline{A_i\cdot B_i}$	$\overline{A_i}$	$\overline{A_i}$	$\overline{A_i\cdot B_i}$
H	L	L	H	$\overline{A_i\cdot B_i}$	$\overline{A_i+B_i}$	$\overline{A_i}$	$\overline{B}_i$
H	L	H	L	$\overline{A_i\cdot B_i}$	$\overline{A_i+\overline{B}_i}$	$\overline{A_i+\overline{B}_i}$	$\overline{A_i\cdot\overline{B}_i}$
H	L	H	H	$\overline{A_i\cdot B_i}$	0	0	$\overline{A_i\cdot B_i}$
H	H	L	L	$\overline{A_i}$	$\overline{A_i}$	$\overline{A_i}$	$\overline{A_i}$
H	H	L	H	$\overline{A_i}$	$\overline{A_i+B_i}$	$\overline{A_i+B_i}$	$\overline{A_i}$
H	H	H	L	$\overline{A_i}$	$\overline{A_i+\overline{B}_i}$	$\overline{A_i+\overline{B}_i}$	$\overline{A_i}$
H	H	H	H	$\overline{A_i}$	0	0	$\overline{A_i}$

4.5.6 超前进位扩展器

图 4-62 是和功能发生器连用的超前进位扩展器的逻辑图。图 4-63 是它和功能发生器组成的 16 位快速运算单元。下面讨论图 4-63 的正确性。

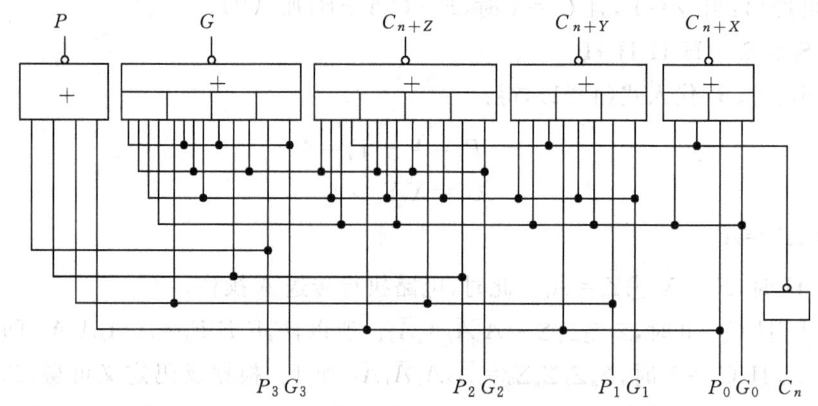

图 4-62　和功能发生器连用的超前进位扩展器

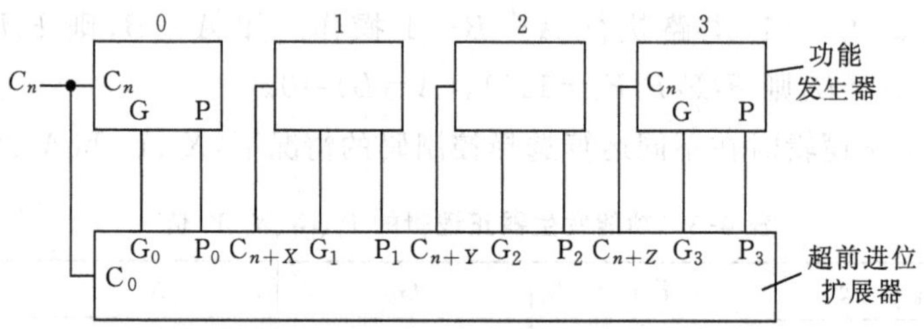

图 4-63　功能发生器和其超前进位扩展器组成 16 位快速运算单元

写出图 4-62 所示扩展器的输出 C_{n+X}、C_{n+Y}、C_{n+Z}的表达式：

$$C_{n+X}=\overline{G_0P_0+G_0\overline{C}_n}=\overline{G}_0+\overline{P_0+\overline{C}_n}=\overline{G}_0+\overline{P}_0C_n \tag{4-52}$$

$$\begin{aligned}C_{n+Y}&=\overline{G_1P_1+G_1G_0P_0+G_1G_0\overline{C}_n}\\&=\overline{G}_1+\overline{P_1+P_0G_0+G_0\overline{C}_n}\\&=\overline{G}_1+\overline{P}_1\overline{G}_0+\overline{P}_1\overline{P}_0C_n\end{aligned} \tag{4-53}$$

$$\begin{aligned}C_{n+Z}&=\overline{G_2P_2+G_2G_1P_1+G_2G_1G_0P_0+G_2G_1G_0\overline{C}_n}\\&=\overline{G}_2+\overline{P}_2\overline{G}_1+\overline{P}_2\overline{P}_1\overline{G}_0+\overline{P}_2\overline{P}_1\overline{P}_0C_n\end{aligned} \tag{4-54}$$

已经讲过，功能发生器的 G、P 输出分别为：

$$G=\overline{G_3+P_3G_2+P_3P_2G_1+P_3P_2P_1G_0}$$

$$P=\overline{P_0P_1P_2P_3}$$

把图 4-63 所示功能发生器的 G、P（已经讲过，功能发生器的 G 输出为$\overline{G}_m$，P 输出为$\overline{P}_m$，因此片 0 的 G、P 分别为 $\overline{G}_{m_0}$、$\overline{P}_{m_0}$；片 1 的 G、P 分别为 $\overline{G}_{m_1}$、$\overline{P}_{m_1}$；片 2 的 G、P 分别为

$\bar{G}_{m_2}$、$\bar{P}_{m_2}$)代入 C_{n+X}、C_{n+Y}、C_{n+Z}的表达式后，可得：

$$C_{n+X}=\bar{G}_0+\bar{P}_0C_n=G_{m_0}+P_{m_0}C_n$$

$$C_{n+Y}=\bar{G}_1+\bar{P}_1\bar{G}_0+\bar{P}_1\bar{P}_0C_n=G_{m_1}+P_{m_1}G_{m_0}+P_{m_1}P_{m_0}C_n$$

$$C_{n+Z}=\bar{G}_2+\bar{P}_2\bar{G}_1+\bar{P}_2\bar{P}_1\bar{G}_0+\bar{P}_2\bar{P}_1\bar{P}_0C_n$$

$$=G_{m_2}+P_{m_2}G_{m_1}+P_{m_2}P_{m_1}G_{m_1}+P_{m_2}P_{m_1}P_{m_0}C_n$$

显然，C_{n+X}、C_{n+Y}、C_{n+Z}分别和式(4-31)～式(4-33)是一致的，所以 C_{n+X}、C_{n+Y}、C_{n+Z}分别是 C_3、C_7、C_{11}。

由于各功能发生器的 G、P 不依赖于进位输入 C_n，故图 4-63 的各个 G 输出、P 输出几乎是同时形成的。因此，图 4-63 中进位扩展器的 C_{n+X}、C_{n+Y}、C_{n+Z}也几乎是同时形成的。形成 16 位快速功能发生器输出所需时间为：

$$t=t_{Pd_{B_i\to G}}+t_{Pd_{P、G\to C_{n+Z}}}+t_{Pd_{C_n\to F_i}}$$

式中，$t_{Pd_{B_i\to G}}$，$t_{Pd_{C_n\to F_i}}$ 分别是功能发生器的 B_i 到 G 以及 C_n 到 F_i 的传输延迟；$t_{Pd_{P、G\to C_{n+Z}}}$ 是超前进位扩展器 P、G 输入到 C_{n+Z}的传输延迟。

图 4-64 是 32 位快速功能发生器的连接图。它是由两组图 4-63 所示的 16 位快速功能发生器串联而成的。

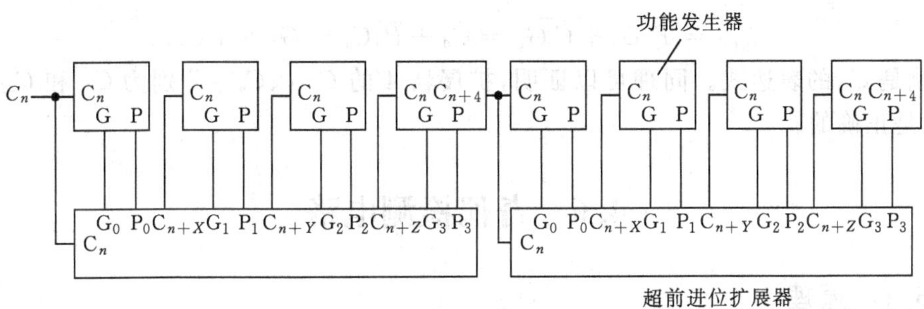

图 4-64 由图 4-63 的功能发生器和超前进位扩展器组成 32 位快速运算单元

图 4-65 是 64 位快速功能发生器的原理图。它使用了两级超前进位扩展器。第 1 级扩展器的 G、P 输出作为第 2 级扩展器 G、P 输入；第 2 级扩展器的 C_{n+X}、C_{n+Y}、C_{n+Z}输出分别作为 C_{15}、C_{31}、C_{47}，从而使 16 位一组的运算单元之间也实现快速进位。

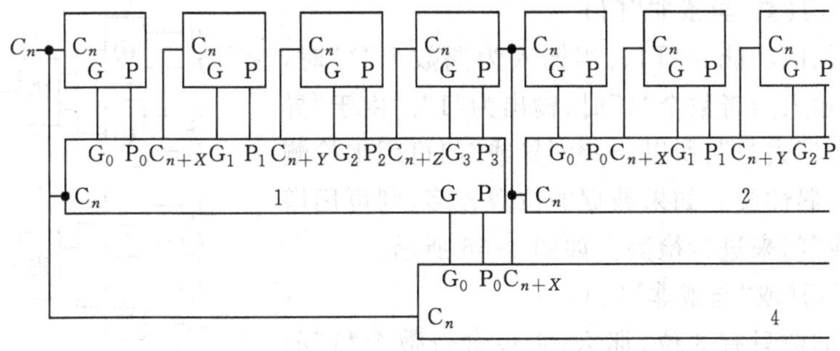

图 4-65 由功能发生器和超前进位扩展器组成 64 位快速运算单元

由图 4-62 可知，超前进位扩展器 G、P 输出端的表达式为：

$$G = G_3 P_3 + G_3 G_2 P_2 + G_3 G_2 G_1 P_1 + G_3 G_2 G_1 G_0 \tag{4-55}$$

$$P = P_3 + P_2 + P_1 + P_0 \tag{4-56}$$

和 4 位一组超前进位加法器的进位产生函数 G_m、进位传递函数 P_m 表达式（式(4-35)和式(4-39)）相似，可写出 16 位一组快速加法器的进位产生函数 G_N 和进位传递函数 P_N 表达式为：

$$\left.\begin{aligned} G_N &= G_{m_3} + P_{m_3} G_{m_2} + P_{m_3} P_{m_2} G_{m_1} + P_{m_3} P_{m_2} P_{m_1} G_{m_0} \\ P_N &= P_{m_3} P_{m_2} P_{m_1} P_{m_0} \end{aligned}\right\} \tag{4-57}$$

对于图 4-65 所示 64 位快速运算单元，并参看图 4-62，进位扩展器 1 的 G、P 输出表达式为：

$$G = \bar{G}_{m_3} \bar{P}_{m_3} + \bar{G}_{m_3} \bar{G}_{m_2} \bar{P}_{m_2} + \bar{G}_{m_3} \bar{G}_{m_2} \bar{G}_{m_1} \bar{P}_{m_1} + \bar{G}_{m_3} \bar{G}_{m_2} \bar{G}_{m_1} \bar{G}_{m_0}$$

$$P = \bar{P}_{m_3} + \bar{P}_{m_2} + \bar{P}_{m_1} + \bar{P}_{m_0}$$

对其稍加整理，即可得：

$$G = \overline{G_{m_3} + P_{m_3} G_{m_2} + P_{m_3} P_{m_2} G_{m_1} + P_{m_3} P_{m_2} P_{m_1} G_{m_0}}$$

$$P = \overline{P_{m_3} P_{m_2} P_{m_1} P_{m_0}}$$

对比式(4-57)，它们分别为 G_N 的反码以及 P_N 的反码。于是可有扩展器 4 的 C_{n+X} 表达式为：

$$C_{n+X} = \overline{P_0 G_0 + \bar{C}_n G_0} = \bar{G}_0 + \bar{P}_0 C_n = G_N + P_N C_n$$

显然它就是 C_{15} 的表达式。同理可以证明，扩展器 4 的 C_{n+Y}、C_{n+Z} 分别为 C_{31} 和 C_{47}。可见图 4-65 是正确的。

4.6 奇偶检测电路

4.6.1 原理

奇偶检测电路是采用“奇偶检测”方法来检查数据传输后和数码记录中是否有错误的一种电路。它广泛用于计算机的内存储器以及诸如磁盘和磁带之类的外部设备中。此外，在通信中也经常用这种奇偶检测电路。

所谓“奇偶检测”，就是检测数据中包含奇数个“1”还是偶数个“1”。通常有下述两种逻辑元件可用于奇偶检测。

1. “异或”门（或“异或非”门）

由“异或”门的功能表可知：当输入为偶数个“1”时，输出为“0”；当输入为奇数个“1”时，输出为“1”。由于“异或”门能成对地消去“1”，所以，一个“异或”门可用来检测两位数码的奇、偶性质。如果数据的位数较多，则可用塔状级联的“异或”门来进行检测。如图 4-66 所示。

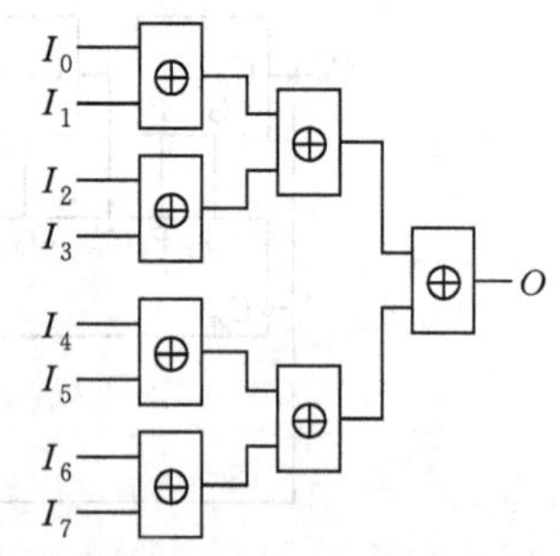

图 4-66 塔状级联的“异或”门

2. “与或”门（或“与或非”门）

若被检测的数只有 3 位，那么，它包含奇数个“1”的条件便可以用以下两个表达式中的任何一个来表示：

$$F = A\bar{B}\bar{C} + \bar{A}B\bar{C} + \bar{A}\bar{B}C + ABC \tag{4-58}$$

$$F = \overline{\bar{A}BC + A\bar{B}C + ABC + \bar{A}\bar{B}\bar{C}} \tag{4-59}$$

若输入包含奇数个“1”，则 $F=1$；否则，$F=0$。“与或”门、“与或非”门最适宜对 3 位数进行奇偶检测。这是因为，此时 F 的“或”项只有 4 个。如用“与或非”门对 4 位数进行检测，那么，电路就要有 8 个“或”项，这将给线路实现带来困难。因此，一般将“四与或”门、“四与或非”门作塔状级联来对位数较多的数进行奇偶检测。

4.6.2 奇偶检测电路

1. 用“异或非”门作基本检测元件的奇偶检测电路

其典型产品是有“使能”端的 9 位奇偶检测电路。图 4-67 是该电路的逻辑图，为了便于使用，该电路设置了两个输出端：当输入包含奇数个“1”时，奇输出 O 为“1”，偶输出 E 为“0”；当输入包含偶数个“1”时，奇输出 O 为“0”，偶输出 E 为“1”。$\bar{E}$ 是“使能”控制端，当 $\bar{E}=0$ 时，奇偶检测才起作用；当 $\bar{E}=1$ 时，电路功能被禁止，两个输出均为“0”，其输出逻辑表达式为：

$$O = [I_0 \oplus I_1 \oplus I_2 \oplus I_3 \oplus I_4 \oplus I_5 \oplus I_6 \oplus I_7 \oplus I_8]\bar{\bar{E}}$$

$$E = \overline{[I_0 \oplus I_1 \oplus I_2 \oplus I_3 \oplus I_4 \oplus I_5 \oplus I_6 \oplus I_7 \oplus I_8]}\bar{\bar{E}}$$

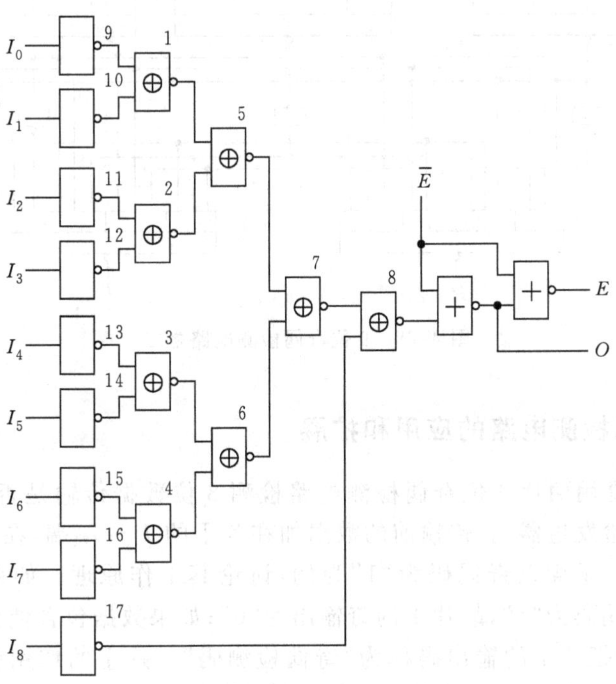

图 4-67　9 位奇偶检测电路之一

电路采用“异或非”门而不采用“异或”门，是为了简化线路和提高速度。输入端 $I_0 \sim I_8$ 均设置隔离反相门，这一措施不会影响奇偶校验的性质。这是因为，对输入的“异或”运算和对输入反码的“异或”运算，其结果是一致的。

该电路的缺点是传输延迟较长，因为输入信号 $I_0 \sim I_7$ 要经 4 级“异或非”门、1 级反相和

1 级“或非”门才能到达 0 输出。

2. 用“与或非”门作为基本检测元件的奇偶检测电路

图 4-68 所示是 9 位奇偶检测电路。采用“与或非”门作基本检测元件。先用 3 个“与或非”门，每个“与或非”门对 3 个输入进行奇偶检测。这样，便形成 3 个奇输出 J、K、L 和 3 个偶输出 $\overline{J}$、$\overline{K}$、$\overline{L}$。然后，再对这 3 组输出按下式进行奇偶检测，便得奇偶检测电路的奇、偶输出：

奇输出 $$O=\overline{\overline{J}\,K\,L+J\,\overline{K}\,L+J\,K\,\overline{L}+\overline{J}\,\overline{K}\,\overline{L}}$$

偶输出 $$E=\overline{J\,\overline{K}\,\overline{L}+\overline{J}\,K\,\overline{L}+\overline{J}\,\overline{K}\,L+J\,K\,L}$$

该电路从输入到输出只需经两级“与或非”门和 3 级反相门，所以开关速度快。电路的缺点是内部连线比较复杂。

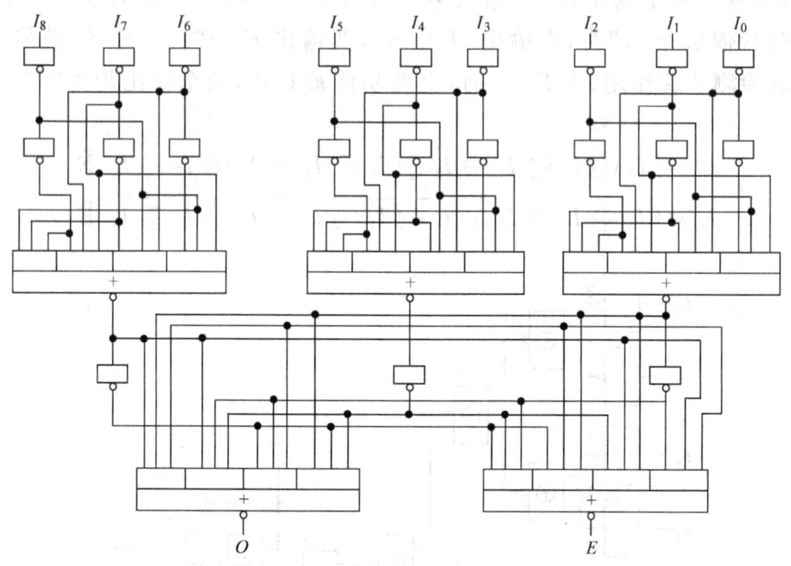

图 4-68 9 位奇偶检测电路之二

4.6.3 奇偶检测电路的应用和扩展

图 4-69 所示是用两片 9 位奇偶检测电路检测 8 位数据传输是否正确的一个实例。片Ⅰ用作“奇偶校验发生器”。传输前的数据加在片Ⅰ的 $I_0 \sim I_7$ 端，在 I_8 端加的是“0”或“1”(称为奇偶码)。下面以奇偶码为“1”为例，讨论其工作原理。如果数据包含奇数个“1”，那么，由于奇偶码为“1”，故片Ⅰ的奇输出为“0”；如果数据包含偶数个“1”，则片Ⅰ的奇输出为“1”，我们把片Ⅰ的输出码称为“奇偶检测码”。片Ⅰ的作用就在于产生奇偶检测码。右片用作奇偶检测器，用来检查数据经传输后是否保持原来的奇偶性质，其 $I_0 \sim I_7$ 端接收传输后的数据，它的 I_8 端接收片Ⅰ的奇偶检测码。若数据包含奇数个“1”，则其奇偶检测码为“0”。如果传输无误，则奇偶校验器的奇输出为“1”；若数据包含偶数个“1”，则检测码为“1”，此时若传输无误，奇偶校验器的奇输出仍为“1”。因此，可以用奇偶校验器的奇输出为“1”，表示传输是正确的。若传输中数据有奇数个码有误，则校验器的奇输出为“0”，表示传输有误。

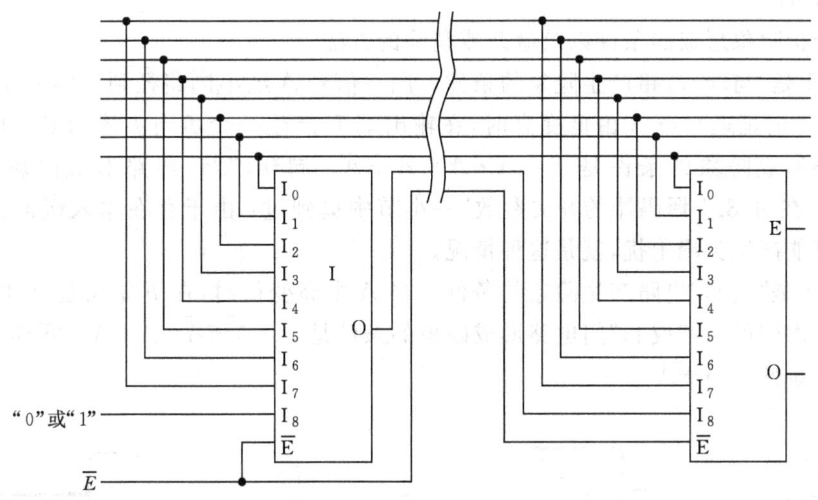

图 4-69 奇偶检测系统

图 4-70(a)、(b)给出了奇偶检测电路的扩展方法。它们分别能将输入扩展至 25 位及 81 位。图 4-70(a)采用串联扩展方法;图 4-70(b)采用并联扩展方法。

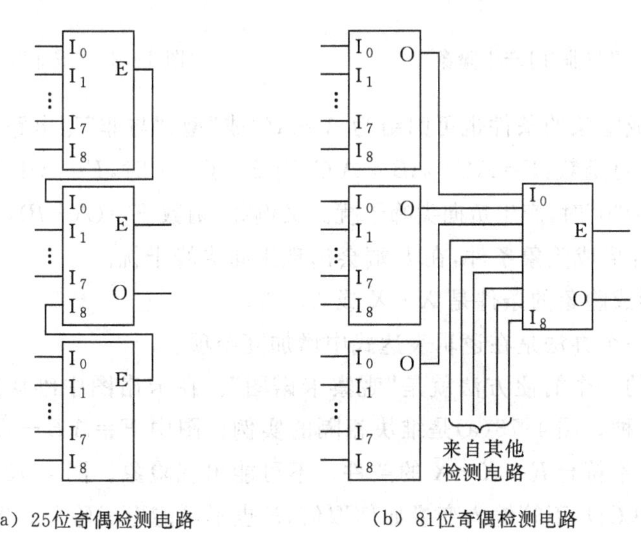

图 4-70

4.7 组合逻辑电路中的竞争和险象

在逻辑电路中常常有这种现象:某个信号经不同路径后又重新到达同一门电路的输入,由于不同路径上的传输延迟不相同,到达会合点的时间就会有先有后。前后参差的信号加在同一门电路的输入端上,在门的输出端可能会产生一个短暂的但不是所期望的错误输出。把信号经不同路径到达会合点有先有后称为"竞争(race)",产生错误输出的现象称为

"险象(hazard)"。

下面分析险象形成的条件以及避开或消除的方法。

图 4-71 是"与非"电路产生险象的条件。同一信号 A 经不同路径到达输入端有时间差 Δt(Δt 为门 1 的延迟),当 A 由低变高时,在输出端 F 产生一个负向尖峰信号。由图可知,"与非"电路形成险象的条件是 $F=\overline{\overline{A}\cdot A}=A+\overline{A}$。同样,"与"电路形成险象的条件是 $F=\overline{A}\cdot A$。在"4.8.1 译码器的开关参数"一小节中提到过:由于存在输入缓冲门,在译码器输出端可能产生尖峰干扰,就是这种情况。

图 4-72 是"或非"电路产生险象的条件。当 A 由高变低时,在 F 端可能产生一个正向尖峰干扰。由图可知,"或非"门电路形成险象的条件是 $F=\overline{A+\overline{A}}=\overline{A}\cdot A$。同样,"或"电路形成险象的条件是 $A+\overline{A}$。

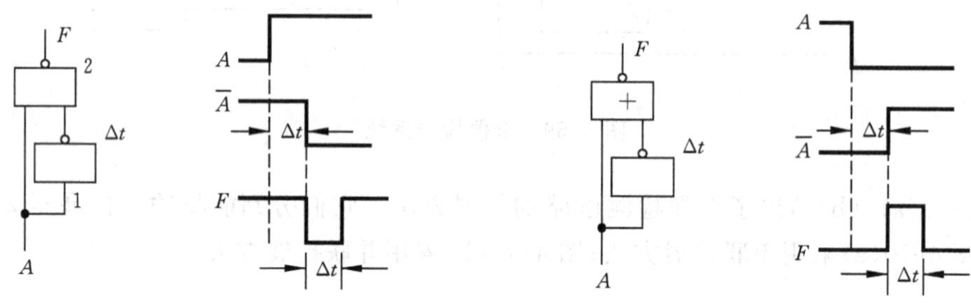

图 4-71 "与非"门产生险象　　　图 4-72 "或非"门产生险象

复杂函数形成险象的条件也可归结为 $\overline{A}+A$("或"型、"与非"型电路)或 $\overline{A}\cdot A$("与"型、"或非"型电路)。对函数:$F=AC+\overline{A}B+\overline{A}\,\overline{C}$,当 $B=C=1$ 时,$F=A+\overline{A}$,符合形成险象条件,当 A 由"1"变为"0"时,产生负向尖峰干扰。又例如,函数 $F=(A+B)(\overline{A}+C)$,当 $B=C=0$ 时,$F=A\cdot\overline{A}$ 符合形成险象条件,在 F 端会出现正向尖峰干扰。

综上所述,形成险象的条件是 $X\cdot\overline{X}$ 或 $X+\overline{X}$。

消除险象的一个办法是在逻辑表达式中增加冗余项。

增加冗余项的一个简便方法就是"观察卡诺图"。在卡诺图中维块间的相互关系有相隔、相交和相切三种。图 4-73(a)是维块相隔的实例。图中 $F=A\overline{B}+\overline{A}BC$,显然,不管 A、B、C 如何取值,F 不符合 $F=X+\overline{X}$ 的条件。不可能出现险象。图 4-73(b)也是相隔关系,图中 $F=\overline{A}BC+A\overline{C}D$,不管输入变量如何取值,$F$ 也不可能形成险象。图 4-73(c)是维块相交的实例,图中 $F=A\overline{D}+AB$,它不符合 $F=X+\overline{X}$ 条件,因而不可能形成险象。图 4-73(d)是维块相切的实例,图中 $F=\overline{B}\,\overline{D}+B\overline{C}\,\overline{D}$,当 $C=D=0$ 时,$F=B+\overline{B}$,输出端会出现险象。图 4-73(e)也是相切关系,图中 $F=A\overline{D}+ABCD$,当 $A=B=C=1$ 时,$F=D+\overline{D}$,输出端会出现险象。

由以上分析可知,维块相隔以及维块相交,都不可能出现险象,而只有维块相切时,才会出现险象。因此,只要在逻辑表达式中增加冗余项,变维块相切关系为相交关系,就可能消除险象。

下面看两个增加冗余项来消除险象的实例。

表达式 $F=A\overline{D}+BCD$,当 $A=B=C=1$ 时,D 的跳变会在 F 端形成险象,F 的维块

$A\overline{D}$和BCD为相切关系(图 4-74)。若增加冗余项ABC,由卡诺图可知,它是不会影响F的最终结果的,但它使维块变为相交关系。增加冗余项后,$F=A\overline{D}+BCD+ABC$,当$A=B=C=1$时,$F=1$,F端不可能出现险象的条件,这就消除了D跳变对F的影响。

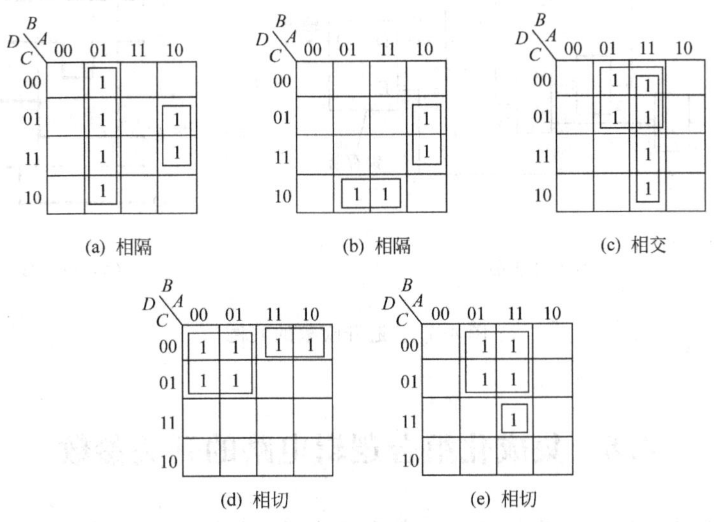

图 4-73　卡诺图维块关系

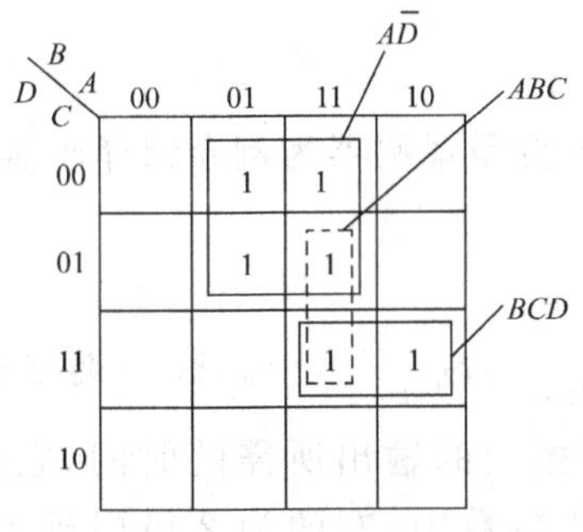

图 4-74　增加冗余项的实例 1

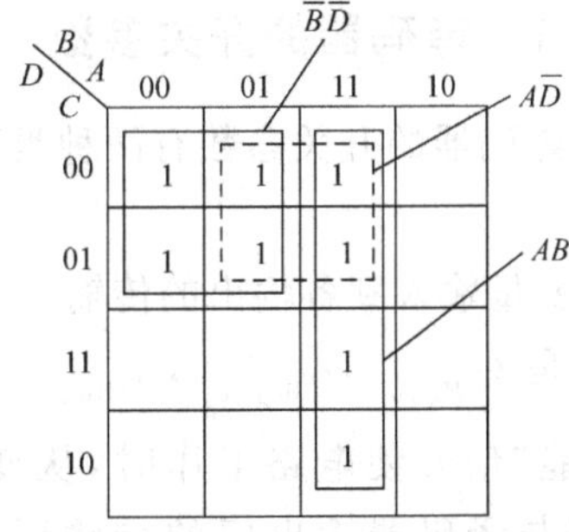

图 4-75　增加冗余项的实例 2

表达式$F=AB+\overline{B}\,\overline{D}$,当$A=1$,$D=0$时,$F=B+\overline{B}$,$F$端出现险象。由$F$卡诺图可看到(图 4-75),要使相切维块$AB$和$\overline{B}\,\overline{D}$由相切变为相交,可增加冗余维块$A\overline{D}$,增加$A\overline{D}$后,$F$变为$F=AB+\overline{B}\,\overline{D}+A\overline{D}$,当$A=1$,$D=0$时,$F=1$,$F$不可能出现险象。

除了采用增加冗余项来“消除”险象外,还可采用“避开”险象的办法来处理险象。避开险象就是待逻辑电路输入信号变化结束后再延迟一些时间,等输出尖峰信号结束后才去取出其输出结果。例如,在组合逻辑电路输出端接一个锁存器,使锁存器接收数据的E信号到来比逻辑电路的输入变化滞后,以确保锁存器不接收尖峰信号(图 4-76)。此外,在 4.1.1 一小节中讲过的增设“使能”端也可抑制险象。

在这里要指出的是竞争现象不一定都是有害的。在有些场合人们甚至还有意识地利用竞争现象来工作。例如,在第 2 章负边沿触发的 J-K 触发器就是利用竞争现象来控制触发器工作的。这里要消除的只是险象。

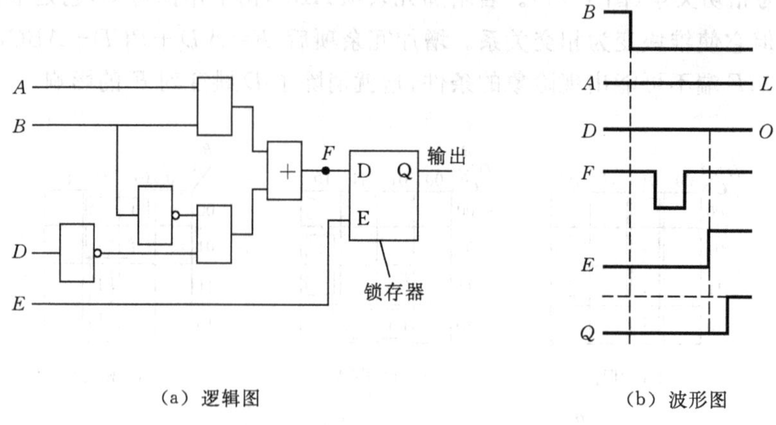

(a) 逻辑图　　　　(b) 波形图

图 4-76　避开险象的实例

4.8　集成化组合逻辑电路的开关参数

描述集成化组合逻辑电路的开关参数种类很多，它们是各种输入到各种输出的传输时间。

4.8.1　译码器的开关参数

描述译码器的开关参数有两种类型，下面以 4 输入变量译码器为例介绍译码器的开关参数。

(1) 变量输入到各输出的传输延迟。

它们是 $t_{P_{LH_{A\to Y_0}}}$，$t_{P_{HL_{A\to Y_0}}}$，$t_{P_{LH_{B\to Y_0}}}$，$t_{P_{HL_{B\to Y_0}}}$，…，$t_{P_{LH_{D\to Y_0}}}$，$t_{P_{HL_{D\to Y_0}}}$，…。这一类参数代表了当“使能”信号使电路工作时，从变量输入到来到相应的输出所需的时间，它们是地址缓冲门与译码器输出门的传输延迟之和。在这些参数中，有的为 2 级门延迟，有的为 3 级门延迟。

(2)“使能”端到各输出的传输延迟。

它们是 $t_{P_{LH_{\bar{E}_1\to Y_0}}}$，$t_{P_{HL_{\bar{E}_1\to Y_0}}}$，$t_{P_{LH_{\bar{E}_1\to Y_1}}}$，$t_{P_{HL_{\bar{E}_1\to Y_1}}}$，…，$t_{P_{LH_{\bar{E}_2\to Y_0}}}$，$t_{P_{HL_{\bar{E}_2\to Y_0}}}$，…。这一类参数代表了当变量输入不变时，“使能”信号使译码器禁止或工作所需的时间，这些时间是“使能”缓冲门与译码器输出门的传输延迟之和。对于 4 输入变量译码器，$\bar{E}_1$、$\bar{E}_2$ 到输出的传输延迟均为 2 级门延迟。

4.8.2　数据选择器的开关参数

数据选择器的开关参数有：

(1) 数据输入到输出的传输延迟。它用以描述下述时间：当电路处于“使能”工作状态以及数据选择器的通道已被选定时，输入数据传输到输出端所需要的时间。

(2) 通道选择控制到输出的传输延迟。它用以描述下述时间：当电路已处于“使能”工作状态和数据已经加在输入端，改变被选择通道时，从通道选择命令到来，到数据出现在输出端所需的时间。

(3)"使能"端到输出的传输延迟。它用以描述：当电路通道已被选择，输入数据已到来时，"使能"信号的正跳变或负跳变使电路禁止或工作所需的时间。

以图 4-28 所示双 4 通道选 1 数据选择器为例，选择器数据输入到输出的开关参数共有 4 组：D_0 到 Y、D_1 到 Y、D_2 到 Y、D_3 到 Y 的传输延迟。这 4 组参数反映了电路中"与或"门的开关特性。通道选择到输出的开关参数共有 2 种：S_0 到 Y 的传输延迟；S_1 到 Y 的传输延迟。

4.8.3 算术逻辑运算单元的开关参数

由于算术逻辑运算单元的输入、输出类别很多，因此，描述其开关特性的参数就更多。下面介绍图 4-59 所示功能发生器的开关参数。它们大体有以下 7 类：

(1) $t_{\text{Pd}_{A_i、B_i \to F_i}}$

(2) $t_{\text{Pd}_{A_i、B_i \to C_{n+4}}}$

(3) $t_{\text{Pd}_{A_i、B_i \to G}}$

(4) $t_{\text{Pd}_{A_i、B_i \to P}}$

(5) $t_{\text{Pd}_{C_n \to C_{n+4}}}$

(6) $t_{\text{Pd}_{C_n \to F_i}}$

(7) $t_{\text{Pd}_{A_i B_i \to A=B}}$

在以上 7 类参数中，i 又有 0、1、2、3 四种情况。

其他集成化组合逻辑电路也有类似的开关参数，不在这里阐述了。

4.9 组合逻辑电路的测试

逻辑功能部件的测试是集成电路制造中不可缺少的环节，也是计算机制造中的重要准备工作之一。测试是为了鉴别电路逻辑功能的好坏及其电参数的优劣。逻辑功能部件的测试包括逻辑功能测试、直流参数测试以及开关参数的测试。在这里，介绍功能测试、直流参数和开关参数的测试方法。

功能测试就是检查逻辑电路在规定的电源电压、温度变化范围内是否满足它的功能表。

由于功能部件的功能比较复杂，而其功能表往往是以简明的形式给出的，因此，要判断电路是否满足功能表，首要的问题是要全面地理解功能表。下面以表 4-4 所示双 4 通道选 1 数据选择器为例来解释其功能表。

在表 4-4 所示数据选择器功能表的每一栏中，均有 3 个非被选通道是处于任意态的，而 3 个任意态应有 8 种代码组合，所以当出现其中的任一种代码组合时，被选通道的输入和输出关系均应满足功能表。或者说，非被选通道输入的任何变化都不能对输出有影响。若要检查双选择器中的某一个选择器是否满足功能表的某一栏，那么就应在 3 个非被选通道上依次加 8 种代码组合，然后再逐一检查输出和被选通道输入关系是否正确，而不能只选其中某一代码组合来进行测试。此外，同一封装内的两个选择器在传输数据时不能互相影响的。

以功能表的第 1、2 栏为例，不论 $1D_0$ 和 $2D_0$ 是否相等，均不能影响各自的输出。因此，在检查双 4 通道选 1 选择器的功能表的第 1、第 2 栏时，首先应使 $1D_0$ 和 $2D_0$ 依次出现 4 种代码组合，然后检查在第 1 种代码组合下，6 个非被选通道均为任意值时 2 个选择器的输出是否正确。这样，由于整个功能表包含了 $2^{10}=1024$ 种代码组合，所以只有对这 1024 种组合全部进行测试，才能对电路的功能是否正确作出结论。

表 4-4　4 通道选 1 数据选择器的功能表

S_0	S_1	D_0	D_1	D_2	D_3	Y	W
0	0	0	×	×	×	0	1
0	0	1	×	×	×	1	0
1	0	×	0	×	×	0	1
1	0	×	1	×	×	1	0
0	1	×	×	0	×	0	1
0	1	×	×	1	×	1	0
1	1	×	×	×	0	0	1
1	1	×	×	×	1	1	0

实际上，输入代码组合(1024)所对应的 2 的幂，正好是双 4 通道选 1 数据选择器的输入数。因此，对输入数为 N 的电路，其可能的输入代码数是 2^N。凡对 2^N 种输入代码组合都进行检查的功能测试称为全功能测试；只对其中一部分输入代码组合进行检查的测试称为非全功能测试，或者称为部分功能测试。

对于组合逻辑电路，输入代码组合可用一系列分频脉冲来实现。若在双 4 选 1 数据选择器的输入端分别加上如图 4-77 所示的分频脉冲，那么，在 T_1 期内就全面地检查电路是否满足功能表的第 1、第 2 栏，再经 T_2、T_3、T_4 周期就能把功能表全部检查完毕。至于究竟哪个分频脉冲加在哪个输入端是无关紧要的。

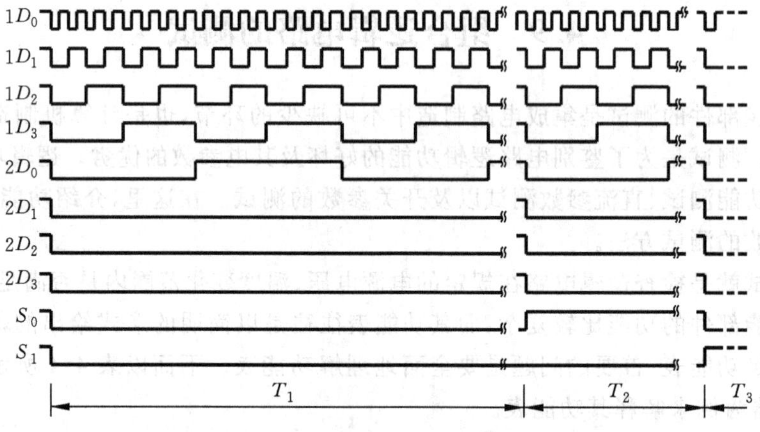

图 4-77　检查双 4 通道选 1 数据选择器功能的输入波形

下面简要介绍全功能测试方法。比较实用和简便的全功能测试方法是比较法，原理图如图 4-78 所示。图中分频脉冲同时加在被测电路和标准电路的各相应输入端，再把被测电路和标准电路的对应输出送到数码比较器(比较器可用“异或”电路组成)。若被测试电路的功能是正确的，则它的输出便应和标准电路的输出一致，此时，各异或门的输出均为“0”；若被测电路的功能不正常,则其输出和标准电路的输出不一致,此时异或门的输出便出现“1”。如在每一个异或电路的输出接一个触发器,用来记忆异或门的“1”输出,则当异或门输出出现“1”时,接在触发器输出端的指示器就发亮,从而指出被测电路不正常。在功能测试前应先将各触发器置“0”。图中设置选通信号的原因如下:由于被测电路和标准电路的传输延迟总是不同的,因此即使在标准电路功能正常的情况下,异或门也会有“1”输出。若不设置选通信号,就会因触发器置“1”而错误地得出“被测电路功能不正常”的结论。但是,如果设置一个选通信号,那么就可避免这种情况的出现。这个选通信号应有下述 2 个特点。

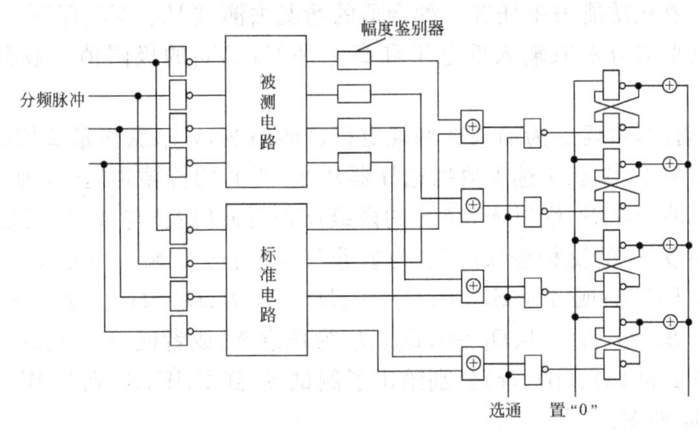

图 4-78 用比较法测试电路功能的原理图

第 1,它的频率应比分频脉冲的最高频率高 1 倍;

第 2,它的正脉冲应被频率最高的输入信号的正、负脉冲覆盖,如图 4-79 所示。

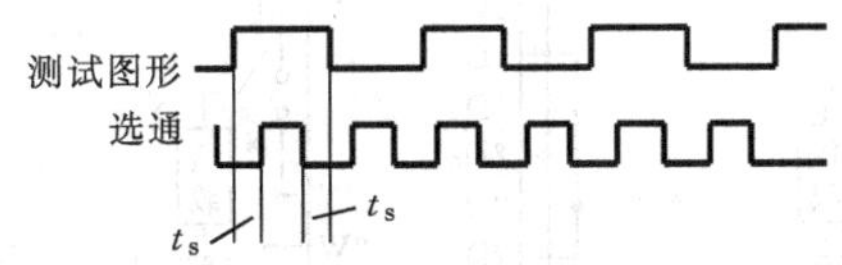

图 4-79 选通信号和最高频率输入信号的关系

图中的 t_s 应大于标准电路和被测电路的传输延迟。这样,因传输延迟不同而形成的异或门“1”输出就不会进入触发器。

图 4-78 中,被测电路和标准电路的输入端均应设置隔离门。若不设置隔离门,那么,当被测电路中有一个输入端出现对地短路的故障时,这个输入端就会使标准片的对应输入端也对地短路。于是,这就相当于在缺少一路分频脉冲的情况下检查功能,因而这时的功能检查就不是全功能检查。如果设置了隔离门,那么如果被测电路有对地短路,加至被测电路的信号会被短路,但加至标准片的相应输入就不会被短路了,从而可以实现全功能测试。

用比较法测试功能的优点是简便有效、实用,并且,测试仪器比较简单。但是需要一块标准电路,这是比较法不便之处。

借助于计算机来测试功能时,所需输入测试波形是由计算机提供的。此时,由计算机控制管脚部件将测试波形加至被测试片相应的引脚上去,然后,再由计算机对所得的输出波形进行鉴别。这种测试方法的自动化程度比较高,无需标准电路。

功能部件的直流参数有“1”输出电平 V_{OH}、“0”输出电平 V_{OL}、“0”输入电流 I_{IL}、“1”输入

电流 I_{IH}、电源电流 I_{CC}、输出短路电流 I_{OS} 等。对于集极开路输出电路和三态电路，还有其他参数。这里主要介绍输出电平的测试方法。

测试 V_{OL}、V_{OH} 的问题，主要是如何创造条件使被测电路输出状态为"0"或"1"。对于图 4-29 中 4 选 1 数据选择器来说，使被测输出端为"0"或"1"的方法有很多种。例如，若使 $S_0=S_1=1$，$D_3=1$，便可测得输出 Y 的 V_{OH} 以及 W 的 V_{OL}；若使 $S_0=S_1=1$，$D_3=0$，便可测得 Y 的 V_{OL} 以及 W 的 V_{OH}；若使 $S_0=S_1=0$，D_0 为"0"或"1"，便可测得 Y 的 V_{OL} 和 W 的 V_{OH}。直流参数的测试一般是在功能测试之后进行的。一般不要求在测试直流参数时同时进行功能测试，只要从功能表中任选一种合适的情况去测试 V_{OL}、V_{OH} 即可。测试时，输入的"0"、"1"信号的电平应分别取输入低电平和高电平 V_{IL}、V_{IH} 的极限值。被测输出端应按规定接一定的负载。

开关参数的测试，主要是为输入脉冲规定行进的路线，以求获得最长传输延迟。

例如，在测试图 4-29 双 4 选 1 数据选择器从 S_0 到 Y 的传输延迟时，为了获得最长的传输延迟，其输入脉冲应从 S_0 端进入，经 S 的两级反相缓冲门及"与或非"门之后再从 Y 端输出，而不能只经一级 S_0 的反相缓冲门及"与或非"门就到达 Y 端。为此应使 $S_1=1$，$D_3=1$，$D_2=0$，D_0、D_1 为任意态；或者使 $S_1=0$、$D_0=0$、$D_1=1$，D_2、D_3 为任意态。为了测试 S_1 到 Y 的传输延迟，应使 $S_0=1$、$D_3=1$、$D_1=0$，D_0、D_2 为任意态，或者使 $S_0=1$、$D_0=0$、$D_2=1$，D_1、D_3 为任意态。图 4-80(a)、(b)、(c)分别给出了测试 S_0 到 Y、W，S_1 到 Y、W 以及 D_2 到 Y、W 的传输延迟测试原理图。

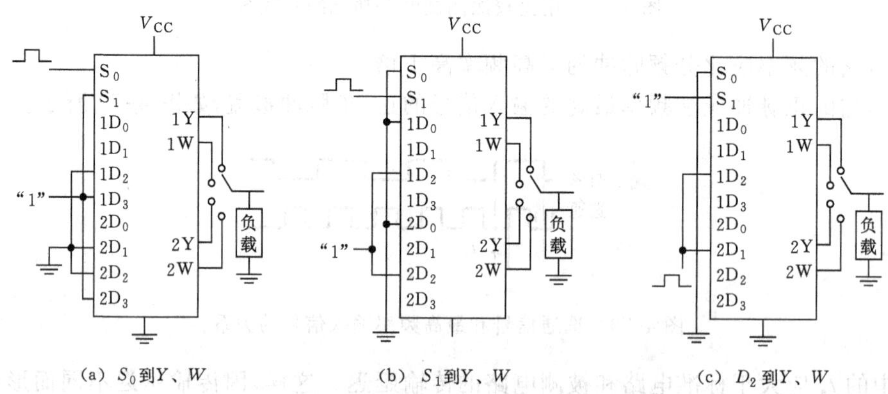

图 4-80　双 4 选 1 数据选择器开关参数测试原理图

开关参数的测试不仅和电路的逻辑图有关，而且还和它的线路有关。对 TTL 电路，内部异或电路的传输延迟以一端接"0"为最长。4 位功能发生器内部就使用了异或门。在测试 $t_{Pd_{B_2\to F_2}}$ 时，首先应使加在 B_2 端的脉冲能经过 B_2 反相门，其次应尽量使脉冲在经过门 25、26 时确保它们另一端的状态为"0"。为此应使 $C_n=A_2=S_1=S_2=1$，$M=S_0=S_3=A_1=0$，其余输入端(除 B_2 加脉冲外)为任意态以确保脉冲经 B_2 反相门、门 15 的输出为"0"。

习　题

4.1　分析图 4-81 所示电路：

(1) 已知 F 为高电位，问 A、B、C、D、E 这 5 点电位如何？

(2) 用“与非”门改进这个图的设计。

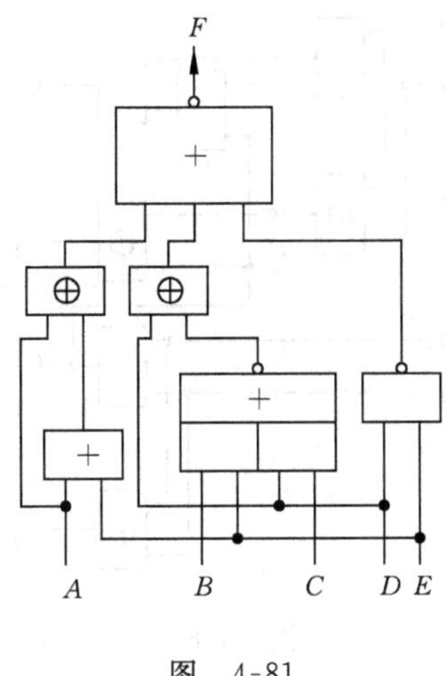

图 4-81

4.2 分析图 4-82 所示电路的工作原理，列出功能表。

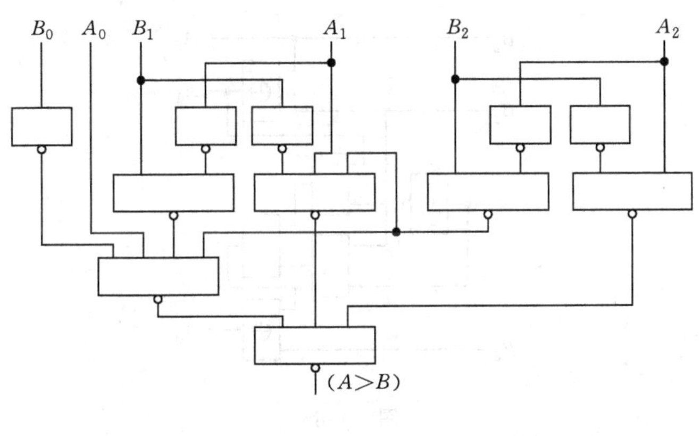

图 4-82

4.3 分析图 4-83 的所示逻辑电路，列出逻辑表达式及功能表，说明电路实现的逻辑功能。

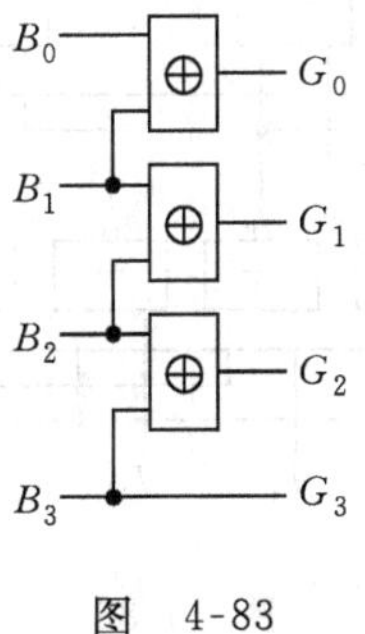

图 4-83

4.4 写出图 4-84 所示电路输出的逻辑表达式，列出功能表，说明电路逻辑功能。

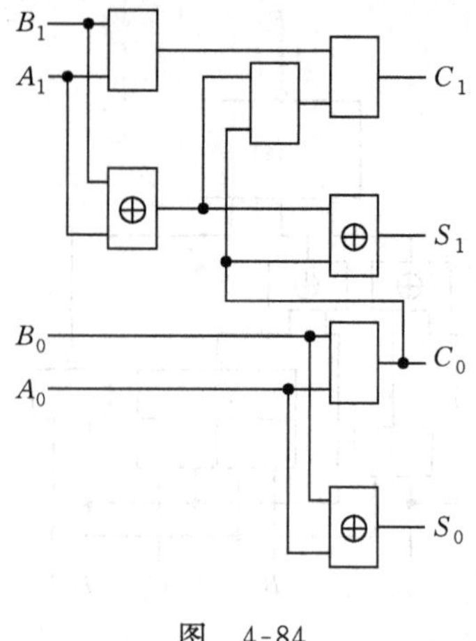

图 4-84

4.5 分析图 4-85 所示逻辑电路，列出 $K=1$，$K=0$ 时，输出的逻辑表达式，写出功能表，说明电路的逻辑功能。

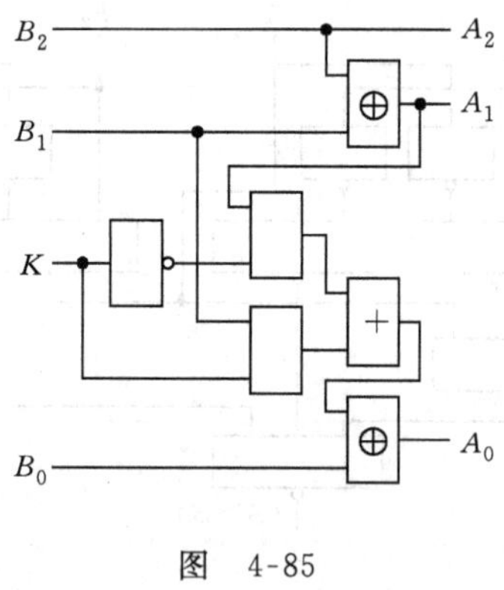

图 4-85

4.6 分析图 4-86 所示逻辑电路，写出输出的逻辑表达式，说明电路实现的逻辑功能。

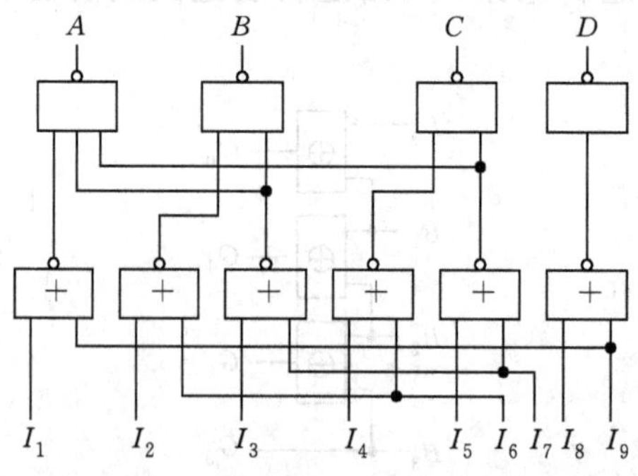

图 4-86

4.7 图 4-87 所示为一 ALU 逻辑电路，其功能表如表 4-5，图中：C_P 是进位传递函数的反码；C_G 为进位产生函数的反码；C_O 是输出进位的反码；E_{C_O} 为输出进位的使能控制。

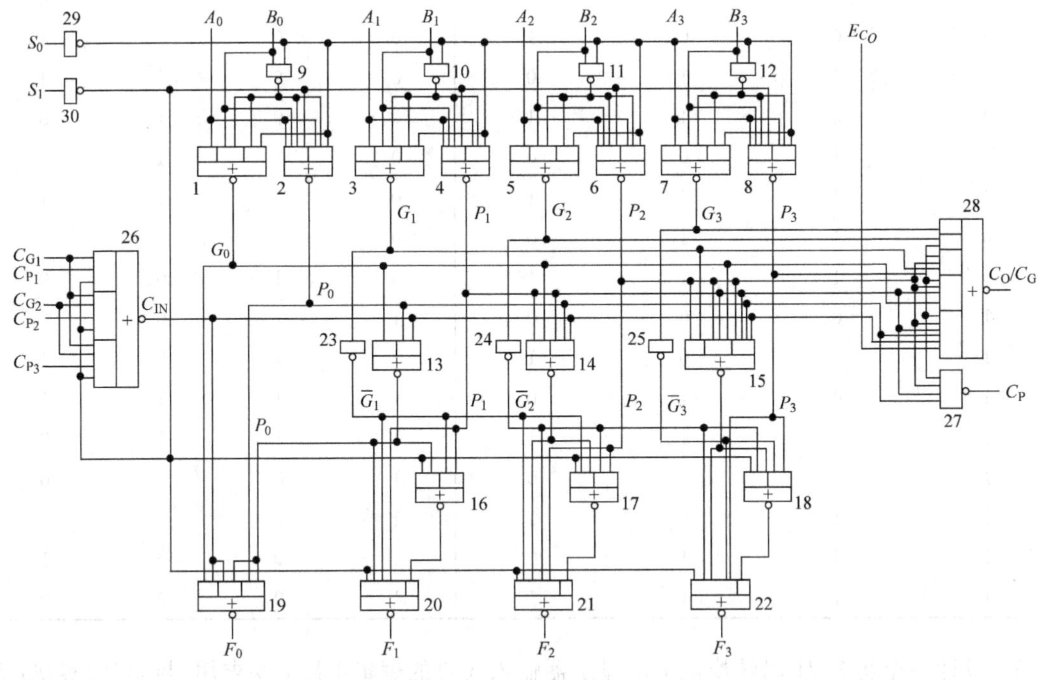

图 4-87　4 位 ALU

表　4-5

S_0	S_1	功　　能	S_0	S_1	功　　能
L	L	A 减 B	L	H	$\overline{A_i \oplus B_i}$
H	L	A 加 B	H	H	$A_i + B_i$

要求：(1) 试分析其工作原理。

(2) 将 4 片 ALU 电路组成 16 位片间串行进位的 ALU 以及 16 位片间快速进位的 ALU。并分析 16 位片间快速进位 ALU 完成加操作所需时间。

4.8 设计一个 8421 码转换成格雷(Gray)码的转换电路。给出 8421 码和格雷码之间的关系，以表 4-6 示出，要求从表中直接观察出其逻辑关系，列出表达式，用“异或”门实现之。

表 4-6

8	4	2	1	格	雷		
B_3	B_2	B_1	B_0	G_3	G_2	G_1	G_0
0	0	0	0	0	0	0	0
0	0	0	1	0	0	0	1
0	0	1	0	0	0	1	1
0	0	1	1	0	0	1	0
0	1	0	0	0	1	1	0
0	1	0	1	0	1	1	1
0	1	1	0	0	1	0	1
0	1	1	1	0	1	0	0
1	0	0	0	1	1	0	0
1	0	0	1	1	1	0	1
1	0	1	0	1	1	1	1
1	0	1	1	1	1	1	0
1	1	0	0	1	0	1	0
1	1	0	1	1	0	1	1
1	1	1	0	1	0	0	1
1	1	1	1	1	0	0	0

4.9 设计一个将 8421 码转换成 7 段显示器输入代码的逻辑电路，要求用“与非”门实现：7 段显示器为共阴极。码表如表 4-7 所示。

表 4-7

十进制数	输	入			输	出					
	D_3	D_2	D_1	D_0	a	b	c	d	e	f	g
0	0	0	0	0	1	1	1	1	1	1	0
1	0	0	0	1	0	1	1	0	0	0	0
2	0	0	1	0	1	1	0	1	1	0	1
3	0	0	1	1	1	1	1	1	0	0	1
4	0	1	0	0	0	1	1	0	0	1	1
5	1	0	0	0	1	0	1	1	0	1	1
6	1	0	0	1	0	0	1	1	1	1	1
7	1	0	1	0	1	1	1	0	0	0	0
8	1	0	1	1	1	1	1	1	1	1	1
9	1	1	0	0	1	1	1	0	0	1	1

4.10 在宿舍只有一盏灯，同住在此宿舍的 3 位同学要求在各自床头安装开关均能独立地控制灯的关或开。用最少的门电路设计一个控制电路满足 3 位同学的要求。

4.11 设计一个献血者和受血者血型配对指示器，要求当献血者的血型与受血者的血型相溶时，指示灯 F 就亮，否则不亮。献血者和受血者的血型配对规定如表 4-8 所示。

表 4-8

献血者	配对条件	受血者
A	A，AB	A
B	B，AB	B
AB	AB	AB
O	AB、A、B、O	O

4.12 设计一种称之为 4 位桶状移位器的组合逻辑电路，它可将 4 位输入数据 $D_0D_1D_2D_3$ 直接从输出端 $Y_0Y_1Y_2Y_3$ 输出（即 $Y_0Y_1Y_2Y_3=D_0D_1D_2D_3$），也可将输入数据左移 1 位输出（即 $Y_0Y_1Y_2Y_3=D_1D_2D_3D_0$）、左移 2 位及左移 3 位输出，要求：

(1) 列出功能表；

(2) 写出输出逻辑表达式；

(3) 画出逻辑图（用门电路实现）；

(4) 为测试 S_1 至 Y_1 的传输延迟，应如何设置各输入端，并给出此时各输出端的状态或波形，画出此时输入输出时序图，给出传输延迟的定义表示。

4.13 只用“与非”门，反相门组成的 2 输入变量译码器所用门电路的平均延迟最大为 20ns，最小为 12ns，问：

(1) 若不设置$\overline{E}$端，估算输出尖峰信号和“0”重叠的最大宽度（假定 $t_{skew_{max}}=25\text{ns}$）。

(2) 如果设置“使能”端 $\overline{E}$，估算 $t_{su_{\overline{E}}}$、$t_{h_{\overline{E}}}$ 以及 $\overline{E}=1$ 的宽度。

4.14 用 4 输入 16 线输出的变量译码器及“与非”门，设计一个 6 输入 64 输出的变量译码器电路。

4.15 用 3 个 2 输入 4 输出变量译码器实现一个非完全译码的 BCD 译码器（不再用其他门）。

4.16 用完全译码的 BCD 译码器组成有“使能”控制，有 4 对互补输出的数据分配器。并列出功能表。

4.17 用一个 4 输入 16 输出变量译码器和两个 8 输入“与非”门组成有奇偶输出的 4 位奇偶检测电路，并列出功能表。

4.18 用一个 3 输入 8 输出的变量译码器及两个 4 输入“与非”门组成一位全加器、全减器电路。

4.19 用 BCD 译码器，8 选 1 数据选择器及“与非”门组成能控制的 3 位并行等值比较器，列其功能表（要求比较器禁止时输出为“1”）。用上述电路的开关参数，写出此比较器的开关参数的表示式。

4.20 用“与非”门及 8 选 1 数据选择器，4 选 1 数据选择器分别实现真值表所给出的函数，画出逻辑图。

表 4-9

A	B	C	F
0	0	0	0
1	0	0	0
0	1	0	1
1	1	0	1
0	0	1	0
1	0	1	1
0	1	1	1
1	1	1	0

4.21 用 8 选 1 数据选择器实现下列函数：

(1) $F=\overline{X\overline{Y}\overline{Z}+(XZ+\overline{XZ})W+\overline{X}\overline{Y}\overline{W}}$

(2) $F=\sum m^4(0,1,2,3,8,9,10,11)$

4.22 设计一个 10 选 1 数据选择器，要求：

(1) 用门电路实现；

(2) 用集成电路实现——只能用一块 8 选 1 数据选择器和一块 4 位 2 选 1 数据选择器。

4.23 用双 4 选 1 数据选择器实现全加器。输入量为 A、B；进位输入为 C_{i-1}，输出量为全加和 S 及进位输出 C_i。

4.24 试用两块 4 位数据比较器，实现 9 位并行数据比较，画出逻辑图（给出 4 位数据比较器的逻辑符号如图 4-88 所示）。

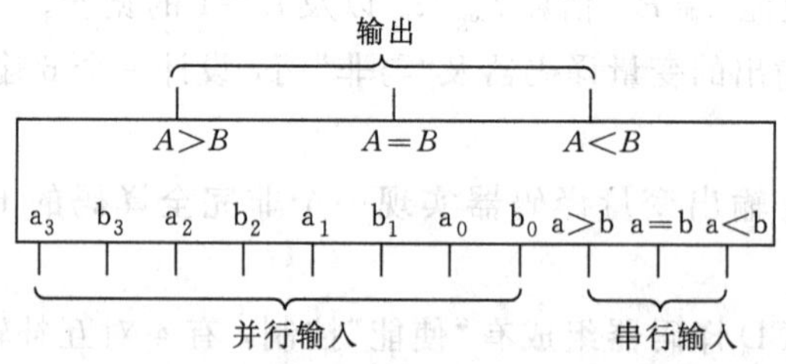

图 4-88

4.25 图 4-89 所示为 4 位全加器的逻辑符号，其中 $A_3A_2A_1A_0$ 为被加数，$B_3B_2B_1B_0$ 为加数，C_n 为低位进位，C_3 和 $S_3S_2S_1S_0$ 为进位和全加和。

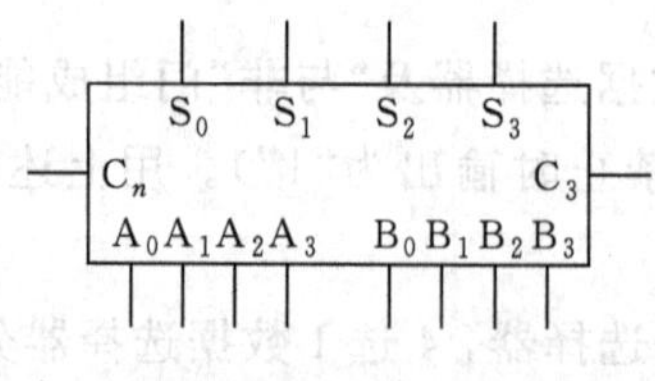

图 4-89

试用这个器件和最少的门，设计一个两个 4 位二进制数的大小比较器。

4.26 利用图 4-89 所示 4 位全加器器件和最少的“与非”门，将余三码转换成 8421 码。

4.27 利用图 4-89 所示的 4 位全加器集成块，及 4 个“异或”门构成一个并行加、减运算的电路。当 $C=0$ 时，电路实现加法运算；当 $C=1$ 时，电路实现减法运算。

4.28 分析运逻单元图 4-59，当 $S_3S_2S_1S_0=\mathrm{HHLL}$，$S_3S_2S_1S_0=\mathrm{LLHH}$、$S_3S_2S_1S_0=\mathrm{HHHL}$ 时，执行的逻辑运算和算术运算（正逻辑）。

4.29 A 和 B 均为 4 位 8421 BCD 码。用图 4-89 所示 4 位加法器，实现 A 和 B 这 2 个 4 位 8421 BCD 相加，要求输出和为 BCD 码，并有进位 C。

4.30 在如图 4-90 所示电路中，

(1) 若不考虑门的延迟时，求输出函数 F 表达式；

(2) 何为竞争与冒险现象？若图 4-90 门的延迟时间均为 $t_{\mathrm{Pd}}=20\mathrm{ns}$，当 $A=B=1$ 时，输出会不会产生冒险？画出时序图；

(3) 如何消除此电路竞争与冒险现象（至少说出两种方法）。

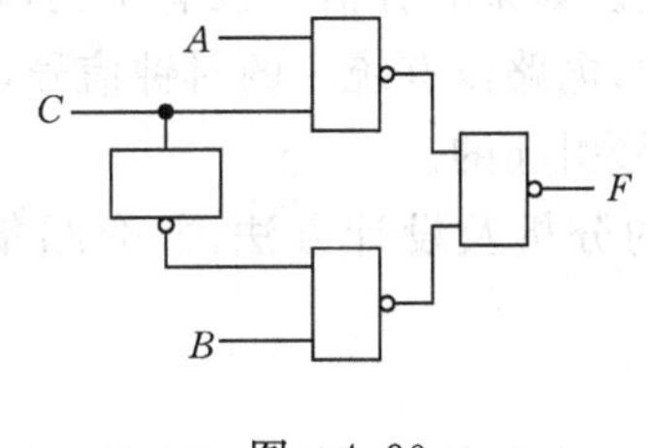

图 4-90

第 5 章　同步时序电路

时序电路是计算机及其它电子系统中常用的一种电路。它和组合电路是完全不同的两种类型电路。组合电路的输出仅取决于电路当时的输入，而与电路过去的输入无关。时序电路的输出不仅取决于电路当时的输入，还与电路过去的输入有关。由于时序电路有这一特点，因此在电路的内部必然有记忆元件，用来记忆与过去输入信号有关的信息或电路的过去输出状态。

时序电路分为两大类：同步时序电路和异步时序电路。在同步时序电路中有一个公共的时钟信号，电路中各记忆元件受它统一控制；只有在该时钟信号到来时，记忆元件的状态才能发生变化，从而使时序电路的输出发生变化，而且每来一个时钟信号，记忆元件的状态和电路输出状态才可能改变一次。如果时钟信号没有来到，输入信号的改变不能引起电路状态的变化。在异步时序电路中，电路没有统一的时钟信号，各记忆元件也不受同一时钟控制，电路状态的改变是由输入信号引起的。

本章将介绍同步时序电路的分析及设计方法，并介绍集成化同步时序电路的原理及应用。

5.1　同步时序电路的结构

通过图 5-1(a)所示实例来讨论同步时序电路的基本结构。图 5-1(a)是一个用正沿触发的 D 触发器构成的可控二进制计数器。当输入信号 $X=1$ 时，在时钟脉冲 CP 的正沿作用下，计数器计数，计数顺序是 00→10→01→11→00→…(数字的左右位分别为 D 触发器 1、2 的状态)；当 $X=0$，触发器输出 Q_1、Q_2 保持原有的状态不变。电路输出 Z 是计数器进位标志；当 $X=1$，且 Q、$Q_2=11$ 时，$Z=1$；否则 $Z=0$。触发器的数据输入 D_1、D_2 以及输出 Z 的逻辑表达式为：

$$D_1 = X\overline{Q}_1 + \overline{X}Q_1$$

$$D_2 = X(\overline{Q}_1 Q_2 + Q_1\overline{Q}_2) + \overline{X}Q_2$$

$$Z = XQ_1Q_2$$

图 5-1(b)是电路的波形图(又称时序图)，它以波形图的形式描述在输入序列作用下，在 CP 到来时电路输出情况及内部状态转换关系。图中 Q_1、Q_2 及 Z 的变化发生在 CP 前沿到来的时刻。

显然，时序电路内触发器的状态(简称时序电路的状态，又称状态)Q_1、Q_2 及输出 Z 不仅取决于输入 X 的状态，而且还与电路过去的输入有关。例如，在 CP 作用下 Z 由"0"变为"1"，此时除 $X=1$ 以外，电路的原态一定是 $Q_1Q_2=01$。

把图 5-1(a)所示逻辑图画成如图 5-2(a)所示形式：它由两部分组成，一部分是组合电路，另一部分是记忆电路。

图中组合电路的外部输入信号为 X，Q_1、Q_2、$\overline{Q}_1$、$\overline{Q}_2$ 为组合电路的内部输入，组合电路

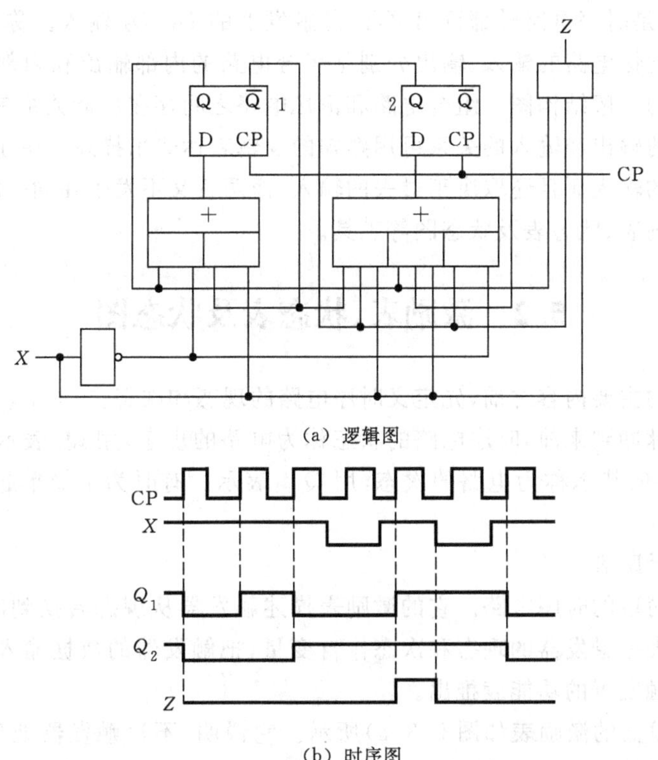

(a) 逻辑图

(b) 时序图

图 5-1 可控二进制计数器

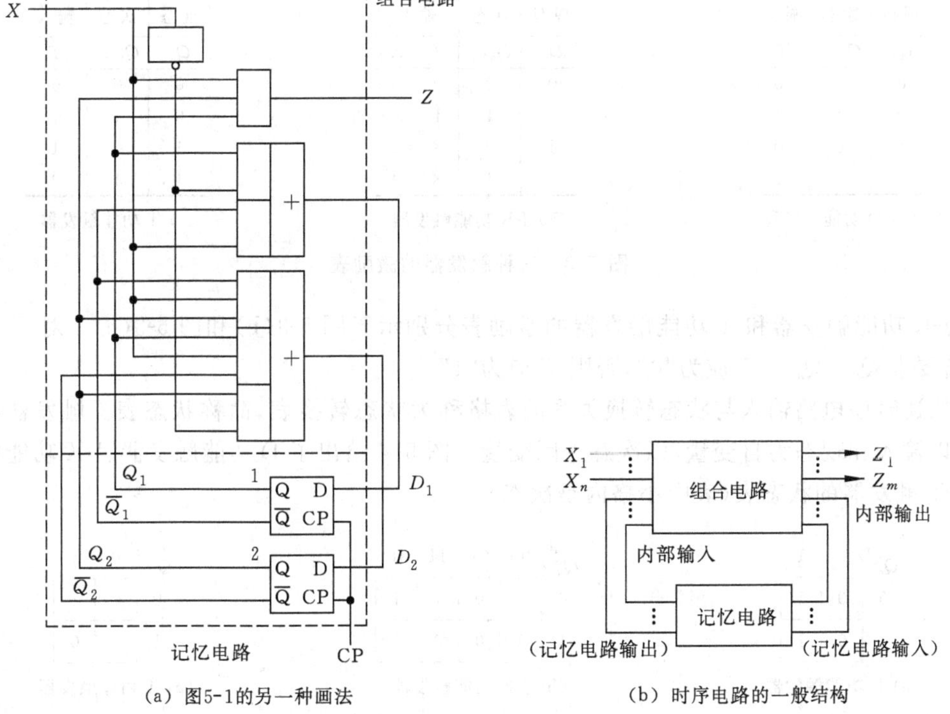

(a) 图5-1的另一种画法

(b) 时序电路的一般结构

图 5-2

提供两种输出：一是时序电路外部输出 Z，二是触发器的 D_1、D_2 输入。称 D_1、D_2 为组合电路的内部输出。记忆电路的输入、输出分别是组合电路的内部输出和内部输入。图5-2(b)给出了时序电路的一般结构图。组合电路和记忆电路之间存在反馈关系是时序电路的一个特点。组合电路的输出和输入的关系可用熟知的逻辑表达式来描述。由于记忆电路的输出不仅取决于当时的输入而且还取决于过去的输入，而两者又不发生在同一时刻，因此对它的描述就要用到激励表、状态表及状态图等工具。

5.2 激励表、状态表及状态图

在介绍本节的主要内容之前，先定义时序电路的现态和次态。

在某一时钟脉冲到来前，时序电路的状态称为电路的现态，用 Q_n 表示。在该时钟脉冲来到后，时序电路的状态称为电路的次态，用 Q_{n+1} 表示。有时为了简单起见，常将现态 Q_n 表示成 Q。

下面先介绍激励表。

触发器是最简单的时序电路。它的激励表描述触发器从现态转换到次态时，对数据输入的要求。激励表把触发器的现态和次态作自变量，把触发器的数据输入作因变量。触发器的激励表可从触发器的功能表推出。

D 型功能触发器的激励表如图 5-3(a)所示。它说明，不论触发器处于什么现态，要转换到次态“1”，在时钟脉冲来到前，数据输入(即激励)D 应为“1”；不论触发器处于什么现态，要转换到次态“0”，在时钟脉冲来到前，D 应为“0”。

现态	次态	输入
Q_n	Q_{n+1}	D
0	0	0
0	1	1
1	0	0
1	1	1

(a) D 功能触发器

现态	次态	输入	
Q_n	Q_{n+1}	J	K
0	0	0	×
0	1	1	×
1	0	×	1
1	1	×	0

(b) J-K 功能触发器

现态	次态	输入
Q_n	Q_{n+1}	T
0	0	0
0	1	1
1	0	1
1	1	0

(c) T 功能触发器

图 5-3 三种触发器的激励表

J-K 功能触发器和 T 功能触发器的激励表分别示于图 5-3(b)和图 5-3(c)。对 T 触发器，若要求 $Q_n=Q_{n+1}$，T 应为“0”，否则 T 应为“1”。

描述时序电路输入与状态转换关系的表格称为状态转换表，简称状态表。触发器的状态表以输入和现态为自变量，以次态为因变量。图 5-4 给出了 D 功能触发器、J-K 功能触发器和 T 触发器的状态表(表中小格内是次态)。

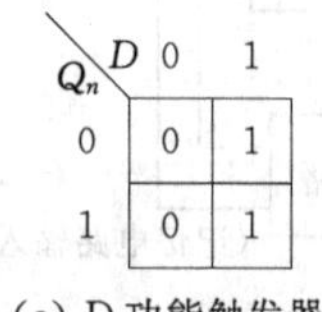

Q_n \ D	0	1
0	0	1
1	0	1

(a) D 功能触发器

Q_n \ JK	00	01	11	10
0	0	0	1	1
1	1	0	0	1

(b) J-K 功能触发器

Q_n \ T	0	1
0	0	1
1	1	0

(c) T 功能触发器

图 5-4 3 种触发器的状态表

时序电路的输入与状态转换关系还可以图的形式给出。在状态图中，用圆圈表示状态，圈内以文字或数字注明状态的标志。圆圈之间用箭头线相连，它表示状态的转换。箭尾端圆圈内标明的应是现态，箭上注明发生转移的输入条件，箭头端圆圈内标明的则应是次态。图 5-5(a)、(b)、(c)分别给出三种功能的触发器的状态图。图中触发器的“0”、“1”两个状态用圈内标注“0”、“1”的小圆来表示。例如，使 D 触发器由“0”转换到“1”的条件是 $D=1$，在图中用由“0”圈指向“1”圈的箭表示状态转换，箭上标注“1”表示转换条件。如果 D 触发器的现态为“0”，输入 D 为“0”，则状态不发生变换，在图中用起、终点都是“0”圈的箭来表示，并在箭上标注“0”。使 J-K 触发器由现态“0”转换成次态为“1”的条件有两个，$JK=10$ 或 $JK=11$，因此在由“0”圈指向“1”圈的箭上标注“10”、“11”。

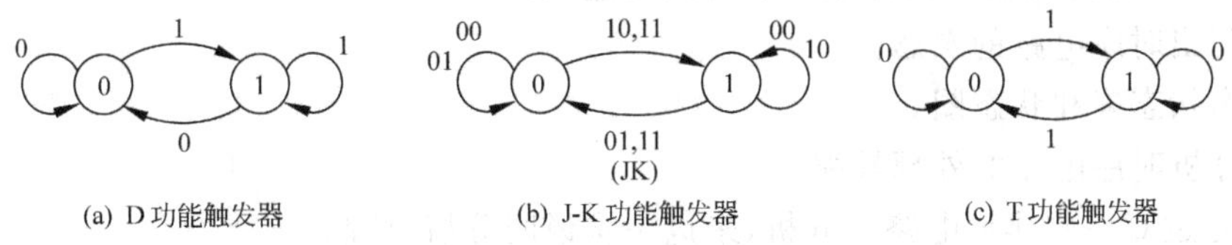

(a) D 功能触发器　(b) J-K 功能触发器　(c) T 功能触发器

图 5-5　3 种触发器的状态图

下面作图 5-1(a)所示电路的状态表和状态图。

状态表的自变量是时序电路的输入 X 和 4 个现态（$Q_2Q_1=00,10,01,11$），因变量是次态和输出 Z。把 X 排在状态表的上侧，把现态排在左侧。表中填入相应的次态和输出 Z（斜线的右侧为 Z）。图 5-6(a)给出了它的状态表。例如，若 $Q_2Q_1=10$，如此时 $X=1$，则来 CP 正跳变，Q_2Q_1 将由 10 变为 11，Q_2Q_1 变为 11 后，Z 即为 1，故在状态表的 $Q_{2_n}Q_{1_n}X=101$ 小格中填 11/1。

由上例可看到，状态表虽简单，但却完全反映了在时序电路输入端上加信号后，电路的输出是如何变换的，因此它是分析时序电路外部特性的一个方便的工具。正因为它以简洁的形式反映电路的外部特性，所以，它还是设计时序电路的一个有力工具。

图 5-6(b)是 5-6(a)所示时序电路的状态图。4 个标有 $Q_2Q_1=00$、10、01、11 的圆圈表示电路的状态。箭上标以 X 和 Z（斜线的右侧为 Z）。

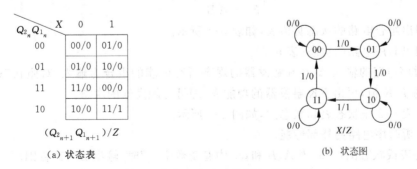

$Q_{2_n}Q_{1_n}$ \ X	0	1
00	00/0	01/0
01	01/0	10/0
11	11/0	00/0
10	10/0	11/1

$(Q_{2_{n+1}}Q_{1_{n+1}})/Z$

(a) 状态表

(b) 状态图

图 5-6　图 5-1 电路的状态表和状态图

状态图只是状态表的另一种表示方式。它也是分析和设计时序电路常用的一种工具。

5.3 同步时序电路的分析

同步时序电路的分析是根据已有的电路图，通过列出状态表或画出状态图来分析电路的工作过程以及其输入与输出之间的关系。

同步时序电路的分析步骤为：

(1) 根据给定的同步时序电路，列出电路中组合电路的输出函数，列出电路中各触发器的激励函数（描述触发器数据输入的逻辑函数，又称控制函数）。

(2) 列出组合电路的状态真值表。真值表的输入是时序电路的输入和时序电路的现态，输出是时序电路的输出及各触发器的数据输入。

(3) 列出时序电路的次态。

(4) 作状态表和状态图。

(5) 分析时序电路的外部性能。

下面通过对一些典型电路的分析，来进一步说明分析过程。

例 5.1 分析图 5-7 所示同步时序电路。

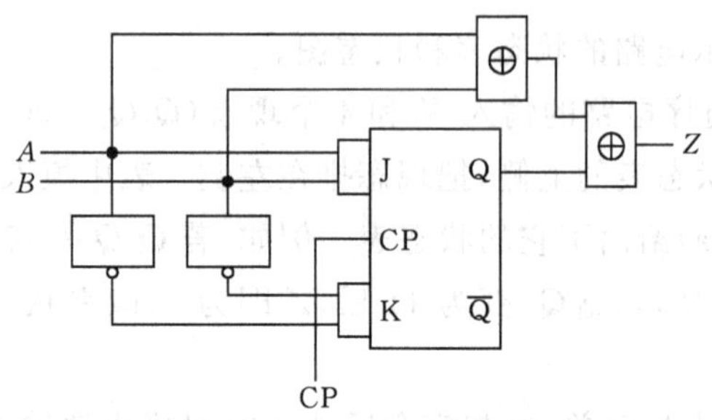

图 5-7 同步时序电路逻辑图

(1) 列出电路的输出函数和触发器的激励函数。

$$\begin{cases} Z = A \oplus B \oplus Q \\ J = AB \\ K = \overline{A}\,\overline{B} \end{cases}$$

(2) 列出组合电路的状态真值表，如表 5-1 所示。

(3) 列出时序电路的次态（表 5-2）。

它以时序电路的输入 A、B 和触发器的现态所有可能的组合为输入，对照状态真值表，查得对应的 J、K 值，再由 J-K 触发器的功能表，即可得触发器的次态。

(4) 由表 5-2 作状态表和状态图，如图 5-8 所示。

(5) 分析时序电路的外部性能。

由状态表或状态图可知，当 A、B 和 Q_n 中有奇数个“1”时，输出 $Z=1$，否则 $Z=0$；当 A、B 和 Q_n 中有两个及两个以上的“1”时，则 $Q_{n+1}=1$，否则 $Q_{n+1}=0$。所以此电路是一个串行二进制加法器，其中 A、B 为被加数和加数，Z 为和数，J-K 触发器存放进位值。

例 5.2 分析图 5-9 所示同步时序电路。

该电路包含 3 个触发器，电路没有输入信号，电路的输出即为触发器的输出。因此分析

表 5-1 例 5.1 的状态真值表

现态	输入		触发器输入		输出
Q_n	A	B	J	K	Z
0	0	0	0	1	0
0	0	1	0	0	1
0	1	0	0	0	1
0	1	1	1	0	0
1	0	0	0	1	1
1	0	1	0	0	0
1	1	0	0	0	0
1	1	1	1	0	1

表 5-2 例 5.1 的次态表

现态	输入		次态
Q_n	A	B	Q_{n+1}
0	0	0	0
0	0	1	0
0	1	0	0
0	1	1	1
1	0	0	0
1	0	1	1
1	1	0	1
1	1	1	1

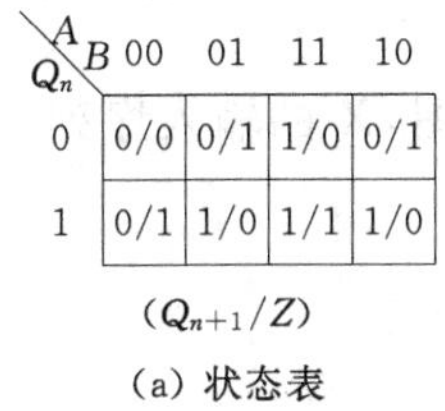

Q_n \ AB	00	01	11	10
0	0/0	0/1	1/0	0/1
1	0/1	1/0	1/1	1/0

(Q_{n+1}/Z)

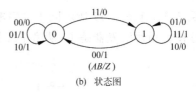

(a) 状态表

(b) 状态图

图 5-8 例 5.1 的状态表和状态图

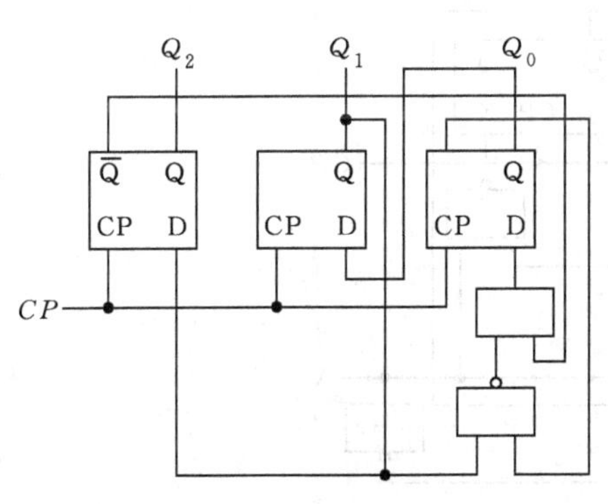

图 5-9 例 5.2 逻辑图

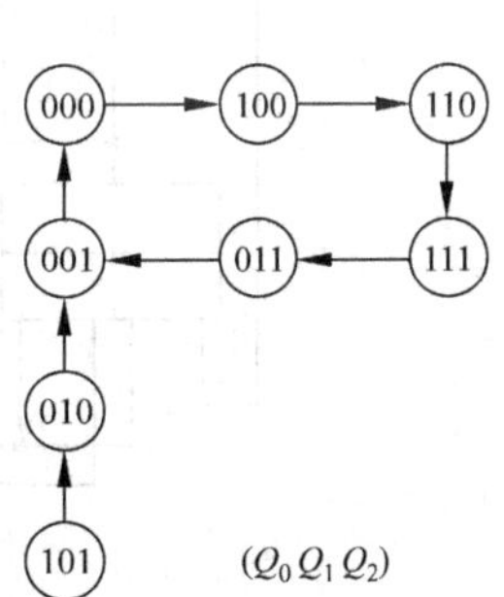

图 5-10 例 5.2 状态图

过程比较简单。

首先列出各触发器的激励函数：

$$\begin{cases} D_0 = \overline{\overline{Q}_0 Q_1}\ \overline{Q}_2 = (Q_0 + \overline{Q}_1)\ \overline{Q}_2 \\ D_1 = Q_0 \\ D_2 = Q_1 \end{cases}$$

列出电路的状态真值表(表 5-3)，根据 D 触发器的功能表，即可把状态真值表转换成状态表(表 5-4)和状态图(图 5-10)。由状态图可看出，该电路的 8 个状态中只有 6 个状态是“有效序列”，当电路进入有效序列后，在 CP 作用下，就按状态图所示在 6 个状态中循环移动，因此该电路是1个六进制计数器。还有2个状态(010、101)是无效状态。在刚合上电源时，计数器有可能先进入无效状态，然后经一个或两个CP脉冲作用后才能进入有效状态，因此它是一个能进入有效序列的六进制计数器。

表 5-3 例 5.2 的状态真值表

Q_{0_n}	Q_{1_n}	Q_{2_n}	D_0	D_1	D_2
0	0	0	1	0	0
1	0	0	1	1	0
0	1	0	0	0	1
1	1	0	1	1	1
0	0	1	0	0	0
1	0	1	0	1	0
0	1	1	0	0	1
1	1	1	0	1	1

表 5-4 例 5.2 的状态表

Q_{0_n}	Q_{1_n}	Q_{2_n}	$Q_{0_{n+1}}$	$Q_{1_{n+1}}$	$Q_{2_{n+1}}$
0	0	0	1	0	0
1	0	0	1	1	0
0	1	0	0	0	1
1	1	0	1	1	1
0	0	1	0	0	0
1	0	1	0	1	0
0	1	1	0	0	1
1	1	1	0	1	1

例 5.3 作图5-11所示同步时序电路的状态表和状态图，X的输入序列为0110110时的时序图。所用触发器是主-从型J-K触发器。

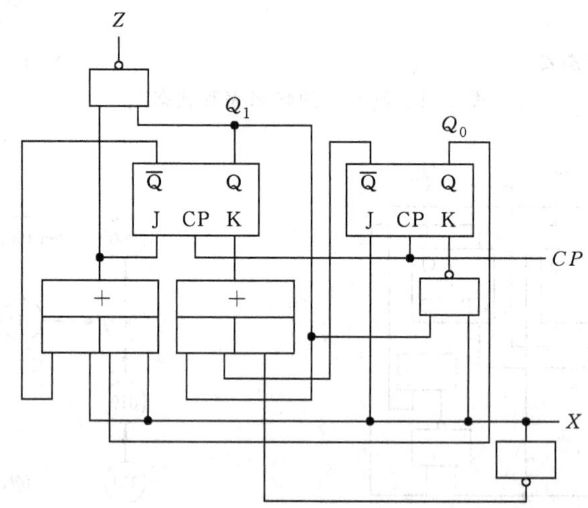

图 5-11 例 5.3 逻辑图

先列出电路的输出函数和触发器的激励函数：

$$\begin{cases} Z = \overline{Q_1 J_1} \\ J_0 = X, \quad K_0 = \overline{Q_1 X} \\ J_1 = Q_0 X + \overline{Q}_1 X, \quad K_1 = \overline{X} + \overline{Q}_0 Q_1 \end{cases}$$

电路的状态真值表及次态表分别示于表5-5和表5-6。其状态表及状态图示于图5-12。

由于电路采用主-从型触发器，输入X的变化应在CP=0期间进行，触发器输出波形的变化发生在CP负跳变到来时。图5-13是X输入序列为0110110时的时序图。

这里假定电路的初始状态为“11”。当$Q_0Q_1=11$，$X=0$，由状态表可知电路的次态为“00”，$Z=1$；在Q_0Q_1变为“00”后，此时X变为“1”，由状态表可知电路的次态应为“11”，Z保

表 5-5　例 5.3 的状态真值表

现态		输入	触发器输入				输出
Q_{0_n}	Q_{1_n}	X	J_0	K_0	J_1	K_1	Z
0	0	0	0	1	0	1	1
1	0	0	0	1	0	1	1
0	1	0	0	1	0	1	1
1	1	0	0	1	0	1	1
0	0	1	1	1	1	0	1
1	0	1	1	1	1	0	1
0	1	1	1	0	0	1	1
1	1	1	1	0	1	0	0

表 5-6　例 5.3 的次态表

现态		输入	输出	
Q_{0_n}	Q_{1_n}	X	$Q_{0_{n+1}}$	$Q_{1_{n+1}}$
0	0	0	0	0
1	0	0	0	0
0	1	0	0	0
1	1	0	0	0
0	0	1	1	1
1	0	1	0	1
0	1	1	1	0
1	1	1	1	1

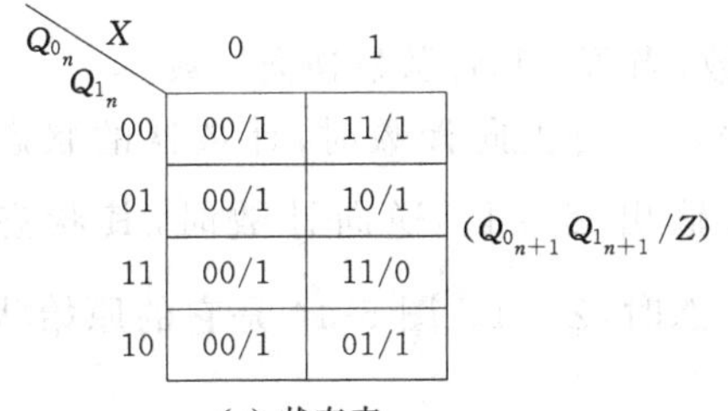

(a) 状态表

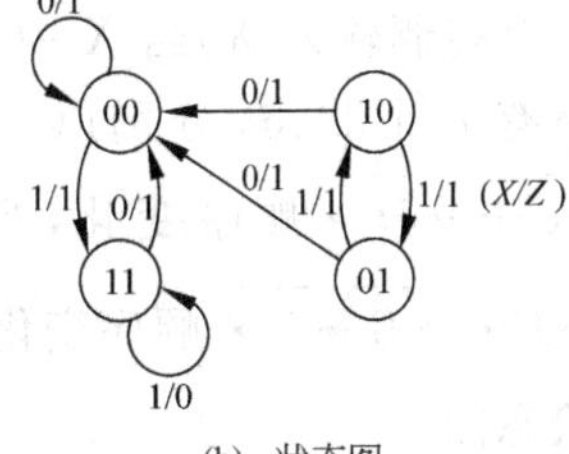

(b) 状态图

图 5-12　例 5.3 的状态表和状态图

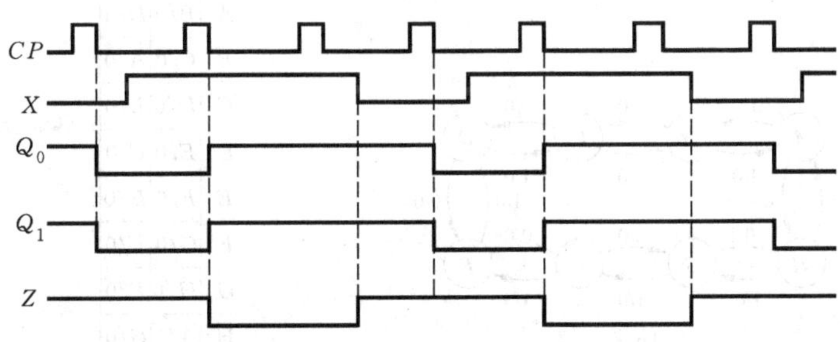

图 5-13　例 5.3 的时序图

持“1”不变；当 Q_0Q_1 变为“11”后，X 保持“1”，电路的次态将保持为“11”，但 $Z=0$；依此下推，即可得 $X=0110110$ 时的时序图。

5.4　同步时序电路的设计

在本节中，要通过一些实例介绍同步时序电路的设计步骤和设计过程。

时序电路的设计可归纳为如下步骤：

(1) 作原始状态表。根据给定的电路设计条件构成原始状态表。

(2) 状态表的简化。原始状态表通常不是最小化状态表，它往往包括多余的状态，因此必须首先对它进行简化。

(3) 状态分配。即对简化后的状态给以编码。这就要根据状态数确定触发器的数量并对每个状态指定一个二进制数构成的编码。

(4) 作激励函数和输出函数。根据选用的触发器激励表和电路的状态表，综合出电路中各触发器的激励函数和电路的输出函数。

(5) 画逻辑图。

5.4.1 原始状态表的构成

同步时序电路设计的第一步，就是把用文字或用波形图表达的设计要求转变为状态表。这是设计中十分重要的一步。在这一步骤中，要指定最少的且是必要的状态是困难的。在所确定的状态中往往会有多余的状态，这是允许的，可以在下一步“状态简化”中去掉多余的状态。但是在编制原始状态表时应确保不能遗漏状态。

下面通过一些实例来说明如何形成原始状态表。

例 5.4 3 位二进制可逆计数器。

它有一个控制输入 X，当 $X=0$，计数器正向计数；当 $X=1$，计数器逆向计数。

该电路有 8 个状态，分别以 A、B、…、H 来表示。当正向计数时，计数器的状态按 $\rightarrow A\rightarrow B\rightarrow C\cdots\rightarrow H\rightarrow$ 顺序变化，当处于 H 态时，输出 $Z=1$。逆向计数时，其状态按 $\rightarrow H\rightarrow G\rightarrow F\cdots\rightarrow B\rightarrow A\rightarrow$ 顺序变化，当电路处于 A 态时，$Z=1$。图 5-14 是它的原始状态表和原始状态图。

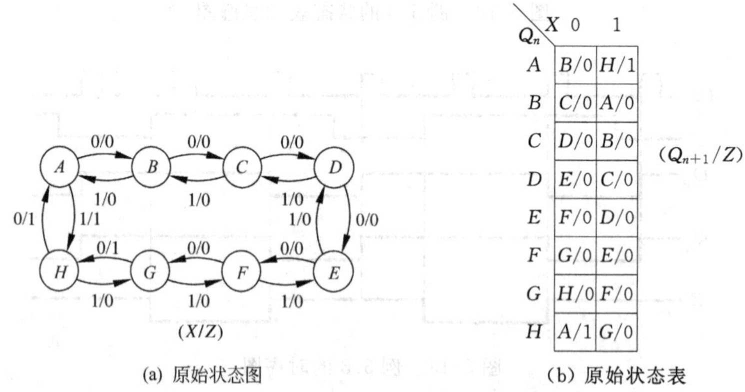

Q_n \ X	0	1
A	B/0	H/1
B	C/0	A/0
C	D/0	B/0
D	E/0	C/0
E	F/0	D/0
F	G/0	E/0
G	H/0	F/0
H	A/1	G/0

(Q_{n+1}/Z)

(a) 原始状态图　　(b) 原始状态表

图 5-14 例 5.4 的原始状态图和原始状态表

例 5.5 “101”序列检测器(一)。

该电路有一个输入端 X 和一个输出端 Z。在输入端 X 加上 0、1 信号序列，当信号序列中出现“101”信号时，Z 为“1”，否则 Z 为“0”。例如，在 X 上加上如下信号序列，则检测器的输出序列应为：

X：010101101

Z：000100001

确定状态表的过程如下：

首先假设检测器有一个初始状态 A。若输入的第 1 个信号是“1”，它是“101”序列的第 1 个元素，应该把这个情况记忆下来，检测器进入状态 B，检测器输出为“0”；若输入的第 1 个信号是“0”，它不是“101”序列的第 1 个元素，不必把这个情况记下来，检测器仍停留在状

态 A，检测器输出为“0”。

若电路处于 B 态(即检测器已经接收了“101”序列的第 1 个元素)，输入信号是“0”，它是被测序列的第 2 个元素，检测器应把这个情况记录下来，并进入状态 C，同时检测器的输出仍应为“0”；若输入信号是“1”，它不是被测序列的第 2 个元素，而仍相当于是第 1 个元素，所以电路仍停留在状态 B，电路输出为“0”。

若电路处于 C 态，输入信号是“1”，它是被测序列的第 3 个元素，这时检测器已检出序列“101”，电路输出为“1”，检测器把第 3 个元素记录下来后，进入状态 D；若输入信号是“0”，它不是被测序列的第 3 个元素，此时电路不但输出为“0”，而且还将“报废”以前已接收的第 1、第 2 个元素“10”，使电路回到状态 A。

若电路处于 D 态，输入信号为“1”，它是第 2 个被测序列的第 1 个元素，检测器应把它记下来，电路进入 B 态；若输入为“0”，它不是第 2 个被测序列的第 1 个元素，电路应进入 A 态，等待接收第 2 个被测序列的第 1 个元素，输出为“0”。

根据以上描述，可知该检测器有四个原始状态，它的原始状态图和原始状态表如图 5-15 所示。

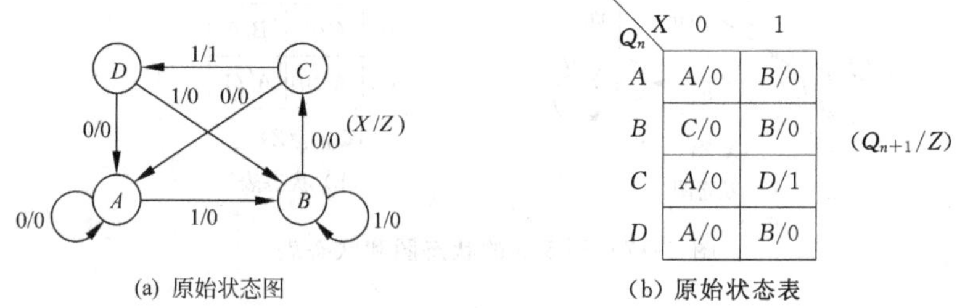

Q_n \ X	0	1
A	A/0	B/0
B	C/0	B/0
C	A/0	D/1
D	A/0	B/0

(Q_{n+1}/Z)

(a) 原始状态图　　(b) 原始状态表

图 5-15　例 5.5 的原始状态图和原始状态表

例 5.6　101 序列检测器(二)。

本例和例 5.5 的区别在于例 5.5 的被测序列是“不重叠”的，而本例的被测序列是“可重叠”的。在本例中，如在输入端 X 上加如下信号序列，则电路的输出序列为：

X：010101101

Z：000101001

比较这两种序列检测器的输出序列，可以看到它们之间有明显的差别。在不重叠检测器中，若输入 1010101，只能检出两个“101”序列，输出为 0010001；在可重叠检测器中，输入 1010101，可以检出 3 个“101”序列，输出为 0010101。差别在于：若电路处于 D 态(检测器已检出第 1 个 101 序列)，输入“0”，在可重叠检测器中，被认为是第 2 个序列的第 2 个元素，检测器进入 C 态；而在不重叠检测器中检测器进入 A 态。

由上述，可得可重叠 101 序列检测器的原始状态图和原始状态表如图 5-16 所示。

5.4.2　状态表的简化

1. 状态合并的条件

原始状态表往往包含多余的状态，为此需要进行状态简化，以求得最小化状态表。

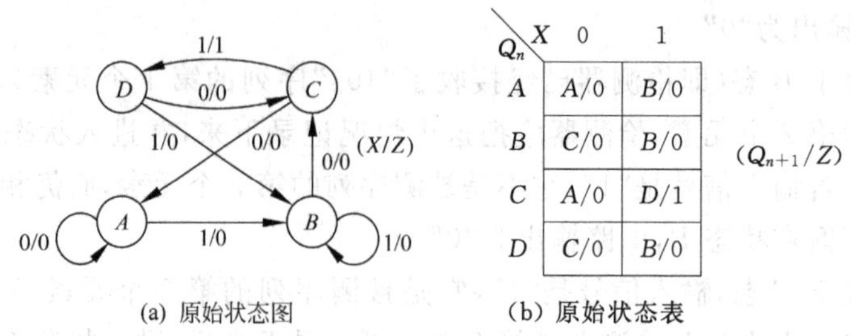

Q_n \ X	0	1
A	$A/0$	$B/0$
B	$C/0$	$B/0$
C	$A/0$	$D/1$
D	$C/0$	$B/0$

(Q_{n+1}/Z)

(a) 原始状态图　　(b) 原始状态表

图 5-16　例 5.6 的原始状态图和原始状态表

比较例 5.5 的原始状态表第一行和第四行可以看到，状态 A、D 是等效的。这是因为不仅状态 A、D 在输入 $X=0$、$X=1$ 作用下次态相同，而且其输出 Z(即电路的外部表现)也相同。因此就可以将状态 A、D 合并，令合并后的状态为 A'，这样，例 5.5 的状态图和状态表就成为图 5-17 所示形式。

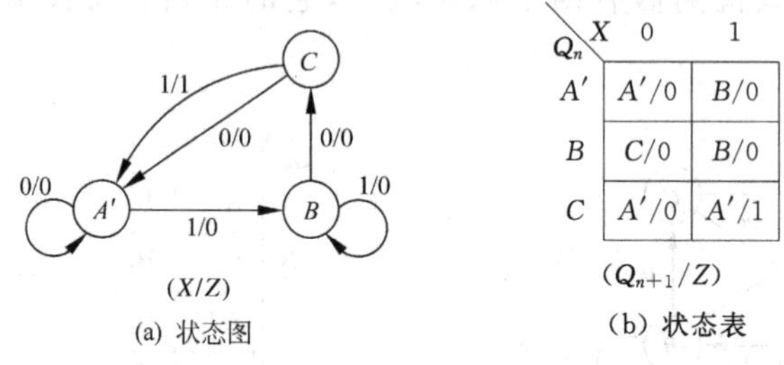

Q_n \ X	0	1
A'	$A'/0$	$B/0$
B	$C/0$	$B/0$
C	$A'/0$	$A'/1$

(Q_{n+1}/Z)

(a) 状态图　　(b) 状态表

图 5-17　例 5.5 的状态图和状态表

下面通过例 5.7 和例 5.8 进一步分析状态简化。

例 5.7　对图 5-18(a)所示某原始状态表化简。

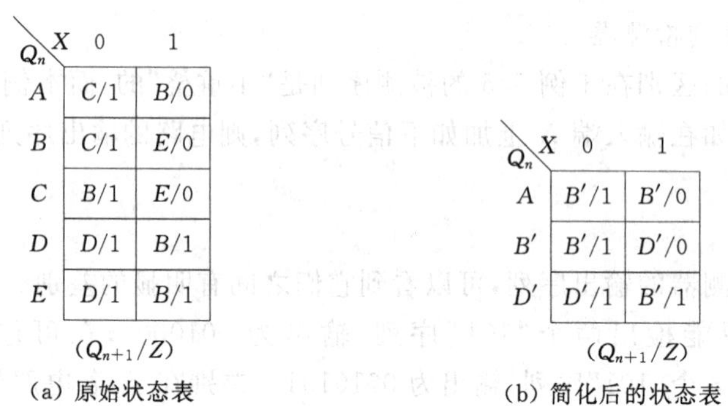

Q_n \ X	0	1
A	$C/1$	$B/0$
B	$C/1$	$E/0$
C	$B/1$	$E/0$
D	$D/1$	$B/1$
E	$D/1$	$B/1$

(Q_{n+1}/Z)

(a) 原始状态表

Q_n \ X	0	1
A	$B'/1$	$B'/0$
B'	$B'/1$	$D'/0$
D'	$D'/1$	$B'/1$

(Q_{n+1}/Z)

(b) 简化后的状态表

图 5-18　例 5.7 的状态表

首先，对于状态 D、E，它们有相同的次态和输出，所以 D、E 等效。对于状态 B、C，在 $X=1$ 时电路的输出和次态均相同，只是在 $X=0$ 时的次态不同，虽然 $X=0$ 时次态不同，但却呈“交错态”(状态 B 的次态是 C，C 的次态是 B)。次态虽然呈交错态，但电路不会进入 B、C 以外的状态，而且此时它们的输出一直相同，因而电路对外呈现特性相同，所以 B、C 等效。把 B、C 合并后的状态命名为 B'，D、E 合并后的状态命名为 D'，则原始状态表可化简为图 5-18(b)的形式。

例 5.8 对图 5-19 所示原始状态表的化简。

先看 B、C。在 $X=1$ 时电路的 Z 和次态均相同；在 $X=0$ 时，Z 相同，但对应的次态为 A、D。若 B、C 要等效，A、D 必须等效。再看 A、D。对于 A、D，在 $X=0$ 时，Z 和次态均相同；在 $X=1$ 时，Z 相同，但对应的次态为 B、C。因此要 A、D 等效，B、C 须等效。这就形成了"循环"。由于"状态对"(AD)、(BC)的输出都相同，所以状态 A、D 等效，状态 B、C 等效。A、D 合并后的状态称为 A'，B、C 合并后的状态为 B'，可得简化状态表如图 5-19(b)所示。

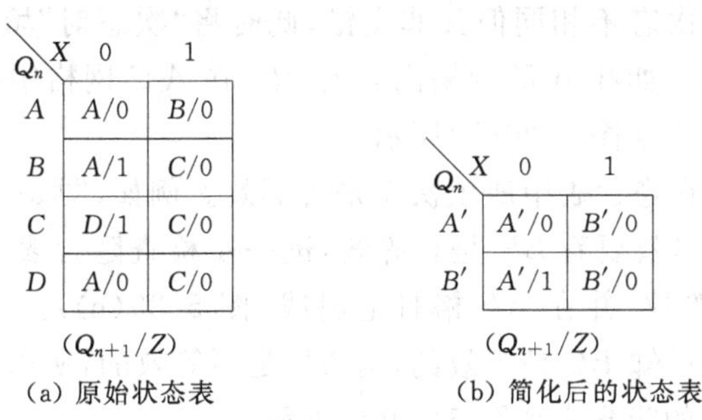

Q_n \ X	0	1
A	$A/0$	$B/0$
B	$A/1$	$C/0$
C	$D/1$	$C/0$
D	$A/0$	$C/0$

(Q_{n+1}/Z)

(a) 原始状态表

Q_n \ X	0	1
A'	$A'/0$	$B'/0$
B'	$A'/1$	$B'/0$

(Q_{n+1}/Z)

(b) 简化后的状态表

图 5-19 例 5.8 的状态表

归纳上面例 5.1～例 5.8 以后，可得出"状态等效"的 3 种情况：

1) 两状态的次态相等，且输出 Z 也相等。例如例 5.5 中的 A 和 D。

2) 两状态的输出 Z 完全相同，但"次态对"与"现态对"呈交错状态。例如例 5.7 中的 B 和 C。

3) 两状态的输出 Z 完全相同，但次态循环。例如例 5.8 中的情况。

2. 状态化简的方法

对复杂一些的原始状态表仅用观察对比来判断状态等效关系是不行的，需要有一种系统的方法。下面介绍用隐含表来化简状态的方法。它分 3 个步骤进行：顺序比较、关连比较和状态合并。

(1) 顺序比较。状态化简中采用的工具是隐含表。隐含表是一种正直角三角形网格，两直角边格数相同。图 5-20(a)是适合于 5 个状态(A、B、C、D、E)的隐含表，每直角边的格数为 4，水平边的网格自左至右按状态 A、B、C、D 顺序标注(不标注 E)，垂直边的网格自上至下按 B、C、D、E 顺序标注(不标注 A)。对隐含表中的所有状态进行顺序比较。先由水平向的 A 依次同垂直向的 B、C、D、E 进行比较，然后由水平向的 B 依次和垂直向的 C、D、E 进行比较，再后由水平向的 C 依次和垂直向的 D、E 比较，最后由 D 和 E 进行比较。

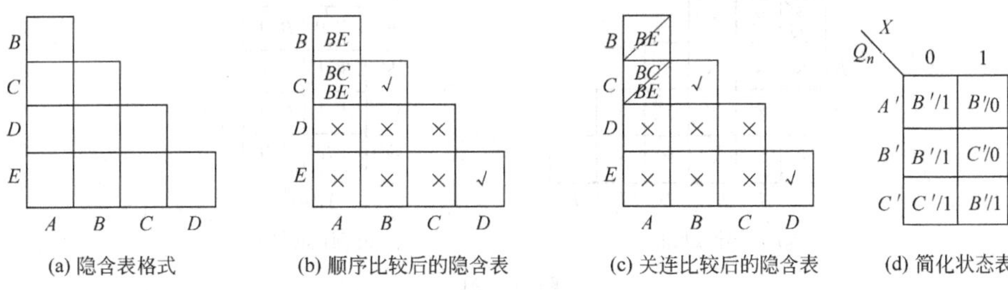

(a) 隐含表格式　(b) 顺序比较后的隐含表　(c) 关连比较后的隐含表　(d) 简化状态表

图 5-20

比较结果写在相应的格子内。下面对图 5-18(a)所示原始状态表进行顺序比较，它有如下 3 种结果：

1）输出不相同，在隐含表相应的格内打×，表示状态不等效。如 A-D，A-E，B-D，B-E，C-D，C-E。

2）输出完全相同，次态相同或呈交错，在隐含表相应的格内打✓，表示状态等效。如 B-C，D-E。

3）输出完全相同，次态不相同但又非交错，此时将“次态对”填入相应的网格中以待在下一步骤中进一步比较。如在 A-B 网格内填入 BE，在 A-C 网格中填入 BC、BE。

顺序比较后的隐含表如图 5-20(b)所示。

(2) 关连比较。检查隐含表中所填次态是否等效。例如，图 5-20(b)的隐含表中 AB 格内填的是 BE，AB 是否等效要看 BE 是否等效，进一步检查隐含表的 BE 格，发现 BE 是不等效的，所以 AB 也不等效，并在 AB 格打上斜线(图 5-20(c))。又如，AC 是否等效要看 BC 和 BE 是否都等效，已知 BC 是等效的，但 BE 是不等效的，所以 AC 不等效，并在 AC 格打上斜线。关连比较后的隐含表如图 5-20(c)所示。

(3) 状态合并，求得简化后的状态表。在关连比较后，就可进行状态合并，合并后状态是(A)，(BC)，(DE)。对它们重新命名，把状态 A 称为 A'，状态(BC)称为 B'，状态(DE)称为 C'，就可构成简化后的状态表(图 5-20(d))。

例 5.9 化简图 5-21(a)所示原始状态表。

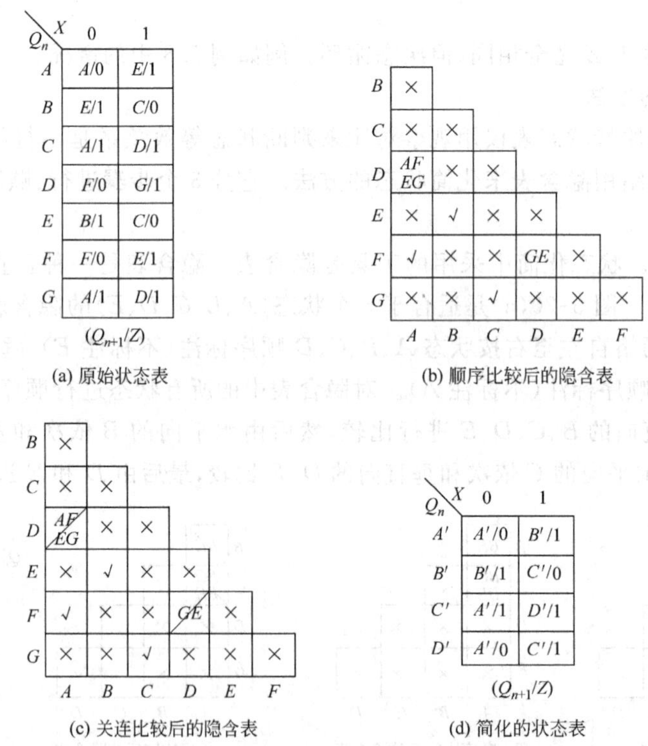

Q_n \ X	0	1
A	A/0	E/1
B	E/1	C/0
C	A/1	D/1
D	F/0	G/1
E	B/1	C/0
F	F/0	E/1
G	A/1	D/1

(Q_{n+1}/Z)

(a) 原始状态表

	A	B	C	D	E	F
B	×					
C	×	×				
D	AF EG	×	×			
E	×	√	×	×		
F	√	×	×	GE	×	
G	×	×	√	×	×	×

(b) 顺序比较后的隐含表

	A	B	C	D	E	F
B	×					
C	×	×				
D	AF EG	×	×			
E	×	√	×	×		
F	√	×	×	GE	×	
G	×	×	√	×	×	×

(c) 关连比较后的隐含表

Q_n \ X	0	1
A'	A'/0	B'/1
B'	B'/1	C'/0
C'	A'/1	D'/1
D'	A'/0	C'/1

(Q_{n+1}/Z)

(d) 简化的状态表

图 5-21

1）画隐含表，并进行顺序比较(图 5-21(b))。由图可知，A-B、A-C、A-E、A-G、B-C、

B-D、B-F、B-G、C-D、C-E、C-F、D-E、D-G、E-F、E-G、F-G 均不等效。

由图可知 A-F、B-E 的输出均相同，但它们的次态对呈交错。C-G 次态相及输出均同。A-D 的输出相同，但次态对为 AF、EG。D-F 的输出相同，其次态对为 GE，在相应格中填入 G。

2) 关连比较(图 5-21(c))。要判断 A、D 是否等效，需检查 A、F 及 E、G 是否等效，由于 E、G 不等效，故 A、D 也不等效。又由于 E、G 不等效，故 D、F 也不等效。

3) 状态合并。合并后状态为(AF)、(BE)、(CG)、D，把它们分别重新命名为 A'、B'、C'、D'，得简化后状态表(图 5-21(d))。

例 5.10 化简图 5-22(a)所示原始状态表。

1) 顺序比较(图 5-22(b))。AF 的次态呈交错，故 AF 等效。

2) 关连比较(图 5-22(c))。

Q_n \ X	00	01	11	10
A	D/0	D/0	A/0	F/0
B	C/1	D/0	F/0	E/1
C	C/1	D/0	A/0	E/1
D	D/0	B/0	F/0	A/0
E	C/1	F/0	A/0	E/1
F	D/0	D/0	F/0	A/0
G	G/0	G/0	A/0	A/0
H	B/1	D/0	A/0	E/1

(Q_{n+1}/Z)

(a) 原始状态表

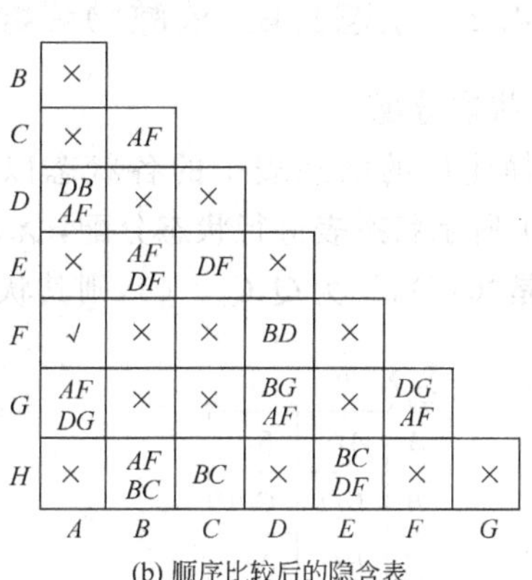

	A	B	C	D	E	F	G
B	×						
C	×	AF					
D	DB AF	×	×				
E	×	AF DF	DF	×			
F	√	×	×	BD	×		
G	AF DG	×	×	BG AF	×	DG AF	
H	×	AF BC	BC	×	BC DF	×	×

(b) 顺序比较后的隐含表

	A	B	C	D	E	F	G
B	×						
C	×	AF					
D	DB AF	×	×				
E	×	AF DF	DF	×			
F	√	×	×	BD	×		
G	AF DG	×	×	BG AF	×	DG AF	
H	×	AF BC	BC	×	BC DF	×	×

(c) 关连比较后的隐含表

Q_n \ X	00	01	11	10
A'	$C'/0$	$C'/0$	$A'/0$	$A'/0$
B'	$B'/1$	$C'/0$	$A'/0$	$D'/1$
C'	$C'/0$	$B'/0$	$A'/0$	$A'/0$
D'	$B'/1$	$A'/0$	$A'/0$	$D'/1$
E'	$E'/0$	$E'/0$	$A'/0$	$A'/0$

(Q_{n+1}/Z)

(d) 简化状态表

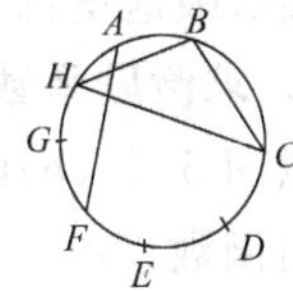

(e) 寻找最大等效类

图 5-22 例 5.10 的原始状态表，隐含表及简化后的状态表

AD 取决于 DB、AF，而 DB 不等效，故 AD 不等效。

AG 取决于 DG、AF，而 DG 取决于 BG，由于 BG 不等效，故 AG 不等效。

BC 取决于 AF，因 AF 等效，故 BC 等效。

BE 取决于 DF、AF，DF 又取决于 BD，因 BD 不等效，故 BE 不等效。

BH 取决于 BC、AF，BC 取决于 AF，而 AF 等效，故 BH 等效。

因为 BD、BG 均不等效，故 DF，DG 也均不等效。

因 CH 取决于 BC，BC 取决于 AF，AF 等效，故 CH 等效。

CE 取决于 DF，DF 取决于 BD，BD 不等效，故 CE 不等效。

因 DF 不等效，DG 不等效，故 EH 不等效，FG 不等效。

3) 状态合并。得(AF)，(BC)，(BH)，(CH)为等效对。显然，因 BC、BH、CH 均等效，故(BCH)为等效。我们把这种两两等效的状态集合成的等效态集合(BCH)称为等效类。把所有相互等效的状态集合称为最大等效类。为了求得最简的状态表，应力求寻找最大等效类。寻找最大等效类的方法如下：画一个圆，把状态以点的形式均匀地画在圆周上，再把等效对以直线连起来，构成的最大多边形 BCH 就是最大等效类(图 5-22(e))。

本例的等效状态为(AF)，(BCH)，(D)，(E)，(G)。对它们分别重新命名为 A'，B'，C'，D'，E'，就可得简化后的状态表(图 5-22(d))。

5.4.3 状态分配、求激励函数与输出函数

1. 状态分配

给简化后的状态表中的各状态以二进制数进行编码，称为"状态分配"。例如，对图 5-23(a) 所示状态表进行状态分配，令 A 为 $Q_0Q_1=00$，B 为 $Q_0Q_1=10$，C 为 $Q_0Q_1=11$（**注意**：不是"01"），D 为 $Q_0Q_1=01$，则其状态分配表如图 5-23(b)所示。

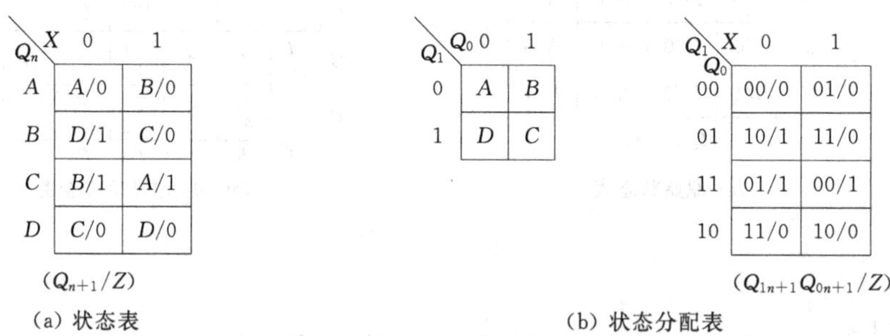

Q_n \ X	0	1
A	$A/0$	$B/0$
B	$D/1$	$C/0$
C	$B/1$	$A/1$
D	$C/0$	$D/0$

(Q_{n+1}/Z)

(a) 状态表

Q_1 \ Q_0	0	1
0	A	B
1	D	C

Q_1Q_0 \ X	0	1
00	00/0	01/0
01	10/1	11/0
11	01/1	00/1
10	11/0	10/0

$(Q_{1n+1}Q_{0n+1}/Z)$

(b) 状态分配表

图 5-23 状态分配的例子

一般说来，有好几种状态分配方案。不同的编码方案对于电路的复杂性是有影响的。由于篇幅所限这里就不介绍如何选择最佳编码方案的方法了，下面的工作是选择所用的触发器。

2. 求激励函数和输出函数

以图 5-23(b)的状态分配表为例，介绍如何由状态分配表和选用的触发器求激励函数和输出函数。

假定选用的是 D 功能触发器。首先把现态和输入 X 作为卡诺图的左标和上标，按状态分配表中对应的现态和次态，在 D 触发器的激励表中找到相应位的 D 值填入其卡诺图中。

把图 5-23(b)的状态分配表重画在图 5-24(a)上，图 5-24(b)是所用 D 功能触发器的激励表。图 5-24(c)、(d)分别是第 0 位触发器及第 1 位触发器的 D 卡诺图。由卡诺图就能得到第 0 位和第 1 位触发器的激励函数：

$$\begin{cases} D_0 = X\overline{Q}_1 + \overline{X}Q_1 \\ D_1 = Q_0\overline{Q}_1 + \overline{Q}_0Q_1 \end{cases}$$

再在另一张卡诺图上把状态分配表中的 Z 值填入卡诺图的格中，即为 Z 的卡诺图(图 5-24(e))。由 Z 卡诺图便可得输出函数 Z：

$$Z=\overline{X}Q_0+Q_0Q_1$$

最后作逻辑图(图 5-24(f))。

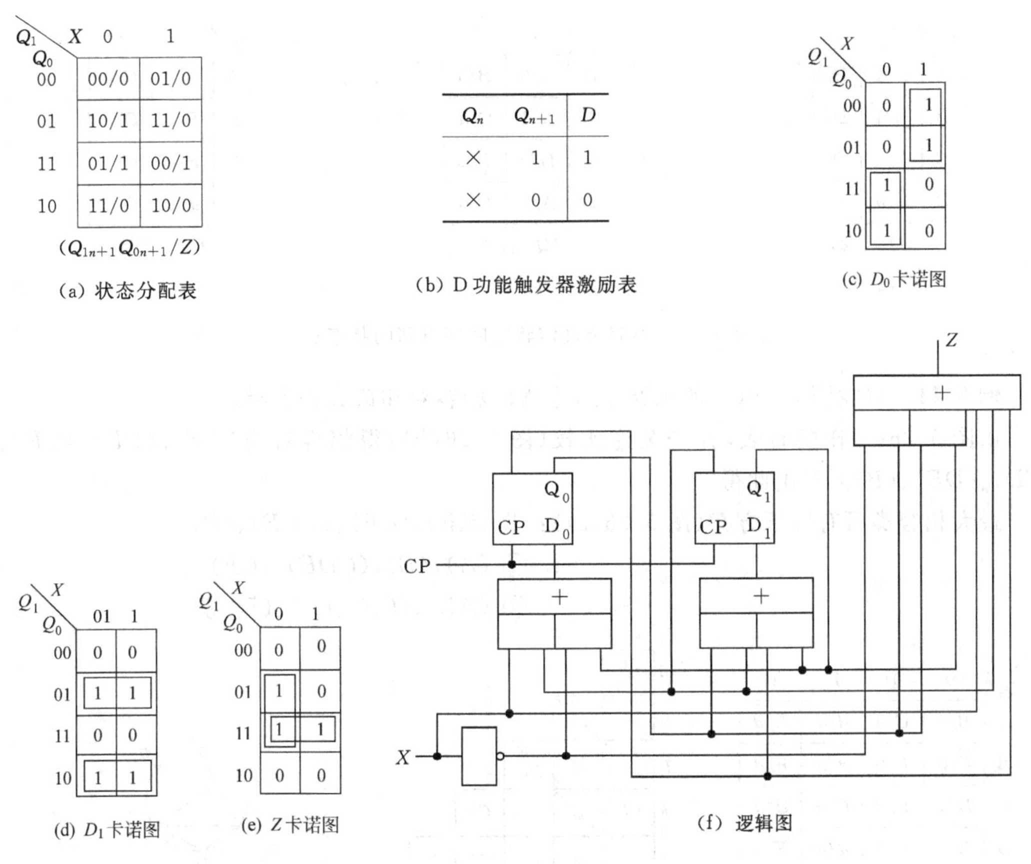

图 5-24　由图 5-23(b)所示状态分配表设计同步时序电路

5.4.4　不完全确定状态的同步时序电路的设计

上面介绍过的同步时序电路，它们的状态表和状态图中所有次态和输出都是确定的，称这种电路为完全确定状态的同步时序电路。而实际应用中还存在次态和输出不确定的情况，称这种电路为不完全确定状态的同步时序电路。在完全确定状态的时序电路设计中，用寻找“等效状态”的概念来化简原始状态表；在不完全确定状态的时序电路中不用状态等效的概念，而用“状态相容”的概念。

“等效”与“相容”是不同的两个概念。图 5-25(a)是某不完全确定状态的时序电路的状态表。由于不确定态 d 可按“0”或“1”给出，似乎 A、B 是等效的。但 A、B 等效是有条件的，即对 B 态，只有 $X=1$ 时输出 d 按“0”给出，A、B 才是等效的。所以不能说 A、B 等效，而只能说 A、B 相容。状态相容不等于状态可以合并，这就是在不完全确定状态的电路中只用“相容”的原因。除此以外，和完全确定状态的电路相似，不完全确定状态电路状态相容也有交错和循环两种情况。例如，图 5-25(a)中 C 和 D 的次态交错，故 CD 相容；图 5-25(b)A 和 D 的次态循环，故 AD 相容。另外，在完全确定状态的时序电路中，若 AB 等效，BC 等效，则 AC 一定等效；在不完全确定状态的电路中，若 AB 相容，BC 相容，则 AC 未必相容。图5-25(c) 表明了这一点。在不完全确定状态的电路也有相容类和最大相容类的概念。

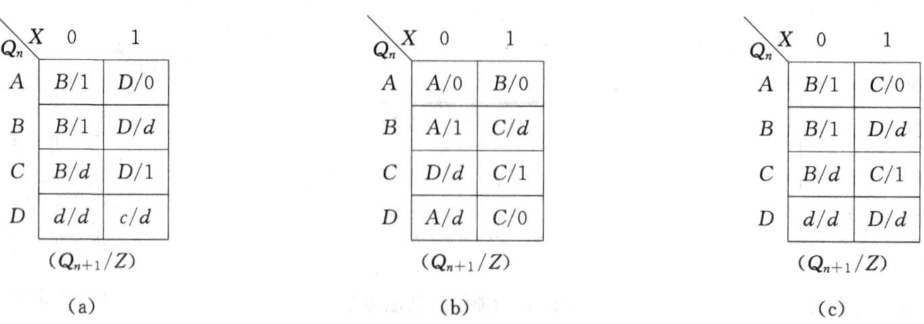

(a)

Q_n \ X	0	1
A	B/1	D/0
B	B/1	D/d
C	B/d	D/1
D	d/d	c/d

(Q_{n+1}/Z)

(b)

Q_n \ X	0	1
A	A/0	B/0
B	A/1	C/d
C	D/d	C/1
D	A/d	C/0

(Q_{n+1}/Z)

(c)

Q_n \ X	0	1
A	B/1	C/0
B	B/1	D/d
C	B/d	C/1
D	d/d	D/d

(Q_{n+1}/Z)

图 5-25　不完全确定状态时序电路的状态表

例 5.11　寻找图 5-26(a)所示原始状态表的相容对和最大相容类。

由图 5-26(a)作隐含表，并经关连比较(图 5-26(b))得相容对为(AE)、(CF)、(CE)、(CD)、(DE)、(B)。并由此得

最大相容类可有以下方案(图 5-26(c))：① (AE)、(CF)、(CDE)、(B)

② (A)、(B)、(CDE)、(CF)

③ (AE)、(CF)、(B)、(D)等

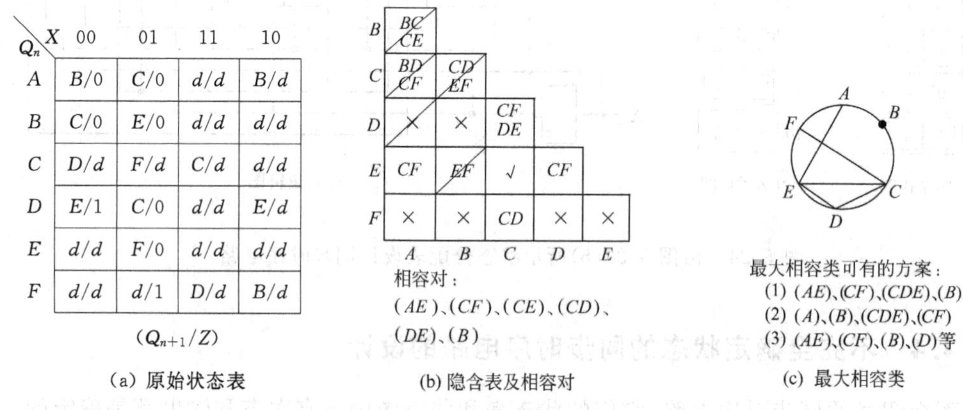

Q_n \ X	00	01	11	10
A	B/0	C/0	d/d	B/d
B	C/0	E/0	d/d	d/d
C	D/d	F/d	C/d	d/d
D	E/1	C/0	d/d	E/d
E	d/d	F/0	d/d	d/d
F	d/d	d/1	D/d	B/d

(Q_{n+1}/Z)

(a) 原始状态表

	A	B	C	D	E
B	BC CE				
C	BD CF	CD EF			
D	×	×	CF DE		
E	CF	EF	√	CF	
F	×	×	CD	×	×

相容对：

(AE)、(CF)、(CE)、(CD)、

(DE)、(B)

(b) 隐含表及相容对

最大相容类可有的方案：

(1) (AE)、(CF)、(CDE)、(B)

(2) (A)、(B)、(CDE)、(CF)

(3) (AE)、(CF)、(B)、(D)等

(c) 最大相容类

图 5-26　不完全确定状态的时序电路的化简

在完全确定状态的时序电路中，在得到最大等效类后，每个等效类用一个状态表示，用这样的一组状态就可构成最小状态表。而在不完全确定状态的时序电路中，就不能用一个状态来代替一个相容类。这是因为状态相容不等于状态可以合并。从最大相容类作最小状态表的方法如下。

先从最大相容类中找出一组相容类来，每个相容类用一个状态表示，用这样的一组状态就可以构成最小状态表。这样的一组相容类应满足以下两个条件：

(1) 原始状态表中每个状态至少应属于组中的一个相容类，以保证状态的完整性。

(2) 该组相容类中的任一相容类，在任何一种输入下，它的次态必须仅属于该组中的一

个相容类，以确保次态具有闭合性。

下面说明如何寻找例 5.11 的这样一组相容类。

先作覆盖闭合表(图 5-27(a))。表的左部分列出全部相容类，表的中间部分反映最大相容类对状态的覆盖情况，表的右部分列出某相容类的所有输入条件下的次态，它反映闭合关系。图 5-27(b)是以(*AE*)、(*CF*)、(*CDE*)、(*B*)为最大相容类的覆盖闭合表。例如，相容类为(*CDE*)，由图 5-26(a)可查得 *X* 为 00、01、11、10 时的次态分别为 *DE*、*CF*、*C*、*E*，将它们填入相应的格中。由图 5-27(b)可看到最大相容类(*AE*)、(*CF*)、(*CDE*)、(*B*)覆盖了全部状态。接着检查它们的闭合性。(*AE*)在 *X* 为 00、01、11、10 时的次态 *B*、*CF*、*B* 分属(*B*)、(*CF*)、(*B*)；(*CF*)在 *X* 为 00、01、11、10 时的次态 *D*、*F*、*CD*、*B* 分属(*CDE*)、(*CF*)、(*CDE*)、(*B*)；(*CDE*)在 *X* 为 00、01、11、10 时的次态 *DE*、*CF*、*C*、*E* 分属(*CDE*)、(*CF*)、(*CF*)、(*AE*)；(*B*)在 *X* 为 00、01、11、10 时的次态 *C*、*E* 分属(*CF*)、(*AE*)。因此(*AE*)、(*CF*)、(*CDE*)、(*B*)符合闭合性要求。将(*AE*)、(*B*)、(*CDE*)、(*CF*)分别命名为 A'、B'、C'、D'，得最小状态表如图 5-27(c)所示。如果以(*AE*)、(*CF*)、(*B*)、(*D*)为最大相容类，则得它的覆盖闭合表如图 5-27(d)所示，由表可见，它虽满足覆盖条件，但相容类 *CF* 在 *X*=11 时的次态 *CD* 分属两个相容类(*CF*)和(*D*)，而不是同一相容类，不满足闭合性条件，因而这一最大相容类不能采用。

相容类	覆 盖					闭 合	
	A	B	C	D	E	X=0	X=1

(a) 覆盖闭合表

相容类	覆 盖						闭 合			
	A	B	C	D	E	F	X=00	X=01	X=11	X=10
AE	A				E		B	CF	d	B
CF			C			F	D	F	CD	B
CDE			C	D	E		DE	CF	C	E
B		B					C	E	d	d

(b) 覆盖闭合表(一)

Q_n \ X	00	01	11	10
A'	$B'/0$	$D'/0$	d/d	B'/d
B'	$D'/0$	$A'/0$	d/d	d/d
C'	$C'/1$	$D'/0$	C'/d	A'/d
D'	C'/d	$D'/1$	C'/d	B'/d

(Q_{n+1}/Z)

(c) 最小状态表

相容类	覆 盖						闭 合			
	A	B	C	D	E	F	X=00	X=01	X=11	X=10
AE	A				E		B	CF	d	B
CF			C			F	D	F	CD	B
B		B					C	E	d	d
D				D			E	C	d	E

(d) 覆盖闭合表(二)

图 5-27 例 5.11 的最小状态表

例 5.12 化简图 5-28(a)所示状态表。

作隐含表(图 5-28(b))，得相容对(*AB*)、(*AD*)、(*BC*)、(*BD*)、(*BE*)、(*BG*)、(*CD*)、(*CF*)、(*DG*)、(*EF*)、(*EG*)、(*FG*)。由圆图 5-28(c)可得最大相容类有(*ABCD*)、(*EFG*)；(*AB*)、(*CD*)、(*EFG*)和(*AD*)、(*BC*)、(*EFG*)等几种。图 5-28(d)是最大相容类(*ABCD*)、(*EFG*)的覆盖闭合表，它虽满足覆盖条件，但相容类(*ABCD*)在 *X*=00 时的次态 *BF* 分属(*ABCD*)、(*EFG*)两个相容类，而不在同一相容类中，不满足闭合性条件，所以不能采用。图

5-28(e)是最大相容类(AB)、(CD)、(EFG)的覆盖闭合表，虽然相容类有 3 个，但由覆盖闭合表可知，它能满足覆盖和闭合条件。令 $AB=A'$、$CD=B'$、$EFG=C'$ 即可得最小状态表(图 5-28(f))。

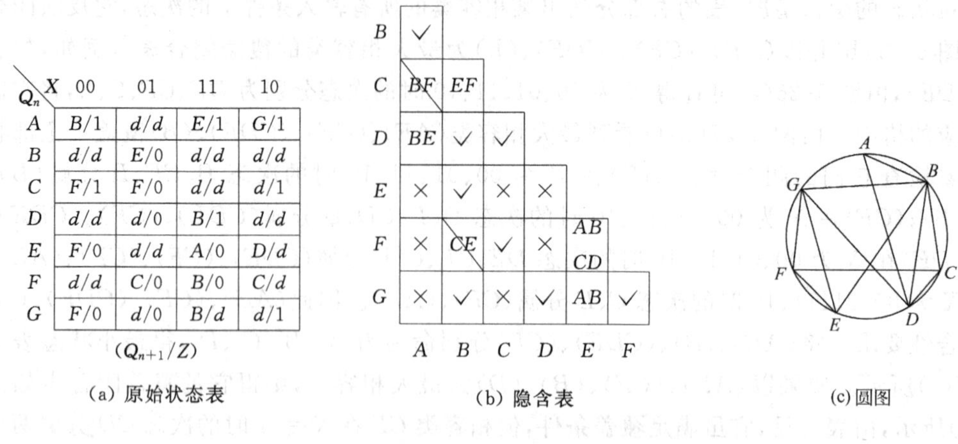

Q_n \ X	00	01	11	10
A	B/1	d/d	E/1	G/1
B	d/d	E/0	d/d	d/d
C	F/1	F/0	d/d	d/1
D	d/d	d/0	B/1	d/d
E	F/0	d/d	A/0	D/d
F	d/d	C/0	B/0	C/d
G	F/0	d/0	B/d	d/1

(Q_{n+1}/Z)

(a) 原始状态表

B	✓					
C	BF	EF				
D	BE	✓	✓			
E	×	✓	×	×		
F	×	CE	✓	×	AB CD	
G	×	✓	×	✓	AB	✓
	A	B	C	D	E	F

(b) 隐含表

(c) 圆图

相容类	覆盖							闭合			
	A	B	C	D	E	F	G	X=00	X=01	X=11	X=10
ABCD	A	B	C	D				BF	EF	BE	G
EFG					E	F	G	F	C	AB	CD

(d) 覆盖闭合表(一)

相容类	覆盖							闭合			
	A	B	C	D	E	F	G	X=00	X=01	X=11	X=10
AB	A	B						B	E	E	G
CD			C	D				F	F	B	d
EFG					E	F	G	F	C	AB	CD

(e) 覆盖闭合表(二)

Q_n \ X	00	01	10	11
A′	A′/1	C′/d	C′/1	C′/1
B′	C′/1	C′/0	A′/1	d/1
C′	C′/0	B′/0	A′/0	B′/1

(Q_{n+1}/Z)

(f) 最小状态表

图 5-28　求例 5.12 的最小状态表

5.4.5　设计举例

例 5.13　设计一串行输入(输入顺序为低位先入)8421 码组成的 BCD 码校验器。当串行输入的 4 位二进制码符合 8421-BCD 码时，电路输出为“0”，若不符合 BCD 码(即输入由 0101 到 1111)则输出为“1”。校验器每输入 4 位判断 1 次，判断后电路回到初态。电路使用正沿 D 触发器。

电路仅在进行第 4 位校验后的输出才有效，所以电路有 15 个状态 A、B、C、…、N、P。假设初态为 A，作原始状态图和原始状态表分别如图 5-29(a)、(b)所示。用观察法即可判断得(HL)、($IJKMNP$)等效，令(HL)=(H)，($IJKMNP$)=(I)，得状态表如图 5-29(c)所示。作隐含表(图 5-29(d))，得等效对(BC)、(DF)、(EG)，所以最大等效类为(A)、(BC)、(DF)、(EG)、(H)、(I)。令(A)、(BC)、(DF)、(EG)、(H)、(I)分别为 A'、B'、C'、D'、E'、F'，就可得最小状态表(图 5-29(e))。状态分配为：A'为 $Q_0Q_1Q_2=000$，B'为 $Q_0Q_1Q_2=100$，C'为 $Q_0Q_1Q_2=110$，D'为 $Q_0Q_1Q_2=111$，E'为 $Q_0Q_1Q_2=011$，F'为 $Q_0Q_1Q_2=010$，可得状态分配

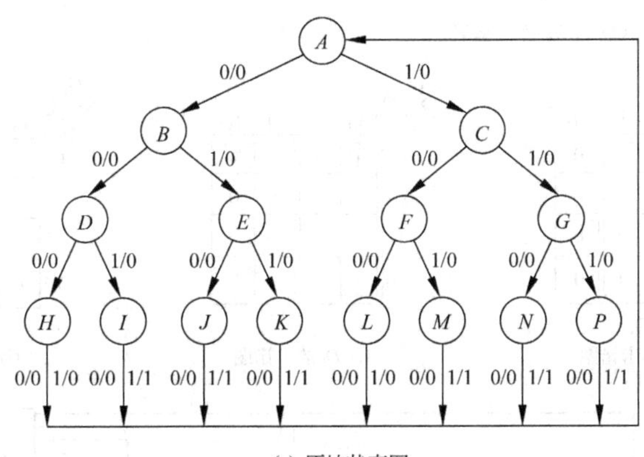

(a) 原始状态图

Q_n \ X	0	1
A	B/0	C/0
B	D/0	E/0
C	F/0	G/0
D	H/0	I/0
E	J/0	K/0
F	L/0	M/0
G	N/0	P/0
H	A/0	A/0

	0	1
I	A/0	A/1
J	A/0	A/1
K	A/0	A/1
L	A/0	A/0
M	A/0	A/1
N	A/0	A/1
P	A/0	A/1

Q_{n+1}/Z

(b) 原始状态表

Q_n \ X	0	1
A	B/0	C/0
B	D/0	E/0
C	F/0	G/0
D	H/0	I/0
E	I/0	I/0
F	H/0	I/0
G	I/0	I/0
H	A/0	A/0
I	A/0	A/1

(Q_{n+1}/Z)

(c) 初步化简的状态表

B	BD CE							
C	BF CG	DF EG						
D	BH CI	DH EI	FH GI					
E	BI CI	DI EI	FI GI	HI				
F	BH CI	DH EI	FH GI	√	HI			
G	BI CI	DI EI	FI GI	HI	√	HI		
H	AB AC	AD AE	AF AG	AH AI	AI	AH AI	AI	
I	×	×	×	×	×	×	×	×
	A	B	C	D	E	F	G	H

(d) 隐含表

Q_n \ X	0	1
A′	B′/0	B′/0
B′	C′/0	D′/0
C′	E′/0	F′/0
D′	F′/0	F′/0
E′	A′/0	A′/0
F′	A′/0	A′/1

(Q_{n+1}/Z)

(e) 最小状态表

图 5-29　例 5.13 的设计

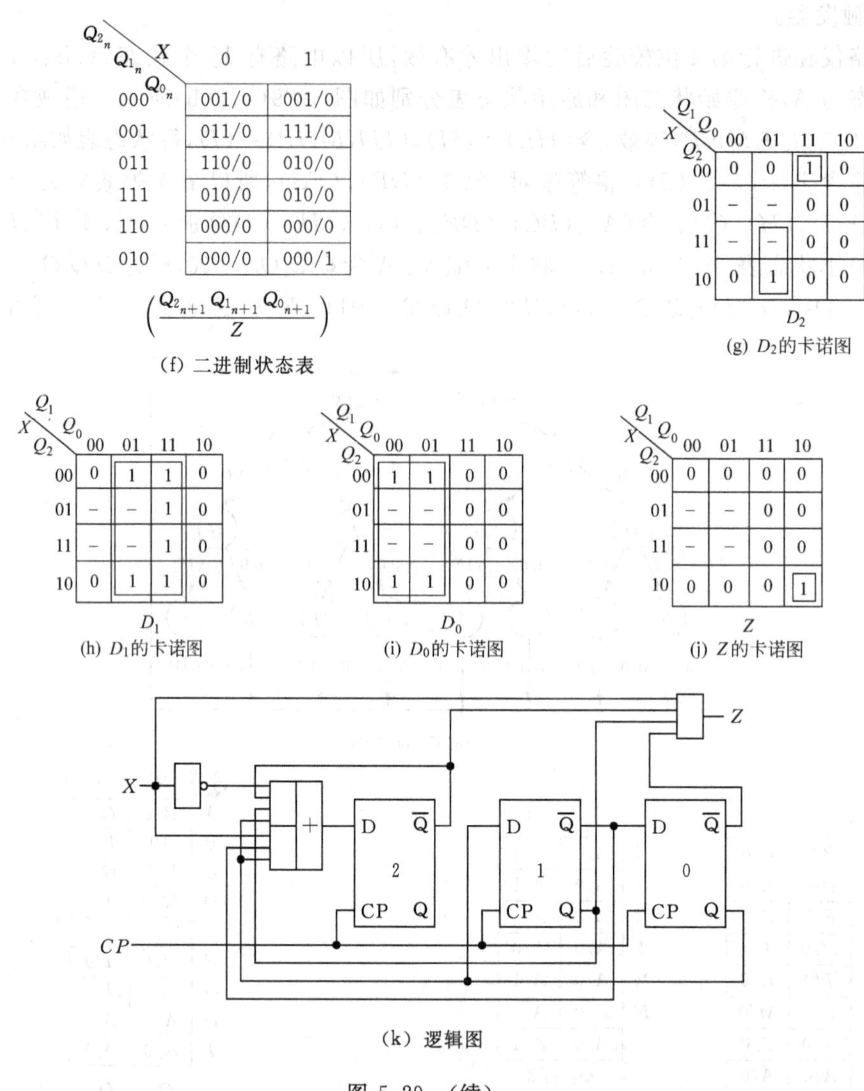

$Q_{2_n}Q_{1_n}Q_{0_n}$ \ X	0	1
000	001/0	001/0
001	011/0	111/0
011	110/0	010/0
111	010/0	010/0
110	000/0	000/0
010	000/0	000/1

$\left(\dfrac{Q_{2_{n+1}}Q_{1_{n+1}}Q_{0_{n+1}}}{Z}\right)$

(f) 二进制状态表

XQ_2 \ Q_1Q_0	00	01	11	10
00	0	0	1	0
01	–	–	0	0
11	–	–	0	0
10	0	1	0	0

D_2

(g) D_2的卡诺图

XQ_2 \ Q_1Q_0	00	01	11	10
00	0	1	1	0
01	–	–	1	0
11	–	–	1	0
10	0	1	1	0

D_1

(h) D_1的卡诺图

XQ_2 \ Q_1Q_0	00	01	11	10
00	1	1	0	0
01	–	–	0	0
11	–	–	0	0
10	1	1	0	0

D_0

(i) D_0的卡诺图

XQ_2 \ Q_1Q_0	00	01	11	10
00	0	0	0	0
01	–	–	0	0
11	–	–	0	0
10	0	0	0	1

Z

(j) Z的卡诺图

(k) 逻辑图

图 5-29 (续)

表如图 5-29(f)所示。由此图可得 3 个 D 触发器数据输入的卡诺图(图 5-29(g)、(h)、(i))及输出 Z 的卡诺图(图 5-29(j))。列出激励方程和输出方程如下:

$$\begin{cases} D_0 = \overline{Q_1} \\ D_1 = Q_0 \\ D_2 = \overline{X}\,\overline{Q_2}Q_1Q_0 + X\overline{Q_1}Q_0 \\ Z = X\overline{Q_2}Q_1\overline{Q_0} \end{cases}$$

由激励函数及输出函数即可画得例 5.13 的逻辑图(图 5-29(k))。

例 5.14 用 J-K 触发器设计一个余 3 码十进制加 1 计数器。

该计数器有 10 个状态,分别用 A、B、…、I、J 表示,只有当计数器状态为 J 时输出 Z 为"1"。它的原始状态图示于图 5-30(a),箭上标注的是输出信号 Z。很明显,图 5-30(a)已是最小状态图,因而无必要对它进行化简了。图 5-30(b)、(c)分别是状态分配表及状态分配后

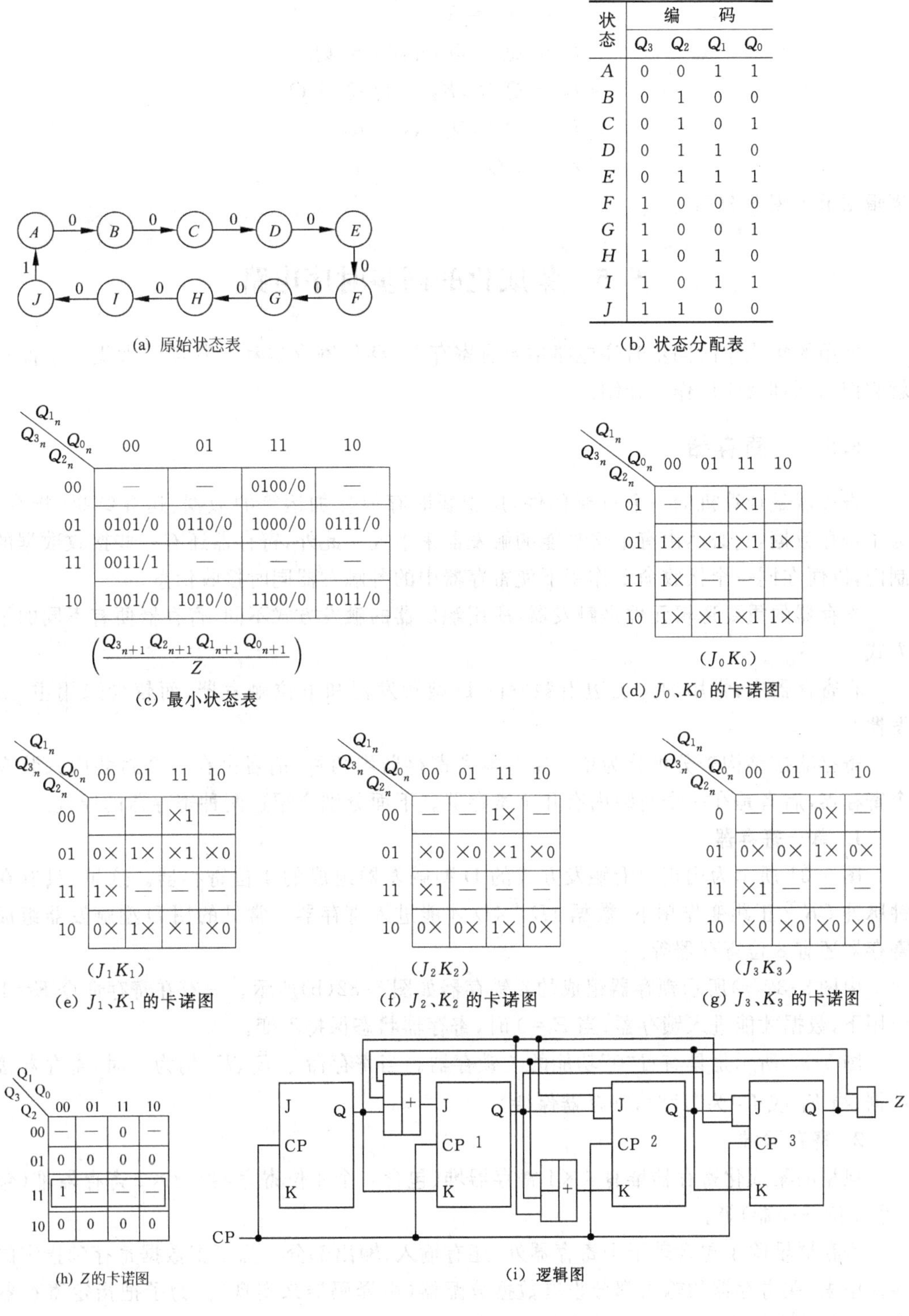

图 5-30 例 5.14 的设计

的最小状态表。由图 5-30(c)可得 $J_0,K_0,J_1,K_1,J_2,K_2,J_3,K_3$ 以及 Z 的卡诺图(图 5-30(d)～(h))。最后得各触发器的激励方程及输出方程如下：

$$\begin{cases} J_0 = K_0 = 1 \\ J_1 = Q_0 + Q_2Q_3, K_1 = Q_0 \\ J_2 = Q_0Q_1, K_2 = Q_0Q_1 + Q_3 \\ J_3 = Q_0Q_1Q_2, K_3 = Q_2 \\ Z = Q_2Q_3 \end{cases}$$

逻辑图示于图 5-30(i)。

5.5 集成化的同步时序电路

常用的集成化的同步时序电路主要有寄存器、移位寄存器和计数器三大类。下面分别就它们的原理及应用作一介绍。

5.5.1 寄存器

寄存器是计算机的一个重要部件，用于暂时存放参加运算的数据、运算结果、指令等。为了寄存数据，它必然由有记忆功能的触发器来组成。此外，寄存器还有一些接收数据的控制门，以便在同一个接收命令作用下使寄存器中的各触发器同时接收信息。

寄存器的重要逻辑元件是触发器，所用触发器的触发方式不同，寄存器便有不同的触发方式。

在寄存器中，常用的是正边沿触发的 D 型触发器和电位触发器，而较少采用主-从触发器。

寄存器按结构来分可分为单一寄存器和寄存器堆两种，前者是在一个封装内只装有一个寄存器，后者是在一个封装内有几个寄存器。下面分别介绍这两种寄存器的原理。

1. 单一寄存器

图 5-31 所示为用正边沿触发方式的 D 型触发器组成的 4 位寄存器。这里，只有在时钟脉冲 CK①正跳变作用下，数据 $1D$～$4D$ 才能进入寄存器。常见的用 D 型触发器组成的寄存器还有 8 位寄存器等。

由图 5-32(a)所示锁存器组成的 4 锁存器如图 5-32(b)所示。只有在寄存命令 $E=1$ 的作用下，数据才能进入锁存器；当 $E=0$ 时，寄存器状态保持不变。

图 5-33 所示是具有置“0”功能的 4 锁存器。当寄存命令 $\overline{E}_1$、$\overline{E}_2$ 均为 0 时，寄存器接收数据；当 $\overline{E}_1$ 或 $\overline{E}_2$ 为“1”时，寄存器保持。

2. 寄存器堆

典型的集成化寄存器堆有 4×4 寄存器堆(包含 4 个 4 位寄存器)、8×2 寄存器堆(包含 8 个 2 位寄存器)等。

寄存器堆除了包含若干个寄存器外，还有输入、输出部分。为了把数据寄存到指定的寄存器中去，在寄存器的输入部分设有数据分配器(由译码器来实现)。为了把指定寄存器的内容送到输出端去，在寄存器堆的输出部分设有数据选择器。此外，寄存器堆还有“写”(即寄存)、“读”(即输出)控制电路。寄存器堆常用作累加器、高速暂存器、缓冲存储器。

---

① 为了区分触发器的时钟 CP，寄存器的时钟用 CK 表示。

$\overline{R}_D$	CK	$1D$	$2D$	$3D$	$4D$	$1Q$	$2Q$	$3Q$	$4Q$
1	↑	$1D$	$2D$	$3D$	$4D$	$1D$	$2D$	$3D$	$4D$
0	×	×	×	×	×	0	0	0	0

(a) 功能表

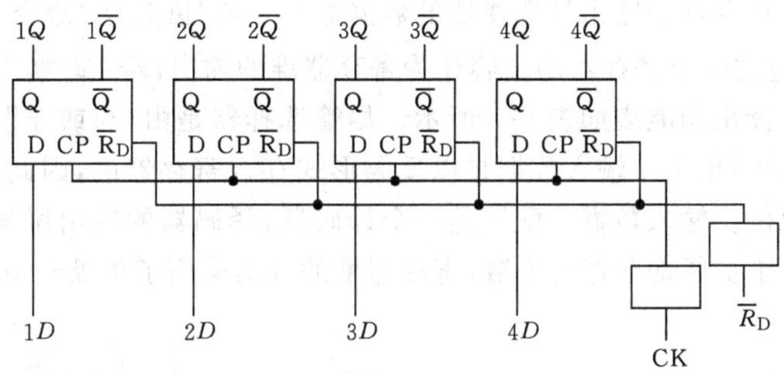

(b) 4D寄存器

图 5-31 4D 寄存器

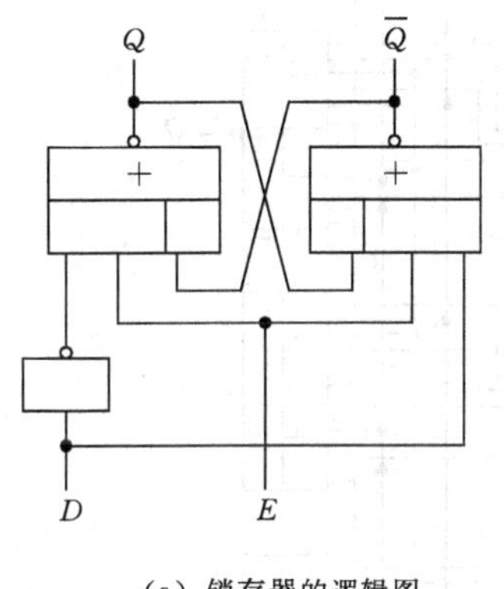

(a) 锁存器的逻辑图

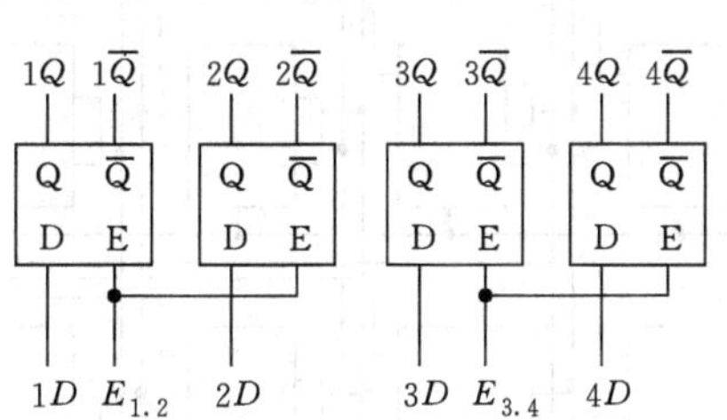

(b) 用锁存器组成的4位寄存器

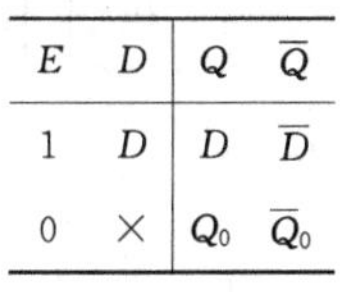

E	D	Q	$\overline{Q}$
1	D	D	$\overline{D}$
0	×	Q_0	$\overline{Q}_0$

(c) 功能表

图 5-32 4 锁存器

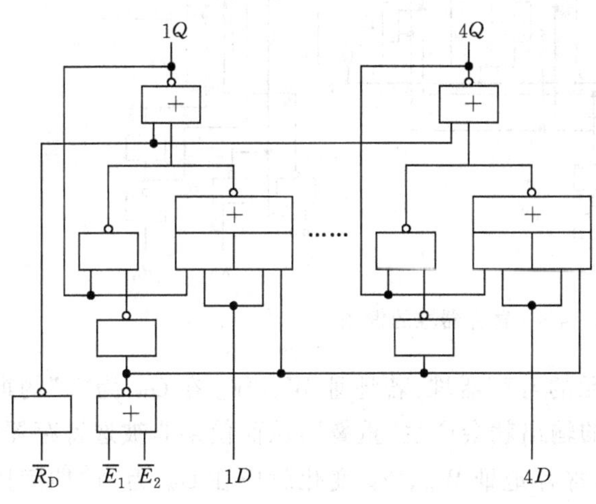

(a) 逻辑图

$\overline{R}_D$	$\overline{E}_1+\overline{E}_2$	Q
0	×	0
1	1	Q_0
1	0	D

(b) 功能表

图 5-33 具有置“0”功能的 4 锁存器

图 5-34 是 4×4 寄存器堆的逻辑图，它是用锁定触发器作为寄存单元的。这里，4 位输入数据 $D_1 \sim D_4$ 只能寄存到一个寄存器中去。W_A、W_B 为输入数据分配器的地址(写地址)。若"写允许"命令 $\overline{G}_W$ 为"0"，数据经反相门以反码形式存入到指定的寄存器中去；若 $\overline{G}_W$ 为"1"，数据的寄存被禁止。寄存功能表如表 5-7 所示。电路的输出部分是一个 4 位 4 通道选 1 数据选择器，4 个寄存器的输出是选择器的数据输入。若"读允许"命令 $\overline{G}_R$ 为"0"，则读地址 R_A、R_B 选择相应的一个寄存器的内容作为寄存器堆的输出；若 $\overline{G}_R$ 为"1"，输出被禁止，此时，输出均为"1"。读出功能表如表 5-8 所示。尽管选择器是由"与或非"门组成的，其输出为所寄存数据的反码，但由于输入数据是以反码形式存入寄存器的，因此，电路的输出仍为寄存器堆输入的原码。输入数据分配器是一个译码器，译码器的输出用来作为触发器的寄存命令 E。为了便于扩展寄存器的个数，寄存器堆的输出采用了集极开路结构。

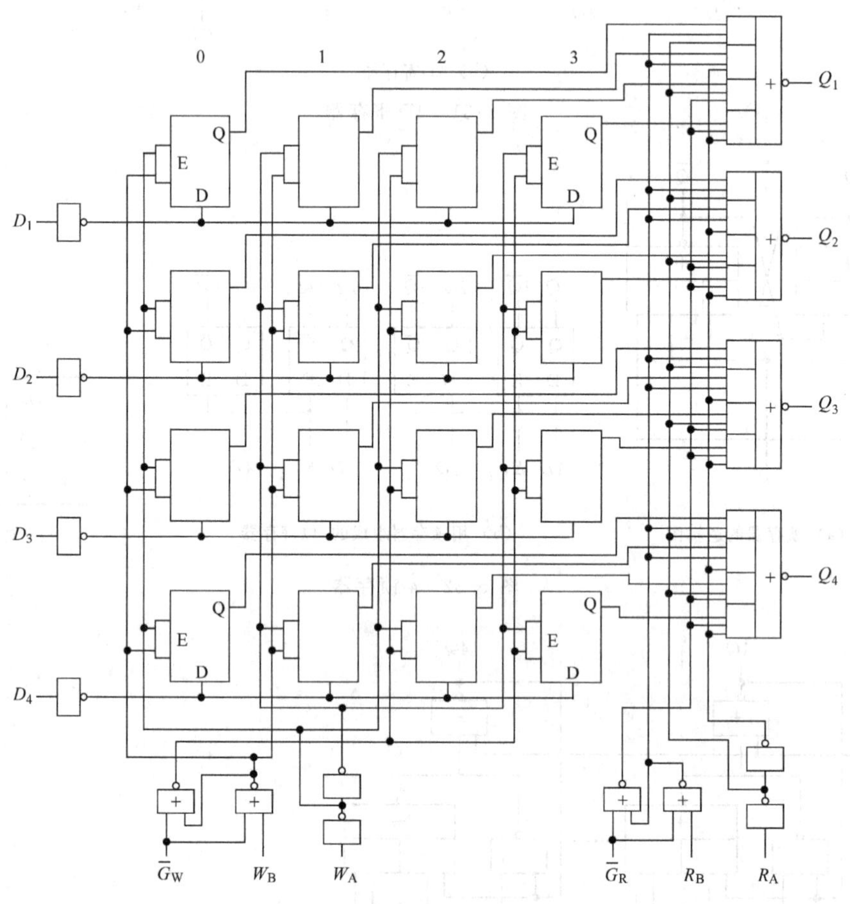

图 5-34　4×4 寄存器堆的框图

对于采用锁定触发器作为寄存单元的寄存器堆，若地址 W_A、W_B 在 $\overline{G}_W$ 为"0"的期间，寄存地址 W_A、W_B 变化，那么，分配器的输出就会产生"重叠"，从而使某非被选寄存器的内容遭到破坏。为了防止这种情况出现，寄存地址 W_A、W_B 变化就应在 $\overline{G}_W$ 为"1"期间进行，当 $\overline{G}_W$ 由"1"变至"0"时，其数据便写入到选定的寄存器中去。此外，从 $\overline{G}_W$ 负跳变开始，到锁定触发器的数据稳定地存入指定的寄存器为止，这一过程需要一定的时间。因此，为了读出

表 5-7　4×4 寄存器堆“寄存”功能表

寄存输入			寄　存　器			
W_B	W_A	$\overline{G}_W$	0	1	2	3
0	0	0	$Q=D$	Q_n	Q_n	Q_n
0	1	0	Q_n	$Q=D$	Q_n	Q_n
1	0	0	Q_n	Q_n	$Q=D$	Q_n
1	1	0	Q_n	Q_n	Q_n	$Q=D$
×	×	1	Q_n	Q_n	Q_n	Q_n

表 5-8　4×4 寄存器堆“读出”功能表

读出命令			输　出			
R_B	R_A	$\overline{G}_R$	Q_0	Q_1	Q_2	Q_3
0	0	0	W_{0B1}	W_{0B2}	W_{0B3}	W_{0B4}
0	1	0	W_{1B1}	W_{1B2}	W_{1B3}	W_{1B4}
1	0	0	W_{2B1}	W_{2B2}	W_{2B3}	W_{2B4}
1	1	0	W_{3B1}	W_{3B2}	W_{3B3}	W_{3B4}
×	×	1	1	1	1	1

注：W_{0B1}——0 号寄存器的第 1 位内容

这个寄存器新写入的内容，读命令和读地址的到来应迟后于 $\overline{G}_W$ 负跳变一定的时间。

图 5-35 为 8×1 双输出寄存器堆的框图。如图所示，在数据入口处有一个数据分配器。寄存器堆的输出端有两个 8 通道选 1 数据选择器和 2 个触发器，用来寄存输出。寄存器和输出触发器以主-从方式工作。其工作原理不在此介绍，请读者自行分析。

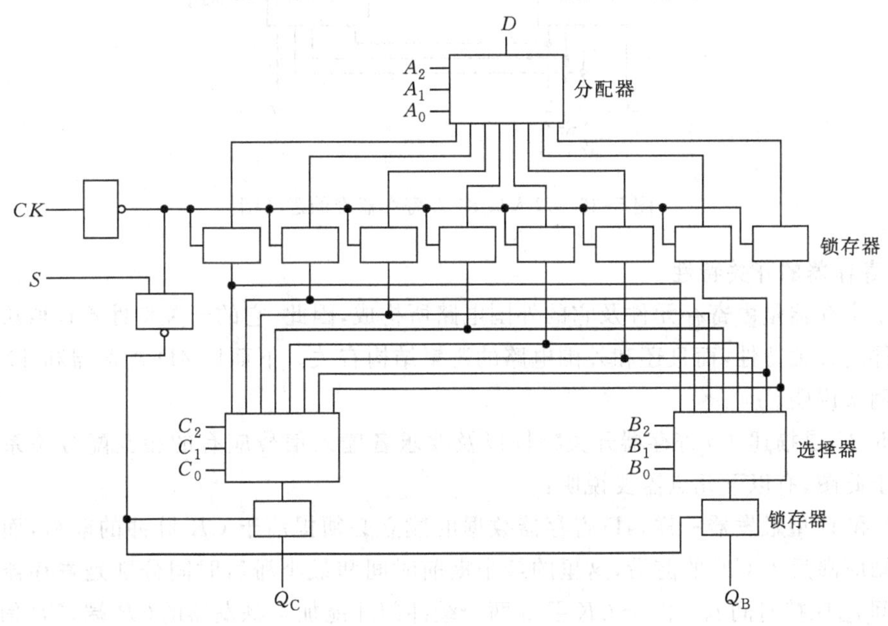

图 5-35　8×1 寄存器堆的框图

图 5-36 是双入口 8×2 寄存器堆的逻辑图。它用 8 个 2 位主-从触发器作寄存器。寄存器堆有 2 组数据入口，在入口处有 2 个数据分配器。在时钟脉冲正跳变的作用下，根据地址 $1W_0$、$1W_1$、$1W_2$ 及 $2W/R_0$、$2W/R_1$、$2W/R_2$ 同时将 2 组 2 位数据 $1D_A$、$1D_B$ 及 $2D_A$、$2D_B$ 分别写入寄存器堆中去，从而完成写入任务。2 组写入地址可以相同，也可以不同。如果相同，写入的内容便是 $1D_A2D_A$ 及 $1D_B2D_B$。寄存器堆有 2 组数据出口（$1Q_A$、$1Q_B$ 和 $2Q_A$、$2Q_B$）。在数据出口处有 2 组 8 选 1 数据选择器。它们按读出地址 $1R_0$、$1R_1$、$1R_2$ 及 $2W/R_0$、$2W/R_1$、$2W/R_2$，从 8 个寄存器中选择 2 个寄存器内容，分别从输出端 $1Q_A$、$1Q_B$ 及 $2Q_A$、$2Q_B$

输出。有一个分配器和一个选择器地址是相同的，而另一个分配器地址和另一个选择器地址则是不相同的。两组数据分配器各设置“写允许”端 $1\overline{G}_W$、$2\overline{G}_W$ 用以对数据写入进行控制；若 $\overline{G}_W$ 为“0”，则允许数据在 CK 正跳变来到时写入寄存器；若 $\overline{G}_W$ 为“1”，则数据写入被禁止。两个数据选择器也分别设有“读允许”端 $1\overline{G}_R$、$2\overline{G}_R$ 用以对读出进行控制；当 $\overline{G}_R$ 为“0”，允许数据读出，当 $\overline{G}_R$ 为“1”禁止读出，选择器输出为“1”。

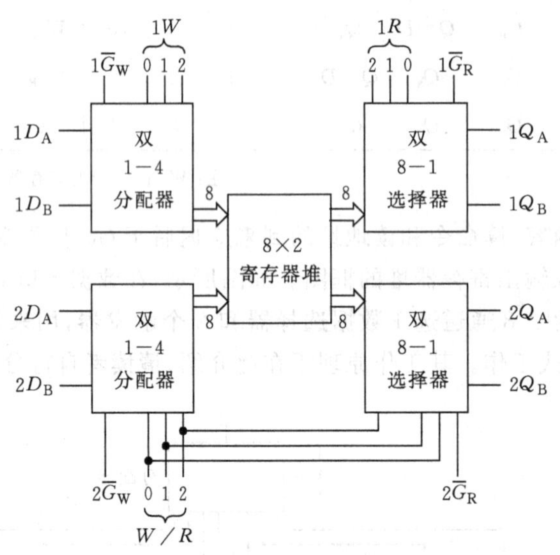

图 5-36　双入口 8×2 寄存器堆的逻辑图

3. 寄存器的开关特性

由于寄存器是由寄存元件及它的外围电路所构成，因此，它的开关特性不仅取决于所用寄存元件的开关特性，而且还和外围电路的逻辑结构有关。下面以 4D 寄存器和 4×4 寄存器堆为例来说明。

图 5-37 是描述 4D 寄存器开关特性以及要求各输入信号应有的相互配合关系的波形图。对于此图，有以下几点需要说明：

(1) 和 D 型触发器一样，4D 寄存器数据的建立必须提前于 CK 脉冲的前沿，而其数据的撤除则应滞后于 CK 的前沿，这里的最小提前时间和最小滞后时间分别是寄存器的数据建立时间 t_{su} 保持时间 t_h。由于 CK 要经两个缓冲门才能加至触发器的 CP 端，CP 信号是滞后于 CK 信号的。因此，寄存器的数据建立时间小于 D 型触发器的数据建立时间，寄存器的数据建立时间可能是零值。此外，由于存在 CK 缓冲门，因此，寄存器的数据保持时间大于触发器的数据保持时间。

(2) 由于存在时钟缓冲门，因此，CK 到 Q、$\overline{Q}$ 端的上升延迟和下降延迟 $t_{P_{LH_{CK\to Q}}}$、$t_{P_{LH_{CK\to \overline{Q}}}}$、$t_{P_{HL_{CK\to Q}}}$、$t_{P_{HL_{CK\to \overline{Q}}}}$ 比触发器的 CP 到 Q、$\overline{Q}$ 的传输延迟要长。

(3) 寄存器的 $\overline{R}_D$ 到 Q 下降延迟 $t_{P_{HL_{\overline{R}_D\to Q}}}$、$\overline{R}_D$ 到 Q 的上升延迟 $t_{P_{LH_{\overline{R}_D\to \overline{Q}}}}$。它们除了包括触发器的 $\overline{R}_D$ 到 Q 的下降延迟以及 $\overline{R}_D$ 到 $\overline{Q}$ 的上升延迟外，还包括了 $\overline{R}_D$ 缓冲门的传输延迟。此外，和 D 触发器一样，为了使 $\overline{R}_D$ 信号撤消后随即到来的 CK 正跳变能正确地把 D 信

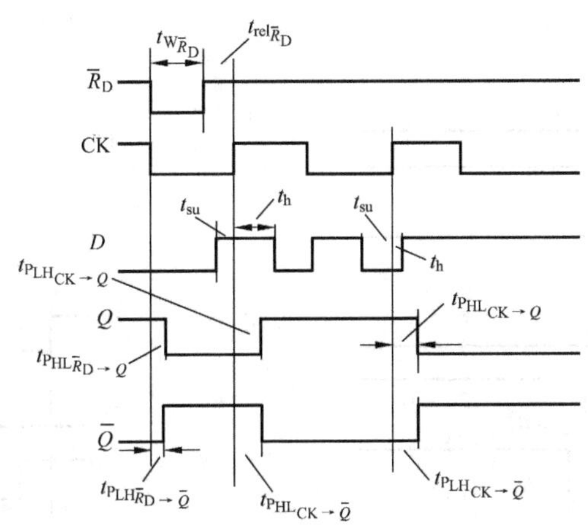

图 5-37　4D 寄存器的动态波形图

号打入到寄存器中去，寄存器 $\overline{R}_D$ 的撤除应提前于 CK 的正跳变，这段最小的提前时间称为寄存器的置“0”恢复时间 $t_{rel\overline{R}_D}$。

中速 TTL4D 寄存器的开关参数见表 5-9。

表 5-9　中速 TTL 4 D 寄存器的开关参数

参　　数	最小值/ns	典型值/ns	最大值/ns
最高时钟工作频率 $f_{max\,CK}$	25	35	
时钟到输出的上升延迟 $t_{P_{LH_{CK\to Q}}}$、$t_{P_{LH_{CK\to\overline{Q}}}}$		20	30
时钟到输出的下降延迟 $t_{P_{HL_{CK\to Q}}}$、$t_{P_{HL_{CK\to\overline{Q}}}}$		21	30
置“0”到 Q 的下降延迟 $t_{P_{HL_{\overline{R}_D\to Q}}}$		23	25
置“0”到 $\overline{Q}$ 的上升延迟 $t_{P_{HL_{\overline{R}_D\to\overline{Q}}}}$		16	25
数据建立时间 t_{su_D}	20		
数据保持时间 t_{h_D}	5		
置“0”恢复时间 $t_{rel\overline{R}_D}$	25		
置“0”脉冲宽度 $t_{W\overline{R}_D}$	20		

说明：参数测试条件 $V_{CC}=5V$，$C_L=15pf$，$R_L=400\Omega$，$T_A=25℃$。

图 5-38 绘出了描述 4×4 寄存器堆各输入波形配合要求和定义开关参数的波形图。在这里有以下几点说明：

(1) W_A、W_B 的变化应在 $\overline{G}_W$ 为“1”期间时行。地址变化滞后于 $\overline{G}_W$ 正跳变的最小时间以及地址变化提前于 $\overline{G}_W$ 负跳变的最小时间，分别称为寄存器地址对于“写”命令的保持时间 t_{h_W} 和建立时间 t_{su_W}。图 5-38 波形图绘出了它们的定义。

(2) 由于所用寄存单元是锁定触发器，因此，和锁定触发器一样，寄存器堆也有输入数据对于 $\overline{G}_W$ 的建立时间 t_{su_D} 和保持时间 t_{h_D}。

(3) 为了确保对某一寄存器写入结束后再进行“读”，读地址的建立应滞后于 $\overline{G}_W$ 的负跳变。这段最小滞后时间称为 t_{latch}。

4×4 寄存器堆有以下三种传输延迟：

(1) 在读地址已建立的前提下，从“读允许”命令建立到输出读出信号的延迟，称为 $\overline{G}_R$

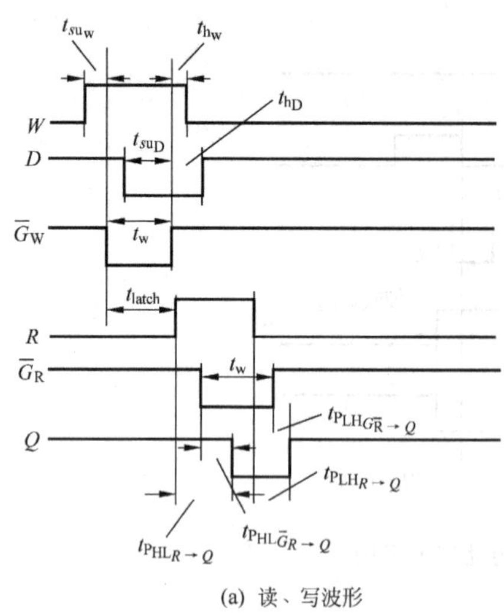

(a) 读、写波形

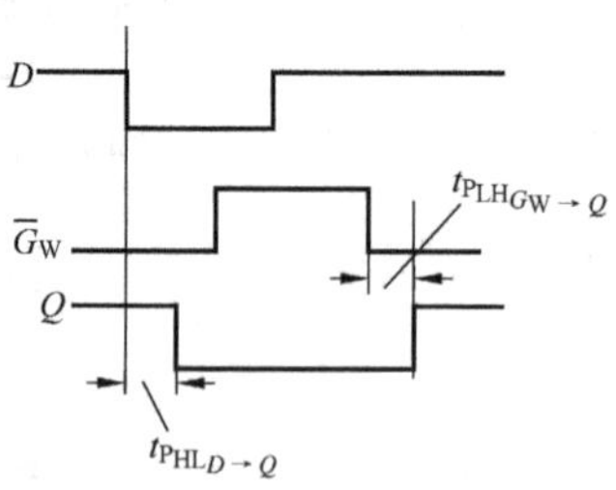

(b) 数据输入到输出的传输延迟

图 5-38　4×4 寄存器堆的动态波形图

到 Q 的下降延迟 $t_{P_{HL_{\overline{G}_{R\to Q}}}}$；在读地址已建立的前提下，从"读允许"命令撤除到输出出现"1"的延迟，称为 $\overline{G}_R$ 到 Q 的上升延迟 $t_{P_{LH_{\overline{G}_{R\to Q}}}}$。

(2)"读允许"命令已建立，从读出地址到输出的传输延迟 $t_{P_{HL_{R\to Q}}}$、$t_{P_{LH_{R\to Q}}}$。

(3) 当 $W_A=R_A$、$W_B=R_B$(此时"读允许"及"写允许"命令均已建立)时，数据输入到输出的传输延迟 $t_{P_{HL_{D\to Q}}}$、$t_{P_{LH_{D\to Q}}}$（图 5-38(b)）。

5.5.2　移位寄存器

在计算机中，常常要求寄存器有"移位"功能。例如，在进行乘法运算时，要求将部分积右移；在除法时，则要求将余数左移；将并行传递的数转换成串行传送的数以及将串行传递的数转换成并行传送的数的过程中，也需要"移位"。具有移位功能的寄存器称为移位寄存器。

1. 移位寄存器的逻辑结构

在移位寄存器中，要求每来一个时钟脉冲(即移位命令)，寄存器中的数就顺序向左或向右移动一位。因此，在构成移位寄存器时，必须采用主-从触发器或边沿触发器，而不能采用电位触发器。

数据输入移位寄存器的方式有串行输入和并行输入两种。图 5-39 所示是串行输入数据的右移移位寄存器。在时钟的作用下，输入数据进入寄存器最左位，同时，将已存入寄存器的数据右移一位。串行输入方式的工作速度较低。并行输入方式是把全部输入数据同时存入寄存器，它的工作速度较高。并行输入数据的方法有两种。第 1 种方法是将各输入数据经触发器的 $\overline{R}_D$ 端和 $\overline{S}_D$ 端送入寄存器(如图 5-40 所示)，当并行输入命令为"1"时，电路执行并入输入操作。它的特点是并行输入不需要时钟的作用。第 2 种方法是将各输入数据送至触发器的数据输入端，在并行输入的"1"命令到来时(此时移位命令应为"0")，在时钟作用下，使输入数据进入寄存器，如图 5-41 所示。

如果要求寄存器既能左移又能右移，那么，就应使用双通道选一数据选择器，由它进行

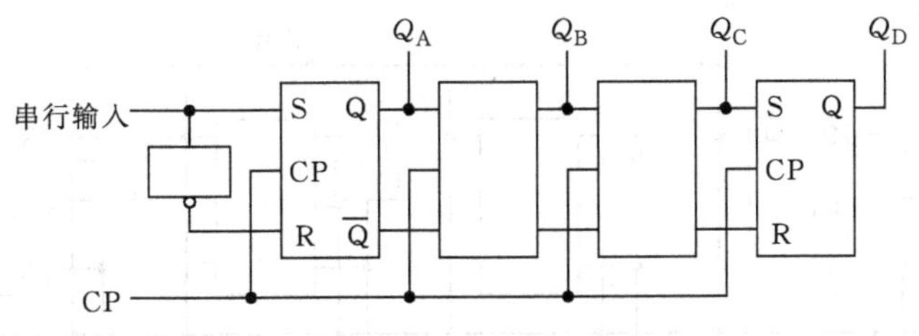

图 5-39　串行输入的移位寄存器

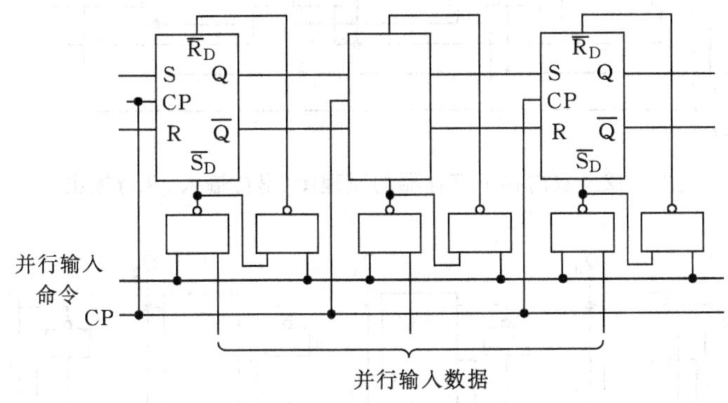

图 5-40　移位寄存器并行输入数据的第 1 种方法(之一)

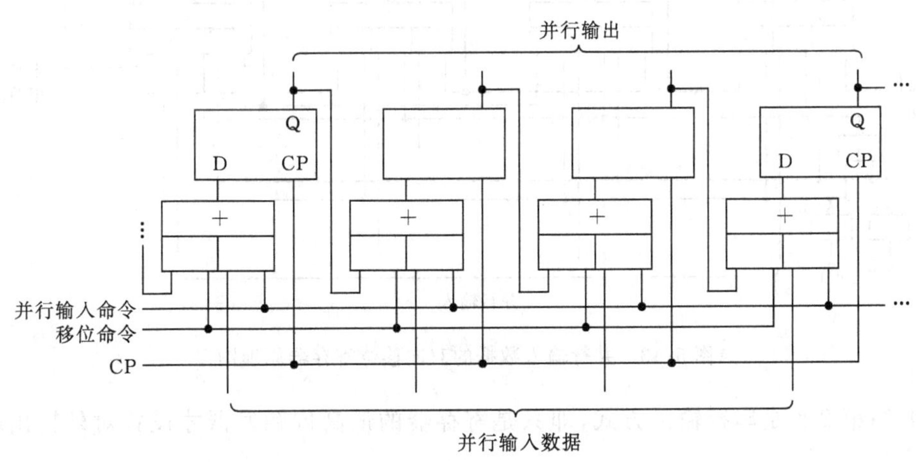

图 5-41　移位寄存器并行输入数据的第 2 种方法(之二)

如下选择:要么把右位触发器的输出送至本位触发器的输入(左移),要么把左位触发器的输出送至本位触发器的输入(右移)。图 5-42 是双向移位寄存器的原理图。移位的方向由 S 来决定。当 S 为“0”,进行左移操作;当 S 为“1”,进行右移操作。

如果要求双向移位寄存器能以并行方式接收输入数据,那么,就应使用 3 通道选 1 数据选择器,其中的一个数据通道用作并行输入数据通道,如图 5-43 所示。它应由两个操作控制命令 S_0、S_1 来对 3 个通道进行选择。当 $S_0=0$,$S_1=1$,进行右移操作;当 $S_0=1$、$S_1=0$ 进行左移操作;当 $S_0=S_1=1$,并行输入数据;不允许出现 $S_0=S_1=0$ 情况。

移位寄存器有两种输出方式。第 1 种是并行输出方式,即寄存器的触发器均向外输出

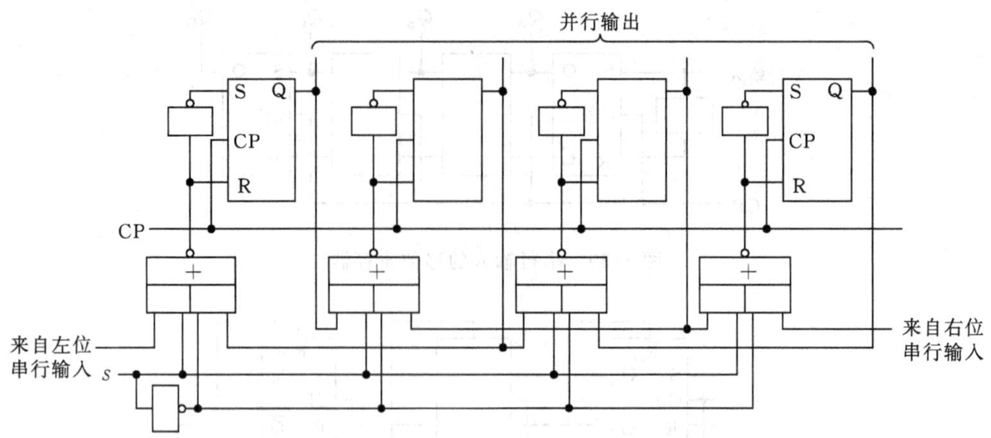

图 5-42 双向移位寄存器的原理图(串行输入、并行输出)

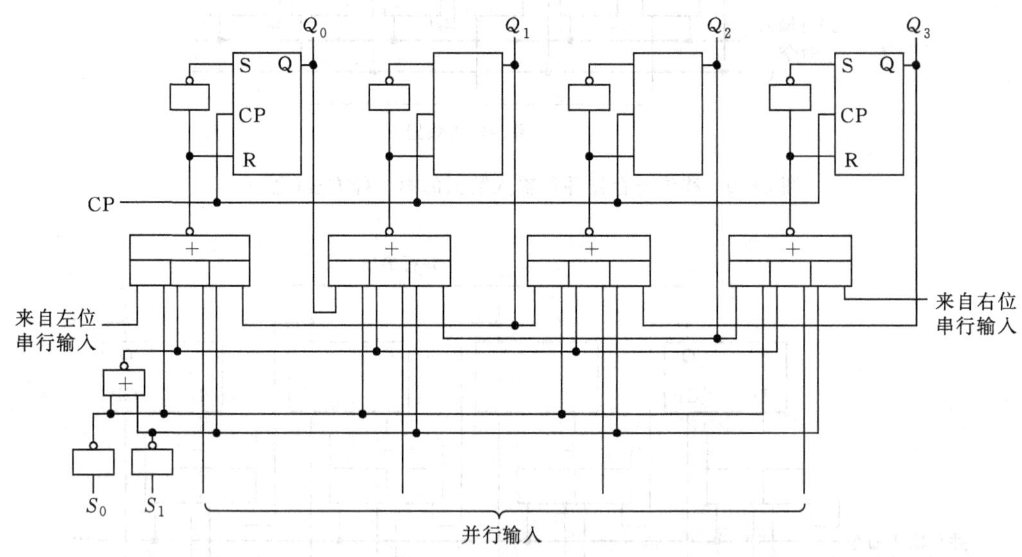

图 5-43 并行输入数据的双向移位寄存器原理图

(图 5-43);第 2 种是串行输出方式,即只是寄存器的最高位触发器才设置对外输出端(图 5-44)。

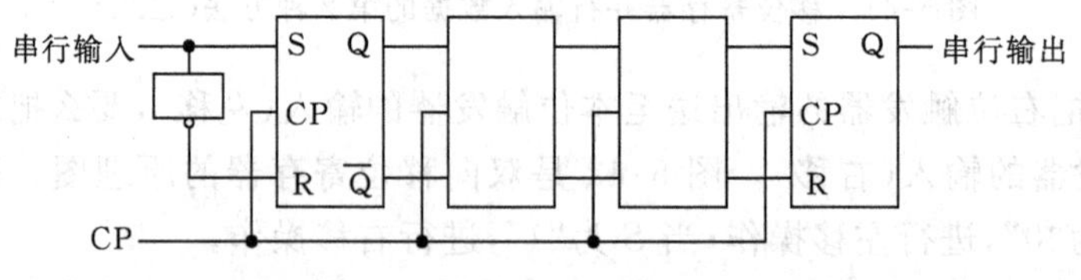

图 5-44 移位寄存器的串行输出方式

集成化的移位寄存器一般设置时钟缓冲门。如果寄存器的位数较多,那么,时钟就要由缓冲门来分配,此时,应尽量使这两个缓冲门的延迟时间一致,以避免时钟偏移。此外,移位寄存器一般还设置直接置"0"端。

2. 集成化的移位寄存器

(1) 双向 4 位移位寄存器。图 5-45 所示是一种功能较强的移位寄存器。它具有左移、右移、并行输入及保持等 4 种功能。采用主-从 R-S 触发器作为寄存单元。每个触发器的 R、S 端之间设置一个反相门，使双端数据输入的 R-S 触发器变成单端数据输入的触发器。由于主-从 R-S 触发器的 R、S 是互补的，因此，它是一个负边沿触发方式的触发器。3 通道选 1 数据选择器用来对左位触发器寄存的数据、右位触发器寄存的数据以及并行输入数据进行选择。寄存器的操作控制端 S_0、S_1 通过两个反相门 1、2 及“或非”门对选择器的通道进行选择。若 S_0 为“1”、S_1 为“0”则左位触发器寄存的数据被选，此时，电路执行右移操作；若 S_0 为“0”、S_1为“1”则右位数据被选，此时，电路执行左移操作；若 S_0、S_1 均为“1”，则并行输

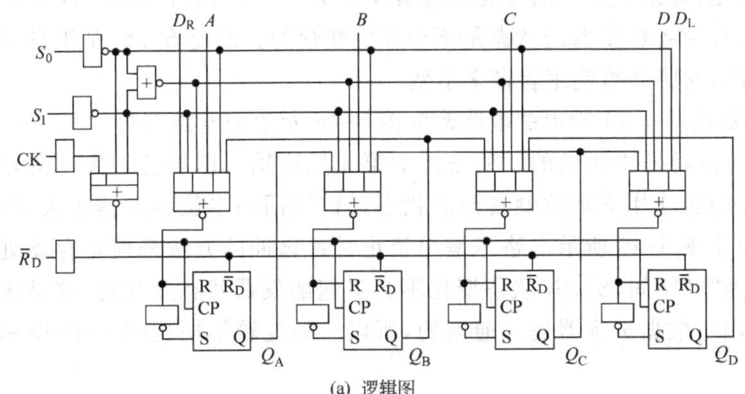

(a) 逻辑图

$\overline{R}_D$	S_0	S_1	CK	功能
0	×	×	×	置 0
1	0	0	↑	保持
1	1	0	↑	右移
1	0	1	↑	左移
1	1	1	↑	并行输入

(b) 功能表

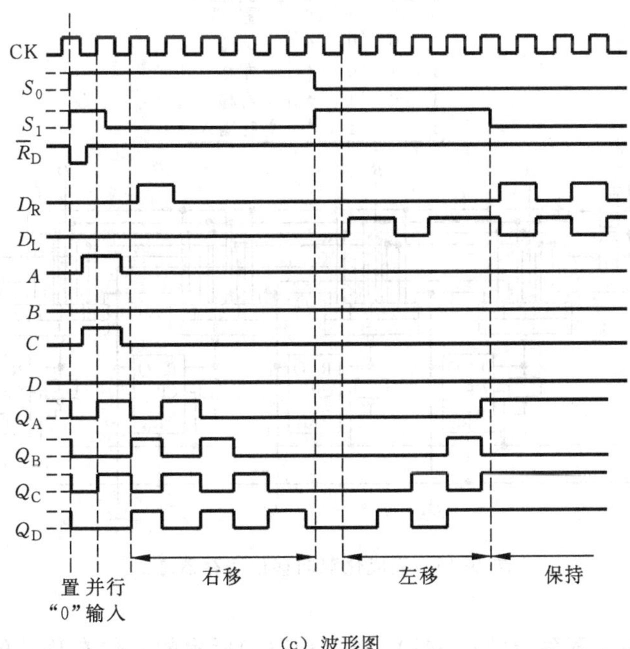

(c) 波形图

图 5-45 集成化的双向移位寄存器之一

入数据被选，此时，电路执行并行输入操作；若 S_0、S_1 均为"0"，那么，此时虽然数据选择器的3个通道均被选中，但是，由于时钟脉冲 CK 被"与或非"门封锁而不能进入各触发器的 CP 端，因此，数据选择器的输出不能进入触发器，寄存器处于保持状态。

图 5-45 所示的移位寄存器的 CK 为"0"期间，不允许 S_0、S_1 作以下 3 种变化：

1）S_0、S_1 同时由"1"变为"0"；

2）S_0 为"0"时，S_1 由"1"变为"0"；

3）S_1 为"0"时，S_0 由"1"变为"0"；

如果在 CK 为"0"时出现上述任何一种变化，那么，移位寄存的 CK"与或非"门的输出就由"1"变至"0"，这个负跳变送至各触发器在 CP 端会使触发器在 S_0、S_1 变化时接收信息，从而使 $Q_A \sim Q_D$ 发生变化。但是，如果 S_0、S_1 的变化只是在 CK 为"1"期间进行，那么，CK 缓冲门输出就被钳制在"0"态，此时各触发器的状态是不会发生变化的。因此 S_0、S_1 的变化应在 CK 为"1"期间进行。显然，这将会给使用者带来不便。

为了克服上述缺点，只要将图 5-45 所示的电路改为图 5-46 所示的电路即可。图 5-46 所示的移位寄存器的数据选择器是 4 通道的。所增加的第 4 通道输入即本位触发器的输出。若 S_0、S_1 均为"0"，则在时钟作用下本位触发器的状态又被送回到本位触发器中去，寄存器的状态将保持不变。由于图 5-46 所示电路不是用禁止时钟脉冲的方法来使寄存器处于保持状态的，所以在 CK 为"0"期间，S_0、S_1 状态变化不会引起触发器状态变化的，这是该寄存器的主要优点。但是，由于数据选择器是 4 通道的，所以它的逻辑结构比图 5-45 所示移位寄存器复杂。

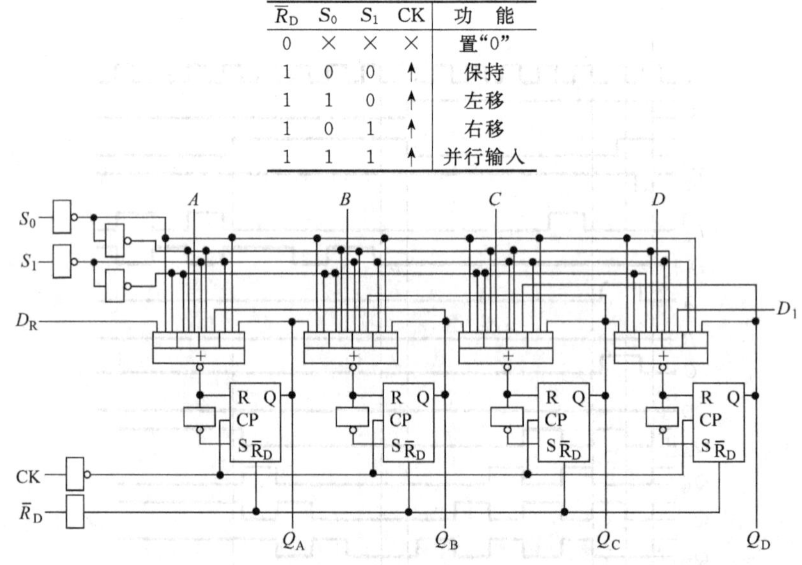

$\overline{R}_D$	S_0	S_1	CK	功　能
0	×	×	×	置"0"
1	0	0	↑	保持
1	1	0	↑	左移
1	0	1	↑	右移
1	1	1	↑	并行输入

图 5-46　集成化双向移位寄存器之二

（2）4 位右移移位寄存器（图 5-47）。图 5-47(a)所示的 4 位右移移位寄存器的右移串行输入端为双端，即 J 端和 $\overline{K}$ 端。当电路执行右移操作时，最低位寄存器按 J-K 功能表（见图 5-47(c)）接收输入数据。其具体情况如下：当 $J=1, \overline{K}=0$（即 $J=K=1$）时，右移后的最低位状态与移位前的相反；当 $J=\overline{K}=1$（即 $J=1, K=0$）时，右移后的最低位是"1"，当

$J=\overline{K}=0$(即 $J=0$、$K=1$)时,右移后的最低位是“0”;当 $J=0,\overline{K}=1$(即 $J=K=0$)时,右移后的最低位保持不变。为了和双端的右移串行输入相适应,移位寄存器的最高位给出互补输出。由于它有这些特点,所以常用该移位寄存器来实现补码数的移位,也常用它来构成计数器。

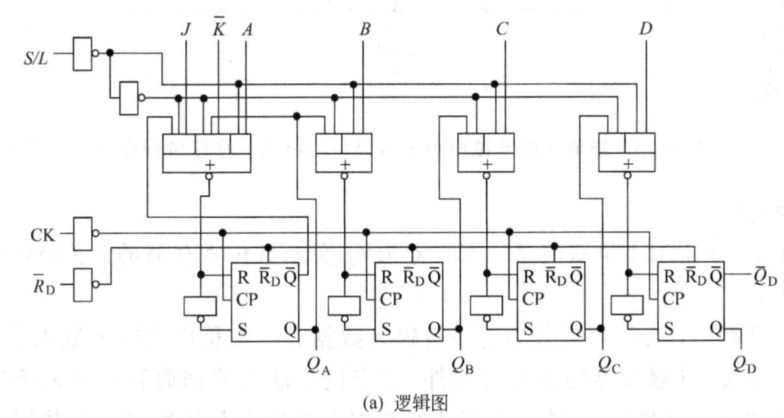

(a) 逻辑图

$\overline{R}_D$	S/L	CK	功 能
0	×	×	置“0”
1	0	↑	并行输入
1	1	↑	右移

(b) 电路功能表

J	$\overline{K}$	Q_{A_n}	$Q_{A_{n+1}}$
0	1	Q_n	Q_n
1	0	Q_n	$\overline{Q}_n$
0	0	×	0
1	1	×	1

(c) J-$\overline{K}$ 功能表

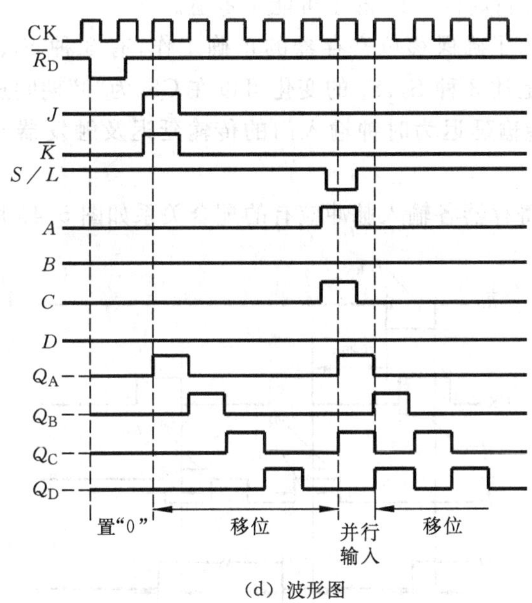

(d) 波形图

图 5-47 4 位右移移位寄存器

常用的集成化移位寄存器,还有如图 5-45 和图 5-46 所示结构的 8 位双向移位寄存器,以及如图 5-48 所示的 8 位串行输入串行输出右移移位寄存器。

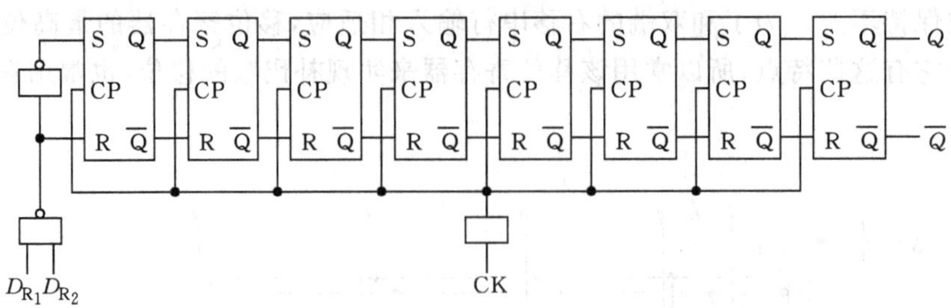

图 5-48 集成化的 8 位串行输入串行输出的右移移位寄存器

3. 开关特性

下面以图 5-45 所示 4 位双向移位寄存器为例，分析移位寄存器的开关特性以及影响开关参数的因素。

并行输入数据 A、B、C、D 以及右行串行输入数据 D_R、左移串行输入数据 D_L 的建立时间 t_{su_D}，除了包括主-从触发器的建立时间外，还应包括输入数据通路的传输延迟和时钟通路的传输延迟之差。这是因为，输入数据要经数据选择器以及触发器输入数据反相门才能到达触发器的 R、S 端。而 CK 脉冲则要经时钟输入门才能到达触发器 CP 端。所以 t_{su_D} 和这两个通路的传输延迟的差有关。

移位寄存器的数据保持时间 t_{h_D}，除了包括主-从触发器的保持时间外，还包括时钟通路的传输延迟及数据通路传输延迟之差。若减小主-从触发器的保持时间以及时钟缓冲门的延迟，那么 t_{h_D} 就能减小，一般说来，由于数据通路的传输延迟比时钟通路的传输延迟长，所以 t_{h_D} 会小于触发器的保持时间。t_{h_D} 甚至可能是零值。

前面已经介绍过，为了确保移位寄存器的正确工作，有 3 种 S_0、S_1 的变化应在 CK 为"1"期间进行。不属于上述 3 种 S_0、S_1 的变化可以在 CK 为"0"期间进行。

时钟到输出 Q 的传输延迟为时钟输入门的传输延迟及触发器 CP 到输出的传输延迟之和。

图 5-45 所示移位寄存器各输入脉冲应有的配合关系如图 5-49 所示。

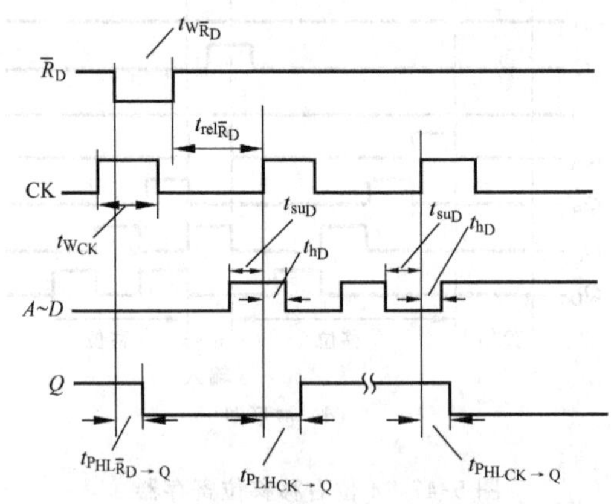

图 5-49 图 5-45 所示移位寄存器波形图

5.5.3 寄存器和移位寄存器的应用

1. 组成寄存器堆

图 5-50 所示的寄存器堆是 8 片如图 5-33 所示的寄存器和 1 片译码器组成，其容量为 8×4，寄存器堆的地址码作为译码器的输入，译码器的输出作为寄存器的“寄存命令”，以此来实现对寄存器的选择。

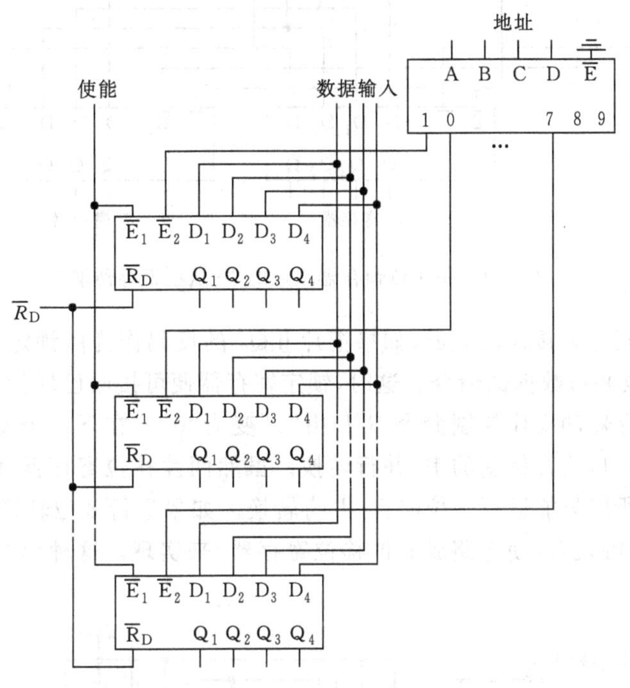

图 5-50　用 8 个 4 位锁存器组成的 8-4 寄存器堆

由图 5-33 所示寄存器组成的主-从型寄存器堆如图 5-51 所示。其中，片Ⅰ为主寄存器，片Ⅱ至片Ⅸ为从寄存器，时钟加在从寄存器寄存命令端，并经反相门加在主寄存器的寄存命令端。当 CK 为“1”时，输入数据进入主寄存器，当 CK 负跳变到达时，主寄存器中的数据便进入由地址译码器选中的那个从寄存器中去。

2. 串行-并行转换

图 5-52 所示是由图 5-47 所示的移位寄存器组成的具有“转换完成”输出的 7 位串行-并行转换器。片Ⅰ的串行输入端及并行输入端 A 加的是串行数据，片Ⅰ的输入端 B 加的是标志码“0”，其余并行输入端均为“1”。片Ⅱ的 Q_D 输出作为片Ⅰ、片Ⅱ的操作控制命令。在电路置“0”后，由于片Ⅱ的 Q_D 为“0”，故寄存器进行“并行输入”操作。这样，在 CK 脉冲来到后，转换器并行输出的状态便为 $D_0$011111。此时，由于片Ⅱ的 Q_D 为“1”，故寄存器将执行右移操作。在第 2 个 CK 作用下，串行数 D_1 经片Ⅰ的 J-$\overline{K}$ 端被移入寄存器，同时，进入片Ⅰ Q_B 的标志码“0”也右移一位，此时，转换器的并行输出状态为 $D_1D_0$01111。以后，在 CK 作用下，电路将继续执行右移操作，串行数据逐个移入寄存器，直到在第 7 个 CK 作用下并行输出的状态为 $D_6D_5D_4D_3D_2D_1D_0$。此时，标志码“0”也已移到片Ⅱ的最高位，片Ⅱ Q_D 由“1”

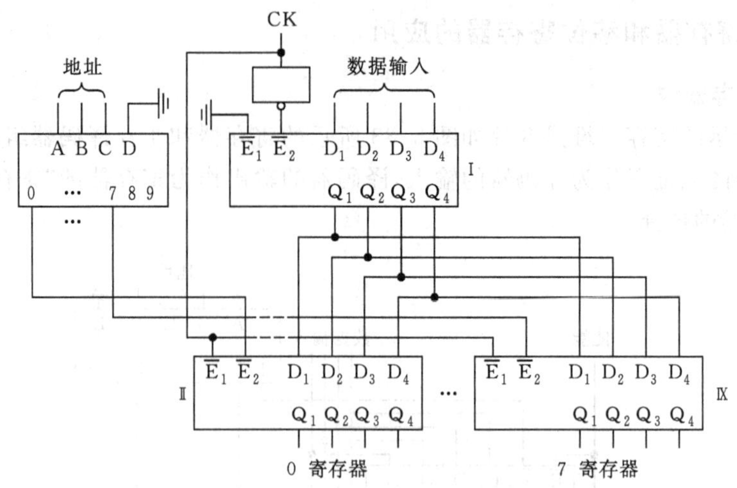

图 5-51　用 4 位锁存器组成的主-从型寄存器堆

变至"0"。这一方面标志转换已完成(如果把片ⅡQ_D 的反码作为由锁定触发器组成的寄存器(图 5-33)的接收并行数据的命令。这时,锁定寄存器便可接收已转换完毕的并行数据),另一方面,又使寄存器的操作控制命令 S/L 由"1"变为"0"。在下一个 CK 到来时,电路将执行并行输入操作,从而开始新的串-并行转换。虽然两片移位寄存器共有 8 位,但由于标志码占用了 1 位,所以只能进行 7 位串行-并行转换。如果进行 8 位转换,则可在图5-52 所示电路上附加 1 位触发器(使电路成 9 位移位寄存器)来实现。这种串行-并行转换电路常用于模-数转换。

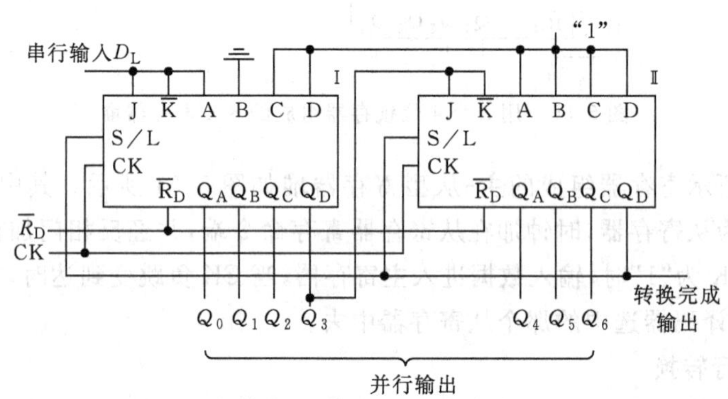

图 5-52　7 位串行-并行转换器

3. 并行-串行转换

图 5-53 所示是由图 5-47 所示移位寄存器组成的 7 位并行-串行转换器。当启动命令(负电位)加至启动输入端时,7 位并行数据及标志码"0"在第 1 个 CK 作用下同时进入移位寄存器,然后,再在时钟脉冲作用下,一方面使并行数据串行移出,另一方面又不断将"1"移入寄存器。等第 7 个脉冲来到后,"与非"门 1 的输入已全为"1",门 2 输出变为"0"。这一方面表示转换已完成,另一方面又使移位寄存器在 CK 作用下再次执行并行输入操作。如果要进行 8 位并-串转换,可在图 5-53 所示电路上附加 1 位触发器,使电路变为九位移位寄

存器。

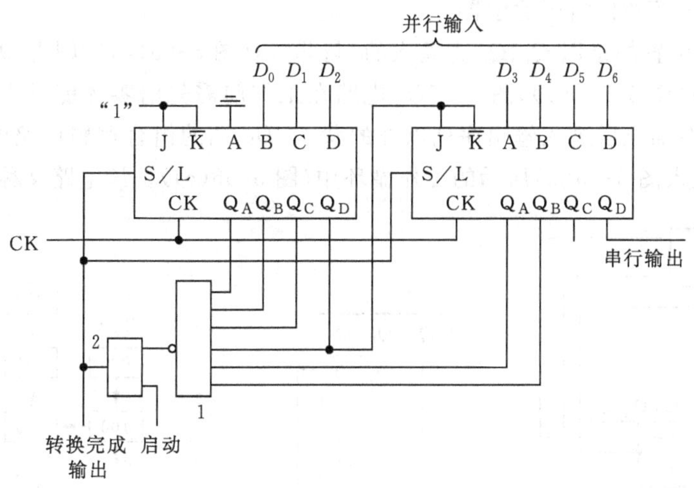

图 5-53　7 位并行-串行转换器的连接图

4. 序列信号发生器

移位寄存器可用作序列信号发生器。下面先举两个实例，然后再介绍设计方法。

图 5-54 是一个用图 5-46 所示双向移位寄存器构成的序列信号发生器，它能产生 4 个信号序列：

Q_0：11110000、11110000、…

Q_1：01111000、01111000、…

Q_2：00111100、00111100、…

Q_3：00011110、00011110、…

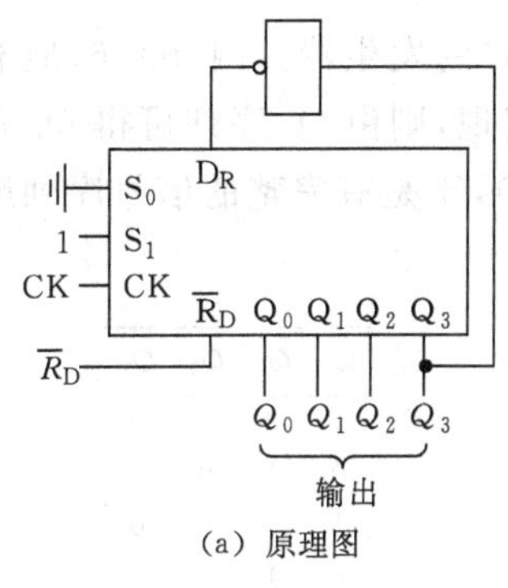

(a) 原理图

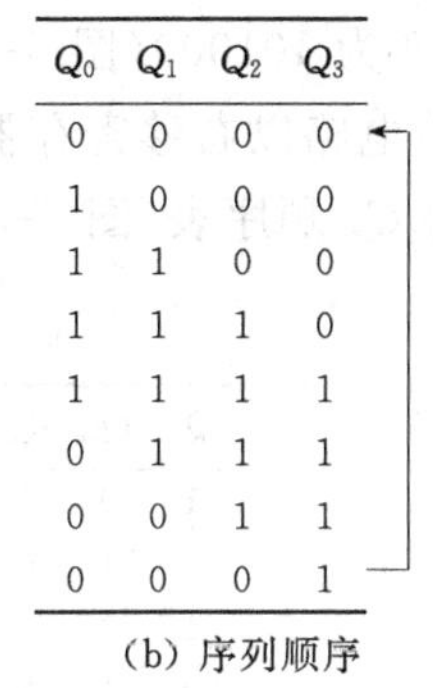

Q_0	Q_1	Q_2	Q_3
0	0	0	0
1	0	0	0
1	1	0	0
1	1	1	0
1	1	1	1
0	1	1	1
0	0	1	1
0	0	0	1

(b) 序列顺序

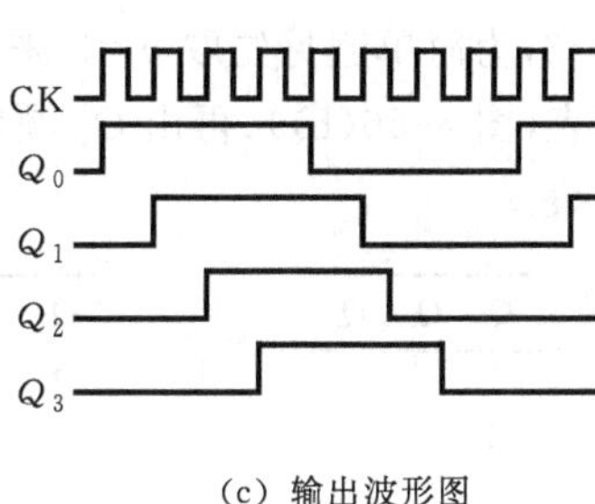

(c) 输出波形图

图 5-54　序列信号发生器(一)

电路的工作原理如下：电路工作前先清零，使电路进入序列顺序中。由于在移位寄存器的 Q_3 端和 D_R 端之间设置了反相门，在第 1 个 CK 作用下，$D_R=\overline{Q}_3=1$ 进入 Q_0，以后"1"不断移入 Q_0；在第 4 个 CK 来到后，$D_R=\overline{Q}_3=0$，以后是"0"不断进入 Q_0，于是得 Q_0 序列为 $Q_0=$ 11110000、11110000、…。Q_1 为 Q_0 的右移 1 位关系，Q_2、Q_3 端也能得相应的序列。图 5.54(b)、(c)分别是它的序列顺序和输出波形图。该电路每来一个 CK，电路中只有 1 个触发器翻转，所以常称它为“循环码计数器。此外又因输出信号的频率为 CK 的 1/8，所以该电路也是一个“÷8”的格雷码除法器。

如在 D_R 端设置的是以 Q_1、Q_2 为输入的“与非”门(图 5-55(a))，则得 Q_0 的序列信号为 11100、11100、…(图 5-55(b))，图 5-55(a)电路在工作前需先清零才能进入工作循环，而图 5-55(a)电路如在加电后进入输出序列以外的状态，D_R 端的组合逻辑电路能使电路经若干个 CK 后自行进入图 5-55(b)所示的工作循环中(图 5-55(c))。该电路又称“÷5”除法器。

图 5-55 序列信号发生器(二)

下面介绍序列信号发生器的设计方法。发生器的设计主要要解决两个问题：第 1，如何设计接在 D_R 端的组合逻辑电路；第 2，如何使发生器自行进入工作循环。

组合逻辑电路的设计步骤如下：

第 1 步，先根据信号序列周期中信号数 m 确定移位寄存器的位数 n，n 和 m 的关系应为 $2^n \geqslant m$。这是因为 Q_0 序列周期内的每个信号都是由所设置的组合逻辑电路来实现的，而组合电路的输出是和移位寄存器的状态相对应的。如果寄存器的某一状态对应不同的 Q_0 次态，显然，这种组合电路是无法实现的。

例如，要设计能产生 Q_0 的信号序列为 101000(图 5-56(a))的发生器。因 $m=6$，应有 $n \geqslant 3$，为简单起见先取 $n=3$ 来设计。若电路以右移寄存器来实现，则由 Q_0 序列可得 Q_1 顺序表(图 5-56(b))，再由 Q_1 顺序表可得 Q_2 顺序表(图 5-56(c))，于是有完整的信号序列顺序表。

(a)

Q_0	Q_1	Q_2
1		
0		
1		
0		
0		
0		

(b)

Q_0	Q_1	Q_2
1	0	
0	1	
1	0	
0	1	
0	0	
0	0	

(c)

Q_0	Q_1	Q_2
1	0	0
0	1	0
1	0	1
0	1	0
0	0	1
0	0	0

(d)

Q_0	Q_1	Q_2	Q_3
1	0	0	0
0	1	0	0
1	0	1	0
0	1	0	1
0	0	1	0
0	0	0	1

图 5-56 序列顺序表

接着应检查图 5-56(c)中有无相同的状态。经检查发现有相同的状态“010”，这说明取 $n=3$ 是不够的。于是再取 $n=4$ 来获得顺序表(图 5-56(d))。再检查该表有无相同状态，经检查，无相同状态。下面以 $n=4$ 的序列顺序来设计 D_R 端的组合电路。由图 5-56(d)作 D_R 卡诺图(图 5-57(a))，求得 D_R 表达式为：$D_R=\overline{Q}_1Q_3+Q_1\overline{Q}_3$，最后可得序列信号发生器的逻辑图(图 5-57(b))。

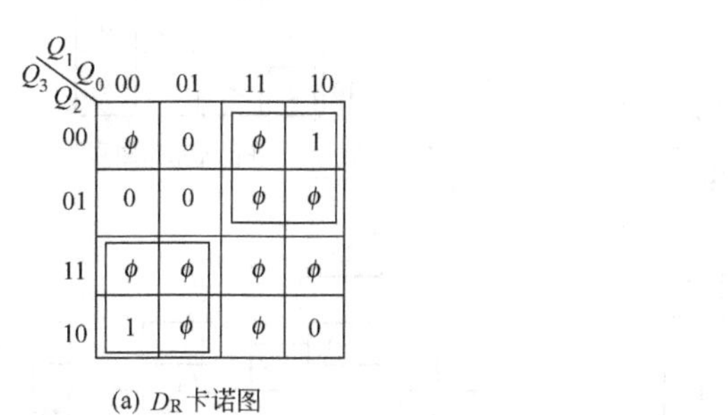

(a) D_R卡诺图

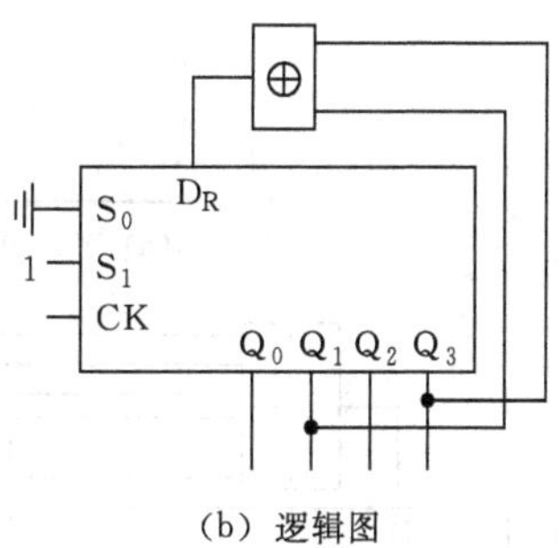

(b) 逻辑图

图 5-57 序列信号发生器的设计

第 2 步，检查能否自行进入工作循环。对一个不能自动进入工作循环的发生器，如果序列顺序中有“0000”状态，则可在工作前先清零电路，使之进入工作循环；如果序列顺序中无“0000”状态，则可以在工作前先往寄存器预置某一个工作状态来解决，显然这将给使用带来麻烦。比较好的解决办法是在 D_R 端的组合逻辑电路的设计上采取措施，使发生器能“自动切断非工作循环”。

例如，图 5-57(b)电路就有 3 个非工作循环(图 5-58)，切断非工作循环的方法如下：

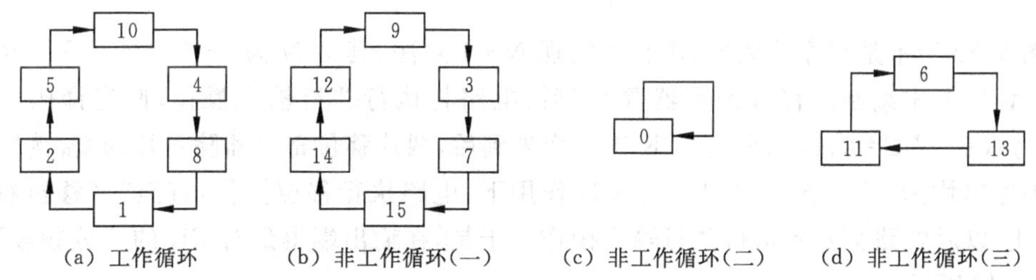

图 5-58 图 5-57 电路的工作循环及非工作循环

在移位寄存器的某个触发器的数据输入端引入附加电路。比较方便的做法是在最左位触发器中引入，这样附加电路就能和 D_R 端的组合逻辑电路相结合。附加电路是针对切断某一非工作循环来设计的。但一般来说，切断某一非工作循环就能切断所有非工作循环，如不能切断所有非工作循环，则可再切断第 2 个非工作循环，再行设置附加电路，使发生器最终切断所有非工作循环。

以选择切断图 5-58 中非工作循环(二)为例。如果加电后，电路进入 $Q_0Q_1Q_2Q_3=0000$ 状态，若加在 D_R 端的附加电路能使 $Q_0Q_1Q_2Q_3$ 进入 1000，即进入工作循环(图 5-59(a))，这样就切断了非工作循环(二)。由图 5-59(a)序列顺序作 D_R 卡诺图(图 5-59(b))，得 $D_R=Q_1\overline{Q}_3+\overline{Q}_0\overline{Q}_1\overline{Q}_2$ 及逻辑图(图 5-59(c))。最后还要检查附加电路能否切断所有非工作循环。作图 5-59(c)所示发生器的状态图(图 5-59(d))，经检查，该发生器能自动进入工作循环。

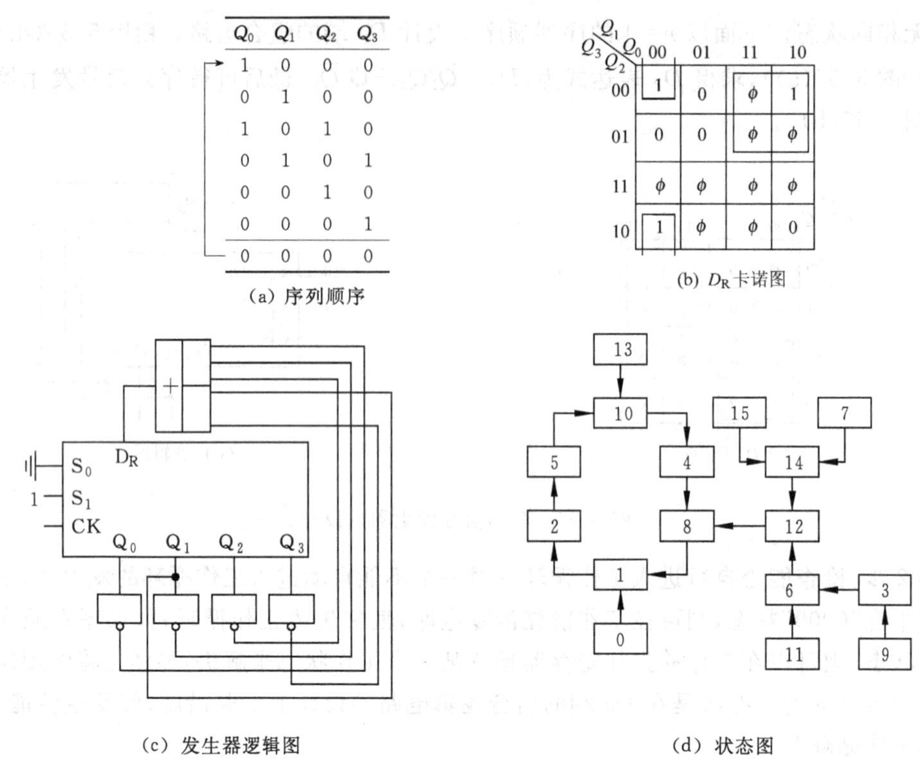

图 5-59 序列信号发生器的设计

图 5-60 所示是程序分频器，用它可实现 $N+1$ 除法，其中 N 为 1～7。N 可用一个 3 输入变量译码器来编制。移位寄存器置“0”后，电路将执行并行输入操作，假定译码器输入 ABC 为 $N=ABC=011$，那么，在 CK 正跳变来到后，两片移位寄存器除左片的 Q_B 为“0”外，其余的输出均为“1”。然后，在下一个 CK 作用下，电路执行移位操作，直至“0”移至右片的 Q_D 为止，以后电路又开始执行并行输入操作。于是，在输出端得到对 CK 的 7 分频波形，如图 5-60(b)所示。

序列信号发生器在通信、计算机、遥控遥测中有着广泛的应用。例如，通信中的同步需用一组特定的序列信号，以表示信息开始或终了；数字系统需在一个工作周期内完成各种功能，也要求有一系列的特定信号对数字系统进行控制。

5.5.4 同步计数器

在工业控制系统、机床控制、测距等数字系统中，计数器被广泛使用。在数字计算机的控制器、乘除法部件、外部接口中也要用计数器。

集成化计数器有异步计数器和同步计数器两类。

在异步计数器中，高位触发器的时钟信号往往是由低一位触发器的输出提供的，高位触发器的翻转有待低一位触发器翻转后才能进行。这样，不但计数速度比较慢，而且位数愈多，计数速度愈慢。此外，由于各触发器不是在同一时间翻转的，因此，各触发器输出存在着偏移。在这种情况下，若对计数器的输出进行译码，译码器输出会出现尖峰信号。计数器的位数愈多，触发器输出偏移就愈大，从而尖峰信号也就愈宽。但是，异步计数器的优点是结

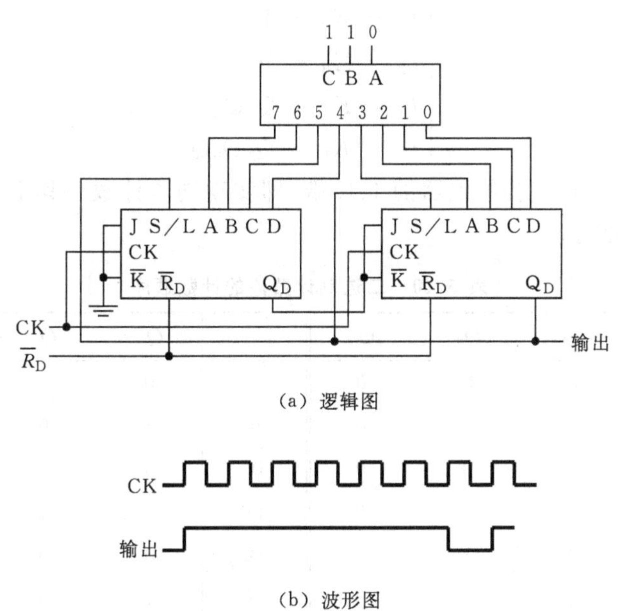

(a) 逻辑图

(b) 波形图

图 5-60　用移位寄存器构成的程序分频器

构简单，所用元件较少。

在同步计数器中，各触发器的时钟脉冲是由同一脉冲供给，各触发器是同时翻转的。这样，同步计数器就不存在时钟到触发器输出传输延迟的积累。由于它的最高工作频率只和一个触发器的时钟到输出的传输延迟以及有关控制门传输延迟之和有关，所以它的工作频率比异步计数器高。此外，由于计数器各触发器几乎是同时翻转的，因此，各触发器输出波形的偏移为各触发器时钟到输出传输延迟之差，同步计数器输出经译码后所产生的尖峰信号宽度比较小。同步计数器的缺点是：结构比较复杂，所用元件较多。

在设计集成化同步计数器时，应使它具有下述特点：有较高的计数频率；有并行输入数据功能（或称预置数功能），以扩大计数器的应用范围（这对计算机是重要的）；便于扩展。

集成化同步计数器产品很多。就计数进位而言，它们有二进制正向、十进制正向、二进制可逆、十进制可逆等几种。中规模计数器的位数一般是 4 位。下面着重介绍集成化的正向计数器，对可逆计数器只作一般介绍。

1. 正向同步计数器

现从以下 8 个方面介绍它的原理、设计和应用。

(1) 快速进位的实现。

同步计数器是采用快速进位方式的。触发器及实现快速进位的逻辑电路是同步计数器的核心部分。快速进位电路的逻辑表达式和计数器的计数进制、计数顺序以及所用触发器的功能有关。下面分别介绍用 J-K 功能触发器和 D 功能触发器构成的二进制及十进制正向计数器的快速进位部分。

1) 用 J-K 触发器构成二进制计数器。计数器的计数顺序见表 5-10，由表可知，在 CK 作用下，只有当 Q_A 为 1 时，触发器 B 才会翻转；只有当 Q_A、Q_B 均为 1 时，触发器 C 才会翻转；只有当 Q_A、Q_B、Q_C 均为 1 时，触发器 D 才会翻转，因此，各触发器的 J-K 逻辑表达式为：

$$\begin{cases} J_A = K_A = 1 \\ J_B = K_B = Q_A \\ J_C = K_C = Q_A Q_B \\ J_D = K_D = Q_A Q_B Q_C \end{cases} \tag{5-1}$$

若按逻辑表达式(5-1)连接各触发器的 J、K 端，即实现同步计数。其 J、K 的连接部分就是计数器的快速进位部分。

表 5-10　二进制计数器的计数顺序

	Q_A	Q_B	Q_C	Q_D		Q_A	Q_B	Q_C	Q_D
0	0	0	0	0	8	0	0	0	1
1	1	0	0	0	9	1	0	0	1
2	0	1	0	0	10	0	1	0	1
3	1	1	0	0	11	1	1	0	1
4	0	0	1	0	12	0	0	1	1
5	1	0	1	0	13	1	0	1	1
6	0	1	1	0	14	0	1	1	1
7	1	1	1	0	15	1	1	1	1

2）用 D 型触发器构成二进制计数器。要从表 5-10 所列计数顺序直接得到 D 型触发器的 D 端逻辑表达式是不容易的。可以用同步时序电路的设计方法求出它的表达式。首先，列出 D 型触发器的激励表(图 5-61(a))，然后，再根据计数顺序中各触发器状态的变化情况以及激励表，列出 $D_A \sim D_D$ 的卡诺图(图 5-61(b)～(e))。这样，就可得出 D 输入的逻辑

Q_n	Q_{n+1}	D
0	0	0
0	1	1
1	0	0
1	1	1

(a) 激励表

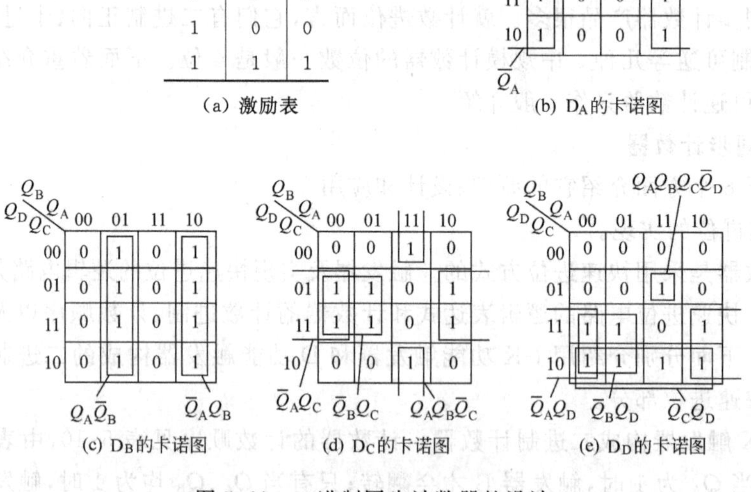

(c) D_B的卡诺图　(d) D_C的卡诺图　(e) D_D的卡诺图

图 5-61　二进制同步计数器的设计

方程式为：

$$
\begin{cases}
D_A = \overline{Q}_A \\
D_B = \overline{Q}_A Q_B + Q_A \overline{Q}_B = \overline{\overline{Q}_A \oplus \overline{Q}_B} \\
D_C = \overline{Q}_A Q_C + \overline{Q}_B Q_C + Q_A Q_B \overline{Q}_C \\
\quad = \overline{\overline{(\overline{Q}_A + \overline{Q}_B)} \oplus \overline{Q}_C} \\
D_D = \overline{Q}_A Q_D + \overline{Q}_B Q_D + \overline{Q}_C Q_D + Q_A Q_B Q_C \overline{Q}_D \\
\quad = \overline{\overline{(\overline{Q}_A + \overline{Q}_B + \overline{Q}_C)} \oplus \overline{Q}_D}
\end{cases}
\tag{5-2}
$$

四个表达式都用 $\overline{Q}$ 而不用 Q 来形成的，根据式(5-2)，即可得快速进位部分的逻辑图。

3) 用 J-K 触发器构成十进制计数器。用 J-K 型触发器构成十进制计数器的快速进位部分之设计方法，与用 D 型触发器构成二进制计数器相似。图 5-62(a)给出了 J-K 触发器的激励表。图 5-62(b)是十进制计数器的计数顺序表。图 5-62(c)～(f)分别给出了触发器 A～D 的数据输入的卡诺图。在由卡诺图写 J、K 表达式时，应尽量使 J 和 K 的表达式相等。这样一来，虽然它们的表达式可能不是"最小化"的。但是，由于 J、K 可公用一个进位门，故计数器的电路结构能够得到简化。由图 5-62 得十进制计数器各触发器 J、K 的逻辑表达式为：

$$
\begin{cases}
J_A = K_A = 1 \\
J_B = K_B = Q_A \overline{Q}_D \\
J_C = K_C = Q_A Q_B \\
J_D = K_D = Q_A Q_B Q_C + Q_A Q_D
\end{cases}
\tag{5-3}
$$

Q_n	Q_{n+1}	J	K
0	0	0	×
0	1	1	×
1	0	×	1
1	1	×	0

(a) J-K 触发器的激励表

Q_DQ_C \ Q_BQ_A	00	01	11	10
00	0	1	3	2
01	4	5	7	6
11	×	×	×	×
10	8	9	×	×

(b) 十进制计数器的计数顺序

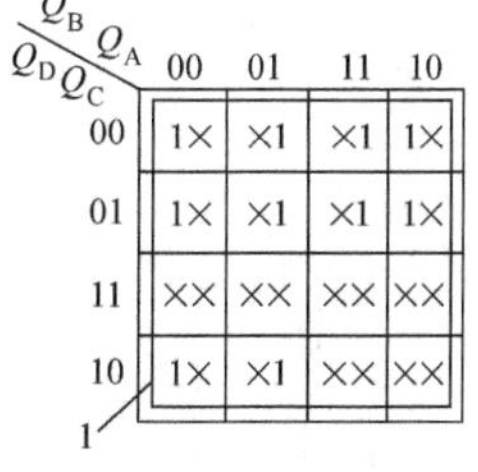

(c) 触发器 A 的 J、K 卡诺图

Q_DQ_C \ Q_BQ_A	00	01	11	10
00	0×	1×	×1	×0
01	0×	1×	×1	×0
11	××	××	××	××
10	0×	0×	××	××

$Q_A\overline{Q}_D$

(d) 触发器 B 的 J、K 卡诺图

Q_DQ_C \ Q_BQ_A	00	01	11	10
00	0×	0×	1×	0×
01	×0	×0	×1	×0
11	××	××	××	××
10	0×	0×	××	××

Q_AQ_B

(e) 触发器 C 的 J、K 卡诺图

Q_DQ_C \ Q_BQ_A	00	01	11	10
00	0×	0×	0×	0×
01	0×	0×	1×	0×
11	××	××	××	××
10	×0	×1	××	××

$Q_AQ_BQ_C$　Q_AQ_D

(f) 触发器 D 的 J、K 卡诺图

图 5-62　十进制同步计数器的设计

4) 用 D 型触发器构成十进制计数器。用上述方法，可列出各个触发器 D 输入的逻辑表达式为：

$$\begin{cases} D_A = \bar{Q}_A \\ D_B = \bar{Q}_A Q_B + Q_A \bar{Q}_B \bar{Q}_D = \overline{\bar{\bar{Q}}_A \oplus \bar{Q}_B}(\bar{Q}_A + \bar{Q}_D) \\ D_C = \bar{Q}_A Q_C + \bar{Q}_B Q_C + Q_A Q_B \bar{Q}_C = \overline{(\overline{\bar{Q}_A + \bar{Q}_B}) \oplus \bar{Q}_C} \\ D_D = \bar{Q}_A Q_D + Q_A Q_B Q_C \bar{Q}_D = \overline{(\overline{\bar{Q}_A + \bar{Q}_B + \bar{Q}_C}) \oplus \bar{Q}_D} \cdot (\bar{Q}_A + \bar{Q}_D) \end{cases} \tag{5-4}$$

和式(5-2)相同，式(5-4)都用 $\bar{Q}$ 来形成 $Q_A \sim Q_D$。此外式(5-4)的 D_B、D_D 有公共部分($\bar{Q}_A + \bar{Q}_D$)，可以使电路简化。

图 5-63 所示是用主-从 J-K 触发器构成的同步二进制计数器的逻辑图和典型波形图。

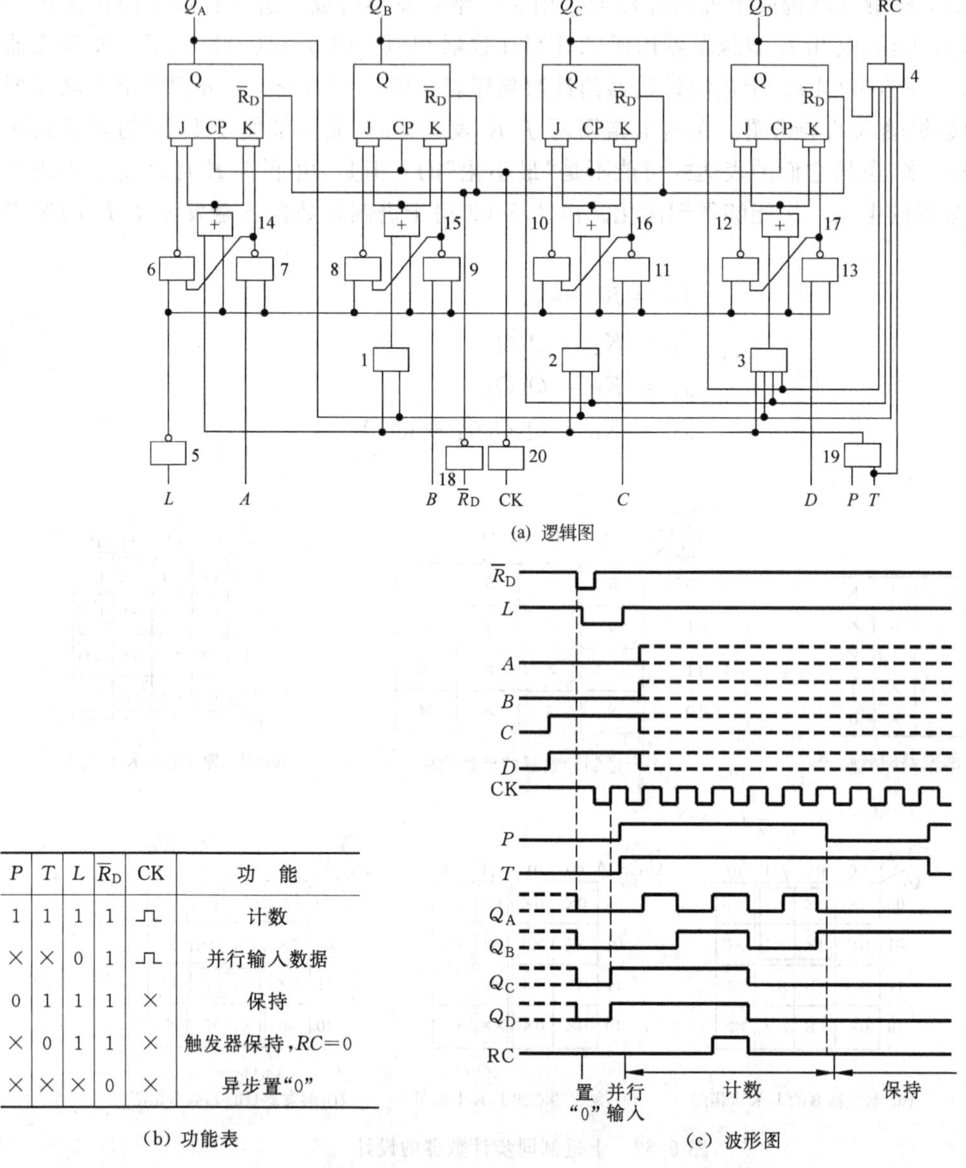

(a) 逻辑图

P	T	L	$\bar{R}_D$	CK	功　能
1	1	1	1	⎍	计数
×	×	0	1	⎍	并行输入数据
0	1	1	1	×	保持
×	0	1	1	×	触发器保持，RC=0
×	×	×	0	×	异步置“0”

(b) 功能表

(c) 波形图

图 5-63　用主-从 J-K 触发器构成的同步二进制集成化计数器

图中,“与”门 1、2、3 是按式(5-1)设计的快速进位部分。图 5-64 是用主-从 J-K 触发器构成的同步十进制计数器的逻辑图和典型波形图。图中,“与”门 1、2 及“与或”门 3 是按式(5-3)设计的快速进位部分。图 5-65 是用负边沿触发方式的 D 型触发器构成的同步二进制

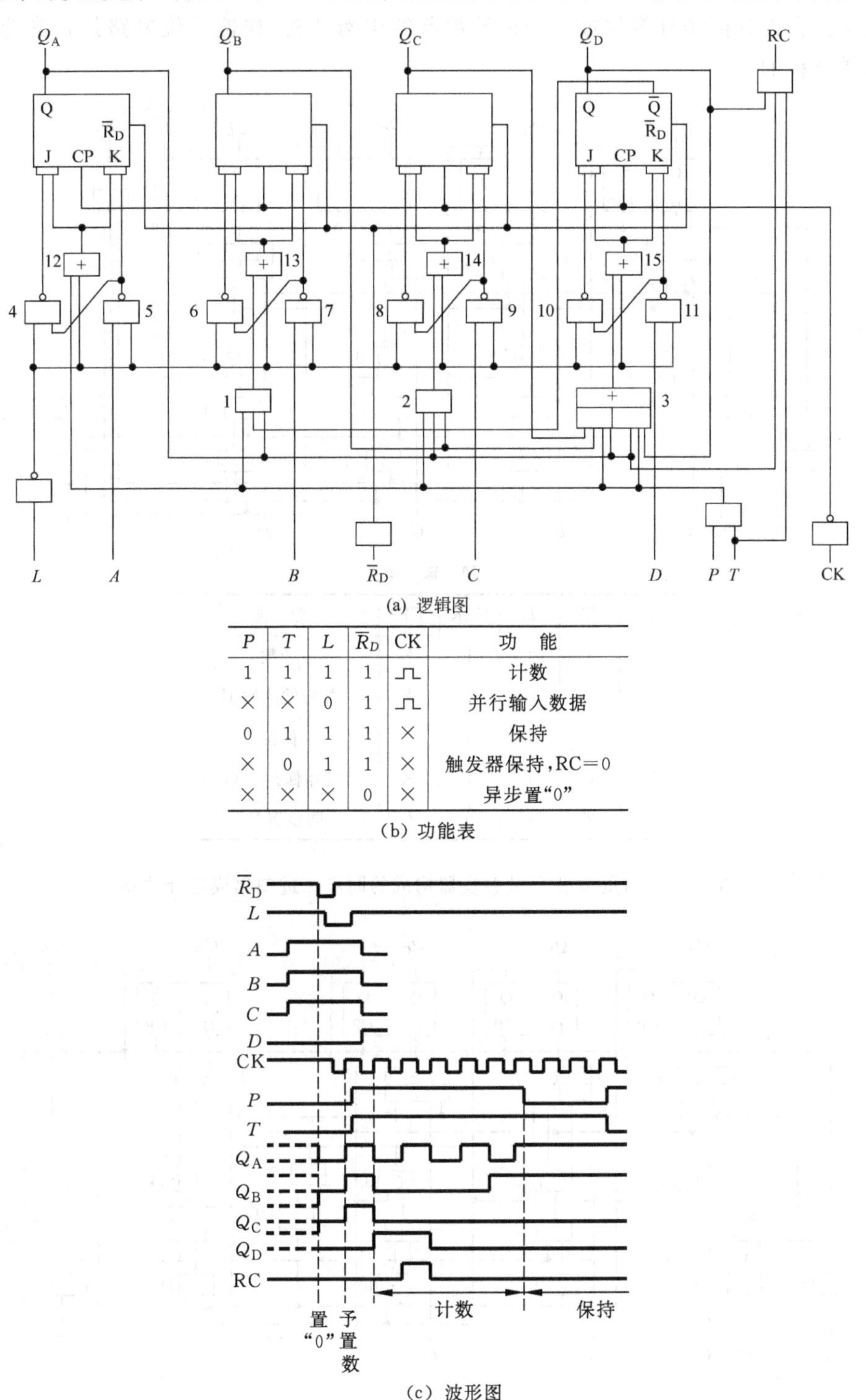

(a) 逻辑图

P	T	L	$\overline{R}_D$	CK	功　能
1	1	1	1	⎍	计数
×	×	0	1	⎍	并行输入数据
0	1	1	1	×	保持
×	0	1	1	×	触发器保持,RC=0
×	×	×	0	×	异步置“0”

(b) 功能表

(c) 波形图

图 5-64　用主-从 J-K 触发器构成的同步十进制集成化计数器

计数器逻辑图，图中，“异或非”门 1～4 以及“与非”门 9～14 是按式(5-2)设计的快速进位部分。图 5-66 所示是用负边沿触发方式的 D 型触发器构成的同步十进制计数器逻辑图，图中，“异或非”门 1～4 及门 9～13 是按式(5-4)设计的快速进位部分。这 4 个计数器都有预置数功能。在设计同步计数器或者阅读计数器的逻辑图时，快速进位电路是首先应该设计或应着重分析的。

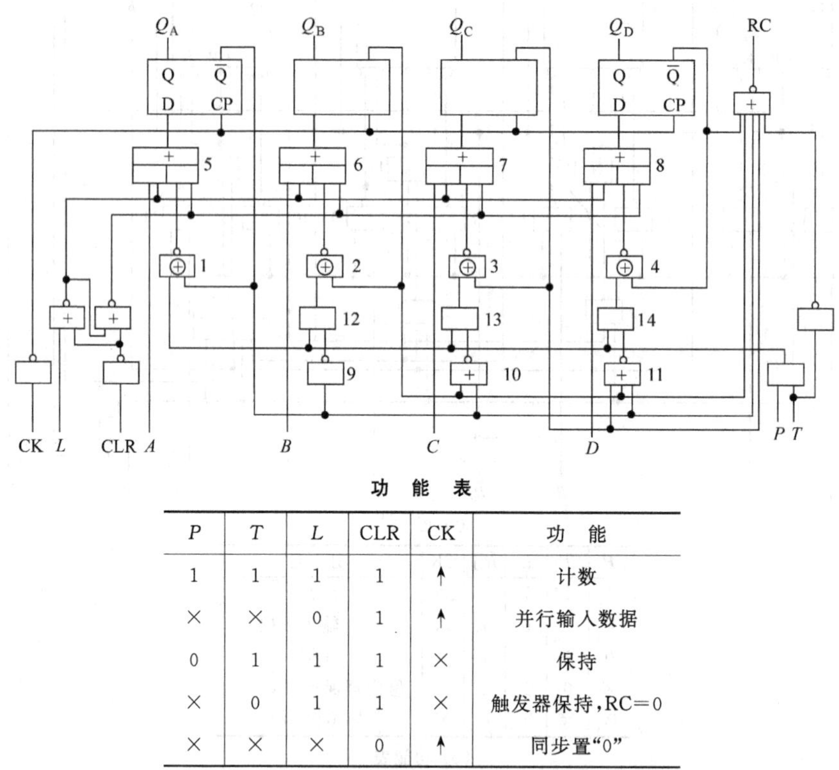

功 能 表

P	T	L	CLR	CK	功 能
1	1	1	1	↑	计数
×	×	0	1	↑	并行输入数据
0	1	1	1	×	保持
×	0	1	1	×	触发器保持，RC=0
×	×	×	0	↑	同步置“0”

图 5-65 用负边沿 D 型触发器构成的同步二进制集成化计数器

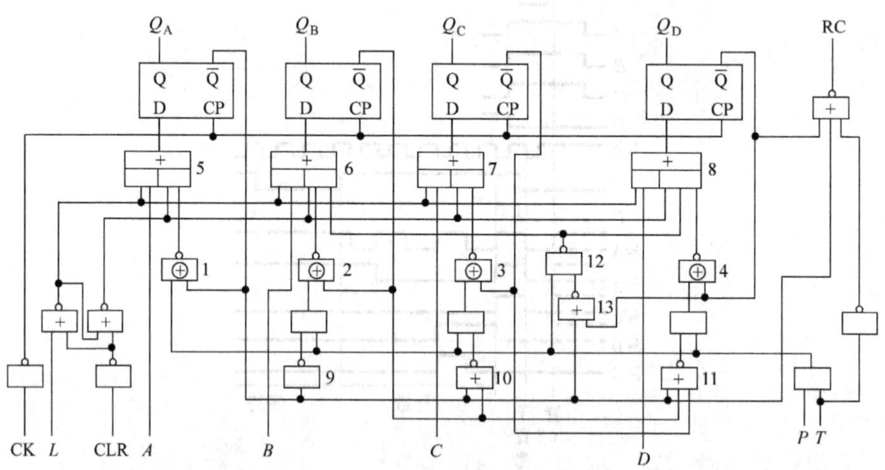

图 5-66 用负边沿 D 型触发器构成的同步十进制集成化计数器

(2) 预置数

"预置数"是集成化同步计数器的一个重要功能。在同步计数器中,一般设置一个控制端 L,用以对电路执行计数或是执行预置数进行选择:当 L 为"1"时,电路执行同步计数;当 L 为"0"时,电路执行预置数。

对于使用 D 型触发器的计数器(图 5-65,图 5-66),各触发器的 D 端数据是由一个 4 位双通道选一数据选择器来提供的:一个数据通道为预置数 A、B、C、D;另一个数据通道为快速进位电路的输出。L 为通道选择信号,用以决定在时钟 CK 的正跳变来到后,触发器接收的究竟是预置数还是进位信号。图 5-65、图 5-66 所示的"与或"门 5～8 就是上述数据选择器。

对于使用 J-K 触发器的计数器(图 5-63,图 5-64),由于其触发器的数据输入是双端的,所以,首先要将单端的预置数 $A \sim D$ 经两级"与非"门变成互补信号,再加在 J、K 端。图 5-63 所示的"与非"门 6～13 以及图 5-64 所示的"与非"门 4～11 就是为这一目的而设置的。它们受 L 的控制:当 L 为"1"时,"与非"门封锁,快速进位电路打开,此时,电路不执行预置数功能,而执行计数功能;当 L 为"0"时,"与非"门打开,快速进位电路封锁。此时,电路执行预置数功能,而不执行计数功能。

以上两种预置数的实现方法都要依赖时钟脉冲。也有一些计数器所采用的是如图 5-40 所示的不依赖于时钟脉冲而直接置数的方法。

(3) 自扩展。

"自扩展"是集成化同步计数器的一个重要特点。下面介绍同步计数器的"自扩展"方法。

若用两片集成化同步计数器组成 8 位计数器,则它的计数规律应该是:当低位片计入的不是最大数(对二进制计数器而言,最大数是"1111",对十进制计数器而言,最大数是"1001")时,高位片不计数且保持状态不变,而仅仅是低位片计数。只有当低位片计入最大数,高位片才能计数。若将上述计数规律推广到片数较多的计数器,则某片的计数规律是:只有当它的所有低位片均计入最大数后,该片才能计数,否则,该片处于保持状态。

由此可见,若要使集成化计数器能够自扩展,必须具备:

1) 具有标志计数器已计入最大数的进位输出 RC。对于二进制计数器而言,其 RC 的表达式为:

$$\mathrm{RC} = Q_A Q_B Q_C Q_D$$

对于十进制计数器而言,其 RC 的表达式为:

$$\mathrm{RC} = Q_A \overline{Q}_B \overline{Q}_C Q_D$$

或

$$\mathrm{RC} = Q_A Q_D$$

2) 具有保持功能。集成化同步计数器一般都设置"计数允许"控制端 P、T,用以控制计数器快速进位电路和进位输出 RC 形成门,使计数器处于保持状态。P、T 的作用如下:当 P、T 均为"1",快速进位电路打开,此时,若 L 为"1",则电路处于计数工作状态。若 P 或 T 为"0",则快速进位电路被封锁,电路不能计数,如果此时 L 为"1",预置数也被封锁,此时图 5-63、图 5-64 中各 J-K 触发器的 J、K 均为"0";对于图 5-65、图 5-66 中各 D 型触发器的 D 输入即为本位触发器的 Q 输出,因此,图 5-63～图 5-66 所示各触发器的状态均保持不变,计数器处在保持状态。在 $P=0$ 时若 T 为“1”，进位输出 RC 形成门不被封锁，RC 保持不变，这是计数器的第 1 种保持方式。若 T 为“0”，而 L 为“1”，则不管 P 的状态如何，各触发器均处于保持状态，但 T 却封锁了进位输出形成门，所以此时的 RC 为“0”，这是计数器的第 2 种保持方式。设置了 P、T 控制端的计数器的功能表已分别列于图 5-63～图 5-65。

有了 RC、P、T 端，就可以方便地扩展计数器。下面介绍扩展计数器的两种方法。

图 5-67 是二进制同步计数器的第一种扩展图。其中低位片的 RC 与相邻高位片的 T 相连。下面以片Ⅲ为例，分析图 5-67 的工作原理。假定采用图 5-63 所示计数器。只有当片Ⅱ的 RC 为“1”时，片Ⅲ才能计数；而只有当片Ⅰ的 RC 为“1”，同时 $Q_4 \sim Q_7$ 均为“1”时，片Ⅱ的 RC 才为“1”。也就是说，只有当 $Q_0 \sim Q_7$ 均为“1”时，片Ⅲ才计数，否则，它就处于保持状态。是符合同步计数器的计数规律的。片间进位信号 RC 逐片传递，造成计数频率不能很高，这是图 5-67 所示电路的特点。下面分析其原因。假定计数器所处状态是：$Q_1 \sim Q_{11}$ 均为“1”，其余触发器的状态均为“0”，那么，在 CK 正跳变来到后，经过片Ⅰ的 CK 到 RC 传输延迟时间后片Ⅰ的 RC 才由“0”变为“1”，然后，再经过片Ⅱ及Ⅲ的 T 到 RC 逐片传递，片Ⅲ的 RC 才为“1”，接着，再经过片Ⅳ的门 19 及“或”门 14，使片Ⅳ触发器 A 的 J、K 由“0”变为“1”后，才能引入下一个 CK 脉冲。因此，在第一种扩展方法中，计数器的最高计数频率是与片数有关的。片数越多，计数频率就越低。

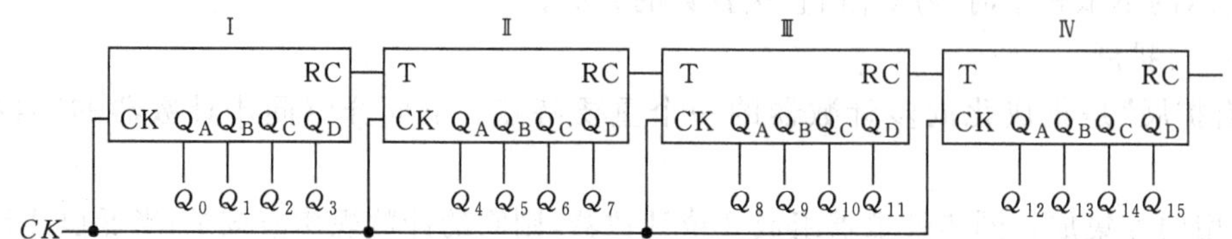

图 5-67　同步计数器的第 1 种扩展方法

图 5-68 是二进制同步计数器的第 2 种扩展图。图中，最低位片的 RC 与所有其他片的 P 端相连，只有片Ⅱ的 T 不与片Ⅰ的 RC 相连，其他片的 RC 都与相邻高位片的 T 相连。下面以片Ⅲ为例来说明图 5-68 所示电路的工作原理。只有当片Ⅲ的 P、T 均为“1”时，片Ⅲ才计数，而片Ⅲ的 P、T 均为“1”的条件是 $Q_0 \sim Q_7$ 均为 1。若 $Q_0 \sim Q_7$ 不均为 1，则片Ⅲ处于保持状态。这也是符合同步计数器的工作原理的。图 5-68 所示扩展方法的片间进位信号 RC 是快速传递使的，因而计数频率可以较高。下面分析其原因。假定图 5-68 所示计数器的 $Q_1 \sim Q_{11}$ 均为“1”，Q_0、Q_{12} 均为“0”，那么便会出现下述情况。此时，尽管片Ⅱ的 T 不与片Ⅰ的 RC 相连，虽然片Ⅰ的 RC 不为“1”，但是，由于片Ⅱ、Ⅲ的 RC 均已为“1”，所以，当 CK 正跳变来到后，只需经过一段 CK 到 RC 的传输延迟时间，片Ⅰ的 RC 及片Ⅱ、Ⅲ的 P 便会同时变为“1”，然后再经片Ⅳ的门 19 及门 14，便可使片Ⅳ的触发器 A 的 J、K 由“0”变“1”。于是便可引入下一个 CK 脉冲。图 5-68 所示连接方法比图 5-67 所示连接方法优越之处在于：由于在图 5-68 所示连接中使用了 P 端，使 RC 不在片Ⅱ、Ⅲ中传输，所以，其计数频率比较高，并且与其片数无关。但是，图 5-68 所示计数器最高位片的 RC 为“1”并不代表计数器已计入最大数。例如，当计数器输出 Q_0 为“0”而 $Q_1 \sim Q_{15}$ 均为“1”时，片Ⅳ的 RC 是“1”，而不是“0”。

十进制计数器的扩展方法和二进制计数器相同，这里就不再赘述了。

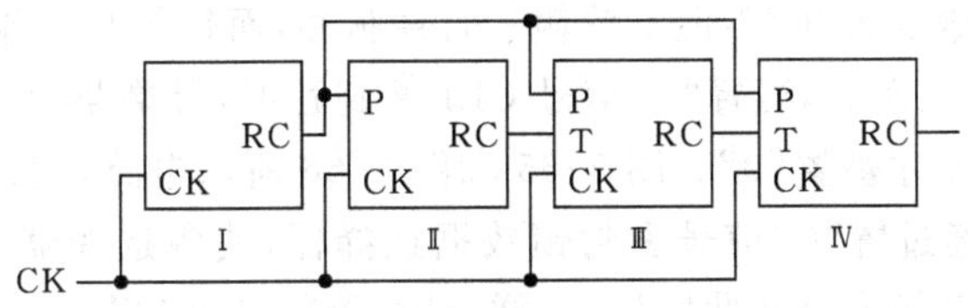

图 5-68　同步计数器的第 2 种扩展方法

(4) 计数器扩展时 RC 端的尖峰信号。

图 5-67、图 5-68 所示计数器中，其 RC 端会出现正向尖峰信号。现以图 5-63 所示二进制计数器(图 5-69)为例来说明。假定该计数器的原始状态 Q_8 为“0”外，其余均为“1”。在 CK 作用下，经 CK 到 Q 的传输延迟，使 $Q_0 \sim Q_7$ 由“1”变“0”、Q_8 由“0”变“1”。接着再经计数器门 4 的传输延迟(即 T 到 RC 的传输延迟)，使片Ⅰ、Ⅱ的 RC 同时由“1”变“0”，并且，使片Ⅲ的 RC 由“0”变“1”。由于片Ⅱ的 RC 变化滞后于 Q_8 的变化，因此，在片ⅢRC 端便会出现宽度为片Ⅲ的 T 到 RC 传输延迟的正向尖峰信号。由于这个尖峰信号还要向片Ⅳ传输，因此经片Ⅳ的 T 到 RC 传输延迟后，在片Ⅳ的 RC 端也会出现正向尖峰信号。

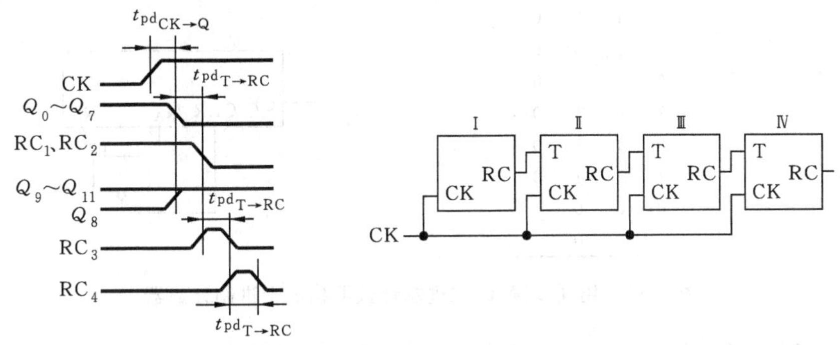

图 5-69　说明计数器 RC 端尖峰信号形成的波形图

抑制计数器 RC 端尖峰信号的方法有两种：

一种是用一些附加门去抑制它，如图 5-70 所示；另一种是通过减少计数器进位输出门的传输延迟去减少尖峰信号的宽度，这是设计计数器线路及版图时应注意的。减少输出门的传输延迟，还有利于减少 T 到 RC 的传输延迟以及 CK 到 RC 的传输延迟。

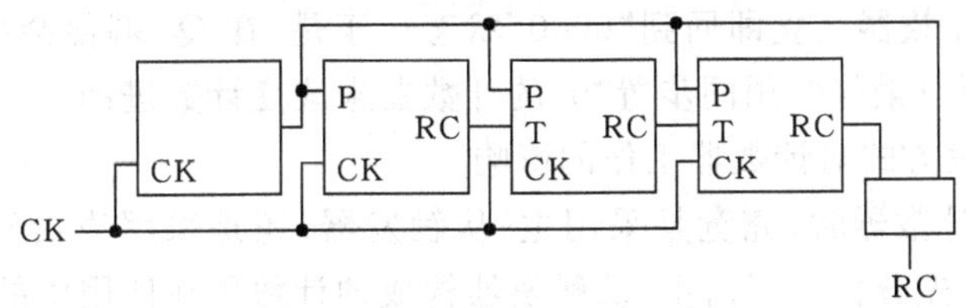

图 5-70　用附加门去抑制计数器 RC 端尖峰信号

(5) 置“0”方式。

集成化计数器有异步置“0”和同步置“0”两种置“0”方式。

对于异步置“0”(即直接置“0”)方式而言，其置“0”信号 $\overline{R}_D$ 是经缓冲门直接加在触发器

的 $\overline{R}_D$ 端的。这样,计数器置“0”不但不依赖于时钟脉冲,而且与时钟脉冲的状态无关。

对于同步置“0”方式而言,当置“0”信号 CLR① 到达时,计数器并不立即置“0”,只有在 CK 正跳变来到后,电路才被置“0”。图 5-65 和图 5-66 所示电路,就是采用同步置“0”方式的计数器。它们首先通过置“0”信号去封锁数据选择器,使各选择器的输出为“0”,然后在 CK 正跳变作用下,使各触发器接收“0”。这样,计数器就被置“0”了。

采用同步置“0”方式的计数器,可以在输出不出现尖峰信号的情况下较方便地改变计数进制。图 5-71 给出了用图 5-65 所示计数器改接成的十进制计数器。下面介绍改变的步骤。首先,写出所用同步置“0”计数器计数到 $N-1$ 时的状态(这里 N 是所需的计数进制。对于十进制计数器而言,计数到 $N-1$ 时计数器状态为 $Q_AQ_BQ_CQ_D=1001$)。然后,把该计数器状态中为“1”的各 Q 端与一个附加“与非”门相连,再把“与非”门的输出与计数器的直接置“0”输入端 CLR 相连。这样,在第 $N-1$ 个脉冲来到后,CLR 虽为“0”,但计数器不置“0”,只有当第 N 个脉冲来到后,计数器才置“0”。于是,计数器的计数进制变为 N。

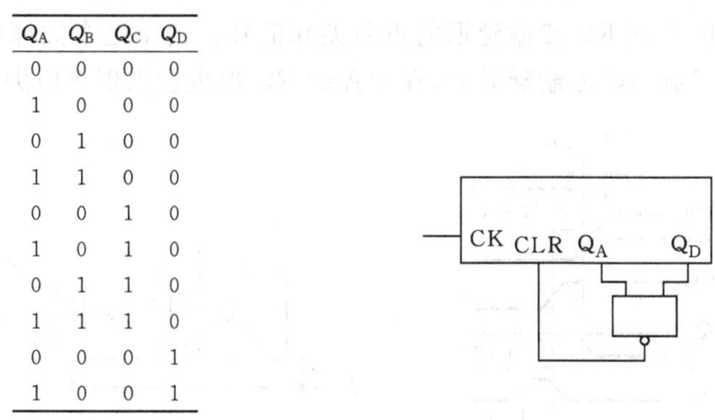

Q_A	Q_B	Q_C	Q_D
0	0	0	0
1	0	0	0
0	1	0	0
1	1	0	0
0	0	1	0
1	0	1	0
0	1	1	0
1	1	1	0
0	0	0	1
1	0	0	1

图 5-71 用同步置“0”二进制计数器构成十进制计数器

当然,也可用类似的方法去改变异步置“0”计数器的计数进制。下面介绍一下改接的步骤。首先,写出异步置“0”计数器计数到 N 时的状态(这里,N 为所需的计数进制)。然后,把该状态中为“1”的各 Q 端用一个“与非”门相连,再把“与非”门的输出和计数器的 $\overline{R}_D$ 相连。值得注意的是,在这种改变计数进制方法中,在计数器的 Q 输出端,往往会出现正向尖峰信号。现以 4 位二进制计数器改接成的十二进制计数器为例,来说明尖峰信号产生的原因。当计数器进入到状态 $Q_AQ_BQ_CQ_D=0011$ 后,经与非门传输延迟附加“与非”门输出为“0”,它通过 $\overline{R}_D$ 使计数器又立即回到“0000”状态。于是,在 Q_C 端便会出现正向尖峰信号,如图 5-72 所示。所以最好使用同步置“0”的计数器来改变计数进制。

(6) 触发器触发方式对计数器工作的影响。

在设计集成化计数器时,究竟是采用主-从触发器,还是采用边沿触发方式触发器呢?为了回答这个问题,先分析一下由主-从触发器构成的计数器在使用中的一些限制。

图 5-63、图 5-64 所示计数器是采用主-从触发器作为计数单元的。在 CP 为“1”期间,若主-从触发器的 J、K 输入发生变化,则触发器的功能表便可能不满足。因此,由主-从J-K 触发器构成的计数器的预置、L 及 P、T 不宜在 CK=0 期间进行。

① 为了避免混淆,把计数器的同步置“0”端用 CLR 表示,把异步置“0”端用 $\overline{R}_D$ 表示。

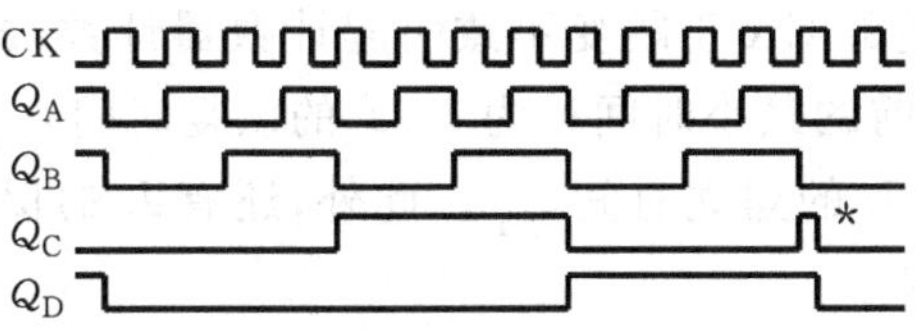

图 5-72　在异步置“0”二进制计数器构成十二进制计数器时，Q_C 端产生尖峰信号的波形图

以上这些限制是由主-从触发方式引起的，它们将给使用者带来一些不便，如果用边沿触发器组成计数器，那么，上述限制就不存在了。此时，P、T、L 和预置数 $A\sim D$ 的变化过程既可在 CK 为“0”期间进行，也可在 CK 为“1”期间进行。这样一来，便给使用者带来很大的方便。

应该指出的是，不能采用电位触发方式的触发器来组成计数器。这是因为，这种触发器的空翻现象将会使计数器无法正常工作。如果用一些逻辑门使时钟脉冲变窄（图 5-73），那么，电位触发器就可以用来组成计数器。但是，必须严格控制窄脉冲的宽度，以便使触发器既能翻转，又不至于出现空翻现象。当然，这是很困难的。

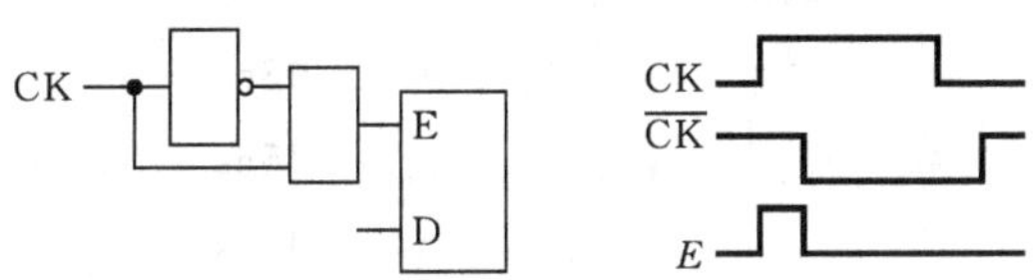

图 5-73　电位触发器用作计数单元时的连接图

（7）开关参数。

同步计数器除了有与寄存器类似的 $t_{pd_{CK\to Q}}$、$t_{p_{HL_{\overline{R}_D\to Q}}}$、并行输入数据的建立时间 t_{su_D} 和保持时间 t_{h_D} 等开关参数外，还有 $t_{pd_{T\to RC}}$、$t_{pd_{CK\to RC}}$、$t_{su_{P、T}}$、t_{su_L}、$t_{rel_{R、T}}$、t_{h_L} 等参数。图 5-74 给出了用边沿触发器的计数器的各开关参数的定义表示。其中 P、T 的正跳变提前于 CK 正跳变的最小时间称为 P、T 的建立时间 $t_{su_{P、T}}$。$t_{su_{P、T}}$ 是为了使即将到达的 CK 正跳变能进入计数器

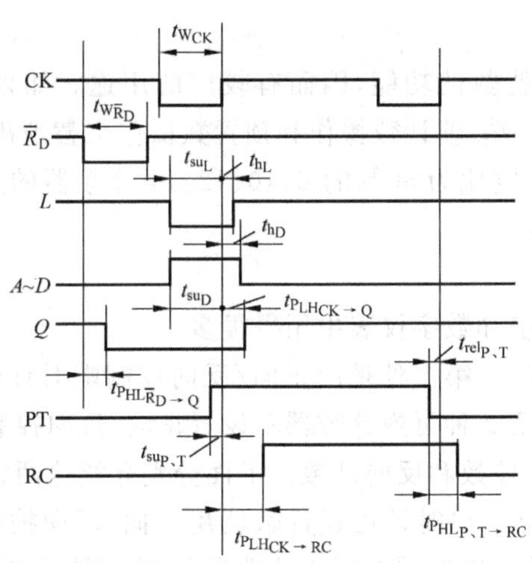

图 5-74　某计数器的动态波形图

所必需的，为了使即将到达的 CK 正跳变不致引起计数器计数，P、T 由"1"变为"0"应提前于 CK 正跳变。这个需提前的最小时间称为 P、T 的恢复时间 $t_{rel_{P、T}}$，L 的变化应提前于 CK 正跳变的最小时间被称为 L 的建立时间 t_{su_L}。此外，还有 L 的保持时间 t_{h_L}。表 5-11 是中速 TTL 计数器开关参数值。

表 5-11 中速 TTL 4 位二进制同步计数器的开关参数

参　　数	最小值	典型值	最大值
$f_{max_{CK}}$	25MHz	32MHz	
$t_{w_{CK}}$	25ns		
$t_{w_{\overline{R}_D}}$	20ns		
t_{su_D}	20ns		
$t_{su_{P、T}}$	20ns		
t_{su_L}	25ns		
t_h（任何输入）	0ns		
$t_{rel_{\overline{R}_D}}$	20ns		
$t_{P_{LH_{CK\to Q}}}$ $(L=1)$		13ns	20ns
$t_{P_{HL_{CK\to Q}}}$ $(L=1)$		15ns	23ns
$t_{P_{LH_{CK\to Q}}}$ $(L=0)$		17ns	25ns
$t_{P_{HL_{CK\to Q}}}$ $(L=0)$		19ns	29ns
$t_{P_{LH_{CK\to RC}}}$		23ns	35ns
$t_{P_{HL_{CK\to RC}}}$		23ns	35ns
$t_{P_{HL_{\overline{R}_D\to Q}}}$		26ns	38ns
$t_{P_{LH_{T\to RC}}}$		11ns	16ns
$t_{P_{HL_{T\to RC}}}$		11ns	16ns

说明： 测试条件为 $V_{cc}=5V$，$C_L=15\mu f$，$R_L=400k\Omega$，$T_A=20℃$。

(8) 其他应用。

由于同步计数器有预置数的功能，因而有较广的用途。如果用计数器的 Q 端输出或 RC 输出去控制计数器的 L 端，使计数操作和预置数操作交替地出现，就可构成各种进制的分频器。图 5-75 所示是占空比为 50％的 6、10、12、14 分频器的连接图。图中采用的是图 5-63 所示的二进制计数器。

2. 可逆同步计数器

可逆计数器在控制系统和数字仪表中用得很多。

可逆计数器有两种类型。第 1 种是用正向/反向控制端对计数方向进行控制的。该计数器只有一个时钟输入。第 2 种可逆计数器不设置正向/反向控制器，但计数器有两个输入时钟脉冲，它们各用于正向计数和反向计数。下面分别介绍这两种可逆计数器。

(1) 单时钟可逆计数器。单时钟可逆计数器用正向/反向控制命令 $U/\overline{D}$ 控制正、反向计数。图 5-76 是单时钟的可逆二进制同步计数器的逻辑图。它采用负边沿触发器作计数单元。当 $U/\overline{D}$为"1"时，该计数器正向计数；当 $U/\overline{D}$ 为 "0" 时，该计数器反向计数。当计数

计数顺序

Q_A	Q_B	Q_C	Q_D
0	0	0	0
0	1	1	0
1	1	1	0
0	0	0	1
0	1	1	1
1	1	1	1

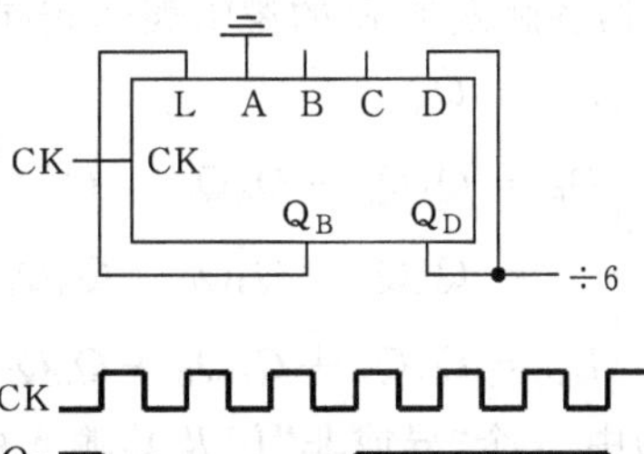

(a) 6 分频器

计数顺序

Q_A	Q_B	Q_C	Q_D	Q_A	Q_B	Q_C	Q_D
0	0	0	0	0	0	0	1
0	0	1	0	0	0	1	1
1	0	1	0	1	0	1	1
0	1	1	0	0	1	1	1
1	1	1	0	1	1	1	1

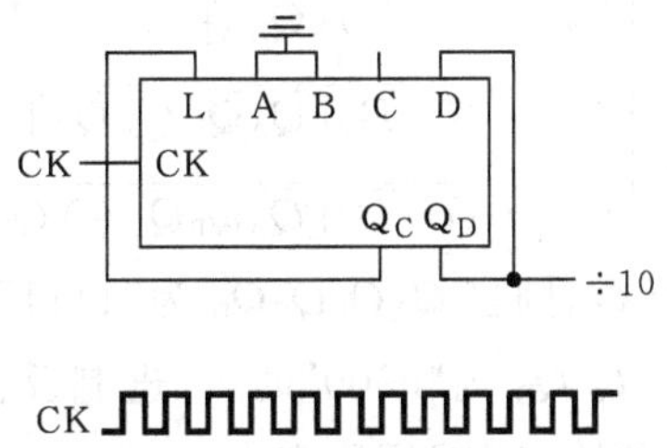

(b) 10 分频器

计数顺序

Q_A	Q_B	Q_C	Q_D	Q_A	Q_B	Q_C	Q_D
0	0	0	0	0	0	0	1
0	1	0	0	0	1	0	1
1	1	0	0	1	1	0	1
0	0	1	0	0	0	1	1
0	1	1	0	0	1	1	1
1	1	1	0	1	1	1	1

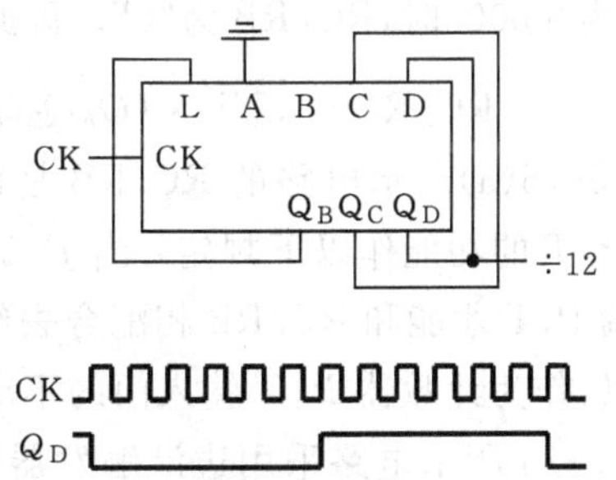

(c) 12 分频器

计数顺序

Q_A	Q_B	Q_C	Q_D	Q_A	Q_B	Q_C	Q_D
0	0	0	0	0	0	0	1
1	0	0	0	1	0	0	1
0	1	0	0	0	1	0	1
0	0	1	0	0	0	1	1
1	0	1	0	1	0	1	1
0	1	1	0	0	1	1	1
1	1	1	0	1	1	1	1

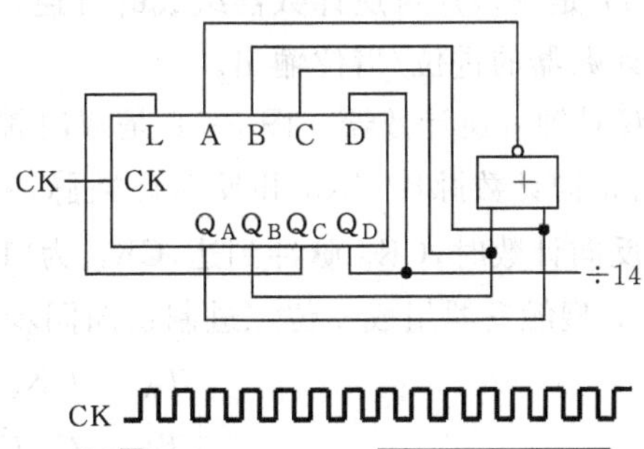

(d) 14 分频器

图 5-75 用二进制同步计数器构成占空比为 50%的分频器

器正向计数时，各触发器 D 的逻辑表达式同式(5-2)；当反向计数时，D 的逻辑表达式应为：

$$
\begin{cases}
D_A = \overline{Q}_A \\
D_B = Q_A Q_B + \overline{Q}_A \overline{Q}_B = \overline{\overline{Q}_A \oplus \overline{Q}_B} \\
D_C = Q_A Q_C + Q_B Q_C + \overline{Q}_A \overline{Q}_B \overline{Q}_C = \overline{(\overline{Q}_A \overline{Q}_B) \oplus \overline{Q}_C} \\
D_D = Q_A Q_D + Q_B Q_D + Q_C Q_D + \overline{Q}_A \overline{Q}_B \overline{Q}_C \overline{Q}_D = \overline{(\overline{Q}_A \overline{Q}_B \overline{Q}_C) \oplus \overline{Q}_D}
\end{cases}
\tag{5-5}
$$

在图 5-76(a)中，4 个“异或非”门及其输入的“与或非”门就是综合式(5-2)和式(5-5)得到的，异或非门的输出式表示如下：

$$
\begin{cases}
D_A = \overline{Q}_A \\
D_B = \overline{(U/\overline{D})}(\overline{\overline{Q}_A \oplus \overline{Q}_B}) + U/\overline{D}\,(\overline{\overline{\overline{Q}}_A \oplus \overline{Q}_B}) \\
D_C = \overline{(U/\overline{D})}[\overline{\overline{Q}_A \overline{Q}_B \oplus \overline{Q}_C}] + U/\overline{D}[\overline{(\overline{\overline{Q}_A + \overline{Q}_B}) \oplus \overline{Q}_C}] \\
D_D = \overline{(U/\overline{D})}[\overline{\overline{Q}_A \overline{Q}_B \overline{Q}_C \oplus \overline{Q}_D}] + U/\overline{D}[\overline{(\overline{\overline{Q}_A + \overline{Q}_B + \overline{Q}_C}) \oplus \overline{Q}_D}]
\end{cases}
\tag{5-6}
$$

若正向计数，则当 $Q_A Q_B Q_C Q_D$ 为“1111”时，二进制计数器应输出进位信号；若为反向计数，则当 $Q_A Q_B Q_C Q_D$ 为“0000”时，二进制反向计数器应输出借位信号。该可逆二进制计数器的进位/借位输出 RC/RB 应为：

$$\mathrm{RC/RB} = \overline{(U/\overline{D})}\,\overline{Q}_A \overline{Q}_B \overline{Q}_C \overline{Q}_D + (U/\overline{D}) Q_A Q_B Q_C Q_D$$

但是，在图 5-76 所示电路中，取上述表达式的反码作为该可逆计数器的 RC/RB 输出。也就是说，若为正向计数，则当 $Q_A Q_B Q_C Q_D$ 为“1111”时，RC/RB 为“0”；若为反向计数，则当 $Q_A Q_B Q_C Q_D$ 为“0000”时，RC/RB 为“0”。因此，该可逆计数器的 RC/RB 表达式为：

$$\mathrm{RC/RB} = \overline{\overline{\overline{U/\overline{D}}} \cdot (\overline{Q}_A \overline{Q}_B \overline{Q}_C \overline{Q}_D) + (U/\overline{D})(Q_A Q_B Q_C Q_D)}$$

由于图 5-76(a)所示电路的 RC/RB 是以反码形式输出的，因此，对它的两个“计数允许”控制端 P、T 的功能作以下规定：当 P、T 均为“0”时，允许电路计数。只有这样，“计数允许”控制端 P、T 才能和 RC/RB 相配合去组成多片计数器。此外，由于 P、T 均为零时允许计数，所以，作为计数器 P、T 输入门的不应采用“与”门，而应采用“或非”门。

由于图 5-76 所示电路采用边沿触发器作为计数单元，所以 $U/\overline{D}$ 的变化不受 CK 状态的限制，但 $U/\overline{D}$ 的变化必须提前于 CK 的正跳变，这段最小提前时间为 $U/\overline{D}$ 的建立时间。

图 5-77 是用多片可逆计数器组成的可逆计数器，这里，最高位片的 RC/RB 输出，经反相后才是计数器的进位/借位输出。

(2) 双时钟可逆计数器。图 5-78 是双时钟二进制可逆计数的逻辑图。它有下述两个时钟脉冲：正向计数脉冲 $\mathrm{CK_U}$ 和反向计数脉冲 $\mathrm{CK_D}$。当正向计数时，$\mathrm{CK_U}$ 脉冲到达，$\mathrm{CK_D}$ 为“1”；当反向计数时，$\mathrm{CK_D}$ 脉冲到达，$\mathrm{CK_U}$ 为“1”。计数器采用 T 型触发器作为计数单元。

若用 T 型触发器组成 4 位二进制正向同步计数器，则其各触发器 T 端的条件为：

$$
\begin{cases}
T_A = \overline{\mathrm{CK_U}} \\
T_B = Q_A \overline{\mathrm{CK_U}} \\
T_C = Q_A Q_B \overline{\mathrm{CK_U}} \\
T_D = Q_A Q_B Q_C \overline{\mathrm{CK_U}}
\end{cases}
\tag{5-7}
$$

若用 T 型触发器组成 4 位二进制反向同步计数器，则各触发器 T 端的条件为：

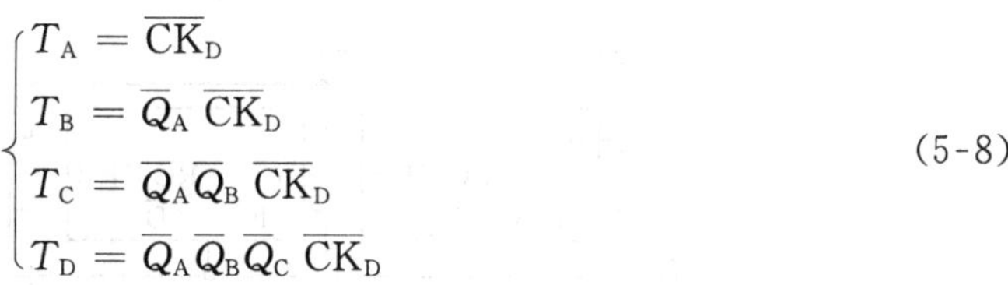

$$
\begin{cases}
T_A = \overline{CK_D} \\
T_B = \overline{Q}_A \, \overline{CK_D} \\
T_C = \overline{Q}_A \overline{Q}_B \, \overline{CK_D} \\
T_D = \overline{Q}_A \overline{Q}_B \overline{Q}_C \, \overline{CK_D}
\end{cases}
\tag{5-8}
$$

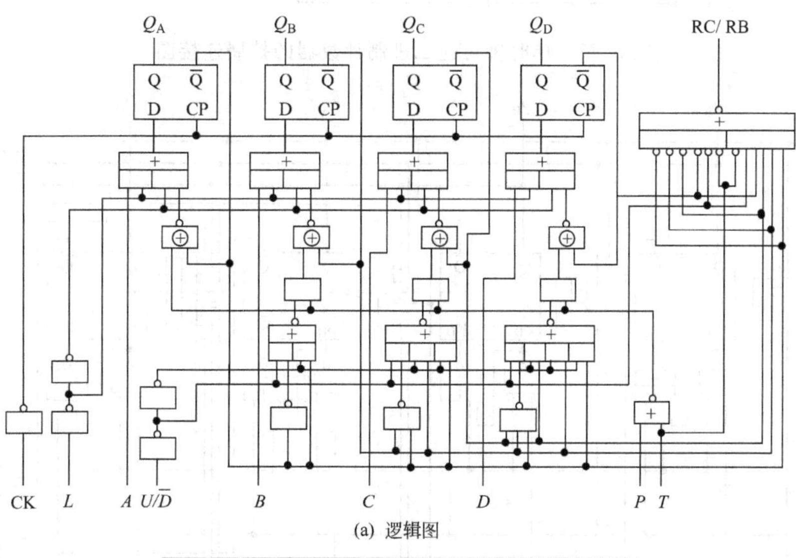

(a) 逻辑图

P	T	L	$U/\overline{D}$	CK	功　能
0	0	1	0	↑	反向计数
0	0	1	1	↑	正向计数
×	×	0	×	↑	并行输入
1	0	1	×	×	保持
×	1	1	×	×	触发器保持,RC/RB=1

(b) 功能表

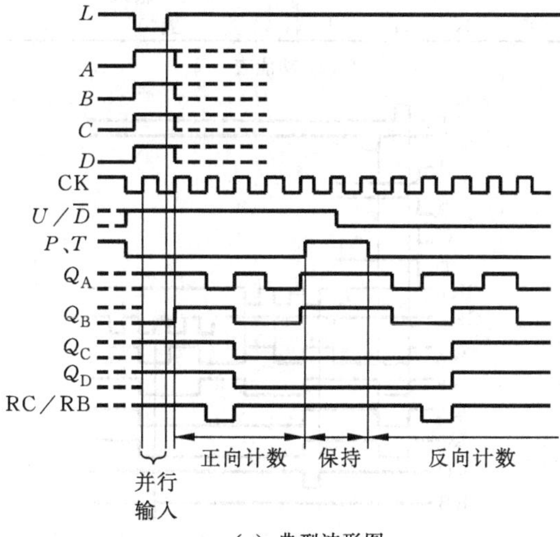

(c) 典型波形图

图 5-76　单时钟的可逆二进制同步计数器

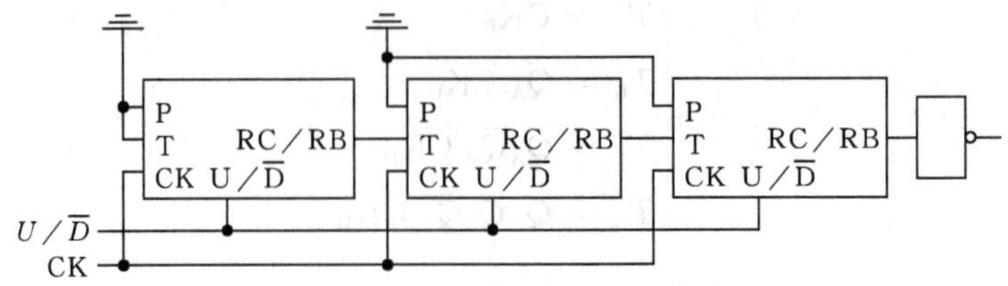

图 5-77　单时钟可逆二进制计数器的扩展连接图

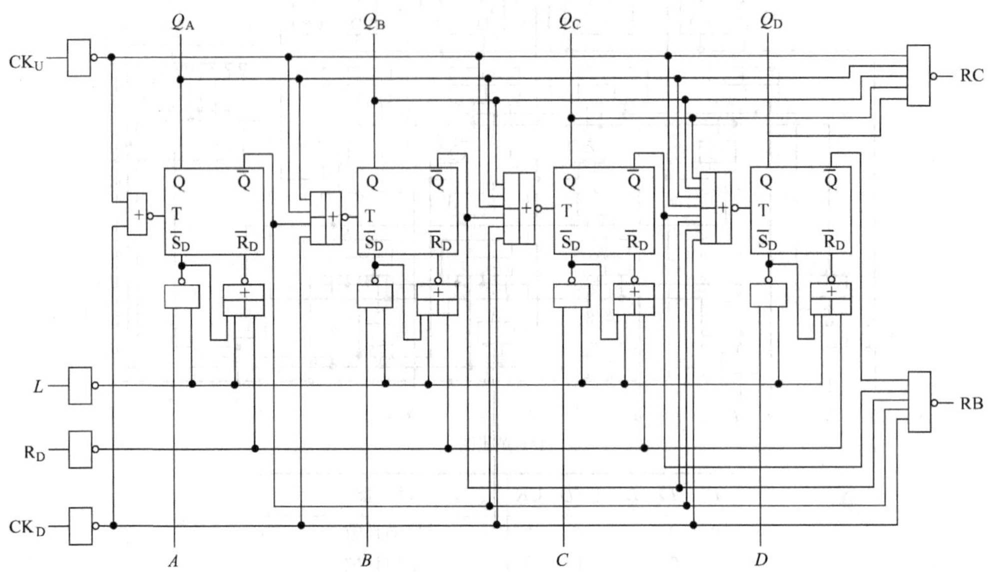

(a) 逻辑图

CK_U	CK_D	L	R_D	功　能
↑	1	1	0	正向计数
1	↑	1	0	反向计数
×	×	0	0	并行输入
×	×	1	1	置"0"

(b) 功能表

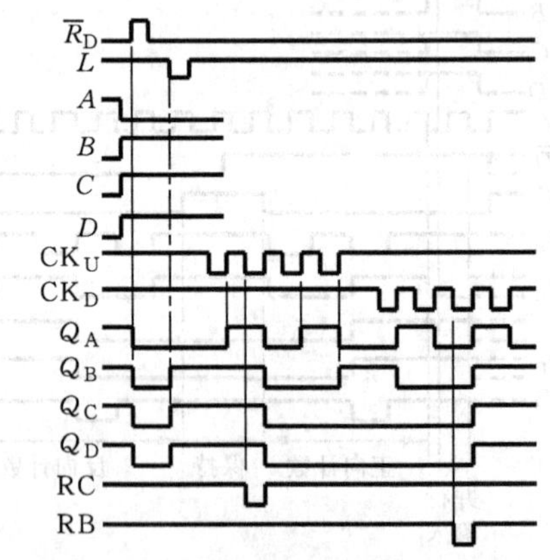

(c) 典型波形图

图 5-78　双时钟可逆二进制同步计数器

图 5-78 所示的二进制可逆计数器的 T 输入门就是综合式(5-7)和式(5-8)而得到的。

图 5-78 所示的计数器具有预置数功能。当 L 为"0"时,预置数 $A \sim D$ 变为互补数据后加在触发器的 $\overline{R}_D$ 和 $\overline{S}_D$ 端上,使计数器在不依赖于时钟的条件下就能接收预置数 $A \sim D$。

图 5-78 所示计数器和一般计数器不同之处在于:只有当 R_D 为"1"时,电路才置"0",此外,在置"0"时,L 需为"1"。

图 5-78 所示计数器的 RC 和 RB 均以反码形式出现,并且分别受 CK_U 和 CK_D 控制。图 5-79 是该计数器的扩展连接图。由于 4 位计数器的 RC 和 RB 输出是相邻高位片的 CK_U 和 CK_D 输入,所以,多片计数器系统的时钟脉冲只有在经过所有低位片的 RC 和 RB 形成门传输后,才能达到某片计数器的时钟输入端,从而才能使该片计数器计数,这样一来,系统的计数频率就不可能很高。

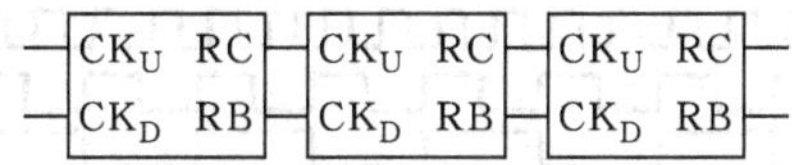

图 5-79 双时钟可逆计数器的扩展连接图

5.6 同步时序电路的测试

下面以 4D 寄存器为例来讨论同步时序电路的功能测试方法(表 5-12 是 4D 寄存器的功能表)。

表 5-12 4D 寄存器的功能表

$\overline{R}_D$	CK	$1D$	$2D$	$3D$	$4D$	$1Q$	$2Q$	$3Q$	$4Q$
1	↑	$1D$	$2D$	$3D$	$4D$	$1D$	$2D$	$3D$	$4D$
0	×	×	×	×	×	0	0	0	0

功能表的第一栏表明了下述两点:首先,寄存器是正边沿触发的。其次,寄存器应具有接收和保持两种功能。下面将这两种功能简述如下:

(1) 接收功能:在时钟正跳变来到时,寄存器接收时钟正跳变前瞬间 D 端的数据。由于它有 4 个 D 端,因此,它的 $2^4=16$ 种代码组合都应能够正确地被寄存器接收。

(2) 保持功能:在时钟负跳来到时,4 个 D 端的代码组合均不被接收,在时钟的"0"和"1"期间,4 个 D 端的任何变化均不应被接收。

在检查电路是否具有功能表第一栏功能时,不能只选 1、2 种数据代码组合(如 $1D \sim 4D=0$ 或 $1D \sim 4D=1$)来检查接收功能,也不能只检查接收功能而不检查保持功能。

图 5-80 所示两组输入波形可用来检查功能表的第一栏功能。

为了确保数据有一定的建立时间和保持时间,将最高频率的 F_1 经延迟后(记作 $\vec{F}_1$)加在 CK 端。如寄存器能得到图 5-80(a)所示输出波形,则说明寄存器能接收 16 种代码组合。此外,还说明 CK=1 期间以及 CK 负跳变时输入数据变化不被接收。但图 5-80(a)所示波形不能检查寄存器在 CK=0 期间是否具有保持功能,这是因为此时输入数据是不变化的。

为了使输入数据在 CK=0 期间是变化的,将 $\vec{F}$ 反相后(记作 $\overline{\vec{F}}$)加在 CK 端,如能得预定的

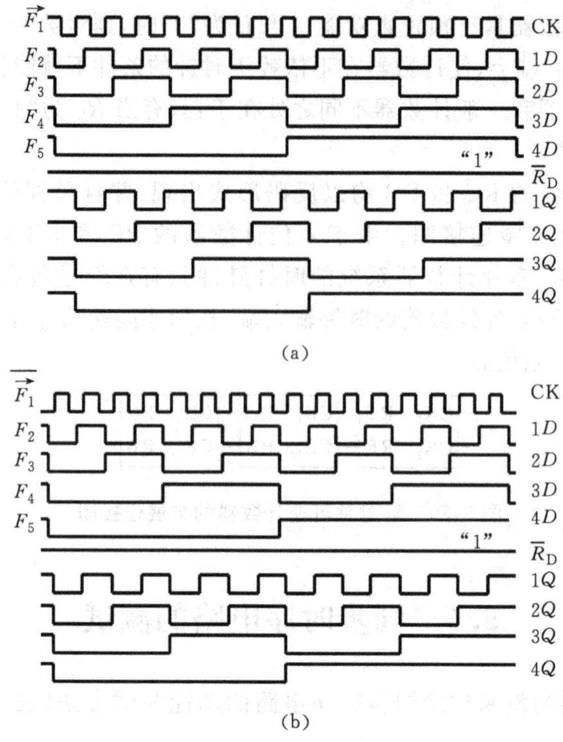

图 5-80　检查 4D 寄存器接收功能和保持功能的两组输入波形

输出波形则表明 CK＝0 期间寄存器有保持功能。

功能表第二栏表明，电路有异步置“0”功能。即不论寄存器处于何种状态，也不论在 CK 是“0”还是 CK 在“1”期间引入置“0”信号，均可使寄存器置“0”，且在置“0”信号撤除后，寄存器仍然能保持“0”，图 5-81(a)、(b)就是检查这一功能的输入波形。

在用图 4-78 所示比较法对 4D 寄存器进行功能检查时，要解决的一个问题是：如何将上述 4 组波形依次串联起来，使功能测试的 4 个步骤一次完成。其实现方法如下，将 4 组测试波形送至 3 个双 4 通道选 1 数据选择器（如图 5-82 所示），用分频脉冲 F_7、F_8（它们的频率比输入信号还要低）作为 S_0、S_1 信号。这样就可得到将 4 组测试波形连贯起来的输入波形。值得注意的是，在功能测试前用图 4-72 所示比较法应先将被测电路和标准电路置“0”。

对于开关参数的测试已在本章中作了介绍。一般说来，时序电路的建立时间、保持时间和最小脉宽等参数是不单独进行测试的，只是在测试传输延迟时并检查它们是否满足要求。例如，在测试电路时钟到输出的传输延迟时，首先就得设置时钟脉冲的宽度为最小脉宽，如电路的输出波形正常，则说明电路在最小脉宽下能正常工作，从而说明这个参数是合格的。又如在测试 4D 寄存器的时钟到输出的传输延迟时，使数据比 CK 正跳变提前到来的时间为数据建立时间，使数据的撤除比 CK 正跳变迟后的那段时间为数据保持时间，此时如果电路的输出波形正常，那么就说明这两个参数也是满足要求的。

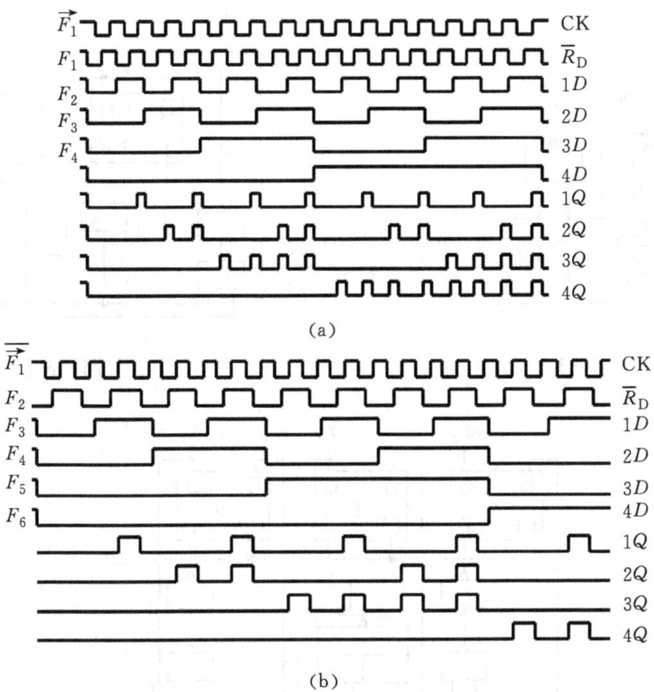

图 5-81　检查 4D 寄存器清零功能的两组输入波形

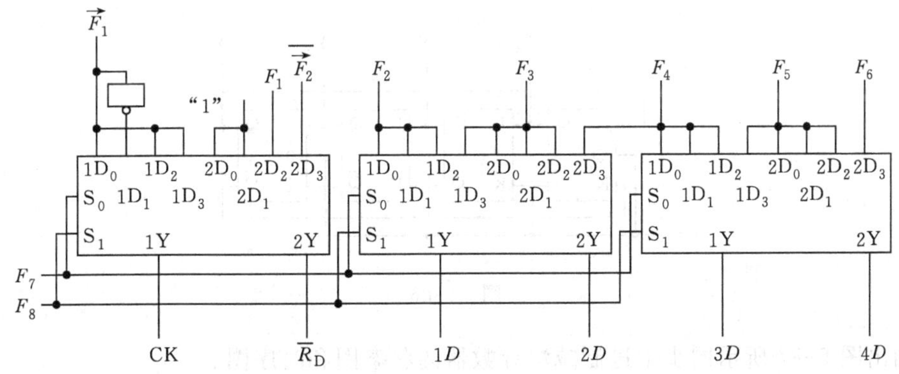

图 5-82　用数据选择器把图 5-80、图 5-81 的测试波形连接起来

习　题

5.1　分析图 5-83 所示时序电路，作出它的状态表和状态图。作出电平输入 X 序列为 1011100 时电路的时序图。

5.2　分析图 5-84 所示同步时序电路，作出它的状态表和状态图并作当 $X_1=1111110$ 及 $X_2=0110110$ 时的时序图。

5.3　分析图 5-85 所示时序电路，作出它的状态图和时序图。起始状态 $Y_2Y_1Y_0=000$。

5.4　画出图 5-86 所示时序电路的状态图和时序图，起始状态为 $Y_3Y_2Y_1Y_0=0001$。

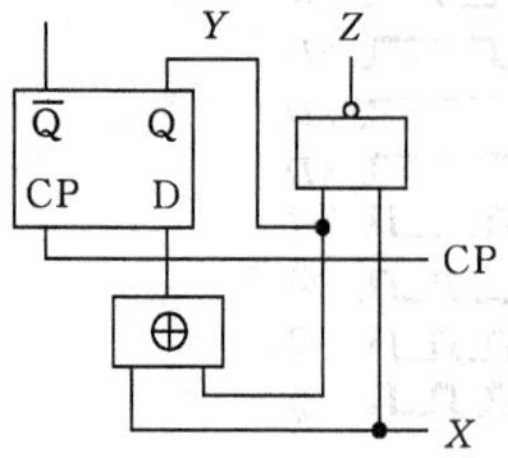

图 5-83

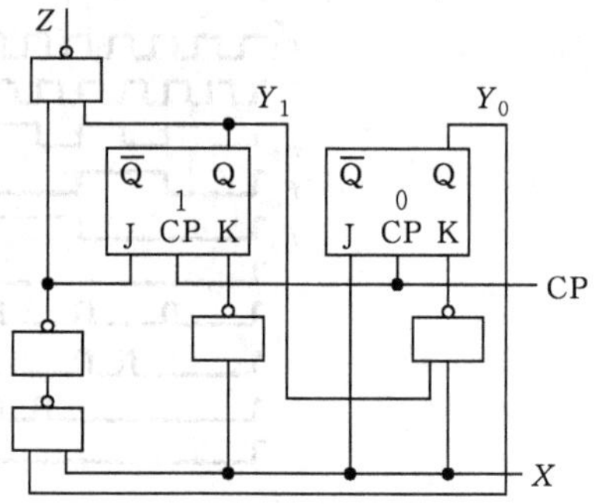

图 5-84

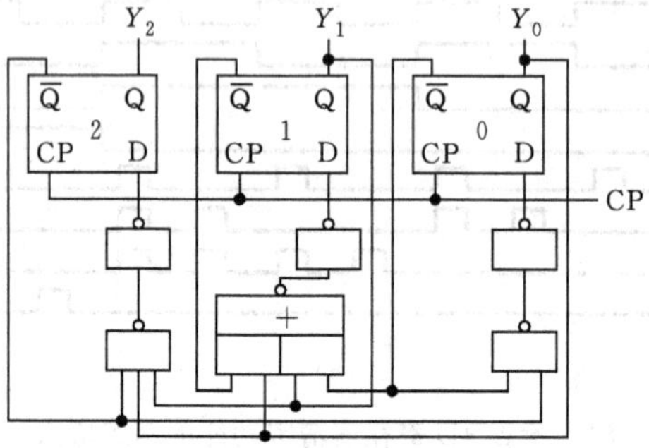

图 5-85

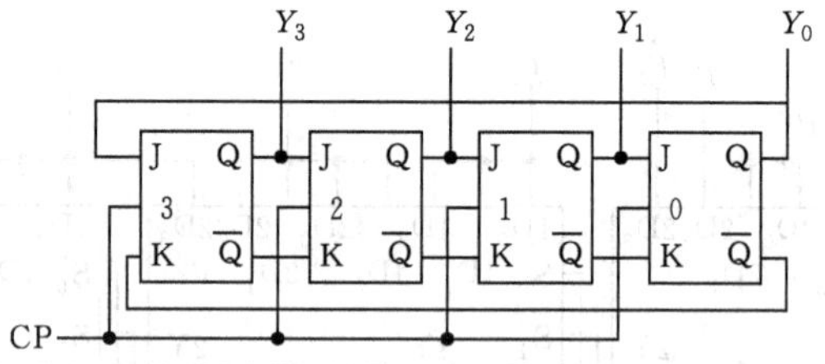

图 5-86

5.5 画出图 5-87 所示同步十进制减法计数器的状态图和时序图。

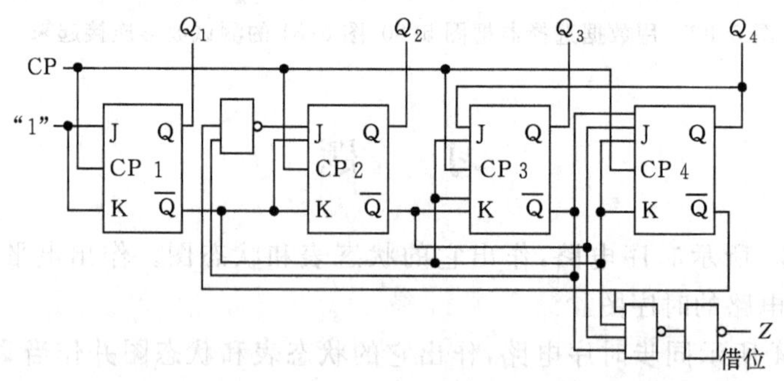

图 5-87

5.6 分析图 5-88 所示集成电路的原理，列其功能表，定性画出表示 D_S，$D_0 \sim D_3$，$\overline{E}$，$\overline{P}_E$，

$\overline{R}_D$ 与 CK 的配合关系的波形图，并分析这些参数与内部电路开关参数的关系。

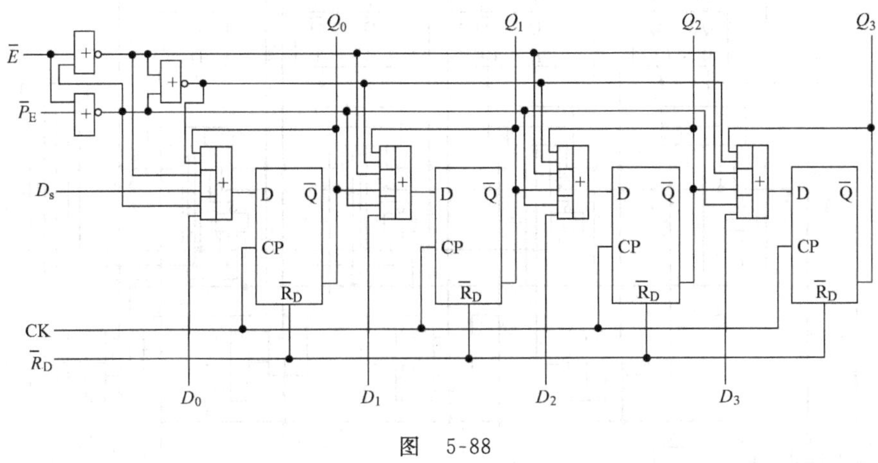

图 5-88

5.7 画出在图 5-88 电路中加上如图 5-89 所示输入波形时输出波形。

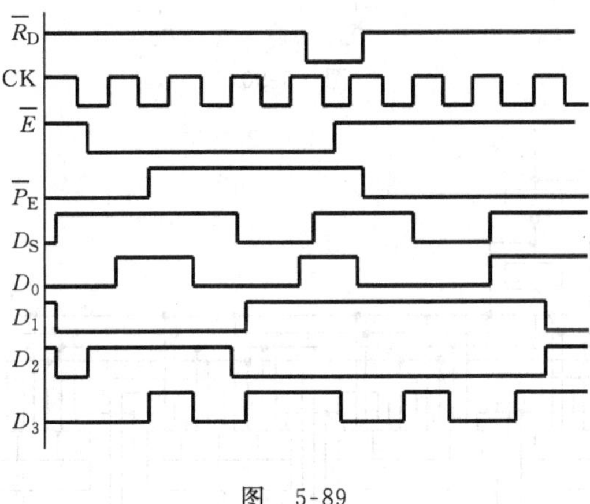

图 5-89

5.8 分析图 5-90 所示二进制可逆计数器的原理(负沿触发)。列出其功能表，分别画出正向计数、反向计数时输出波形图。画出两种计数器扩展连接图(用 4 块计数器)。

5.9 分析图 5-91 所示电路原理，并列出其功能表。

5.10 图 5-92 所示电路是为某接收机而设计的分频电路，初始状态为“00”,问：

(1) 当 X_1X_2＝“00”;

(2) 当 X_1X_2＝“01”;

(3) 当 X_1X_2＝“11”时，各种状态为几分频？画出波形图。

5.11 同步 4 位二进制计数器的功能表及逻辑符号如图 5-93(a)所示。如果同步二进制计数器按图 5-93(b)所示电路连接，要求：

(1) 列出该计数器的计数顺序。

(2) Q_D 端输出是几分频、占空比是多少？

5.12 将图 5-93(a)所示 4 位同步二进制计数器接成图 5-94 所示电路。问：

(1) M＝“1”时，A 端输出为几分频；

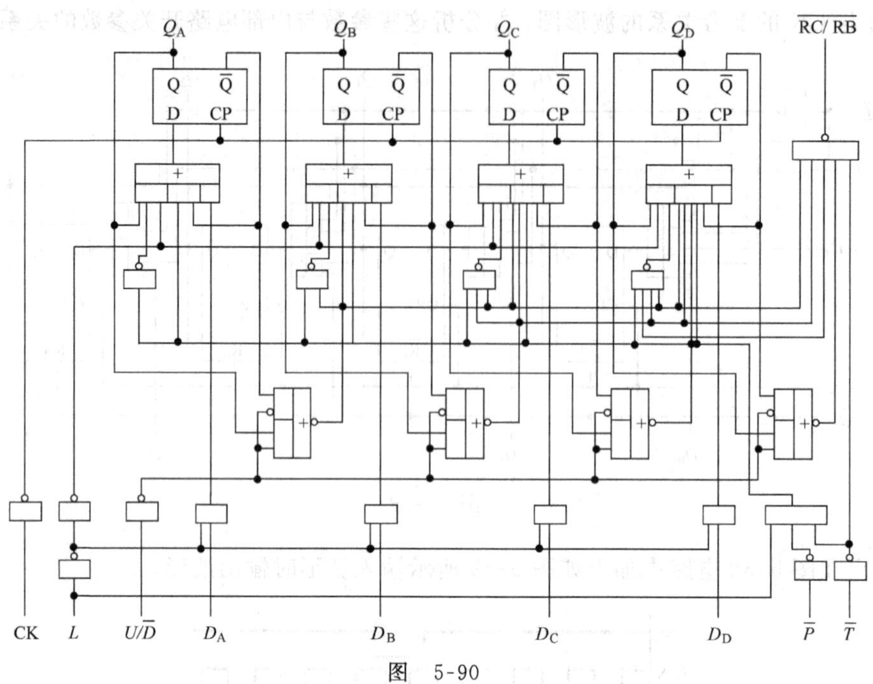

图 5-90

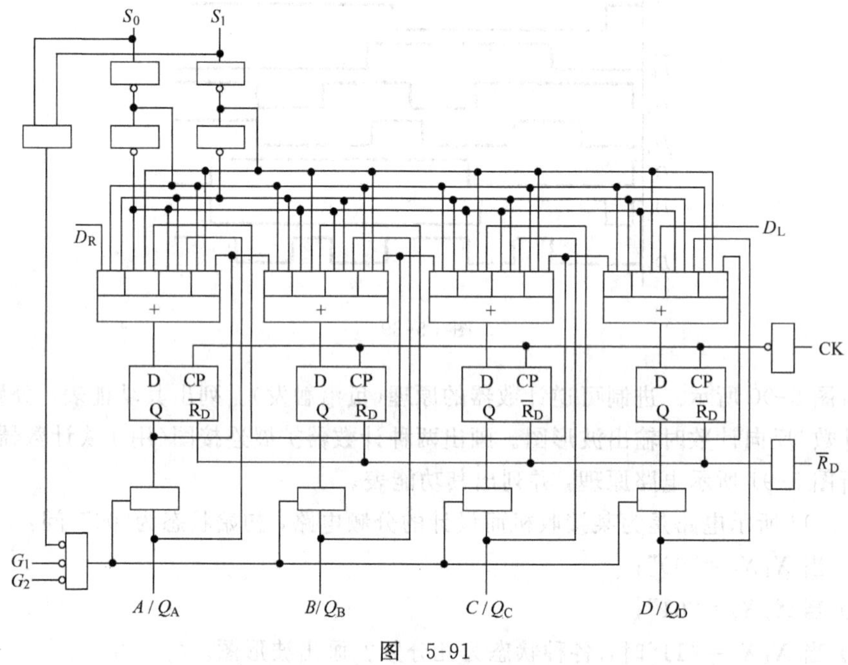

图 5-91

(2) M="0"时 A 端输出为几分频;

(3) 占空比是多少?

5.13 由图 5-93(a)所示同步 4 位二进制计数器，连接成图 5-95 所示电路，画出输出端 Q_D 的波形，说明 Q_D 为几分频。

5.14 图 5-96(a)所示逻辑符号为 4 位并行通道移位寄存器及功能表。分析图 5-96(b)所构成的逻辑图:

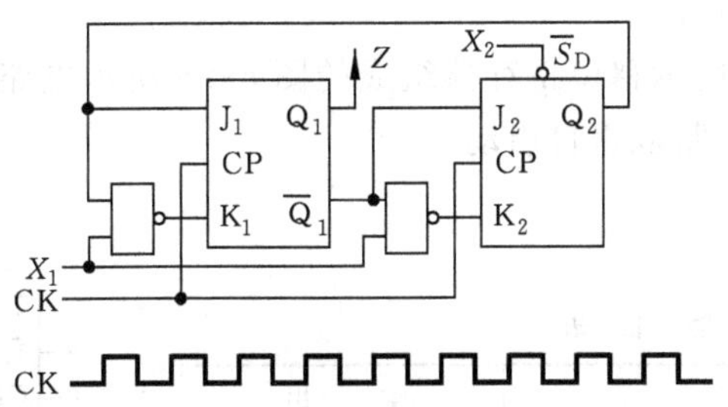

图 5-92

P	T	L	$\overline{R}_D$	CK	功 能
1	1	1	1	↑	计数
×	×	0	1	↑	并入
0	1	1	1	×	保持
×	0	1	1	×	RC=0,保持
×	×	1	0	×	异步清 0

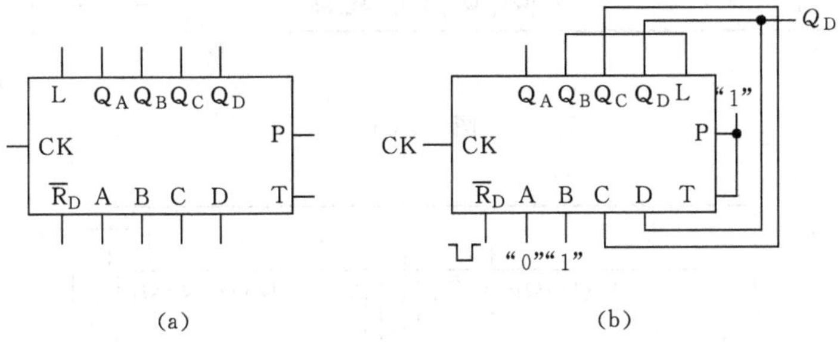

(a)　　　　(b)

图 5-93

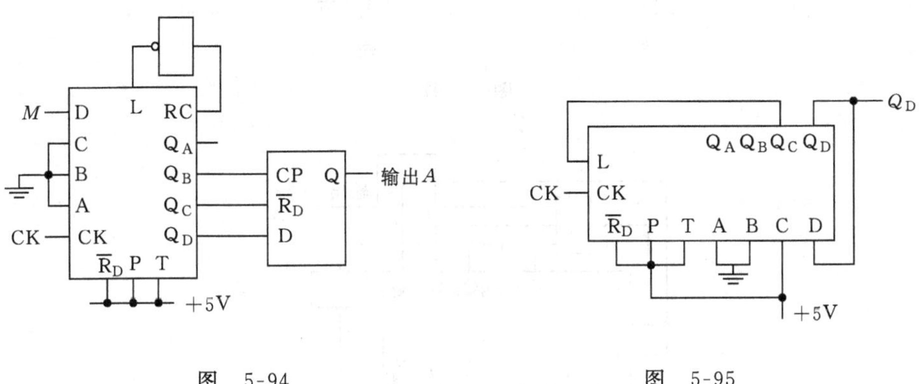

图 5-94　　　　图 5-95

(1) 写出状态图；

(2) 画出 CK 与 Q_D 对应的波形图。

5.15 分析由图 5-96(a)所示移位寄存器构成图 5-97 所示电路：

(1) 写出计数顺序；

(2) 画出 Q_D 的波形。

5.16 分析由图 5-96(a)所示移位寄存器组成的图 5-98 所示电路，分析电路的逻辑功能，画出 Q_D 的波形，电路能否自启动。

功 能 表

输入									输出				
清除	移位	时钟	串行		并行								
$\overline{R}_D$	/置数	CK	J	$\overline{K}$	A	B	C	D	Q_A	Q_B	Q_C	Q_D	$\overline{Q}_D$
L	×	×	×	×	×	×	×	×	L	L	L	L	H
H	L	↑	×	×	a	b	c	d	a	b	c	d	$\overline{d}$
H	H	L	×	×	×	×	×	×	Q_{A_0}	Q_{B_0}	Q_{C_0}	Q_{D_0}	$\overline{Q}_{D_0}$
H	H	↑	L	H	×	×	×	×	Q_{A_0}	Q_{A_0}	Q_{B_0}	Q_{C_0}	$\overline{Q}_{C_0}$
H	H	↑	L	L	×	×	×	×	L	Q_{A_n}	Q_{B_n}	Q_{C_n}	$\overline{Q}_{C_n}$
H	H	↑	H	H	×	×	×	×	H	Q_{A_n}	Q_{B_n}	Q_{C_n}	$\overline{Q}_{C_n}$
H	H	↑	H	L	×	×	×	×	$\overline{Q}_{A_n}$	Q_{A_n}	Q_{B_n}	Q_{C_n}	$\overline{Q}_{C_n}$

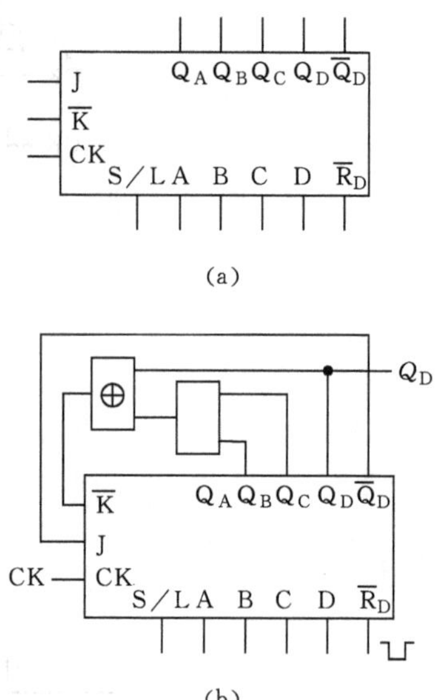

图 5-96

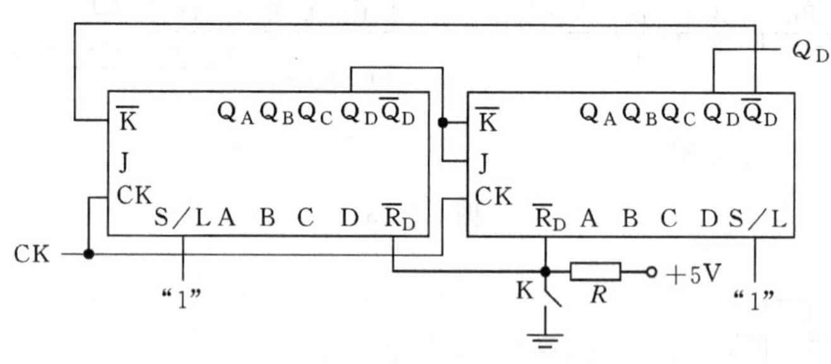

图 5-97

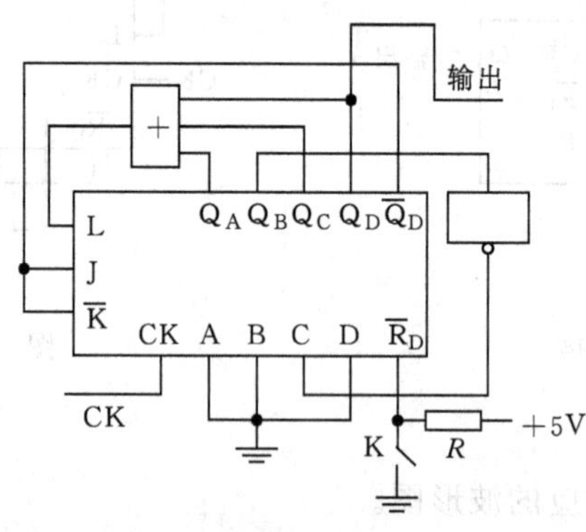

图 5-98

5.17 分析由图 5-96(a)所示移位寄存器组成如图 5-99(a)、(b)、(c)的逻辑电路，说明各输出 Q_D 是几分频？

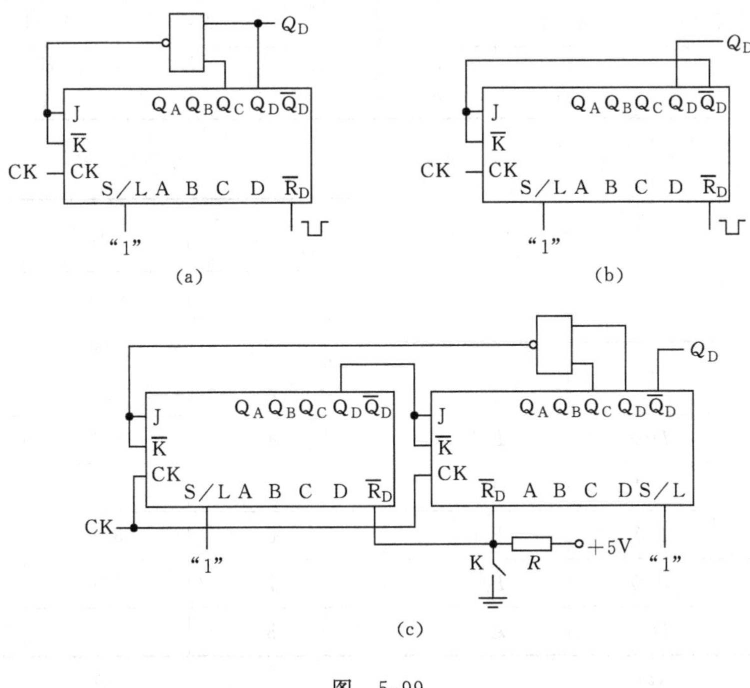

图 5-99

5.18 分析图 5-100 所示同步时序电路的功能，画出各输出端的时序图。电路由 1 片 4 位二进制计数器、1 片(3-8)变量译码器和 1 片 8 位锁存器组成。

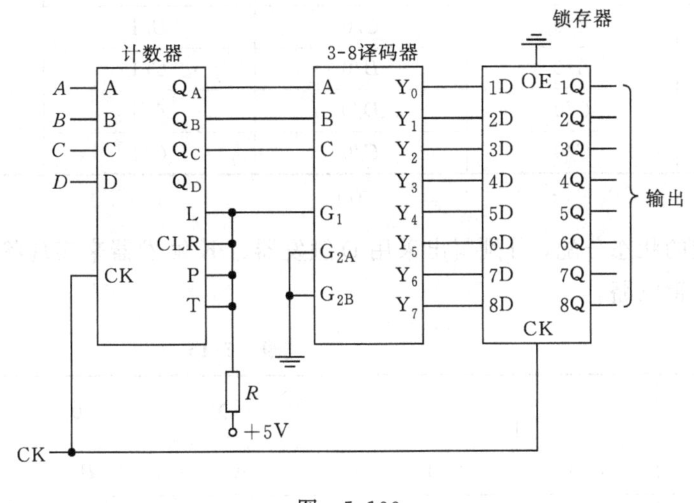

图 5-100

5.19 已知时序电路的状态表如表 5-13 所示，作出它的状态图。

5.20 设有表 5-14 所示的 3 种完全指定状态表：

试求最小化状态表。

表 5-13

Y_n	Y_{n+1}		Z	Y_n	Y_{n+1}		Z
	$X=0$	$X=1$			$X=0$	$X=1$	
A	C	B	0	C	D	B	0
B	C	D	0	D	B	A	1

表 5-14

Y \ X	0	1
A	$D/0$	$B/0$
B	$C/1$	$A/0$
C	$B/1$	$E/0$
D	$A/0$	$B/0$
E	$D/0$	$A/0$

(a)

Y \ X	0	1
1	8/0	7/1
2	3/0	5/0
3	2/0	1/0
4	5/1	8/0
5	8/0	4/1
6	5/1	3/0
7	1/1	8/0
8	4/0	6/1

(b)

Y \ X	00	01	11	10
A	$B/0$	$C/0$	$B/1$	$A/0$
B	$E/0$	$C/0$	$B/1$	$D/1$
C	$A/0$	$B/0$	$C/1$	$D/1$
D	$C/0$	$D/0$	$A/1$	$B/0$
E	$C/0$	$C/0$	$C/1$	$E/0$

(c)

5.21 按照规定的状态分配，分别写出采用D触发器、J-K触发器来实现状态表5-15所示的时序逻辑电路。

表 5-15

Y_1Y_0	Y_n \ X	0	1
00	A	$B/0$	$D/0$
01	B	$C/0$	$A/0$
10	C	$D/0$	$B/0$
11	D	$A/1$	$C/1$

(Y_{n+1}/Z)

表 5-16

Y \ X	0	1
A	$B/0$	$D/0$
B	$C/0$	$A/0$
C	$D/0$	$A/0$
D	$B/1$	$C/1$

(Y_{n+1}/Z)

5.22 分别用3种相互独立的状态分配方案，写出采用D触发器来实现状态表5-16的时序逻辑电路。

5.23 试求状态表5-17中的最大相容类。

表 5-17

Y \ X	00	01	11	10
A	d/d	$E/1$	A/d	$C/1$
B	d/d	B/d	$E/1$	$F/1$
C	$F/0$	d/d	d/d	$B/1$
D	$d/1$	d/d	$C/0$	d/d
E	A/d	$E/0$	F/d	d/d
F	$D/0$	F/d	d/d	d/d

5.24 化简以下不完全给定同步时序电路的原始状态表5-18,分别求它们的最小化状态表。

表 5-18

Y \ X	0	1
A	$d/0$	D/d
B	$A/1$	$E/1$
C	$d/0$	D/d
D	$C/1$	$B/1$
E	E/d	A/d

(Y_{n+1}/Z)

Y \ X	00	01	11	10
A	$C/0$	C/d	D/d	C/d
B	$D/1$	$C/0$	d/d	A/d
C	A/d	$A/1$	d/d	d/d
D	B/d	d/d	C/d	E/d
E	B/d	E/d	C/d	D/d

(Y_{n+1}/Z)

5.25 化简以下不完全给定同步时序电路的原始状态表5-19,并用D型触发器实现状态表所示的时序逻辑电路。

表 5-19

Y \ X	0	1
A	D/d	$C/0$
B	$D/1$	E/d
C	d/d	$E/1$
D	$A/0$	C/d
E	$B/1$	C/d

(Y_{n+1}/Z)

Y \ X	0	1
A	$A/0$	D/d
B	C/d	$E/1$
C	A/d	$B/0$
D	$D/1$	$A/0$
E	B/d	$B/0$

(Y_{n+1}/Z)

5.26 用负边沿J-K触发器及2输入4输出变量译码器，设计一个4相时钟分配器。

5.27 用J-K触发器设计一个可控计数器，当控制端 $C=1$ 时，实现 000→100→110→111→011→000；当 $C=0$ 时，实现 000→100→110→010→011→000 计数。要求写出：

(1) 状态图；

(2) 状态表；

(3) 状态方程；

(4) 检查能否自启动，画出状态图；

(5) 画出逻辑图。

5.28 用 J-K 触发器设计“1011”序列检测器。要求写出：

(1) 状态图；

(2) 状态表；

(3) 3 种独立的状态分配方案；

(4) 分别写出 3 种分配方案的状态方程；

(5) 画出最佳设计的逻辑图。

5.29 用 J-K 触发器设计一个 Gray 码十进制计数器。

5.30 用正边沿 D 型触发器及其他门电路，设计一个节拍发生器，节拍顺序如图 5-101 所示，要求写出设计过程。

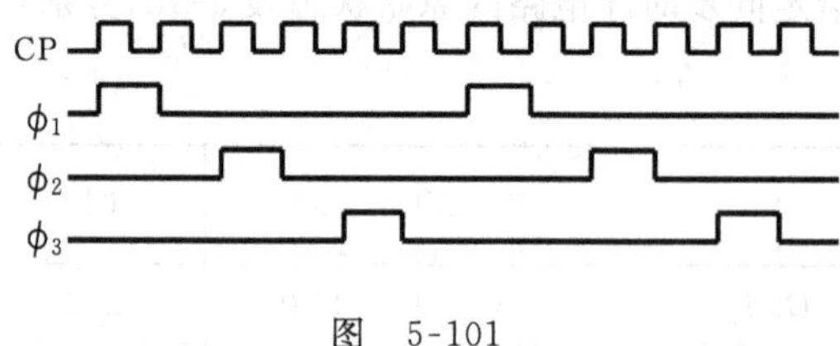

图 5-101

5.31 用正边沿 D 型触发器及其他门电路，设计一个 3 位二进制加 1 计数器，写出状态图，状态表，状态方程，画出逻辑图。

5.32 用正边沿 D 型触发器，设计一个满足图 5-102 所示波形要求的逻辑电路，CP、X 为输入，Y_1、Y_2、Z 为输出，写出设计过程。

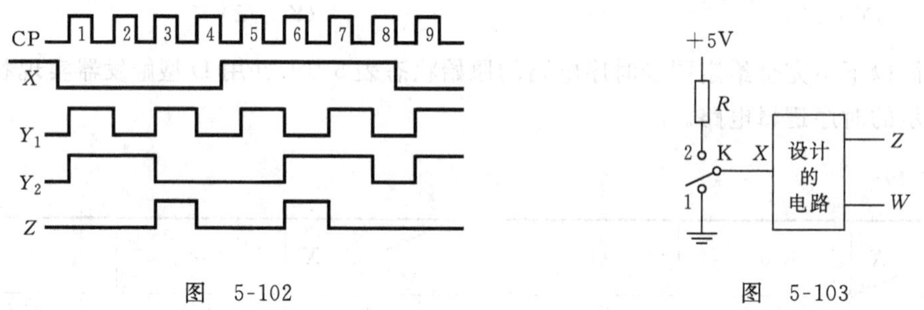

图 5-102　　图 5-103

5.33 用正边沿 D 触发器设计一个具有如下功能的电路(电路如图 5-103 所示)：

(1) 开关 K 处于位置 1(即 $X=0$)时，输出 ZW=00；

(2) 当开关 K 掷到 2(即 $X=1$)时，电路要产生完整的系列输出，即 ZW：

00→01→11→10 (开始 X 在位置 1)；

(3) 如果完整的系列输出后，K 仍在位置 2，则 ZW 一直保持 10 状态，只有当 K 回到位置 1 时，ZW 才重新回到 00。

要求：(1) 画出最简状态图；

(2) 列出状态表；

(3) 给定状态分配；

(4) 写出状态方程及输出方程；

(5) 画出逻辑图。

5.34 设计一个无堵塞的脉冲发生器，产生一个 01011000 的序列脉冲，如图 5-104 所示。

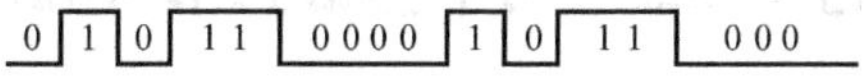

0 1 0 11 0000 1 0 11 000

图 5-104

要求：(1) 用 4 个正边沿 D 型触发器，采用移位方式实现；

(2) 用数据选择器，同步 4 位二进制计数器和 D 型触发器实现；

(3) 用图 5-97 所示移位寄存器实现。

5.35 用图 5-97 所示移位寄存器，设计一个 10 分频电路。

5.36 用同步 4 位二进制计数器及“与非”门，设计一个二十四进制计数器。

5.37 用(2-4)变量译码器，“与或非”门及正边沿触发的触发器，设计一个 4 位移位寄存器，要求移位寄存器具有如下功能：

(1) 具有左移位功能；

(2) 同步清零功能；

(3) 置数功能。

5.38 用正边沿 D 型触发器设计一个用于控制 4 相微型步进马达的同步控制电路，控制电路的输出为 X、Y、Z、W，如图 5-105 所示，4 相绕组通电的次序为：

当 $M=1$ 时，$\rightarrow (1,2) \rightarrow (2,3) \rightarrow (3,4) \rightarrow (4,1)$ ─┐ 正转

当 $M=0$ 时，$\rightarrow (1,2) \rightarrow (2,3) \rightarrow (3,4) \rightarrow (4,1)$ ─┐ 反转

要求：(1) 写出状态图(2 个 D-FF)；

(2) 列出状态表；

(3) 给定状态分配；

(4) 写出状态方程及输出方程；

(5) 画出逻辑图。

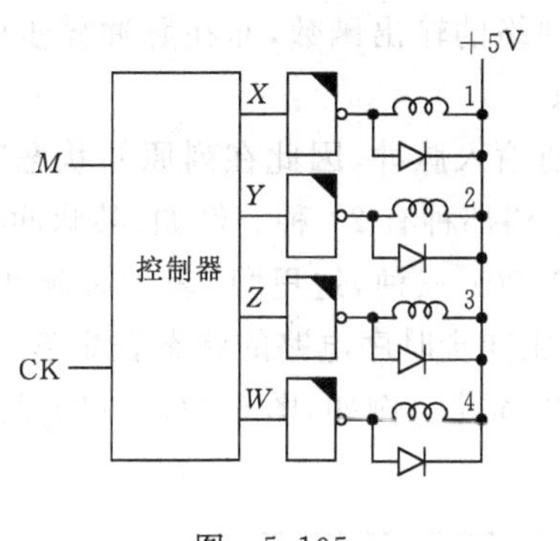

图 5-105

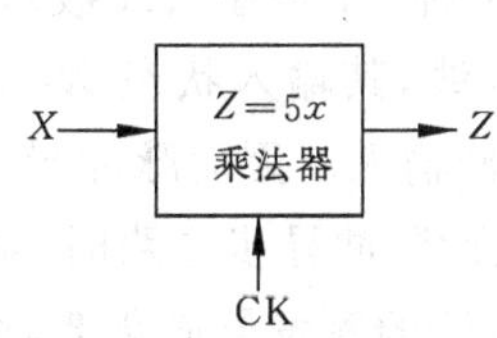

图 5-106

5.39 用正边沿触发的触发器及全加器，设计一个串行乘法器，输入为 X，由低位开始输入的串行二进制序列信号；输出 Z 也为低位开始输出的串行序列，且 $Z=5X$。示意图如图 5-106 所示。

第6章　异步时序电路

第5章已经讲到时序电路可分成同步和异步两大类。同步时序电路中各触发器有统一的时钟脉冲输入，电路的状态变换和输出状态的变换完全取决于时钟脉冲的作用。而异步时序电路没有统一的时钟，电路状态的改变是直接由输入信号引起的。异步时序电路在实践中得到广泛的应用。除了在计算机中用了少量的异步时序电路外，仪器仪表中异步时序电路却有广泛的应用。

异步时序电路分两类：脉冲异步电路和电位异步电路。在脉冲异步电路中，记忆元件通常是触发器，电路的输入信号是脉冲。电位异步电路的输入都是电平信号，记忆元件一般是由带反馈的门电路组成。下面对这两类异步时序电路作一介绍。

6.1　脉冲异步电路

6.1.1　脉冲异步电路的分析与设计

脉冲异步电路具有和同步时序电路相同的结构，但前者有以下三个特点：

(1) 它的输入信号是脉冲。

(2) 各触发器没有统一的时钟，电路状态的改变完全是由输入脉冲引起的。

(3) 不允许有两条或两条以上的输入信号线同时有输入脉冲。这是因为输入脉冲之间的时间偏移(这是无法避免的)可能导致电路状态的混乱。在该类电路中，只有当第一个输入脉冲到来引起的电路状态变化完全稳定后，才允许来第二个输入脉冲。

以上特点使脉冲异步电路的分析与设计和同步时序电路相比有以下不同：

(1) 在同步时序电路中，触发器的CP不是组合网络的输出函数，而在脉冲异步电路中各触发器的CP均应作为组合网络的控制函数来考虑。

(2) 由于不会在两条和两条以上输入线同时出现输入脉冲，因此在列原始状态表时输入状态只有 N 种(N 是输入线数)，而不像同步时序电路那种有 2^N 种。例如，某脉冲异步电路有三根输入线，其输入状态 $X_0X_1X_2$ 只有100、010、001三种，这里“1”表示有脉冲输入，“0”表示无脉冲输入。因而脉冲异步电路的状态表要比同步时序电路的状态表简单。

(3) 在设计脉冲异步电路时，触发器的激励表可以简化。例如，图6-1(a)、(b)是用于设计脉冲异步电路的触发器简化激励表。

Q_n	Q_{n+1}	CP	D
0	0	0	×
1	0	1	0
0	1	1	1
1	1	0	×

(a) D触发器

Q_n	Q_{n+1}	CP	J	K
0	0	0	×	×
1	0	1	×	1
0	1	1	1	×
1	1	0	×	×

(b) J-K触发器

图6-1　触发器的激励表

下面通过几个实例来介绍采用正沿 D 触发器为记忆元件的脉冲异步电路的分析与设计。

例 6.1 分析图 6-2(a)所示脉冲异步电路。

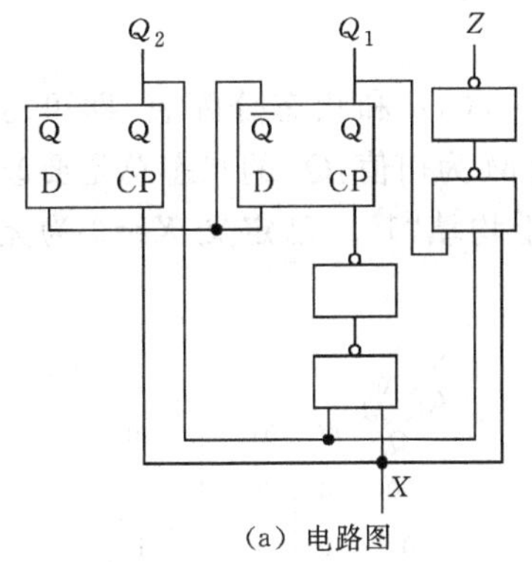

(a) 电路图

现态		输入	触发器输入				输出
Q_2	Q_1	X	CP_1	D_1	CP_2	D_2	Z
0	0	1	0	1	1	1	0
0	1	1	0	0	1	0	0
1	0	1	1	1	1	1	0
1	1	1	1	0	1	0	1

(b) 状态真值表

现态		输入	次态	
Q_2	Q_1	X	$Q_{2_{n+1}}$	$Q_{1_{n+1}}$
0	0	1	1	0
0	1	1	0	1
1	0	1	1	1
1	1	1	0	0

(c) 次态表

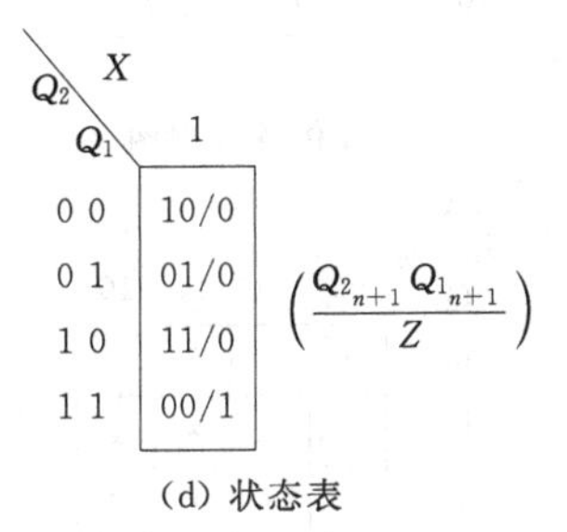

Q_2Q_1 \ X	1
0 0	10/0
0 1	01/0
1 0	11/0
1 1	00/1

$\left(\frac{Q_{2_{n+1}}Q_{1_{n+1}}}{Z}\right)$

(d) 状态表

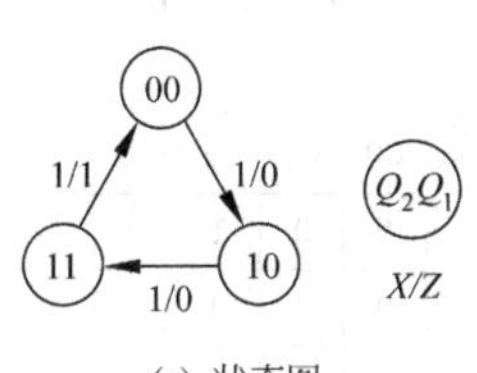

(e) 状态图

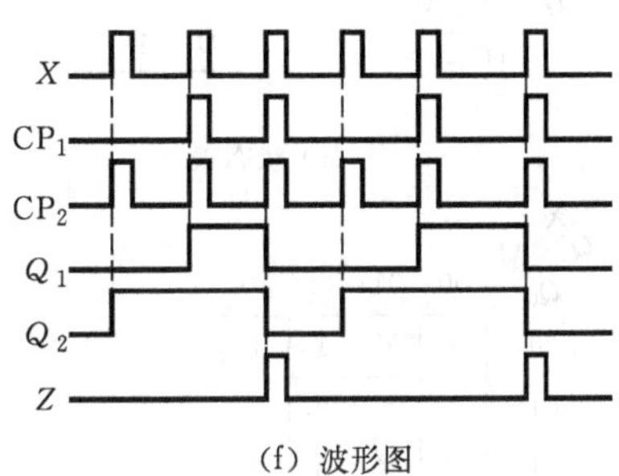

(f) 波形图

图 6-2　例 1 的分析

(1) 列出组合网络的全部输出函数：

$$\begin{cases} D_1 = \overline{Q}_1 \\ CP_1 = XQ_2 \\ D_2 = \overline{Q}_1 \\ CP_2 = X \\ Z = XQ_1Q_2 \end{cases}$$

(2) 列出组合网络的状态真值表(图 6-2(b))；

(3) 列出时序电路的次态表(图 6-2(c))；

(4) 作状态表和状态图(图 6-2(d)、(e))；

(5) 分析。

该电路是一个三进制异步计数器。若电路加电后的状态是 $Q_1Q_2=10$，那么电路无法进入正常的计数状态。电路的典型波形示于图 6-2(f)。

例 6.2 设计二进制加 1/减 1 计数器。电路有一输入线 X，在 X 上加的是串行随机输入脉冲，另一输入线 M 加的是电位，当 $M=0$，电路为加"1"计数器；当 $M=1$，电路为减"1"计数器。

(1) 作状态表

对于输入 X，只需考虑 $X=1$ 的情况。由于 M 是电位，则需考虑 M 为“0”及“1”两种情况。状态表示于图 6-3(a)。显然，它已是最简状态表了。

(2) 进行状态分配(图 6-3(b))

(3) 作 CP_0、D_0 卡诺图

采用 D 触发器作记忆元件。由 D 触发器的激励表(图 6-1(a))和状态分配表，即可得 CP_0 的卡诺图(图 6-3(c))。由图 6-3(b)可知，当 $X=1$，不论 M 为何值，Q_0 的状态总是要改变的，此时应有时钟脉冲到来，因此在 CP_0 卡诺图上相应列上均填“1”。已定义 $X=0$ 为无时钟脉冲，所以在卡诺图相应于 $X=0$ 的列上均填“0”。

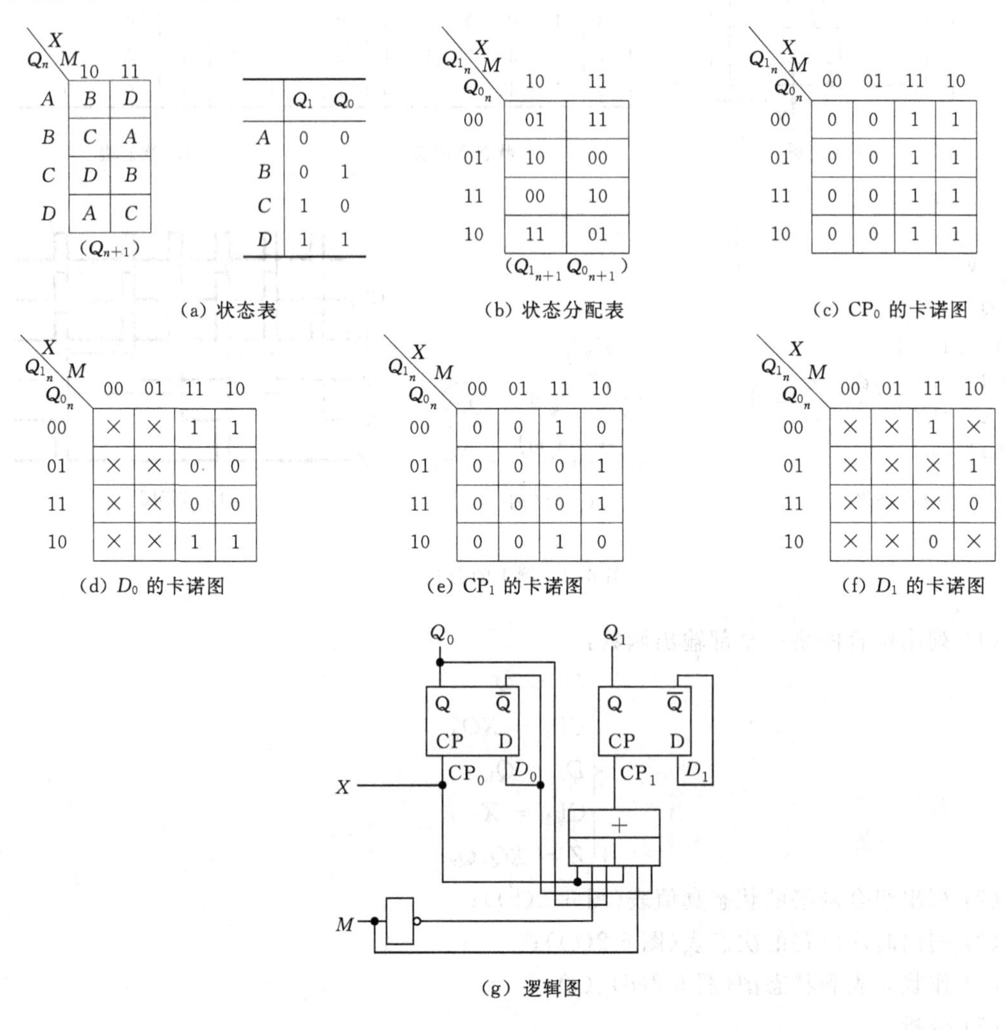

图 6-3 例 2 的设计

图 6-3(d)是 D_0 卡诺图。由激励表知：当 $\mathrm{CP}=0$ 时 $D=\times$，故在 D 卡诺图相应格中填“$\times$”，然后再在 $X=1$ 的列(对应于 $\mathrm{CP}_0=1$ 的格上)填上 Q_0 变化所需的 D_0 值。由图 6-3(c)、(d)得 CP_0、D_0 的表达式为：

$$\begin{cases}\mathrm{CP}_0 = X \\ D_0 = \bar{Q}_0\end{cases}$$

(4) 作 CP_1、D_1 卡诺图

图 6-3(e)是 CP_1 的卡诺图。由状态分配表可知，在 $XM=10$ 时，只有当 $Q_{1_n}Q_{0_n}$ 为“01”及“11”时 Q_1 才会变化，在 $XM=11$ 时；只有当 $Q_{1_n}Q_{0_n}$ 为“00”、“10”时 Q_1 才会变化，所以在这 4 个格中填“1”，其余格中均填“0”。

图 6-3(f)是 D_1 的卡诺图。按 CP_1 卡诺图中 $CP_1=1$ 时 XM 和 $Q_{1_n}Q_{0_n}$ 的条件，在状态分配表上找到 Q_1 状态改变所需的 D_1 值，把它们填入 D_1 卡诺图中，卡诺图的其余格中均填×，即可得 D_1 卡诺图。由 CP_1、D_1 卡诺图得它们表达式为：

$$\begin{cases} CP_1 = Q_0 X\overline{M} + \overline{Q}_0 XM \\ D_1 = \overline{Q}_1 \end{cases}$$

(5) 画逻辑图(图 6-3(g))。

6.1.2 集成化的脉冲异步电路

集成化的脉冲异步电路主要是异步计数器。下面介绍 3 种常见的集成化异步计数器。

1. 可预置的 2-8-16 异步计数器

图 6-4 是它的逻辑图。它是由 4 个负边沿触发的 T 型触发器组成的。其中，触发器 A 为一组，按异步八进制方式连接的触发器 B、C、D 为另一组。两组的时钟输入分别为 CK_1、CK_2。当 Q_A 和 CK_2 相连时，为十六进制计数器(即 4 位二进制计数器)。该计数器具有预置数功能。互补的并行输入数据加在相应触发器的 $\overline{R}_D$ 和 $\overline{S}_D$ 端。当控制端 C/L 为“0”时，无需时钟脉冲，计数器就能实现预置数操作；当 C/L 为“1”时，预置数被封锁，在 CK 作用下，该电路执行计数操作。

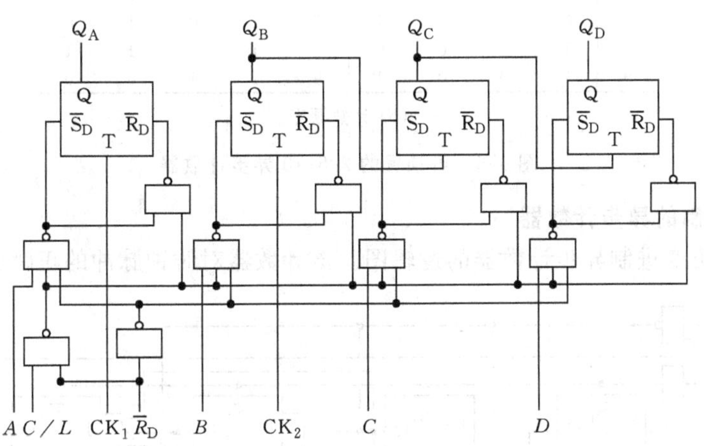

图 6-4 可预置的 2-8-16 异步计数器

2. 可预置的 2-5-10 异步计数器

图 6-5 是可预置的 2-5-10 异步计数器的逻辑图。其原理和图 6-4 所示电路相似，只是触发器 B、C、D 是按五进制计数器连接的。当 Q_A 和 CK_2 相连时，图 6-5 所示电路是一个 8-4-2-1 码制的十进制计数器；当 Q_D 和 CK_1 相连时，它是一个 5-4-2-1 码制的十进制计数器。

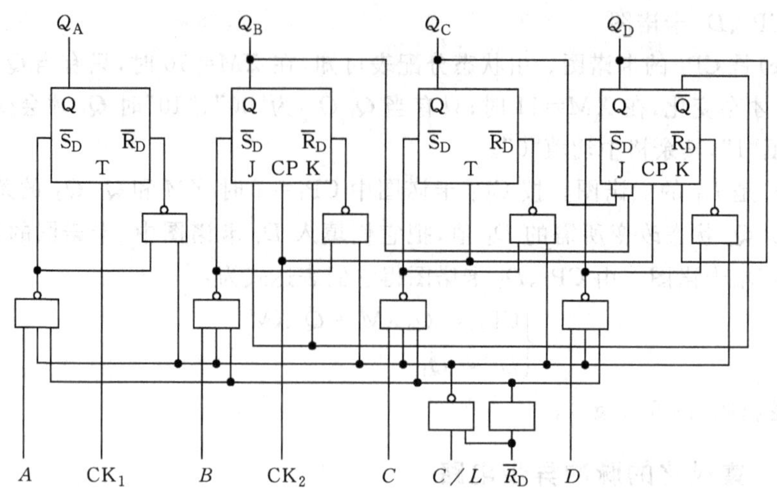

(a) 逻辑图

二-十进制计数 (Q_A 和 CK_2 相连)	Q_D	Q_C	Q_B	Q_A	五-二进制计数 (Q_D 和 CK_1 相连)	Q_A	Q_D	Q_C	Q_B
0	0	0	0	0	0	0	0	0	0
1	0	0	0	1	1	0	0	0	1
2	0	0	1	0	2	0	0	1	0
3	0	0	1	1	3	0	0	1	1
4	0	1	0	0	4	0	1	0	0
5	0	1	0	1	5	1	0	0	0
6	0	1	1	0	6	1	0	0	1
7	0	1	1	1	7	1	0	1	0
8	1	0	0	0	8	1	0	1	1
9	1	0	0	1	9	1	1	0	0

(b) 计数顺序

图 6-5　可预置的 2-5-10 异步计数器

3. 可变进制的异步计数器

图 6-6 是可变进制异步计数器的逻辑图。该计数器对时钟脉冲的正跳变作出响应。该

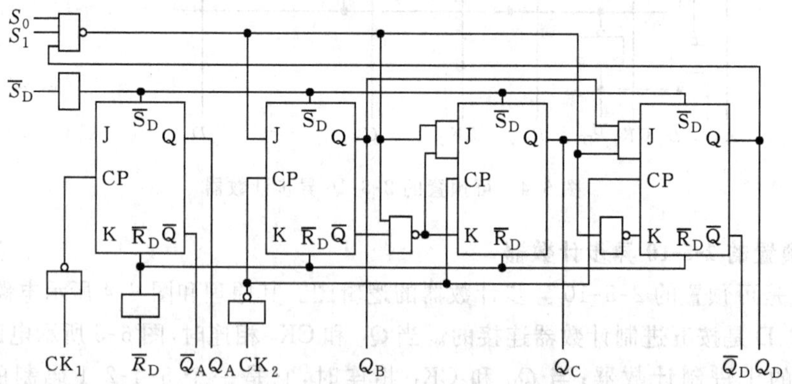

图 6-6　可变进制的异步计数器

电路有 S_0 和 S_1 两个控制端。将 S_0、S_1 和各触发器的输出以一定方式相连，就能得到各种不同进制的计数器。例如，若 S_0、S_1 为 1，则触发器 B、C、D 构成一个五进制计数器；若 $S_0 = S_1 = Q_B$，则触发器 B、C、D 构成一个六进制计数器；若 $S_0 = S_1 = Q_C$，则触发器 B、C、D 构成一个七进制计数器；若 $S_0 = Q_B$，$S_1 = Q_C$，则触发器 B、C、D 构成一个八进制计数器，图 6-7(a)、(b)、(c)、(d)分别是五、六、七、八进制计数器连接图，如果把上述五、六、七、八进制计数器的时钟输入 CK_2 与 $\bar{Q}_A$ 相连，那么，这个 4 位计数器就分别成为十、十二、十四、十六进制计数器，如图 6-8 所示。如果把计数器的 $\bar{Q}_D$ 与 CK_1 相连，以 CK_2 为计数输入，那么，就可在 Q_A 端得到占空比为 50%的 12 分频输出(图 6-9)。若按图 6-10 所示方案连接，则可得分频数为奇数的输出。若用 2 片可变进制计数器，则可构成大分频的计数器(图 6-11)。

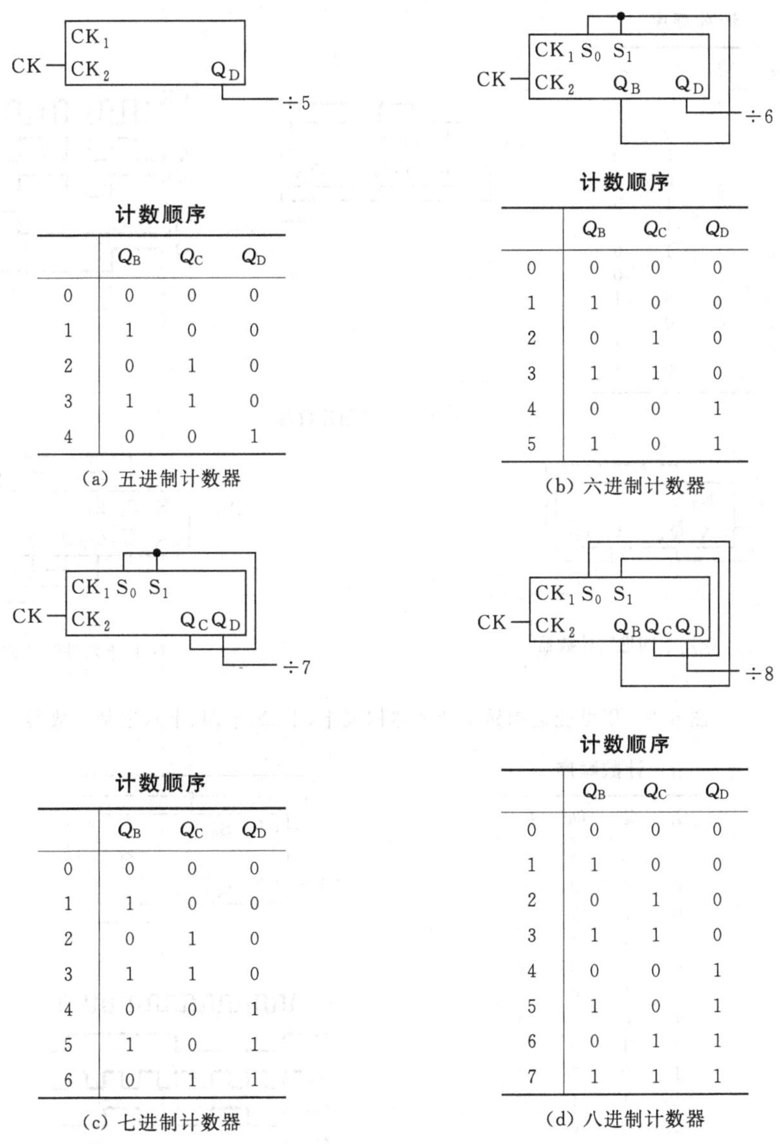

计数顺序

	Q_B	Q_C	Q_D
0	0	0	0
1	1	0	0
2	0	1	0
3	1	1	0
4	0	0	1

(a) 五进制计数器

计数顺序

	Q_B	Q_C	Q_D
0	0	0	0
1	1	0	0
2	0	1	0
3	1	1	0
4	0	0	1
5	1	0	1

(b) 六进制计数器

计数顺序

	Q_B	Q_C	Q_D
0	0	0	0
1	1	0	0
2	0	1	0
3	1	1	0
4	0	0	1
5	1	0	1
6	0	1	1

(c) 七进制计数器

计数顺序

	Q_B	Q_C	Q_D
0	0	0	0
1	1	0	0
2	0	1	0
3	1	1	0
4	0	0	1
5	1	0	1
6	0	1	1
7	1	1	1

(d) 八进制计数器

图 6-7　用可变进制异步计数器构成的五、六、七、八进制计数器

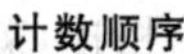

计数顺序

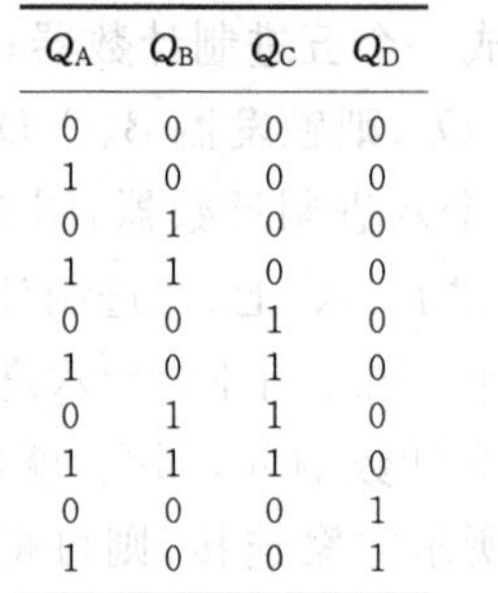

Q_A	Q_B	Q_C	Q_D
0	0	0	0
1	0	0	0
0	1	0	0
1	1	0	0
0	0	1	0
1	0	1	0
0	1	1	0
1	1	1	0
0	0	0	1
1	0	0	1

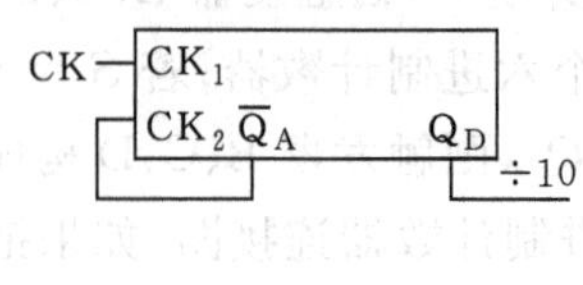

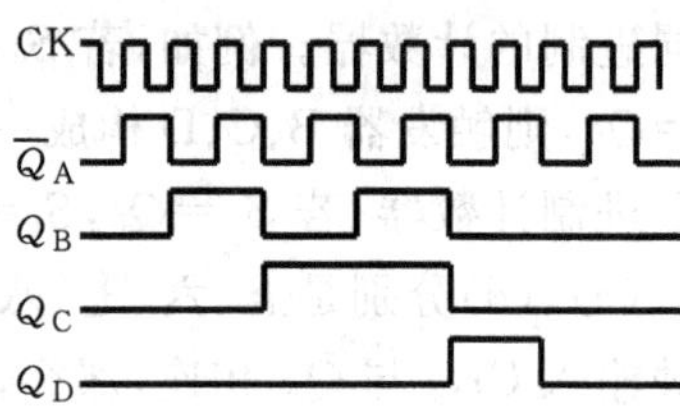

(a) 十进制计数器

计数顺序

Q_A	Q_B	Q_C	Q_D
0	0	0	0
1	0	0	0
0	1	0	0
1	1	0	0
0	0	1	0
1	0	1	0
0	1	1	0
1	1	1	0
0	0	0	1
1	0	0	1
0	1	0	1
1	1	0	1

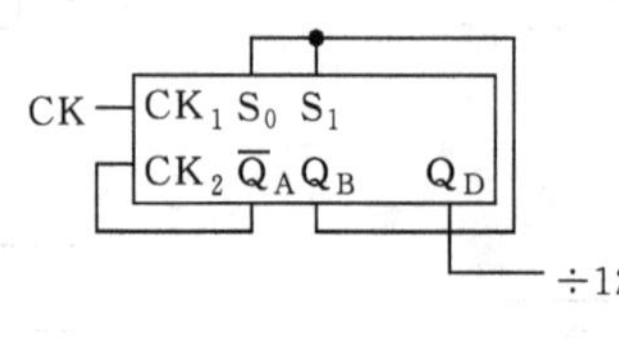

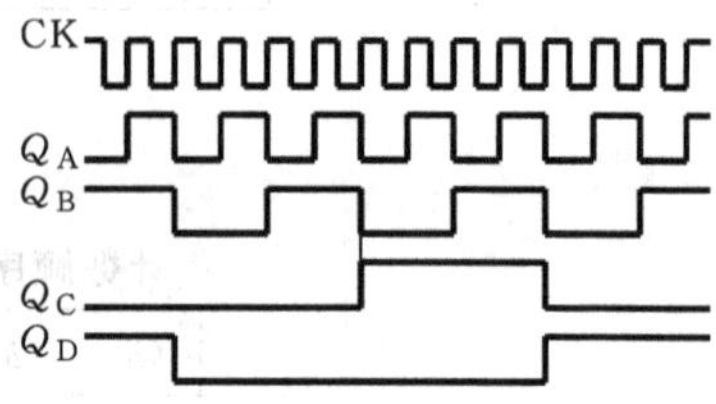

(b) 十二进制计数器

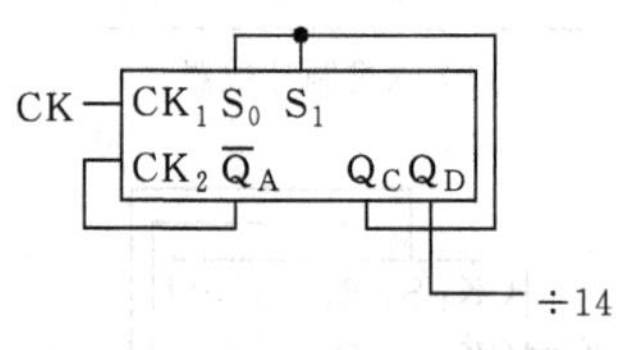

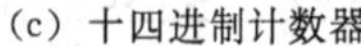

(c) 十四进制计数器

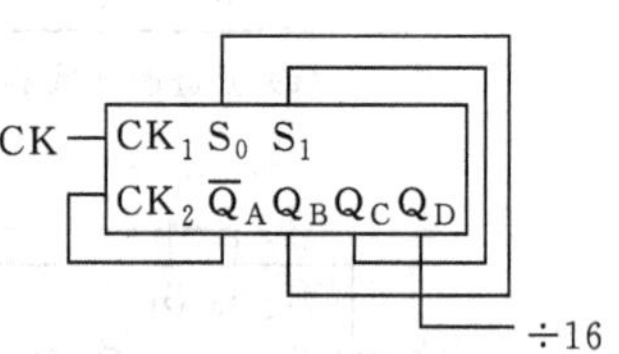

(d) 十六进制计数器

图 6-8 用可变进制异步计数器构成十、十二、十四、十六进制计数器

计数顺序

Q_A	Q_B	Q_C	Q_D
0	0	0	0
0	1	0	0
0	0	1	0
0	1	1	0
0	0	0	1
0	1	0	1
1	0	0	0
1	1	0	0
1	0	1	0
1	1	1	0
1	0	0	1
1	1	0	1

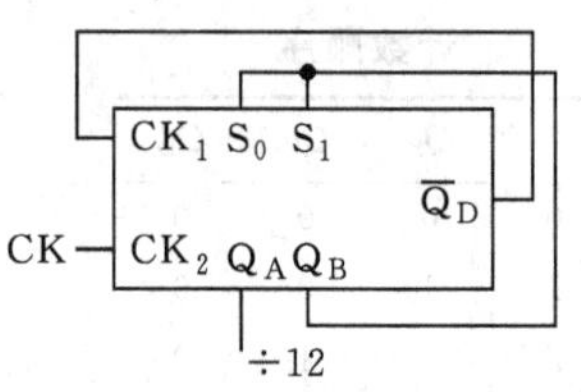

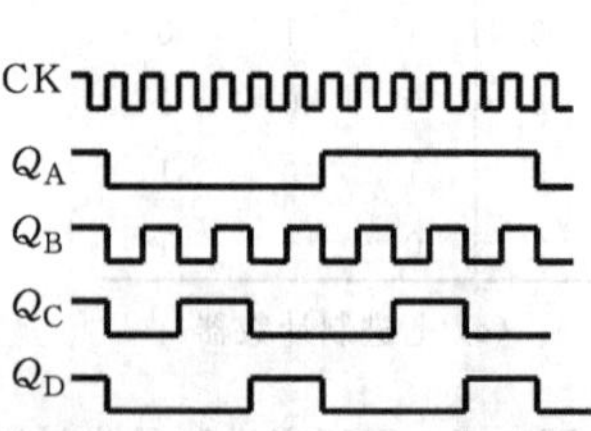

图 6-9 用可变进制异步计数器构成占空比为 50% 的 12 分频器

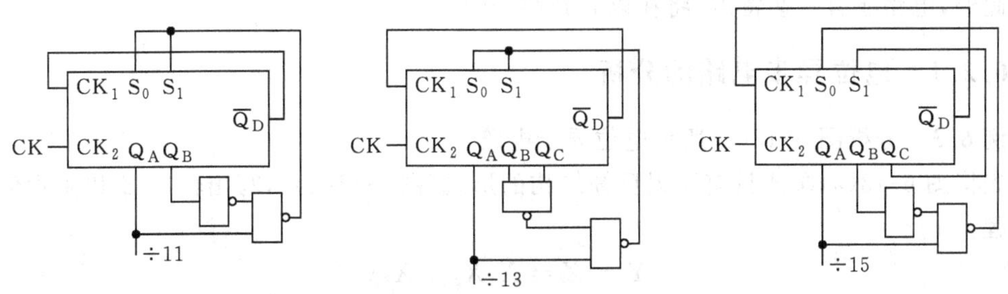

图 6-10　用可变进制异步计数器构成分频奇数的分频器

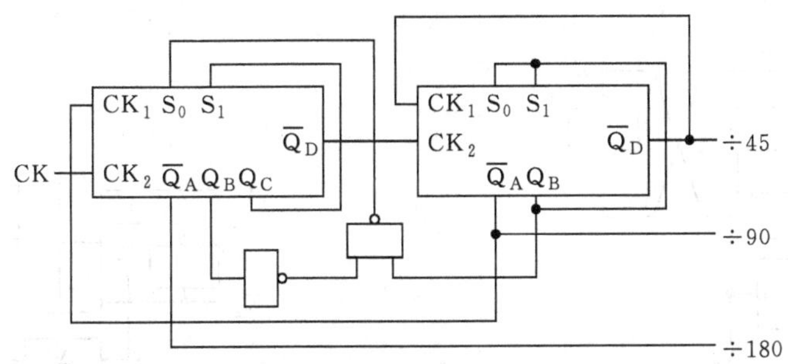

图 6-11　用可变进制异步计数器构成大分频数的分频器

6.2　电位异步电路

已经讲过,电位异步电路的输入信号是电位,电位异步电路中的记忆元件一般采用带反馈的门电路,但也可采用触发器。对于前者,电路的结构如图 6-12 所示。图中反馈回路的延迟 Δ_i 是电路正常工作所必需的,它不是特地接上的延迟元件。一般说来,输入信号 X 和内部信号 y 在通过组合网络时,组合电路中门电路实际存在的延迟就是图中的 Δ_i。称 Y 为激励信号,y 为二次信号。

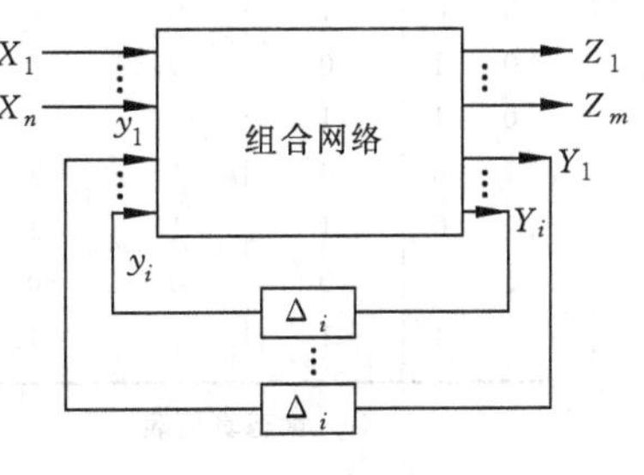

图　6-12

电位异步电路有以下基本特点。

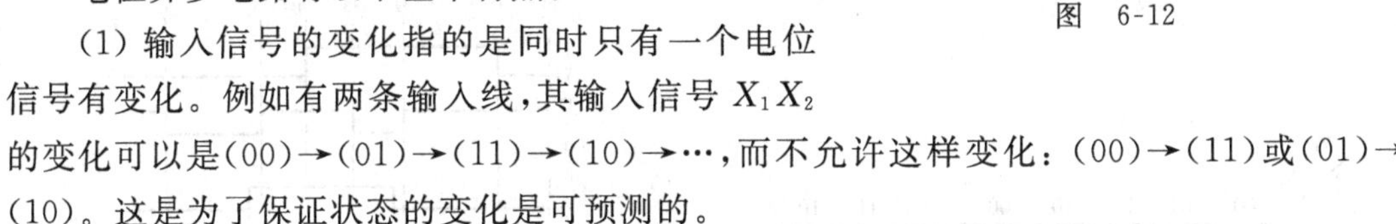

(1) 输入信号的变化指的是同时只有一个电位信号有变化。例如有两条输入线,其输入信号 X_1X_2 的变化可以是(00)→(01)→(11)→(10)→…,而不允许这样变化:(00)→(11)或(01)→(10)。这是为了保证状态的变化是可预测的。

(2) 电路的分析一般使用"流程表"。用流程表来反映组合电路输入(X 和 y)和输出(Z 和 Y)的关系。在流程表中对时间的划分都是以输入信号是否变化为依据的。例如,以输入信号 X_1X_2 保持"00",作为时间 1,当 $X_1X_2=01$,作为时间 2,$X_1X_2=11$,作为时间 3,等等。

(3) 电路有稳定状态和不稳定状态两种状态。当$(y_1y_2\cdots)=(Y_1Y_2\cdots)$,只要输入信号不发生变化,电路的状态一直可以保持下去,电路处于稳定状态;当$(y_1y_2\cdots)\neq(Y_1Y_2\cdots)$,电路处于不稳定状态,或称处于正在变化的状态。

此外，电路还有一些特点，将在以后介绍。

6.2.1 电位异步电路的分析

例 6.3 分析图 6-13(a)所示电位异步电路

先将图 6-13(a)画成具有延迟反馈结构的形式(图 6-13(b))，写出输出 Z 和激励信号 Y 的方程：

$$Y = Z = X_1\overline{X}_2 + X_2 y$$

列出电路的状态真值表(图 6-13(c))和激励表(图 6-13(d))。然后列出流程表(图 6-13(e))，它以卡诺图形式反映 X_1X_2、y 和 Y 及 Z 的关系。只要把图 6-13(d) 分画在两个

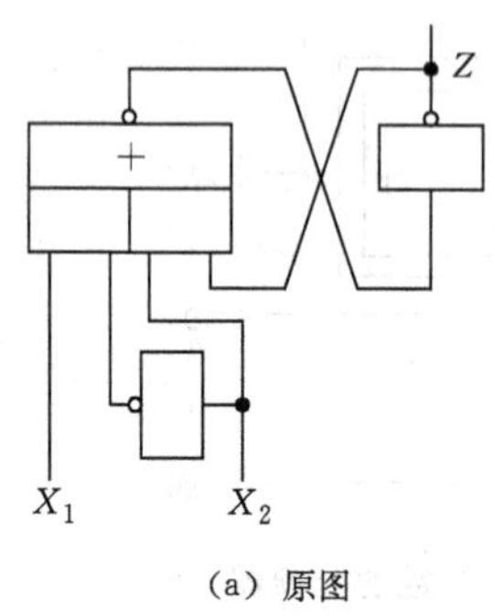

(a) 原图

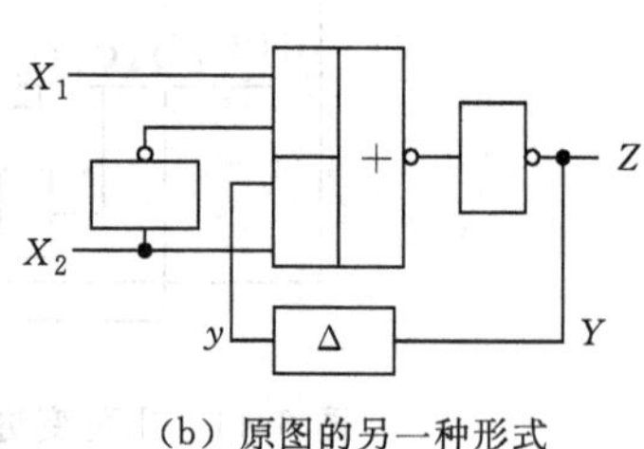

(b) 原图的另一种形式

输入		二次信号	组合电路输出	
X_1	X_2	y	Y	Z
0	0	0	0	0
0	0	1	0	0
0	1	0	0	0
0	1	1	1	1
1	0	0	1	1
1	0	1	1	1
1	1	0	0	0
1	1	1	1	1

(c) 状态真值表

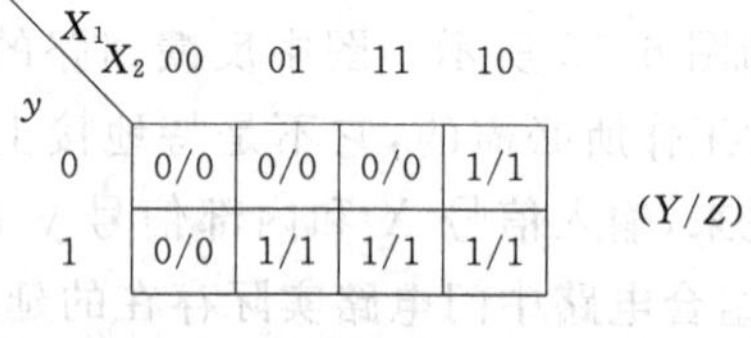

y \ X_1X_2	00	01	11	10
0	0/0	0/0	0/0	1/1
1	0/0	1/1	1/1	1/1

(Y/Z)

(d) 激励表

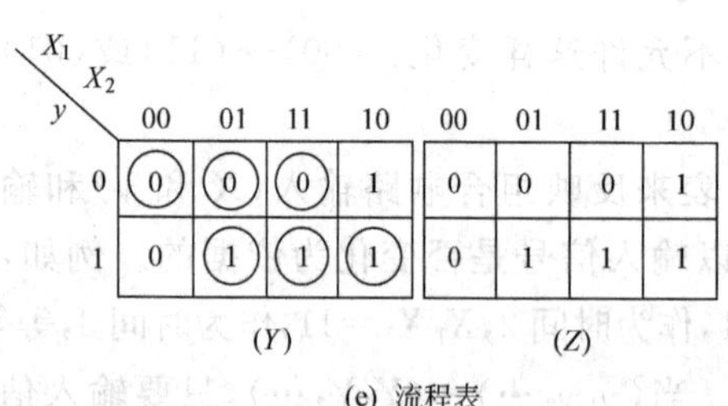

y \ X_1X_2	00	01	11	10
0	(0)	(0)	(0)	1
1	0	(1)	(1)	(1)

(Y)

y \ X_1X_2	00	01	11	10
0	0	0	0	1
1	0	1	1	1

(Z)

(e) 流程表

(f) 时间图

图 6-13 例 3 的分析

表上并把它们并列在一起即为流程表。由流程表可以看到电路稳定性情况：当 X_1X_2 为00、01、11，且 y 为“0”时，$y=Y$，所以这三种情况是稳定态；当 X_1X_2 为 01、11、10，且 $y=1$ 时，也有 $y=Y$，所以它们也是稳定态。把图 6-13(e)中稳定态方块上加了圆圈。而当 $X_1X_2=10$、$y=0$ 时，以及$X_1X_2=00$、$y=1$ 时，$y\neq Y$，所以这两种情况不是稳定态。

有了流程表，就可根据输入 X_1X_2 变化情况求得 Z 的波形图。例如，X_1X_2 的状态作如下变化：

$$(01)\rightarrow(11)\rightarrow(10)\rightarrow(11)\rightarrow(01)\rightarrow(00)\rightarrow(01)$$

可在流程表中推得 Z 的波形如图 6-13(f)所示，推移过程如下：

t_0 时刻 $X_1X_2=01$，假定初始条件 $y=0$，由流程表知 $Y=Z=0$，总状态记为$(X_1X_2,y)=(01,0)$，状态是稳定的。

t_1 时刻 $X_1X_2=11$，y 仍等于“0”，由流程表可知状态转至 $Y=Z=0$，总态记为(11,0)，状态仍是稳定的。

t_2 时刻 $X_1X_2=10$，$y=0$，状态转至 $Y=Z=1$，总态为(11,0)，但这不是稳定状态，经过 Δt 延迟后(设 $t=t_2'$)y 成为“1”，总态移至(10,1)达到稳定，此时 $Y=Z=1$。

t_3 时刻 $X_1X_2=11$，$y=1$，总态转为(11,1)，这是稳态，$Y=Z=1$。

如此推移可完成整个时间图(图 6-13(f))。

例 6.4 分析图 6-14(a)所示电位异步电路

(1) 列出 R-S 触发器的激励方程及电路的输出方程：

$$\begin{cases} S_1 = X_1\overline{X}_2\overline{y}_2 \\ R_1 = \overline{X}_1 + \overline{X}_2 y_2 \\ S_2 = X_2 \\ R_2 = \overline{X}_1\overline{X}_2 \\ Z = y_1 y_2 \end{cases}$$

(2) 作状态真值表(图 6-14(b))；

(3) 作激励表(图 6-14(c))；

(4) 由 R-S 触发器的功能表(图 6-14(d))得触发器状态转移表(图 6-14(e))；

(5) 作流程图。为清楚起见，将状态 y 用字表示。令 y_1y_2 表示为(00)=1、(01)=2、(11)=3、(10)=4，则图 6-14(e)转移表成为流程表(图 6-14(f))，并将稳定状态以圆圈出；

(6) 画波形图(图 6-14(g))。在 X_1X_2 作用下，电路状态转移过程示于图(6-14(h))。由图可看到，异步时序电路状态移动轨迹是“先水平移动，后垂直移动”。例如，欲由总表$(X_1X_2,y)=(00,1)$移至总表(01,2)，则是先由(00,1)出发先水平移至不稳态(01,1)，后再垂直移至(01,2)。这是电位异步电路的另一特点。

6.2.2 电位异步电路的设计

电位异步电路的设计过程如下：

(1) 根据设计要求，弄清所有可能的状态转换关系，拟定输入输出时间图或输入输出信号转移序列；

(2) 建立原始流程表；

(3) 状态化简，得简化流程表；

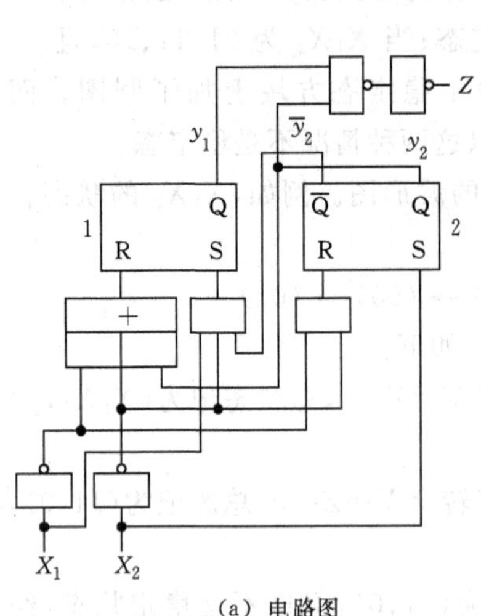

(a) 电路图

输入		二次状态		激励函数				输出
X_1	X_2	y_1	y_2	S_1	R_1	S_2	R_2	Z
0	0	0	0	0	1	0	1	0
0	0	0	1	0	1	0	1	0
0	0	1	0	0	1	0	1	0
0	0	1	1	0	1	0	1	1
0	1	0	0	0	1	1	0	0
0	1	0	1	0	1	1	0	0
0	1	1	0	0	1	1	0	0
0	1	1	1	0	1	1	0	1
1	0	0	0	1	0	0	0	0
1	0	0	1	0	1	0	0	0
1	0	1	0	1	0	0	0	0
1	0	1	1	0	1	0	0	1
1	1	0	0	0	0	1	0	0
1	1	0	1	0	0	1	0	0
1	1	1	0	0	0	1	0	0
1	1	1	1	0	0	1	0	1

(b) 状态真值表

y_1y_2 \ X_1X_2	00	01	11	10
00	01、01;0	01、10;0	00、10;0	10、00;0
01	01、01;0	01、10;0	00、10;0	01、00;0
11	01、01;1	01、10;1	00、10;1	01、00;1
10	01、01;0	01、10;0	00、10;0	10、00;0

$(S_1R_1、S_2R_2;Z)$

(c) 激励表

R	S	Q	$\overline{Q}$
1	0	0	1
0	1	1	0
0	0	Q_n	$\overline{Q}_n$
1	1	0	0

(d) R-S 触发器功能表

y_1y_2 \ X_1X_2	00	01	11	10
00	00/0	01/0	01/0	10/0
01	00/0	01/0	01/0	01/0
11	00/1	01/1	11/1	01/1
10	00/0	01/0	11/0	10/0

(Y_1Y_2/Z)

(e) 状态转移表

y \ X_1X_2	00	01	11	10	00	01	11	10
1	①	2	2	4	0	0	0	0
2	1	②	②	②	0	0	0	0
3	1	2	③	2	1	1	1	1
4	1	2	3	④	0	0	0	0
	(Y)				(Z)			

(f) 流程表

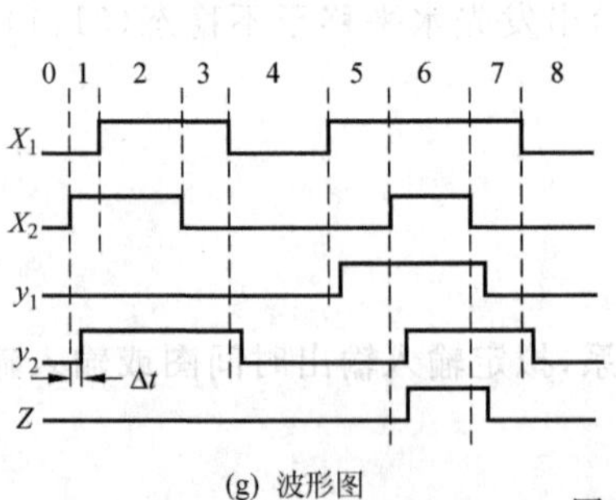

(g) 波形图

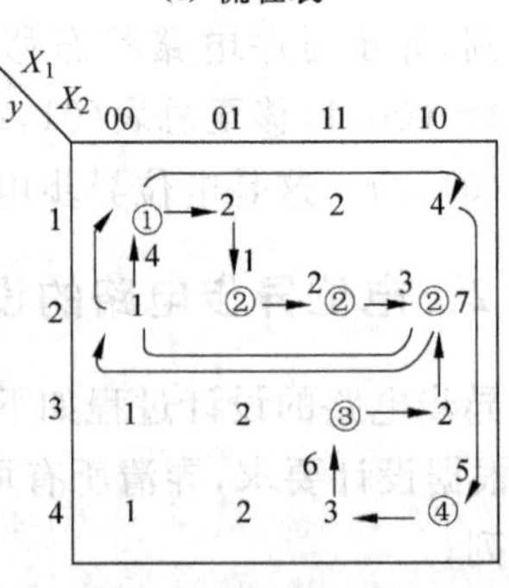

(h) 转移过程

图 6-14　例 4 的分析

(4) 状态分配；

(5) 确定激励方程和输出方程；

(6) 画逻辑图。

下面结合实例对上述设计过程作一说明。

例 6.5 给出一电位异步电路的流程表。它有两个输入端 X_1、X_2 和两个输出端 Z_0、Z_1。当 $X_1=0$，不论 X_2 为何值，$Z_0Z_1=00$；当 X_1 由“0”变为“1”，$X_2=1$ 时，则 $Z_0Z_1=01$，如果此时 $X_2=0$，则 $Z_0Z_1=10$。在 $Z_0Z_1=01$ 或 $Z_0Z_1=10$ 以后，在 $X_1=1$ 期间，X_2 的进一步变化均不会引起输出信号的变化。

1. 建立信号序列

当 $X_1=0$ 时，无论 X_2 为“0”或“1”，$Z_0Z_1=00$。信号序列为：X_1X_2/Z_0Z_1：

→00/00 → 01/00

当 X_1 由“0”变为“1”时的信号序列如下：

X_1X_2/Z_0Z_1: →00/00 → 01/00 → 11/01

→10/10

在 $X_1=1$ 期间，X_2 的变化将不引起输出信号的变化，考虑到这点的信号序列如下：

X_1X_2/Z_0Z_1: →00/00 → 01/00 → 11/01 → 10/01

→10/10 → 11/10

当 X_1 又由“1”变为“0”时，$Z_0Z_1=00$。最后得信号序列如下(这里还分别对其中每一个输入输出信号指定状态：$y=1\sim6$)：

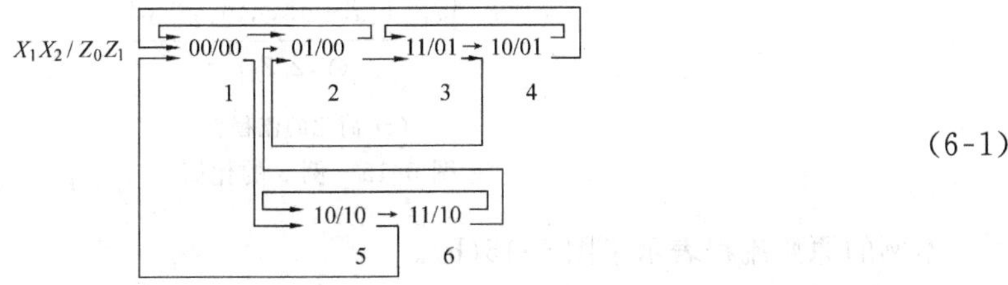

(6-1)

注意：在构成电路的信号序列时必须对信号序列中每一个输入输出信号指定状态。这是与同步时序电路有所不同之处。

2. 建立原始流程表

首先作出原始流程表的稳定状态部分。

在开始建立原始流程表时尚不知道某一个二次状态(即流程表中某一行)含有几个稳态，所以暂时认为一行仅有一个稳态。每次输入的改变，总是经过一个不稳定态然后进入另一行的稳态。

对于上述最终得到的信号序列，可得原始流程表的稳态部分如图 6-15(a)所示。

其次，写出不稳定状态部分。例如，从状态 1 出发(电路稳定地处于状态 1 的输入信号 $X_1X_2=00$)，如果 X_1X_2 变为“01”，则由式(6-1)可知电路应进入状态 2，即 $X_1X_2/Z_0Z_1=$

01/00。由于电路处于状态 1 时的 $Z_0Z_1=00$，而处于状态 2 时的 Z_0Z_1 也是“00”，因而在状态转移时电路的输出 Z_0Z_1 也只能是“00”，这样就在图 6-15(b)中 $X_1X_2=01$、$y=1$ 相应的格内填(2,00)。如果 X_1X_2 由“00”变为“10”，由式(6-1)可知电路应进入状态 5。此时输出信号 Z_0Z_1 应由“00”变为“10”，由于 Z_0 由“0”变为“1”，在状态转移时的 Z_0 值可以是“0”或“1”。因此可以写成任意值“—”，这样在图 6-15(b)中 $X_1X_2=10$、$y=1$ 相应的格内填(5,—0)，表中其余各格填法与此类似。

对于图 6-15(b)，每一行还有一列是空的，记为“—”，它是该行稳态作相邻方块移动时达不到的，故应算作无关状态和无关输出。

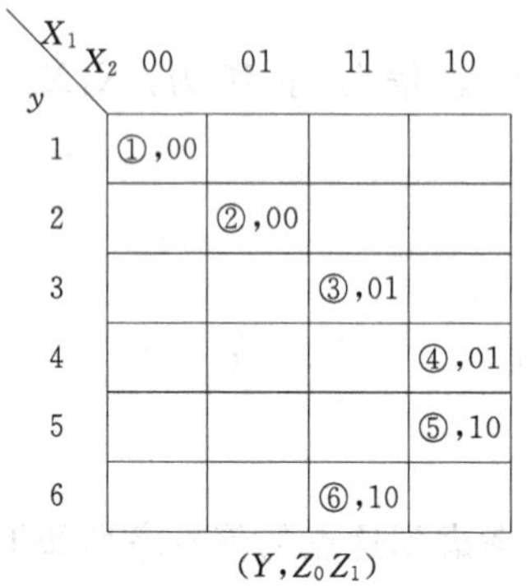

y \ X_1X_2	00	01	11	10
1	①,00			
2		②,00		
3			③,01	
4				④,01
5				⑤,10
6			⑥,10	

(Y,Z_0Z_1)

(a) 原始流程表的稳态部分

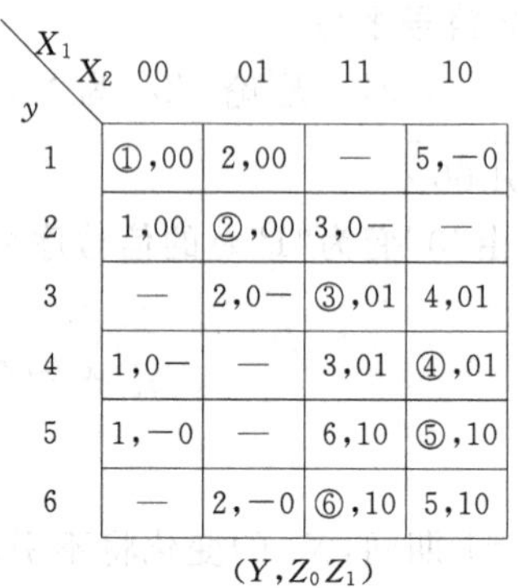

y \ X_1X_2	00	01	11	10
1	①,00	2,00	—	5,—0
2	1,00	②,00	3,0—	—
3	—	2,0—	③,01	4,01
4	1,0—	—	3,01	④,01
5	1,—0	—	6,10	⑤,10
6	—	2,—0	⑥,10	5,10

(Y,Z_0Z_1)

(b) 原始流程表

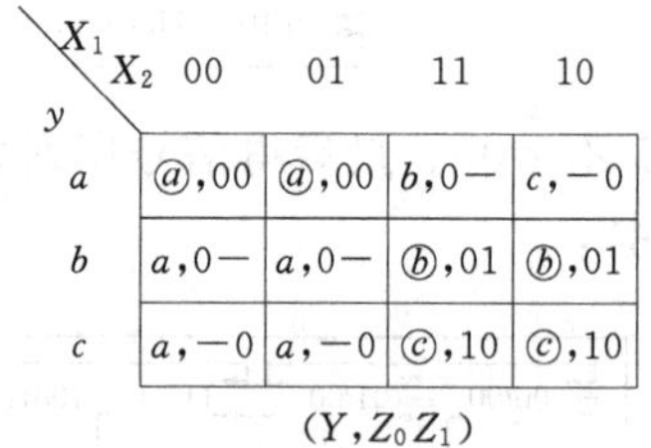

y \ X_1X_2	00	01	11	10
a	ⓐ,00	ⓐ,00	b,0—	c,—0
b	a,0—	a,0—	ⓑ,01	ⓑ,01
c	a,—0	a,—0	ⓒ,10	ⓒ,10

(Y,Z_0Z_1)

(c) 简化的流程表

图 6-15 例 5 的化简

本例的原始流程表示于图 6-15(b)。

3. 状态化简

电位异步电路状态化简方法和同步时序电路相同。对稳定态和不稳定态相容的原则如下：

(1) 稳定态 ⓘ 和不稳定态 i 是相容的；

(2) 若 ⓘ 和 ⓙ 相容，则 ⓘ 和 j 是相容的；

(3) 若 ⓘ 和 ⓙ 相容，则 i 和 j 是相容的。

运用此原则，并将状态 1、2 用字母 a 表示，3、4 用 b 表示，5、6 用 c 表示，得流程表如图 6-15(c) 所示。

例 6.6 设计一电平异步时序电路，它有两个电平输入端 X_1、X_2；一个电平输出 Z。当 X_1 为“0”时，Z 必定为“0”；当 $X_1=1$ 时，仅仅是 X_2 的第一次跳变才使 Z 从“0”跳变到“1”；当 X_1 为“0”时，Z 为“0”。

(1) 建立信号序列。当 $X_1=0$ 时,无论 X_2 为"0"或"1",$Z=0$。其信号序列为:X_1X_2/Z:→00/0→01/0

当 $X_1=1$ 时,X_2 跳变可能有两种情况。第1,X_1X_2 的变化是由(01)→(11)→(10)→(11)→(10)…,Z的变化为0→0→1→1→1…。第2,X_1X_2 的变化是由(00)→(10)→

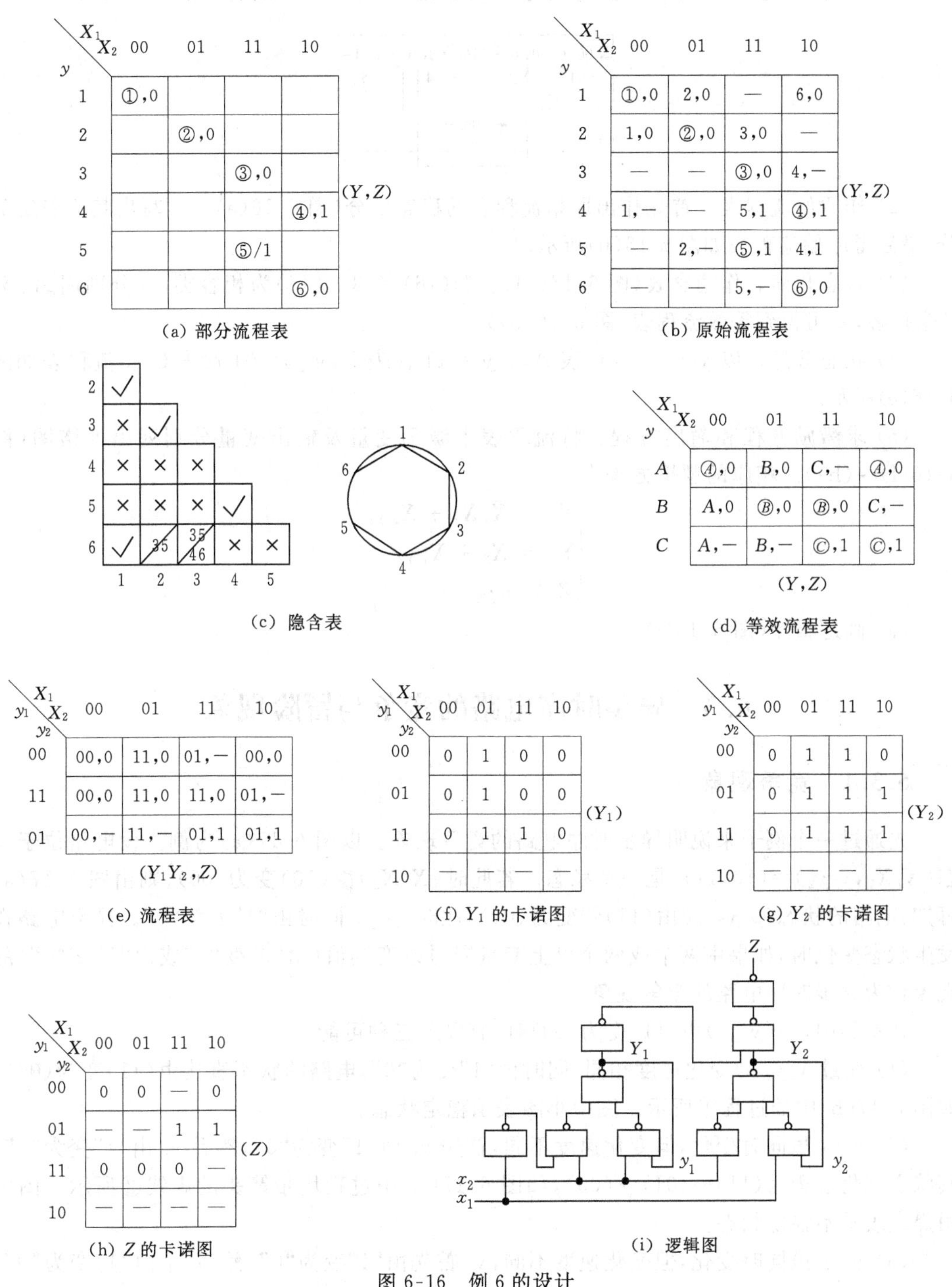

y \ X_1X_2	00	01	11	10
1	①,0			
2		②,0		
3			③,0	
4				④,1
5			⑤/1	
6				⑥,0

(Y,Z)

(a) 部分流程表

y \ X_1X_2	00	01	11	10
1	①,0	2,0	—	6,0
2	1,0	②,0	3,0	—
3	—	—	③,0	4,—
4	1,—	—	5,1	④,1
5	—	2,—	⑤,1	4,1
6	—	—	5,—	⑥,0

(Y,Z)

(b) 原始流程表

	1	2	3	4	5
2	✓				
3	×	✓			
4	×	×	×		
5	×	×	×	✓	
6	✓	35	35 46	×	×

(c) 隐含表

y \ X_1X_2	00	01	11	10
A	Ⓐ,0	B,0	C,—	Ⓐ,0
B	A,0	Ⓑ,0	Ⓑ,0	C,—
C	A,—	B,—	Ⓒ,1	Ⓒ,1

(Y,Z)

(d) 等效流程表

y_1y_2 \ X_1X_2	00	01	11	10
00	00,0	11,0	01,—	00,0
11	00,0	11,0	11,0	01,—
01	00,—	11,—	01,1	01,1

(Y_1Y_2,Z)

(e) 流程表

y_1y_2 \ X_1X_2	00	01	11	10
00	0	1	0	0
01	0	1	0	0
11	0	1	1	0
10	—	—	—	—

(Y_1)

(f) Y_1 的卡诺图

y_1y_2 \ X_1X_2	00	01	11	10
00	0	1	1	0
01	0	1	1	1
11	0	1	1	1
10	—	—	—	—

(Y_2)

(g) Y_2 的卡诺图

y_1y_2 \ X_1X_2	00	01	11	10
00	0	0	—	0
01	—	—	1	1
11	0	0	0	—
10	—	—	—	—

(Z)

(h) Z 的卡诺图

(i) 逻辑图

图 6-16 例 6 的设计

(11)→(10)…。Z 的变化为 0→0→1→1…。其信号序列为：

00/0 → 01/0 → 11/0 → 10/1 → 11/1
10/0

当 X_1 由“1”跳回“0”时，不论 X_2 处于什么情况 Z 都为“0”。最后得信号序列为。

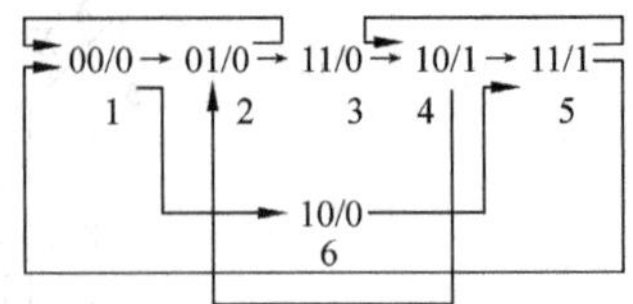

(2) 作原始流程表。首先作出原始流程表的稳态部分(图 6-16(a))，再写出其不稳定部分，最后得原始流程表如图 6-16(b)所示。

(3) 状态化简。作隐含表(图 6-16(c))。选(16)、(23)、(45)为相容类，并分别用 A、B、C 来代替，就可得到等效流程表(图 6-16(d))。

(4) 状态分配。以 $y_1y_2=00$ 代表 A，$y_1y_2=11$ 代表 B，$y_1y_2=01$ 代表 C，得流程表如图 6-16(e)所示。

(5) 求激励方程和输出方程。将流程表中激励变量及输出变量分别列出卡诺图(图 6-16(f)～(h))。相应的逻辑方程为：

$$\begin{cases} Y_1 = \overline{X}_1 X_2 + X_2 y_1 \\ Y_2 = X_2 + X_1 y_2 \\ Z = \overline{y}_1 y_2 \end{cases}$$

(6) 画逻辑图(图 6-16(i))。

6.3 异步时序电路的竞争与冒险现象

6.3.1 竞争现象

先通过一个例子来说明异步时序电路的竞争现象。以图 6-17(a)为例。设电路位于总态$(X_1X_2, y_1y_2)=(10,11)$，是一个稳态。若此时(X_1X_2)由(10)变为(00)，则由图 6-17(a)可知，电路的状态(y_1y_2)应由(11)转变为(00)，此时，y_1y_2 同时由“1”变为“0”。异步电路在发生状态变化时，如果由两个或两个以上变量同时改变其值(由“0”变“1”或由“1”变“0”)的现象称为异步时序电路的竞争现象。

在本例中，当(y_1y_2)由(11)变为(00)时，有以下三种可能：

(1) 变量 y_1y_2 的变化速度相同，同时由“1”变为“0”，电路的状态直接由(11)变为(00)。如图 6-17(b)中的过程①所示。图中小圈表示稳定状态。

(2) y_1y_2 虽同时变化，但变化速度不同，首先 y_1 由“1”变为“0”，然后 y_2 由“1”变为“0”，其状态变化过程为(11)→(01)→(00)，如图 6-17(b)中过程用带箭头的虚线②所示。图中用黑点表示不稳定状态。

(3) y_1y_2 虽同时变化，但变化速度不同，y_2 首先由“1”变为“0”，然后 y_1 由“1”变为“0”，其状态的变化过程为(11)→(10)→(00)，如图 6-17(b)中的过程③所示。

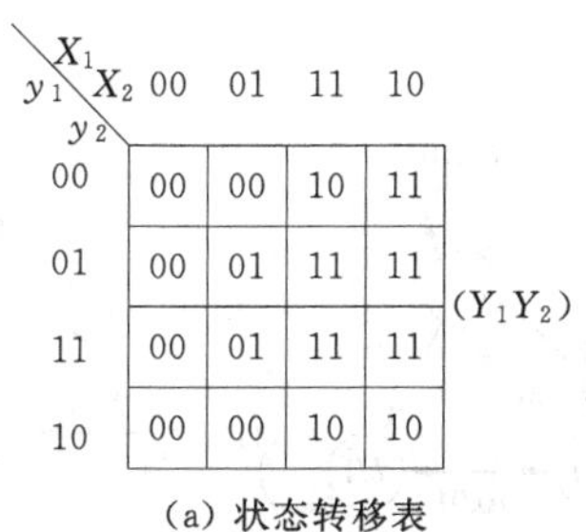

y_1y_2 \ X_1X_2	00	01	11	10
00	00	00	10	11
01	00	01	11	11
11	00	01	11	11
10	00	00	10	10

(Y_1Y_2)

(a) 状态转移表

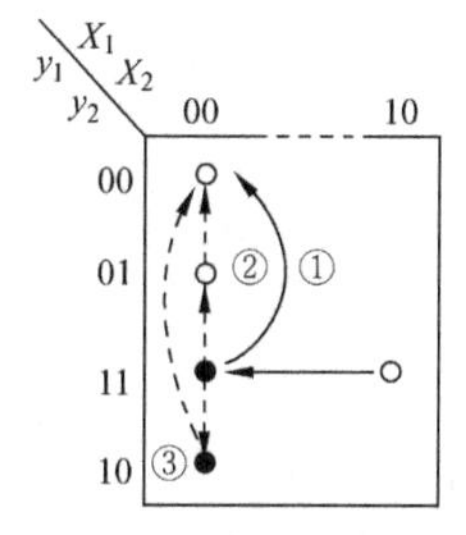

(b) 存在非临界竞争的状态转移

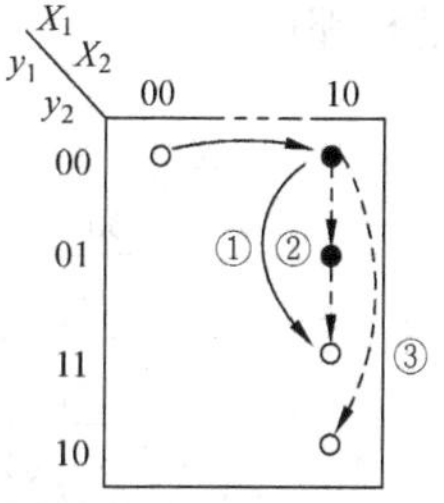

(c) 存在临界竞争的状态转移

图 6-17　说明竞争现象的实例

由于异步时序电路的记忆元件(触发器)的电参数不完全相同(这是无法避免的)以及其它因素的影响,那么上述几种可能性实际上都有可能发生。

对于图 6-17(b)所示情况,不论出现哪种可能性,其最终稳定状态都是(00)。这种竞争现象对电路的正确工作并无影响,称这种竞争为非临界竞争。

还存在另一类竞争,即竞争中所出现的各种可能性会导致电路转移至不同的稳定状态,这种竞争现象为临界竞争。图 6-17(a)就存在临界竞争。

如果电路处于总态(00,00)。当输入(X_1X_2)由(00)变为(10)时,电路的下一个状态是(y_1y_2)=(11),此时变量 y_1y_2 同时由“0”变为“1”。在这里也存在三种可能情况,即(y_1y_2)同时由(00)变为(11)(图 6-17(c)中用①箭线表示);(00)→(01)→(11)(图 6-17(c)中用箭头②表示);(00)→(10)→(11)(图 6-17(c)用箭线③表示)。在最后一种情况下,假定由于总态(10,10)是稳定状态,因此(y_1y_2)变化过程将不是(00)→(10)→(11)而是(00)→(10)。这样,在竞争过程中由于变量 y_1y_2 的变化速度是随机的,也就是说使时序电路不能按图 6-17(a)所规定的那样一定是 y_1y_2=(11),对于情况③,则(y_1y_2)=(10)。**显然,临界竞争破坏了时序电路的工作过程,因此在设计异步电路时应予以注意。怎样才能不出现临界竞争?通常是在异步电路状态分配时予以注意。**

下面通过实例介绍避免临界竞争的两种方法。

例 6.7　对于图 6-18(a)所示状态表进行状态分配以避免临界竞争。

对于图 6-18(a)所示状态表有 3 个状态,所实现的异步时序电路中的记忆元件(或反馈线)数至少为 2。输出 Z 仅与状态有关。为清楚起见,把 Z 作为一列,列在图 6-18(a)的右侧。

为了便于状态分配,把图 6-18(a)表示成图 6-18(b)所示状态图。由状态图可以清楚地看到,状态 a、b;b、c;c、a 之间都有状态间的转移。

为了突出表示状态间的转移关系,把图 6-18(b)简化成图 6-18(c),在简化时状态之间不管有多少条箭线,均只用一条连线表示,此外状态图中用以表示稳定状态的箭头(例如由 a 出发回到 a 的箭线)也均被略去。这样,凡有线相连的两个状态就表示在一定输入条件下要从一个状态转移至另一个状态。

(1) 下面介绍第一种方法,它是通过增加状态来避免竞争的。

为了在状态转移时不出现竞争,必须使图 6-18(c)中有线相连的两个状态为相邻状态。例如,像图 6-18(d)所示那样。但是由于 a 的编码为“00”,c 的编码为“11”,它们并不相邻,因此在 a 至 c 或 c 至 a 的转移中将出现竞争。改变状态分配方法是无法做到 3 个状态之间都是相邻的。

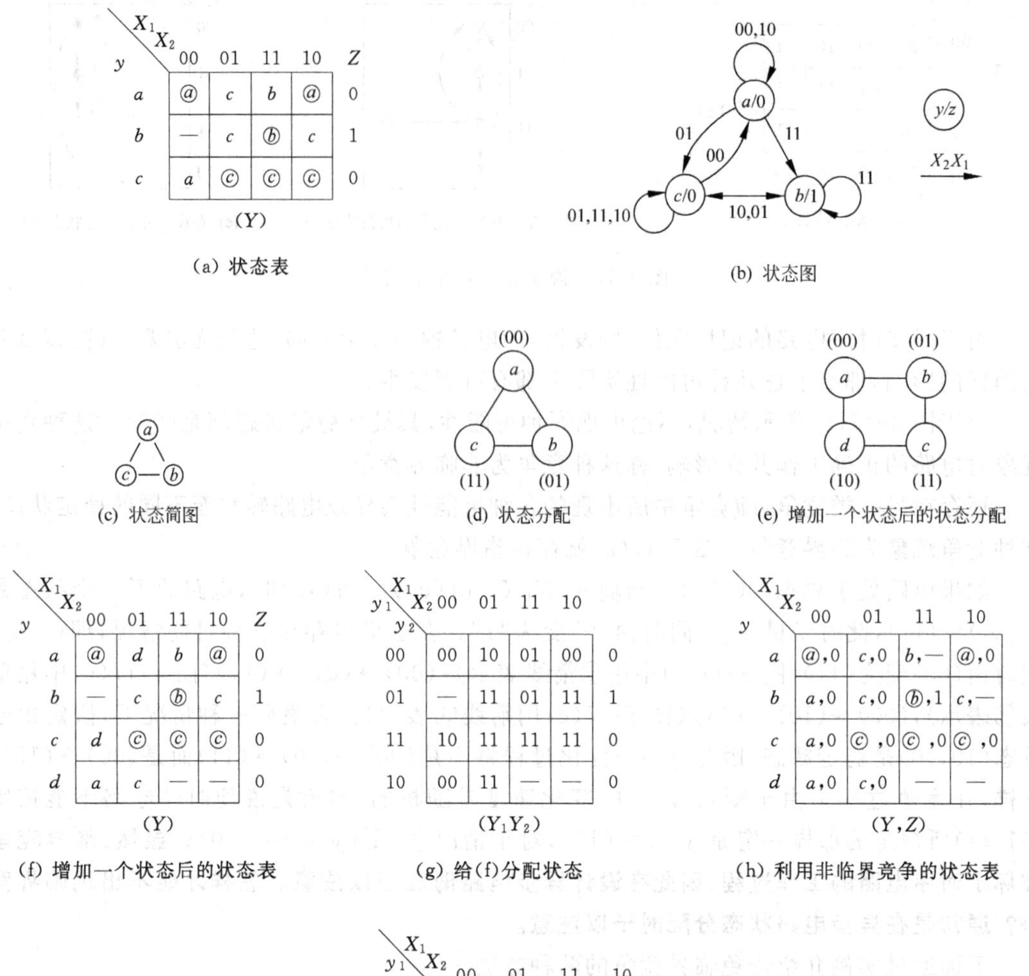

y \ X_1X_2	00	01	11	10	Z
a	ⓐ	c	b	ⓐ	0
b	—	c	ⓑ	c	1
c	a	ⓒ	ⓒ	ⓒ	0

(Y)

(a) 状态表

(b) 状态图

(c) 状态简图

(d) 状态分配

(e) 增加一个状态后的状态分配

y \ X_1X_2	00	01	11	10	Z
a	ⓐ	d	b	ⓐ	0
b	—	c	ⓑ	c	1
c	d	ⓒ	ⓒ	ⓒ	0
d	a	c	—	—	0

(Y)

(f) 增加一个状态后的状态表

y_1y_2 \ X_1X_2	00	01	11	10	
00	00	10	01	00	0
01	—	11	01	11	1
11	10	11	11	11	0
10	00	11	—	—	0

(Y_1Y_2)

(g) 给(f)分配状态

y \ X_1X_2	00	01	11	10
a	ⓐ,0	c,0	b,—	ⓐ,0
b	a,0	c,0	ⓑ,1	c,—
c	a,0	ⓒ,0	ⓒ,0	ⓒ,0
d	a,0	c,0	—	—

(Y,Z)

(h) 利用非临界竞争的状态表

y_1y_2 \ X_1X_2	00	01	11	10
00	00,0	11,0	01,—	00,0
01	00,0	11,0	01,1	11,—
11	00,0	11,0	11,0	11,0
10	00,0	11,0	—	—

(Y_1Y_2,Z)

(i) 给(h)分配状态

图 6-18　例 7 避免临界竞争的方法

如果在 c、a 之间加上状态 d，如图 6-18(e)所示的那样，以后状态 a、c 之间的相互转移均得通过 d。因此，根据图 6-18(e)必须对状态表(图 6-18(a))作必要的更改，使凡由状态 a 到 c 以及由 c 到 a 都得通过 d。更改后的状态表如图 6-18(f)所示。下面介绍更改过程。

由图 6-18(a)可知，由状态 a 转移 c 是在 X_1X_2 为“01”时进行的，或者说转移发生在总态(01,a)。在图 6-18(f)转移的过程应为 $a \to d \to c$，因此在图6-18(f)中就应在总态(01,a)的格中填 d，并且在总态(01,d)的格中填 c。

当状态由 c 转移至 a 发生在总态(00,c)，在图 6-18(f)就应是 $c\to d\to a$，因此在图 6-18(f)中，在总态(00,c)格中填 d，并且在(00,d)格中填 a。

由于状态 c 和 a 的输出 Z 都是“0”，因此状态 d 的输出 Z 也是“0”。

图 6-18(f)中 d 状态在(X_1X_2)=(11)及(10)时均未用到，因此其次态作任意项处理。

按图 6-18(e)的规定，最后得状态表如图 6-18(g)所示。

(2) 下面介绍第 2 种方法，它是利用非临界竞争的状态分配方法来避免临界竞争的。

如果采用图 6-18(d)所示的状态分配，那么在 a、c 之间将存在竞争。由图 6-18(a)已知 $a\to c$ 是在(X_1X_2)=01 时进行。分析一下图 6-18(a)可以看出，当(X_1X_2)=01 时总态(01,a)、(01,b)、(01,c)的次态均为 c。当发生 $a\to c$ 时，(y_1y_2)从(00)→(11)，正如上面所分析的有 3 种可能：(00)同时变为(11)；(00)→(01)→(11)；(00)→(10)→(11)。对第 1 种可能，由于从(00)→(11)，相当于从 $a\to c$，这正是我们所要求的。对于(00)→(01)→(11)，由于(y_1y_2)=(01)代表 b，这相当于 $a\to b\to c$。因为(01,b)的次态是 c，所以由 $a\to b$ 后还会转移到 c，因而最后稳定状态仍为 c。第 3 种可能：(00)→(10)→(11)，状态(10)在图 6-18(c)中并未用到，但为了使竞争成为非临界性的，必须使(01,10)的次态为 c。如令(10)用 d 表示，则(01,d)的次态应为 c。根据上面的分析，图 6-18(a)更改为图 6-18(h)所示形式。此外，在图 6-18(h)中 Z 将不再只与状态有关。这是因为当发生 $a\to c$ 时在图 6-18(h)的 01 列中状态 b、d 均有可能出现，由于稳态 a、c 的输出均为“0”，因此，所有可能的过渡态的输出必须为“0”。

下面分析 $c\to a$ 过程。$c\to a$ 是在(X_1X_2)=00 时进行。$c\to a$，即(y_1y_2)从(11)变为(00)，这里同样存在 3 种可能性：即(11)直接变为(00)；(11)→(01)→(00)；(11)→(10)→(00)。对于第 2 种可能性，由于(01)是 b，这就相当于 $c\to b\to a$。在图 6-18(a)中，总态(00,b)的次态是任意项，为了使竞争成为非临界性的，必须规定(00,b)的次态是 a。对于第 3 种可能性，为(11)→(10)→(00)，由于(10)在图 6-18(d)中未用到，为了使竞争成为非临界性，也必须规定(00,10)格内为 a。如令(10)为 d，则(00,d)格内为 a。同样，因稳态 a、c 时的输出均为“0”，故规定(00,b)、(00,c)、(00,d)时的 Z 均为“0”，这样就使 $c\to a$ 过程中不论出现哪种竞争的可能性均使 Z 保持“0”。因此，把图 6-18(a)中(X_1X_2)=00 列改为如图 6-18(h)所示形式。

在图 6-18(h)中的 d 在(X_1X_2)=(11)或(10)时均未用到，因而作任意项处理。如图 6-18(d)的状态分配，并令 d=(10)，则得状态表如图 6-18(i)所示。

6.3.2 冒险现象

举例说明异步时序电路的冒险现象。

图 6-19(a)是一个主-从结构的 T 型触发器，图 6-19(b)是它的状态表。

假定图 6-19(a)中“与非”门 5 的延迟时间较大，大于门 1 或门 2 及触发器 2 延迟时间的总和。若电路原来位于状态(y_1y_2)=(00)。当 X 由“0”变为“1”时，一方面使门 1 送出的“0”把触发器 2 置“1”，因而 y_2=1(这一路径用虚线 ⓐ 表示)，另一方面经门 5 送出 $\overline{X}$ 信号(用虚线 ⓑ 表示)。如果 ⓐ 传播的信号比 ⓑ 要快得多，则触发器 2 的输出 y_2=1，但是门 5 输出还没变化(仍保持“1”)，此时门 3 起作用，门 3 的输出“0”使触发器 1 置“1”，因而电路进入 y_1y_2=11 的状态。由于 y_1=1，而输入 X=1，因此图 6-19(a)中的门 2 有“0”输出而门 1

反而输出"1"。门 2 的"0"使触发器 2 再次置"0"，这样最终成为 $y_1y_2=10$。这样一来，如途径 ⓑ 的延迟大于 ⓐ 的延迟，则 X 由"0"变为"1"时，电路并不像预期的那样进入 $y_1y_2=01$，而是进入 $y_1y_2=10$。这就是时序电路的冒险现象。

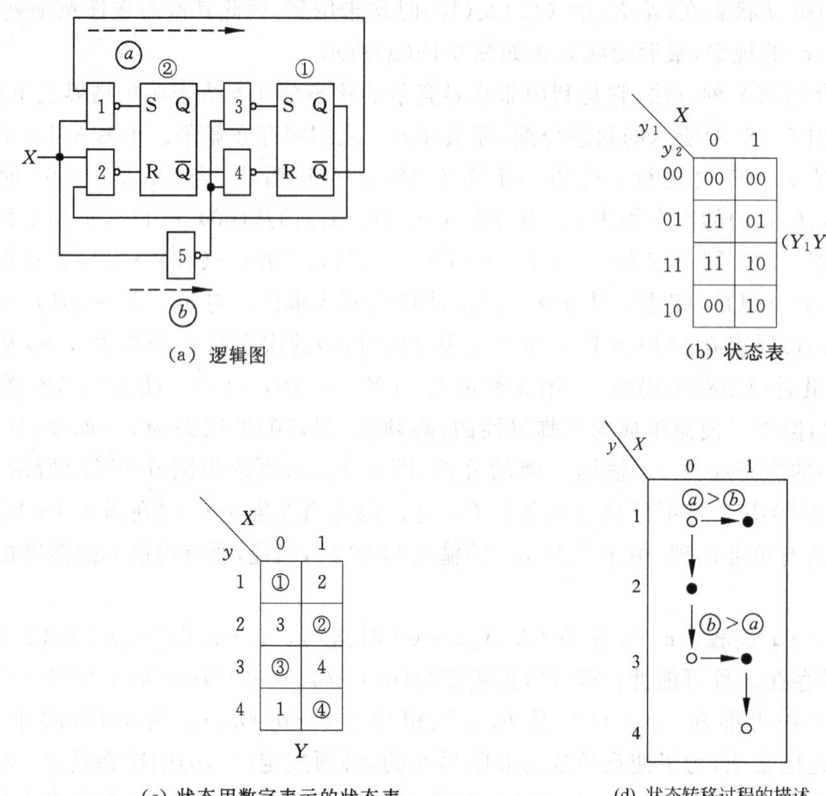

图 6-19　说明冒险现象的例子

时序电路冒险现象的本质是输入信号在时序电路内传播的延迟不同，造成到达触发器时间的先后，从而造成电路错误地工作。对图 6-19 而言，就是 X 在由"0"变为"1"时，沿途径 ⓑ（通过门 5）和沿途径 ⓐ（由于 X 的变化引起 y_2 的改变）到达触发器 1 输入端之间的竞争关系。如果 X 通过门 5 先到达触发器 1 的输入端，则电路能正常工作，反之，如 y_2 变量的变化先到达触发器 1 的输入端，则电路就要错误地工作。

事实上，从图 6-19(c)也可看出这个问题（图 6-19(c)把图 6-19(b)的 y_1y_2 用数字表示）。若 ⓐ 的延迟大于 ⓑ，则在状态表（图 6-19(c)）的状态转移表示在图 6-19(d)的 ⓐ＞ⓑ 的箭头指示方向。这样的转移过程是状态表（图 6-19(a)）规定的过程。反之，若 ⓑ 的延迟大于 ⓐ，则按上面所描述的过程（y_1y_2）应由(00)→(01)→(11)→(10)，表示在图 6-19(d)中 ⓑ＞ⓐ 的箭头指示方向。从这里可以看出，对状态表而言，如果 ⓐ＞ⓑ，则在状态表中就是先有输入 X 的变化（X 由 0→1），后有状态的变化（y_1y_2 由 00→01）。如 ⓑ＞ⓐ，则对于状态表就是先有状态的变化（y_1y_2 由 00→01，由于总态(0,01)是不稳定的，因此又由 01→11，即 y_1y_2 由 00→01→11），后有 X 的变化。

所以时序电路的冒险现象在状态表中就归结为先有输入 X 的变化，还是先有状态的变化。

如果通过记忆元件的延迟大，则状态表中先有 X 的变化；如 X 通过反相门的延迟大，则状态表中先有状态的变化。前一种是正常的，后一种就会使时序电路出错。

因此，为了避免出现冒险现象，就必须做到信号通过记忆元件的延迟大于通过门电路的延迟。如做不到这点，就必须在记忆元件的输入端或输出端串接延迟元件以保证通过记忆元件的延迟大。

习　题

6.1　分析图 6-20 所示的脉冲异步时序电路。

(1) 作出状态表和状态图；

(2) 设初态 Y_2Y_1＝"00"，求该时序电路对 $X_1 \rightarrow X_2 \rightarrow X_1 \rightarrow X_1 \rightarrow X_1 \rightarrow X_2 \rightarrow X_2$ 的响应。

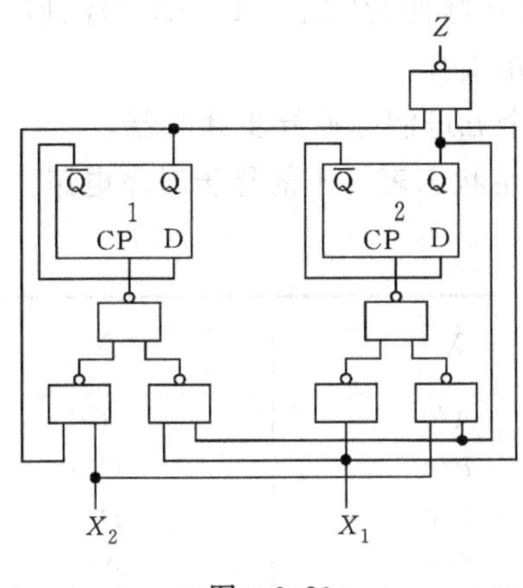

图　6-20

6.2　分析图 6-21 所示的异步时序电路，写出状态图，状态表，画出时序图。

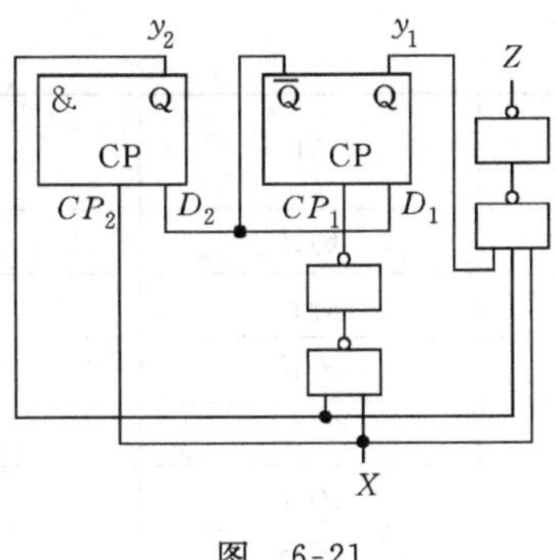

图　6-21

6.3　图 6-22 所示为异步电位时序电路，分析：

(1) 构成流程图；

(2) 若电路初态 $X_1=X_2=Y_1=Y_2=0$，求对于以下输入序列的响应。

X_1X_2：00-01-11-10-00-01-00-10。

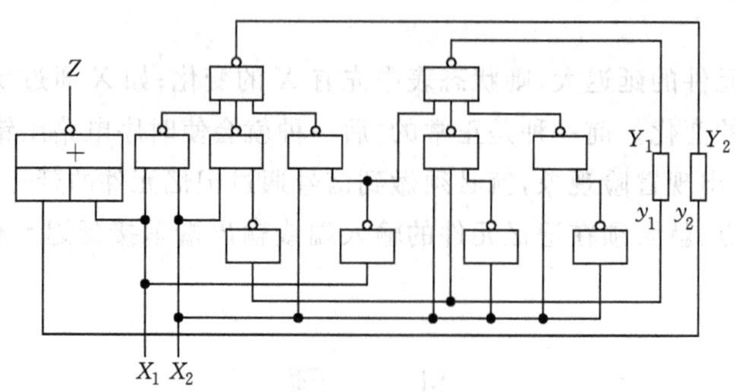

图 6-22

6.4 采用D触发器；设计一个脉冲异步时序电路为"X_1—X_2—X_2"序列检测器。该电路有两根输入线 X_1,X_2；一根输出线 Z。X_1,X_2 各为串行的输入信号(输入脉冲 X_1,X_2 不能同时出现)。该电路仅在脉冲为"X_1—X_2—X_2"序列时，产生一个输出脉冲 Z。它与该序列最后一个脉冲相重合。

6.5 用J-K型触发器设计一个五进制脉冲异步计数器。

6.6 采用D型触发器构成满足状态表6-1的异步时序电路。

表 6-1

Y \ X	X_1	X_2	X_3
A	$A/0$	$B/0$	$C/1$
B	$B/0$	$C/0$	$D/0$
C	$C/0$	$D/0$	$A/1$
D	$D/0$	$A/0$	$B/1$

(Y_{n+1}/Z)

6.7 化简表6-2所示的原始流程图。

表 6-2

Y \ X_1X_2	00	01	11	10
1	①/1	$6/d$	d/d	$5/d$
2	②/1	$4/d$	d/d	$3/d$
3	$2/d$	d/d	$9/d$	③/d
4	$2/d$	④/d	$7/d$	d/d
5	$1/d$	d/d	$7/d$	⑤/1
6	$1/d$	⑥/1	$7/d$	d/d
7	d/d	$4/d$	⑦/0	$10/d$
8	⑧/0	$4/d$	d/d	$10/d$
9	d/d	$6/d$	⑨/1	$8/d$
10	$1/d$	d/d	$9/d$	$10/0$

(Y_{n+1}/Z)

6.8 采用规定的状态分配和用“与非”门，实现图 6-23 所示的简化流程表。

Y_1Y_2 \ X_1X_2	00	01	11	10
0 0，1	①/0	①/1	2/d	3/d
0 1，2	1/d	②/0	②/0	4/d
1 0，3	1/d	1/d	③/1	③/1
1 1，4	1/d	2/d	3/d	④/0

图 6-23

第7章　可编程逻辑电路

可编程逻辑器件(programmable logic device,PLD)是一大类集成电路的总称,包括早期发展起来的 PROM,PLA,PAL,GAL 和近年来出现的 FPGA,CPLD 等。它们可以通过软件编程方式构成任意结构的逻辑电路,比传统的组合逻辑和时序逻辑电路更加灵活。另外,PLD 的集成度高,一片 PLD 可以取代数十片甚至几百片中小规模集成电路,大大简化了设计,缩短了设计周期,也可以提高可靠性,降低成本。PLD 是目前已在计算机、家用电器的控制电路中广泛应用的器件。

PLD 是由存储元件 ROM 发展起来的。最早的 ROM 不能修改所存储的数据,对设计带来不便,可擦除、重写的半导体工艺的发展促进了各种可编程 ROM 的问世,包括熔丝工艺的 PROM,紫外线(UV)擦除的 EPROM,电可擦除的 EEPROM 等。将这些可擦除重写的集成电路制造工艺用于逻辑设计,就出现了上述各种 PLD。

由于这些 PLD 的内部结构是由一些重复的和有规律的逻辑阵列组成,有时也称为阵列逻辑(array logic)。

随机存取存储器(random access memory,RAM)是一种典型的阵列逻辑电路,它的存储单元排列成阵列形式。RAM 在使用时,能按给定的单元地址把信息存入或取出(本书不对 RAM 作介绍,在《计算机组成与结构》等教材中会详细介绍它的原理与使用)。

只读存储器(read only memory,ROM)也是一类重要的阵列逻辑电路。在计算机中,常常要存储固定的信息(如函数、常数、监控程序等)。对于这类存储固定信息的存储器,在使用前把信息存在其中,使用时读出已存入的信息,而不能写入新的信息。ROM 主要由全译码的地址译码器和存储单元体组成,它们都以阵列形式排列在芯片上。

可编程序逻辑阵列(programmable logic array,PLA)是 ROM 的改型,也可以说是一种新型的 ROM。PLA 在组成计算机控制器、存储固定函数以及实现随机逻辑中有广泛的应用。

可编程序阵列逻辑(programmable array logic,PAL)也是 ROM 的改型。PLA 在计算机中也有广泛的应用。

通用阵列逻辑(general array logic,GAL)是一种比 PAL 功能更强的阵列逻辑电路。在它的输出有一个逻辑宏单元,通过对它的编程,可以获得多种输出形式,从而使功能大大增强。

门阵列(gate array,GA)是一种功能很强的阵列逻辑电路。在硅芯片上制作了排列成阵列形式的门电路,根据用户需要对门阵列中的门电路进行互连设计,再通过集成电路制作工艺来实现互连,以获得所需的逻辑功能。

宏单元阵列(macro cell array,MCA)是一种比 GA 功能更强、集成度更高的阵列电路。在芯片上排列成阵列的除门电路外,还有触发器、加法器、ALU 以及寄存器等。

可编程门阵列(programmable gate array,PGA)是一种集编程设计和宏单元阵列于一体的高集成度电路。它与 GA 和 MA 的一个区别在于,PGA 内部按阵列分布的宏单元块都是用户可编程的。即用户所需逻辑可在软件支持下，由用户自己装入来实现的，而无需集成电路制造工厂介入，并且这种装入是可以修改的，因而其连接十分灵活。

一般把除 RAM 之外的阵列逻辑电路统称为可编程逻辑器件(programmable logic devices，PLD)。在本章中将介绍 ROM、PLA、PAL、GAL 和 PGA 等器件。

7.1 只读存储器

1. 基本原理

存储器中存放信息(每个二进制信息称为位)的单元是存储单元。若干位二进制信息组成的一组代码称为“字”。为了寻找存放在存储器中的字，给每个字以编号(称为地址码，简称地址)。

ROM 主要由地址译码器和存储单元体两大部分组成(图 7-1)。由于它在工作时只是读出信息，因此，可以通过设置或不设置如三极管、二极管或熔丝等类元件来表示存入的二进制信息，它的存储单元及其读出线路就显得比较简单。

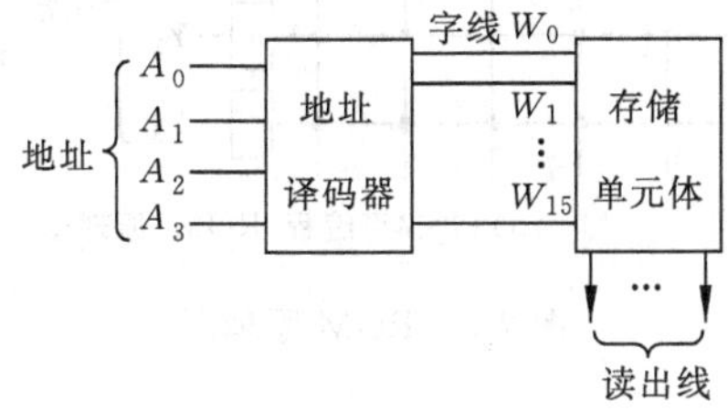

图 7-1　ROM 结构图

ROM 的工作原理如下：地址译码器根据加在其输入端的地址，选择译码器某一条输出线(称为字线)，由它去驱动该字线的各位线，以便读出字线上各存储单元的代码。图 7-2(a)是 4×4 ROM 的原理图。它以熔丝为存储元件。图中，保留熔丝表示存入的是“0”，熔断熔丝表示存入的是“1”。例如，字 1 存入的是 1011。

ROM 的地址译码器是由“与”门组成的，译码器的输出是其输入的最小项，可以把它表示成图 7-2(b)所示的“与”阵列。图中“与”阵列水平输入线和垂直输出线的交叉处标的“点”表示有“与”的联系。存储单元体实际上是“或”门阵列(图 7-2(b))。“或”阵列中的“点”表示熔丝等存储元件，ROM 的输出端数就是“或”门的个数，译码器的每个最小项都可能是“或”门的输入，但是，某一个最小项能否成为某“或”门的输入取决于存储信息的内容。“或”阵列中所有节点均设置熔丝，由用户根据要存入的内容去熔断或保留某些位熔丝。这一过程称为“用户编程”。这类 ROM 称为可编程 ROM。这样，可以从另一个角度来看 ROM 的结构：它是由两个阵列组成的——“与”门阵列和“或”门阵列，其中“或”门阵列的内容是由用户来设置的，因而它是“用户可编程”的(简称“可编程的”)；而“与”阵列是用来形成全部最小项的，因而它是不可编程的。

ROM 的类型很多。一种是可编程序的只读存储器(programmable read-only-memory，PROM)，ROM 的制造厂提供的产品中保留了存储单元体的“或”阵列交叉点处所有的熔丝，由使用者写入信息，随后存储的内容就不能更改了。另一类 ROM 采用浮栅晶体三极管

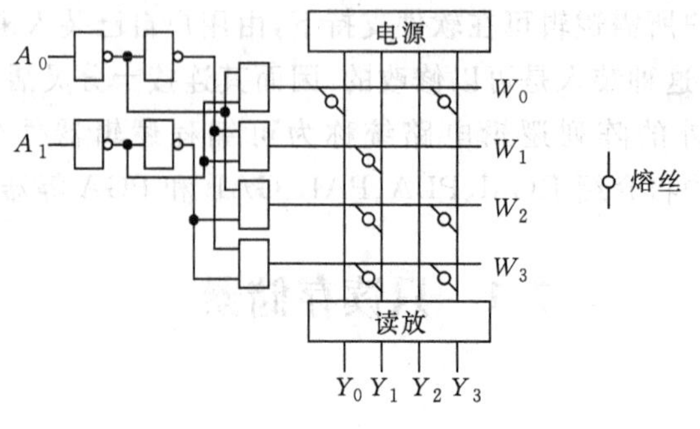

(a) 4×4 ROM 原理图

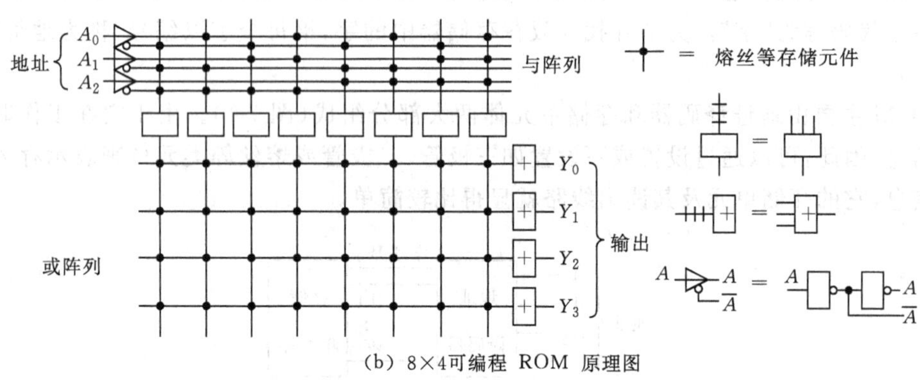

(b) 8×4可编程 ROM 原理图

图 7-2　ROM 原理图

作为存储元件(将在本节“(3) 可改写 ROM”中介绍)。信息写入后,可用紫外线照射或电方法擦除,然后允许再写入新的信息,称这种 ROM 为可改写 ROM(erasable programmable read-only memory,EPROM)。还有一类 ROM 的存储信息是在制造过程中形成的,集成电路制造厂根据用户事先提交的存储内容,在“或”阵列相应的交叉点上制造存储元件或不制造存储元件,这类 ROM 称做掩模型只读存储器(masked ROM,MROM)。

ROM 的容量用“字数×位数”表示。例如,某 ROM 的容量是 1024×8,是指它能存储 1024 个 8 位字。

2. 只读存储器的线路

(1) 熔丝型 PROM。图 7-3 是字数较少的 16×8 熔丝型 PROM 的逻辑图和线路图(不包括缓冲门部分),在存储矩阵每一个存储管的射极接一个熔丝。若熔断熔丝则相应的存储三极管截止,表示单元存入的是“1”;若保留熔丝,则相应存储三极管导通,表示存入的是“0”。例如,若要求第 15 字存入“01011001”(最左位为最低位(第 0 位),最右位为最高位(第 7 位)),那么应熔断该字线的第 1、3、4、7 位上的熔丝,保留其余位的熔丝。

图 7-3 所示 PROM 的地址译码器是由地址缓冲门及多发射极管组成,用以对地址进行全译码。若多发射极管 T_1 的输入中有一个为“0”,则 V_{b_1} 约为 1 V。此时,它不能同时打开字驱动管 T_2、存储管 $T_{30}\sim T_{37}$ 以及读放管 $T_{40}\sim T_{47}$。由 T_2 所驱动的字线上的各存储管均截止,表示该字不被选。若多发射极管的输入全为“1”,则 I_{R_1} 流向 T_2,字驱动管导通,并向保留熔丝的各存储管提供基流。存储管的射流经 R_2 流向读放管的基极,使它饱和,读放输出为“0”。若存储管的熔丝已熔断,则读放管截止,读放输出为“1”。设置二极管 D 是为了

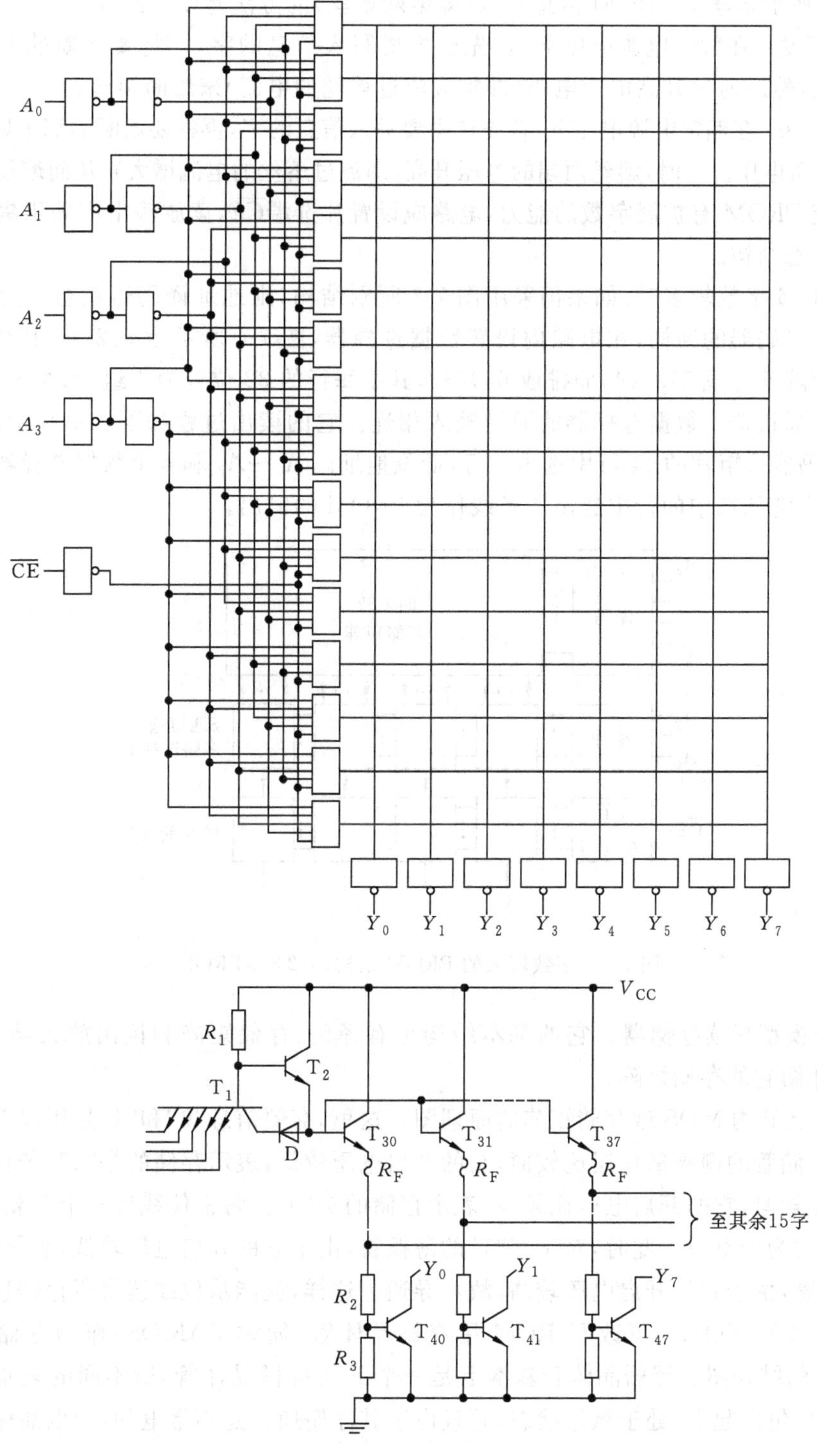

图 7-3　16×8 PROM 的逻辑图和线路图(线路图中不包括缓冲门部分)

截止 T_1 集结，确保 I_{R_1} 全部流向 T_2 基极，而不使 I_{R_1} 经 T_1 集结流向 T_3 基极。

图 7-3 所示熔丝型 PROM 信息写入(即熔断熔丝)的方法有以下两种：

1) 上提法：在额定电源电压下，首先选中要写入信息的字，再将要熔断的那个熔丝的位输出接地，然后通过升高电源电压(即加大流过熔丝的电流)来熔断熔丝。

2) 下拉法：在额定电源电压下，首先选中要写入信息的字，再将要熔断的那个熔丝的位输出端加一个负电压。这时，熔丝两端的电压升高(即流过熔丝的电流增大)，从而熔丝被熔断。

为了使 PROM 有扩展字数的能力，电路应设置片选端$\overline{CE}$，读放输出应采用集极开路输出结构或三态结构。

当 PROM 字数较多时，如果仍采用图 7-3 所示结构，则地址译码器就会十分复杂。为了简化地址译码器的结构，在电路内设置数据选择器，图 7-4 所示为 512×4 PROM 结构。它的存储矩阵不排成 512×4，而排成 64×32，其中每行的 32 位分为 4 组，每组 8 位，它们分别和 4 个 8 通道选 1 数据选择器的通道输入相连。它的读出过程如下。由高位地址 A_3～A_8 通过译码器从矩阵的 64 行中选出 1 行，低位地址码 A_0～A_2 和 4 个数据选择器的通道选择端相连，由它从选中的行中选出 4 条线作为 PROM 的输出。

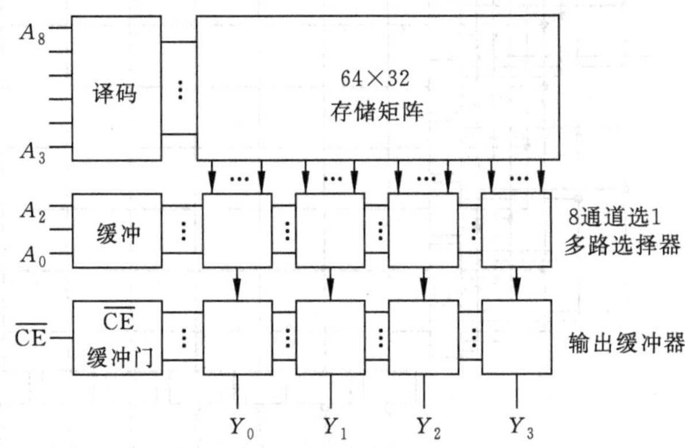

图 7-4　字数较大的 PROM 结构(512×4 PROM)

(2) 掩模型只读存储器。它的基本结构也有译码、存储矩阵和读出放大器等几部分。这里主要介绍它的存储矩阵。

图 7-5 是 P 沟 MOS 型存储矩阵的原理图。这里，存储信息“0”和“1”是用以下方法来表示的。若存储管的栅极氧化层比较薄，它的开启电压较低，表示存储的是“1”；若存储管的栅极氧化层比较厚，它的开启电压比较高，表示存储的是“0”。每根位线接一个负载管，当某字选中时，字线为低电位。此时，对于存“1”的薄栅管，由于它的开启电压较低，故导通；对于存“0”的厚栅管，由于它的开启电压较高，故不导通。这样，就能从位线读得所存信息。

(3) 可改写 ROM。可改写 ROM 用浮栅晶体管(简称 FAMOS)作为存储器件。图 7-6(a)是它的结构图。浮栅晶体管基本上是一个 P 沟硅栅晶体管，所不同的只是它的硅栅完全被 SiO_2 包围起来，处于悬浮状态，并且由于其浮栅通常是不带电的，所以晶体管是截止的，相当于存储“0”。当在漏极上加上比较大(几十伏)的负脉冲电压时，使漏极处的 P-N 结中电场足够强，从而发生雪崩击穿，产生很多高能量的电子和空穴。由于电子在硅中和在 SiO_2 中的能量差比空穴的要小，所以这些高能量的电子就能越过较薄的栅氧化层到达浮

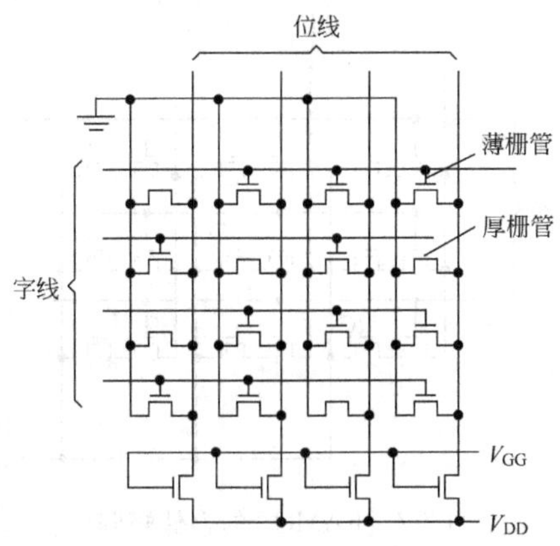

图 7-5　掩模型 ROM 的存储矩阵原理图

栅，从而在浮栅上积聚一定数量的电子(见图 7-6(b))。只要控制所加负脉冲的幅度和宽度，就能控制浮栅上电子电荷的数量，而使浮栅管处于导通状态(也就是使单元原来的"0"态转变为"1"态)。这就是写入信息的过程。由于栅极周围是绝缘介质，很少产生泄漏，故栅极的电荷可以长期(常温下可达十年)保存而不丢失。因此，它是一种半永久性的存储器件。这种 PROM 的一个重要特点是可以通过光学的方法把"1"信号擦去。如果要擦去"1"信息，则可用光子能量较大的紫外线或 X 线照射浮栅管，使硅栅上的电子获得光子能量而穿透 SiO_2 再回到衬底，从而使浮栅管恢复"0"态。这样，便为用户更改存储内容提供了可能。因此，这种 PROM 又称为内容可改写的只读存储器。

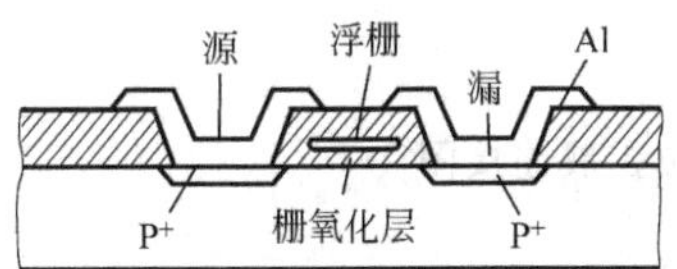

(a) 浮栅晶体管的存储器件结构图

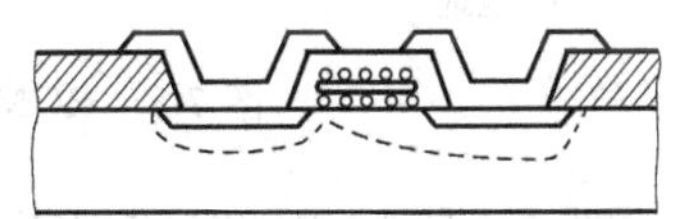

(b) 写入"1"的浮栅晶体管存储器件

图 7-6

图 7-7 是浮栅晶体管的存储矩阵图。为了能对选定的字进行读出和写入，每个存储单元除有一个浮栅 MOS 管以外，还必须有一个串联的普通 MOS 管用作字选择管。此外，每根位线经负载管和低电压 V_{DD} 相连；所有浮栅管的源极均接高电压 V_{SS}。在读出时，选中字线的低电位使这一行的各字选择管导通，而未被选中字线的高电平则不能打开字选择管。当选中字线上的浮栅管的栅极上存有负电荷时，浮栅管导通，位线读出高电平；当浮栅上没有负电荷时，浮栅管不通，位线输出为低电平。

由上述可以看到，光照可改写 PROM 存储矩阵的每个单元需两支管子，所占管芯面积大，对进一步提高集成度不利。为了使芯片能接收紫外线，在管壳顶部还要装一个石英窗。此外，用户还需备有专门的紫外线擦除装置。紫外线擦除信息一般约需 30min。

除了光照可改写 PROM 外，还有用电学方法写入和擦除的电可改写 PROM。

3. 应用

(1) ROM 的扩展。

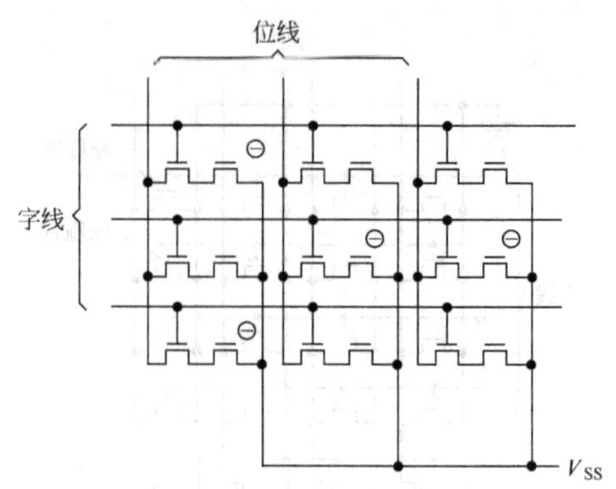

图 7-7　FAMOS 的存储矩阵

① 位扩展。将各片的相应地址端连在一起作为 ROM 系统的地址输入端，即可实现位扩展。图 7-8 是将 4 片 32×8 ROM 扩展成 32×32 ROM 系统的连接图。

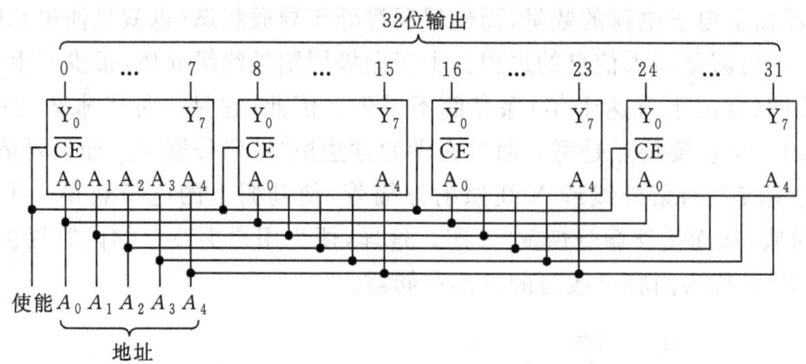

图 7-8　ROM 的位扩展连接图

② 字扩展。图 7-9 是 16 片 32×8 ROM 扩展成 512×8 ROM 的连接图。

③ 增加字数减少位数。图 7-10 是将两片 32×8 ROM 扩展成 128×4 ROM 系统的连接图。先把两片 32×8 ROM 扩展成 64×8 ROM，再把 64×8 ROM 的每个字分成两部分，把它的前 4 位和后 4 位分别送至 4 位双通道选一数据选择器的两个输入通道。系统的最高位地址码 A_6 作为通道选择控制码，由它决定是将 64×8 ROM 输出的前 4 位送出还是将它的后 4 位送出。

(2) 实现数学函数。

可用 ROM 来产生多变量多输出的组合逻辑函数，即数学函数表。此时只要把要实现的函数的输入作为 ROM 的地址输入，把函数的输出作为 ROM 输出，把函数表作为 ROM 的存储内容，这样，用 ROM 就实现了函数表。例如，用容量为 32×8 的 ROM 能产生 8 个 5 变量的逻辑函数，n 变量、m 个输出函数表可用容量为 $2^n \times m$ 的 ROM 来实现，实现时真值表内容只是原封不动地装入了 ROM 的。对输入变量进行函数运算的过程变为简单快捷的"查表"过程。由于在 ROM 内部产生的是 n 个变量的全部 2^n 个最小项，用它来实现函数时，某些最小项会闲置不用，这样，ROM 利用不充分，这是它的缺点。

(3) 用 ROM 产生脉冲系列。

用 ROM 可以产生不规则的脉冲序列，图 7-11(a)所示脉冲序列是用装有图 7-11(a)所

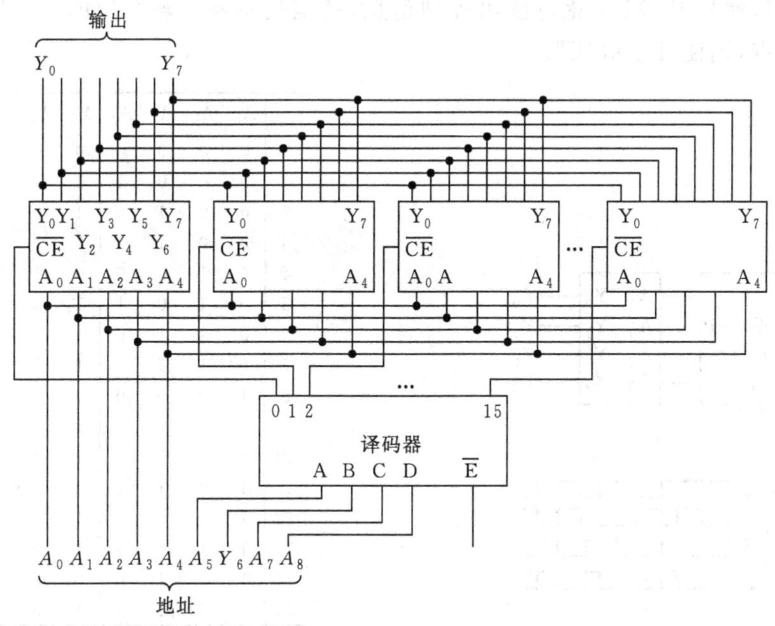

图 7-9　用 16 片 32×8 ROM 构成 512×8 ROM

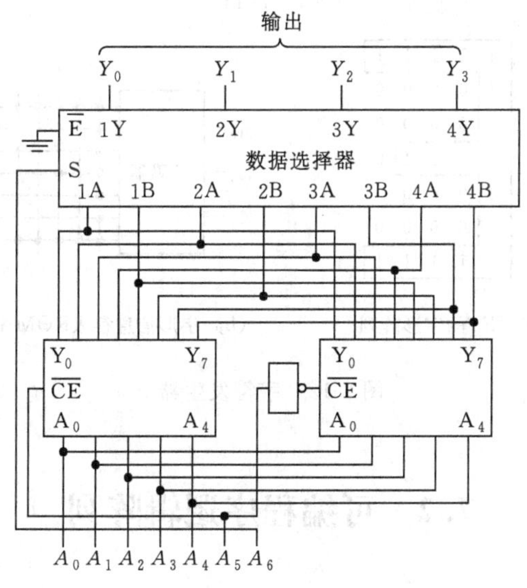

图 7-10　用 2 片 32×8 ROM 构成 128×4 ROM

示内容的 16×4 ROM 产生的。为了避免在 ROM 输出出现尖端信号,ROM 的地址输入应由一个 4 位循环码计数器的输出来提供,图 7-11(a)所示 ROM 输出波形是在循环码计数器控制下得到的。ROM 中信息内容和地址关系示于图 7-11(b)。

(4) 字符发生器。

字符发生器是计算机显示器的一个重要部件,它将字母、数字、符号等的字形存入 ROM 中。以显示字母"E"为例,字符的字形用"1"组成,字形以外的部分用"0"组成(见图 7-12(a))。将"E"字符的阵列图存入 ROM 中(见图 7-12(b)),给出阵列第一行的地址,以后再改变地址码,使从 ROM 中逐行读出阵列信息,送至显示器。若“1”使屏幕出现亮点,而“0”不出现亮点,则便可显示“E”。

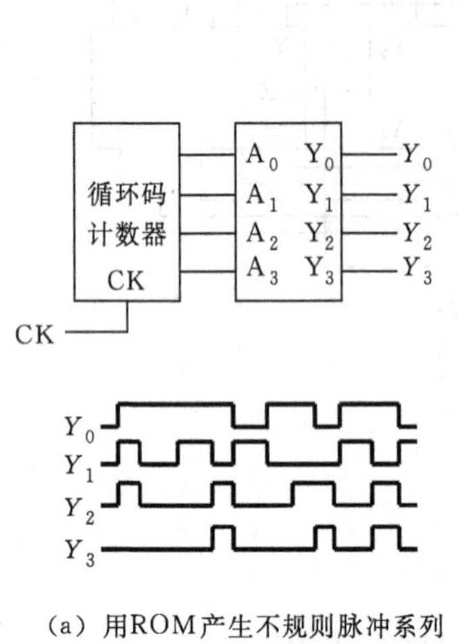

(a) 用ROM产生不规则脉冲系列

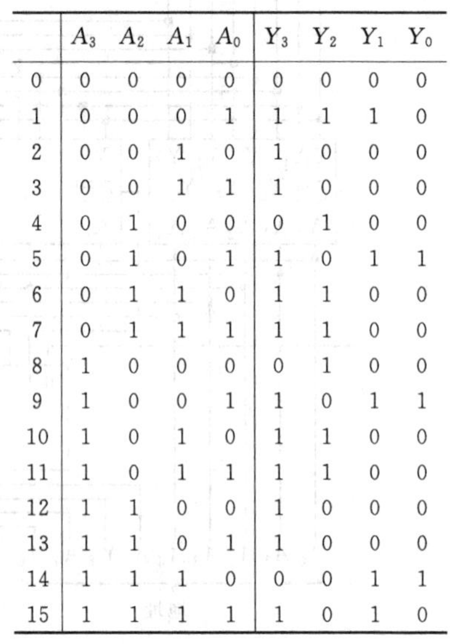

	A_3	A_2	A_1	A_0	Y_3	Y_2	Y_1	Y_0
0	0	0	0	0	0	0	0	0
1	0	0	0	1	1	1	1	0
2	0	0	1	0	1	0	0	0
3	0	0	1	1	1	0	0	0
4	0	1	0	0	0	1	0	0
5	0	1	0	1	1	0	1	1
6	0	1	1	0	1	1	0	0
7	0	1	1	1	1	1	0	0
8	1	0	0	0	0	1	0	0
9	1	0	0	1	1	0	1	1
10	1	0	1	0	1	1	0	0
11	1	0	1	1	1	1	0	0
12	1	1	0	0	1	0	0	0
13	1	1	0	1	1	0	0	0
14	1	1	1	0	0	0	1	1
15	1	1	1	1	1	0	1	0

(b) ROM 中的信息内容与地址关系

图 7-11

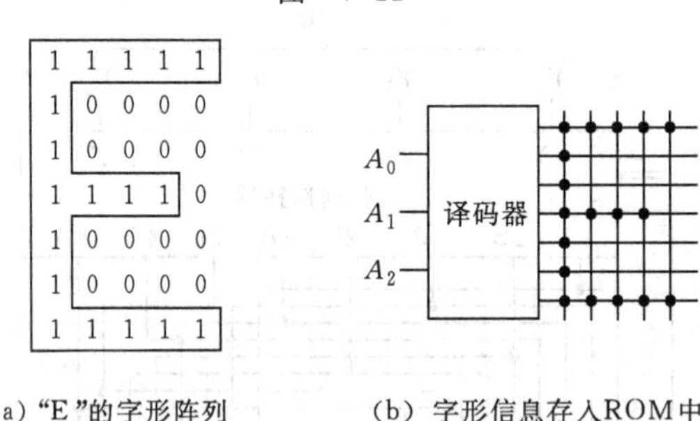

(a)“E”的字形阵列　　(b) 字形信息存入ROM中

图 7-12　字符发生器

7.2　可编程序逻辑阵列

1. 原理

可编程序逻辑阵列的英文缩写为 PLA。可以说,它是一种特殊的只读存储器,和普通的 ROM 不同之处在于 PLA 利用了“逻辑压缩”的原理,使它只用较少的存储单元就能存储较大量的信息。正因为它有这个特点,PLA 的用途很广,集成化的 PLA 产品也很多。下面通过把一张信息表(见表 7-1)存入 PLA 的过程来说明它的原理。

先把表 7-1 所示的信息用逻辑表达式写出,并进行简化,可得:

$$F_0 = \times\times\times I_0$$

$$F_1 = 0$$

$$F_2 = \bar{I}_3\bar{I}_2 I_1 \bar{I}_0 + \bar{I}_3 I_2 I_1 \bar{I}_0 + I_3 \bar{I}_2 I_1 \bar{I}_0 + I_3 I_2 I_1 \bar{I}_0$$

$$=\times\times I_1\bar{I}_0$$

$$F_3=\bar{I}_3\bar{I}_2I_1I_0+\bar{I}_3I_2\bar{I}_1I_0+I_3\bar{I}_2I_1I_0+I_3I_2\bar{I}_1I_0$$

$$=\times I_2\bar{I}_1I_0+\times\bar{I}_2I_1I_0$$

$$F_4=\bar{I}_3I_2\bar{I}_1\bar{I}_0+\bar{I}_3I_2\bar{I}_1I_0+\bar{I}_3I_2I_1I_0+I_3\bar{I}_2\bar{I}_1I_0$$

$$+I_3\bar{I}_2I_1I_0+I_3I_2\bar{I}_1\bar{I}_0$$

$$=\times I_2\bar{I}_1\bar{I}_0+\bar{I}_3I_2\times I_0+I_3\bar{I}_2\times I_0$$

$$F_5=\bar{I}_3I_2\bar{I}_1I_0+\bar{I}_3I_2I_1I_0+I_3I_2I_1\bar{I}_0+I_3I_2I_1I_0$$

$$=\bar{I}_3I_2\times I_0+I_3I_2I_1\times$$

$$F_6=I_3\bar{I}_2\bar{I}_1\bar{I}_0+I_3\bar{I}_2\bar{I}_1I_0+I_3\bar{I}_2I_1\bar{I}_0+I_3\bar{I}_2I_1I_0$$

$$+I_3I_2I_1\bar{I}_0+I_3I_2I_1I_0$$

$$=I_3\bar{I}_2\times\times+I_3I_2I_1\times$$

$$F_7=I_3I_2I_1\bar{I}_0+I_3I_2I_1I_0$$

$$=I_3I_2I_1\times$$

表 7-1

输	入			输			出				
I_3	I_2	I_1	I_0	F_7	F_6	F_5	F_4	F_3	F_2	F_1	F_0
0	0	0	0	0	0	0	0	0	0	0	0
0	0	0	1	0	0	0	0	0	0	0	1
0	0	1	0	0	0	0	0	0	1	0	0
0	0	1	1	0	0	0	0	1	0	0	1
0	1	0	0	0	0	0	1	0	0	0	0
0	1	0	1	0	0	1	1	1	0	0	1
0	1	1	0	0	0	0	0	0	1	0	0
0	1	1	1	0	0	1	1	0	0	0	1
1	0	0	0	0	1	0	0	0	0	0	0
1	0	0	1	0	1	0	1	0	0	0	1
1	0	1	0	0	1	0	0	0	1	0	0
1	0	1	1	0	1	0	1	1	0	0	1
1	1	0	0	0	0	0	1	0	0	0	0
1	1	0	1	0	0	0	0	1	0	0	1
1	1	1	0	1	1	1	0	0	1	0	0
1	1	1	1	1	1	1	0	0	0	0	1

再把它们写成如下形式：

$$\begin{cases}F_0=P_0\\F_1=0\\F_2=P_1\\F_3=P_2+P_3\\F_4=P_4+P_5+P_6\\F_5=P_5+P_7\\F_6=P_8+P_7\\F_7=P_7\end{cases}\qquad(7\text{-}1)$$

其中,P 项称为乘积项,它们分别为:

$$\begin{cases} P_0 = \times\times\times I_0 \\ P_1 = \times\times I_1 \bar{I}_0 \\ P_2 = \times I_2 \bar{I}_1 I_0 \\ P_3 = \times \bar{I}_2 I_1 I_0 \\ P_4 = \times I_2 \bar{I}_1 \bar{I}_0 \\ P_5 = \bar{I}_3 I_2 \times I_0 \\ P_6 = I_3 \bar{I}_2 \times I_0 \\ P_7 = I_3 I_2 I_1 \times \\ P_8 = I_3 \bar{I}_2 \times\times \end{cases} \tag{7-2}$$

最后,把式(7-1)和式(7-2)画成图 7-13 所示逻辑图。于是,它就是一个存入表 7-1 所示信息的 PLA。由图 7-13 可知,PLA 由两部分组成。上半部分是一个形成 P 项的"与"矩阵,这个矩阵又称为译码矩阵,它一共包括 9 个二极管"与"门,相当于普通 ROM 的地址译码部分。"与"矩阵中的 9 条 P 线称为 PLA 的字线,PLA 的下半部分是形成 F 的"或"矩阵(又称为存储矩阵),存储矩阵由 7 个三极管"或"门所组成,用来实现式(7-1),这个矩阵相当于普通 ROM 的存储矩阵。如果用普通 ROM 来存储表 7-1 信息,那么,"与"矩阵容量为 16×8,"或"矩阵的容量应为 16×8;总容量为 256。若用 PLA 来存储表 7-1 所示信息,那么,"与"矩阵容量为 9×8,"或"矩阵的存储容量只要 9×7,总容量为 135。显然,用 PLA 来存储信息,它所需的存储容量要比普通 ROM 小得多。

下面分析图 7-13 所示 PLA 的读出过程,若地址为 $I_3 I_2 I_1 I_0 = 1001$,则 P 线 P_0、P_6、P_8 均为"1"(即 P_0、P_6、P_8 被选),其余 P 线均为"0"。若再经存储矩阵,则可得 F_0、F_4、F_6 为"1",其余的 F 均为"0"。这样,PLA 的输出就和表 7-1 所示的完全一致了。因此,也可以说,PLA 的读出过程就是按给定的 I_3、I_2、I_1、I_0 对式(7-1)和式(7-2)求值的过程。

在分析了信息是如何存入 PLA 以后,可以把 PLA 的特点归纳如下:

(1) 非完全寻址。普通 ROM 是严格寻址的,它的地址译码器是完全译码器。此时,由于每个地址码对应一个字,故一个地址数为 n 的 ROM,必然有 2^n 个字。而对于 PLA,虽然也有一个地址译码器(即"与"矩阵),但它的地址译码器是一个非完全译码器,而且这个译码器是用户可编的,它允许一个地址码选中多条字线(即 P 项),或者说,它可用两个或更多的地址码去选择相同的字线(即 P 项)。

(2) 并行性。在 ROM 中,地址和字之间有一一对应的关系,对任何一个给定的地址,只能读出一个字。而在 PLA 中,一个地址可以同时读出两个或两个以上的字。在 PLA 的输出端所得到的正是所读出字的"或",它的字和地址之间没有一一对应关系。这也就是 PLA 能够用较少的单元存储较多信息的主要原因。

下面从矩阵结构把 PLA 和 ROM 作一比较。图 7-14 是 PLA 的结构图。由图 7-2(b)可知,ROM 的"与"阵列是不可编程的,"或"阵列是可编程的。而 PLA 的"与"矩阵及"或"矩阵都是可编程的。

(3) 非对应关系。在普通 ROM 中,信息表是原封不动地装入存储矩阵中的。而在 PLA 中,其存储信息却不是原封不动地装入的。存入 PLA 存储矩阵中的内容是经过化简、压缩的内容,它和信息表不是一一对应的关系。

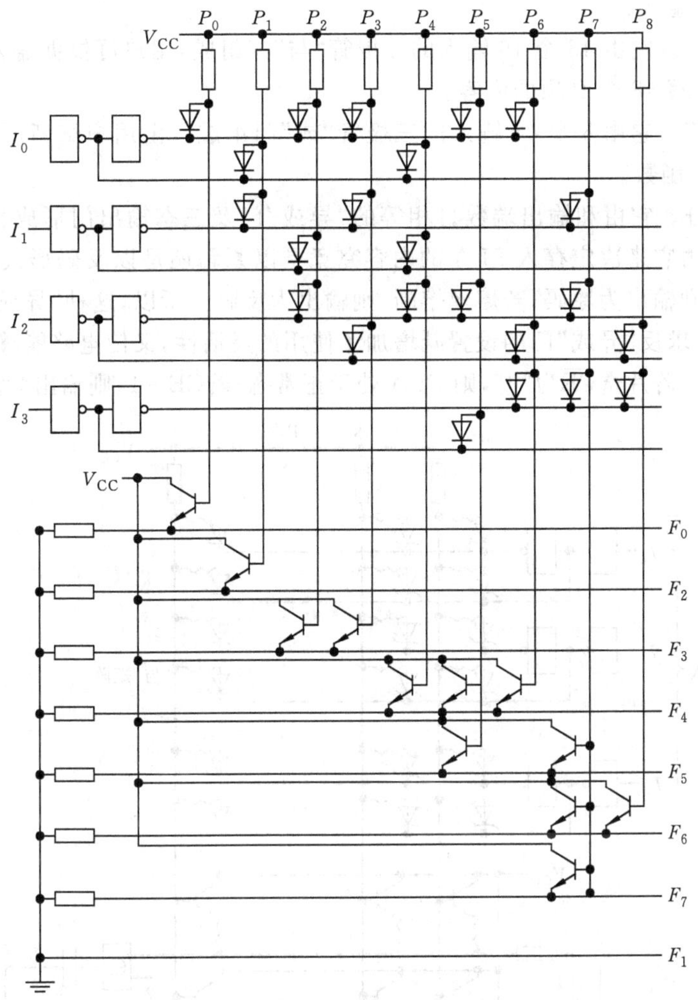

图 7-13 存入表 7-1 所示信息表的 PLA

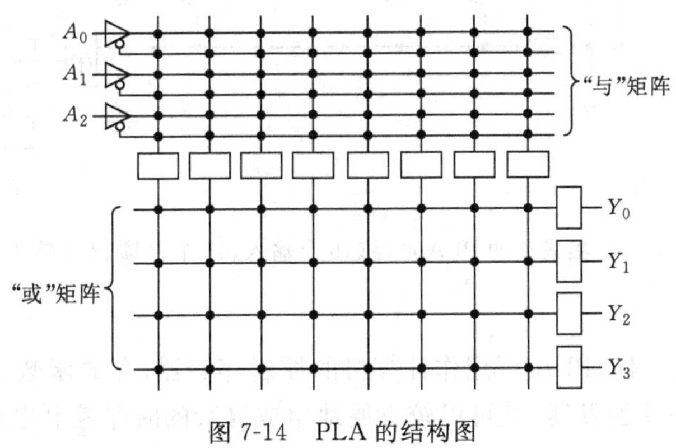

图 7-14 PLA 的结构图

下面介绍一个由 16 个输入、48 个 P 项、8 个输出的集成化熔丝型 PLA 产品(图 7-15)。它由以下 3 部分组成:

1)"与"矩阵。它由 48 个 16 输入的二极管"与"门组成,用户可根据需要熔断或保留所需位的熔丝来编写 48 个 P 项的内容。

2)"或"矩阵。它由 8 个 48 输入的三极管"或"门组成。由用户熔断所需位的熔丝,便可形成所需的 F 函数。

3)控制部分。它由和输出端数目相等的"异或"门及三态输出门形成。"异或"门的一端经熔丝接地,由它来决定存入 PLA 的内容究竟是以原码还是以反码形式输出:若"异或"门的熔丝保留,则输出为原码;若熔丝熔断,则输出为反码。所以,这种"异或"门又称为可控求反"异或"门。求反"异或"门的设置既增加了使用的灵活性,又使电路能够扩展(扩展方法将在下面讨论)。若片选$\overline{CE}$为"0",则 PLA 处于正常态;若$\overline{CE}=1$,则输出为高阻态。

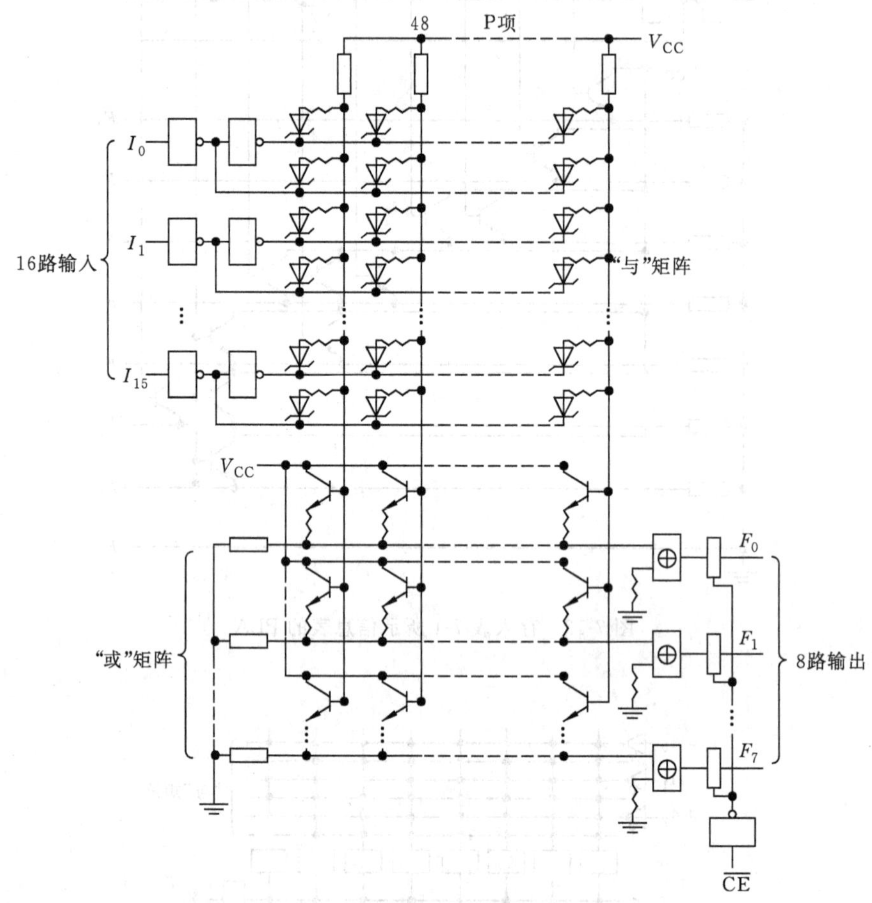

图 7-15 集成化的 PLA 产品(16 个输入、48 个 P 项、8 个输出)

2. 应用

和普通的 ROM 一样,PLA 可用作计算机的控制存储器,存放函数表,组成各种码制变换器。如果再加上一些触发器,就可以较方便地组成复杂的时序控制电路。在这里,先介绍 PLA 的扩展方法,然后再介绍它的一些应用。

(1) 扩展。

1) 输出扩展。由图 7-16 所示。

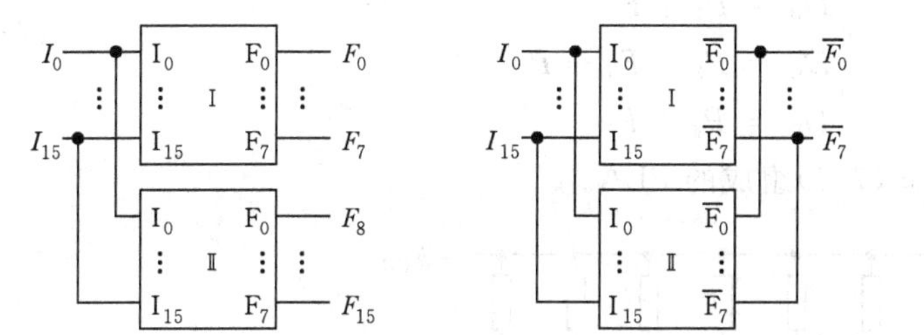

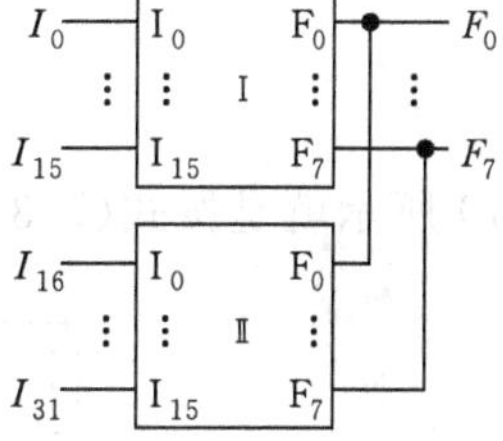

图 7-16　PLA 的输出扩展方法　图 7-17　PLA 的 P 项扩展方法　图 7-18　PLA 的输入扩展方法

2) P 项扩展。图 7-17 给出了 P 项扩展方法。在每个 PLA 各有 48 个 P 项的情况下，若要求输出包含 96 个 P 项，即

$$F_n = P_0 + P_1 + \cdots + P_{47} + P_{48} + P_{49} + \cdots + P_{95}$$

那么，可熔断片Ⅰ、Ⅱ的"异或"门熔丝。由片Ⅰ某输出实现 $\overline{F}_{n_{\mathrm{I}}} = \overline{P_0 + P_1 + \cdots + P_{47}}$，片Ⅱ某输出实现 $\overline{F}_{n_{\mathrm{II}}} = \overline{P_{48} + P_{49} + \cdots + P_{95}}$，将片Ⅰ和片Ⅱ的输出"线与"在一起，即可得 F 的反码：

$$\overline{F}_n = \overline{P_0 + P_1 + \cdots + P_{47} + P_{48} + \cdots + P_{95}}$$

由此可见，PLA 设置"异或"门的一个主要作用就是为了扩展。

3) 输入扩展。图 7-18 给出了输入的扩展方法。在每个 PLA 各有 16 个输入的情况下，若要求输出包含 32 输入：

$$F_n = I_0\, I_1 \cdots I_{15}\, I_{16} \cdots I_{31}$$

那么，应保留片Ⅰ、Ⅱ的"异或"门熔丝。由片Ⅰ、Ⅱ某输出分别实现 $F_{n_{\mathrm{I}}} = I_0\, I_1 \cdots I_{15}$、$F_{n_{\mathrm{II}}} = I_{16}\, I_{17} \cdots I_{31}$，然后将它们的输出"线与"在一起，即可得 $F_n = I_0\, I_1 \cdots I_{15}\, I_{16} \cdots I_{31}$。这样，就实现了对输入的扩展。

(2) 组成时序电路。

图 7-19 所示是用 PLA 和 D 型触发器组成的同步十进制计数器。其中，设置了 4 个 D 型触发器。已经在第 5 章中介绍过，对于采用 D 型触发器的十进制计数器，各触发器的 D 端的逻辑表达式应为(其中 A 为最低位)：

$$\begin{cases} D_A = \overline{Q}_A \\ D_B = \overline{Q}_A\, Q_B + Q_A\, \overline{Q}_B\, \overline{Q}_D \\ D_C = \overline{Q}_A\, Q_C + \overline{Q}_B\, Q_C + Q_A\, Q_B\, \overline{Q}_C \\ D_D = \overline{Q}_A\, Q_D + Q_A\, Q_B\, Q_C\, \overline{Q}_D \end{cases}$$

令

$$\begin{cases} P_0 = \overline{Q}_A \\ P_1 = Q_A\, \overline{Q}_B\, \overline{Q}_D \\ P_2 = \overline{Q}_A\, Q_B \\ P_3 = \overline{Q}_B\, Q_C \\ P_4 = \overline{Q}_A\, Q_C \\ P_5 = Q_A\, Q_B\, \overline{Q}_C \\ P_6 = Q_A\, Q_B\, Q_C\, \overline{Q}_D \\ P_7 = \overline{Q}_A\, Q_D \end{cases} \tag{7-3}$$

则有 D 端的逻辑表达式为：

$$\begin{cases} D_A = P_0 \\ D_B = P_1 + P_2 \\ D_C = P_3 + P_4 + P_5 \\ D_D = P_6 + P_7 \end{cases} \tag{7-4}$$

图 7-19 所示就是按式(7-3)和式(7-4)组成的 PLA。

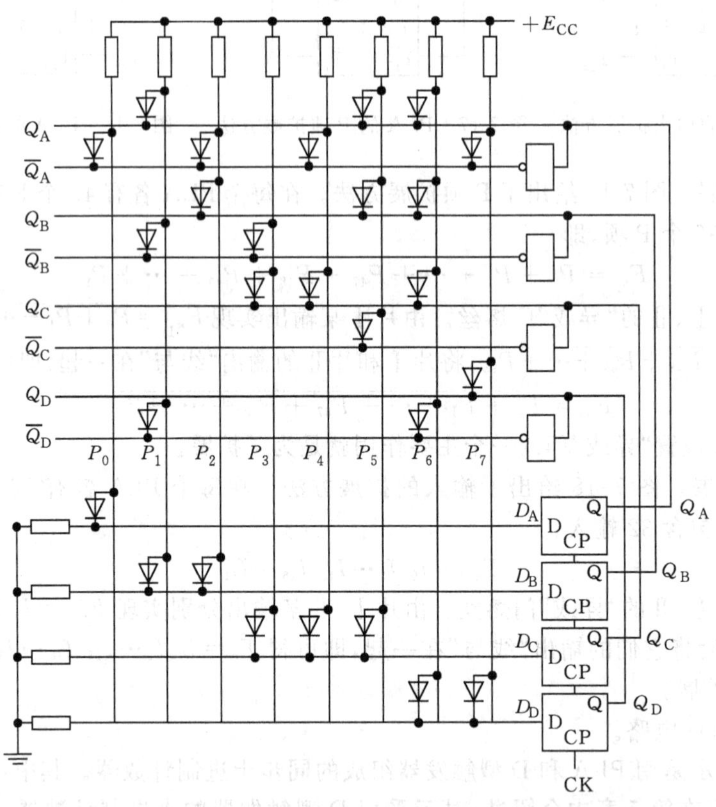

图 7-19　用 PLA 和 D 型触发器组成的同步十进制计数器

如果把图 7-20(a)中的二-十进制码和循环码的变换表装入图 7-19 所示的 PLA 中，即可组成具有码制变换功能的十进制计数器。此时，图 7-20(b)所示时序电路即有 BCD 码输出，同时又有循环码输出。其中，矩阵的右部实现十进制计数功能；中部实现把计数器输出引向外部(即 W～Z 端)；左部实现 BCD 码向循环码转换，并向 K～P 端输出。

图 7-21 所示是用 PLA 实现的 4 位可变模数计数器，它采用 D 型触发器作计数元件，其计数顺序如图 7-22 所示。计数器从“0000”起开始计数。当其输出 Q_A、Q_B、Q_C、Q_D 和外加控制输入 A、B、C、D 不相符时，计数器继续计数；当两者相符时，再来一个计数脉冲，计数器回到“0000”。因此，计数器的模数即为 $ABCD$ 加“1”。根据这个要求，在计数器中设置了 4 个符合项：$Q_A\overline{A}+\overline{Q}_AA$、$Q_B\overline{B}+\overline{Q}_BB$、$Q_C\overline{C}+\overline{Q}_CC$、$Q_D\overline{D}+\overline{Q}_DD$ 以及一个 T 项。其中，T 项是 4 个符合项之“或”，其表达式为：

$$T = (Q_A\overline{A} + \overline{Q}_AA) + (Q_B\overline{B} + \overline{Q}_BB) + (Q_C\overline{C} + \overline{Q}_CC) + (Q_D\overline{D} + \overline{Q}_DD) \tag{7-5}$$

十进制	二-十进制				循环码				
	W	X	Y	Z	K	L	M	N	P
0	0	0	0	0	0	0	0	0	0
1	0	0	0	1	0	0	0	0	1
2	0	0	1	0	0	0	0	1	1
3	0	0	1	1	0	0	1	1	1
4	0	1	0	0	0	1	1	1	1
5	0	1	0	1	1	1	1	1	1
6	0	1	1	0	1	1	1	1	0
7	0	1	1	1	1	1	1	0	0
8	1	0	0	0	1	1	0	0	0
9	1	0	0	1	1	0	0	0	0

(a) 二-十进制码和循环码的变换表

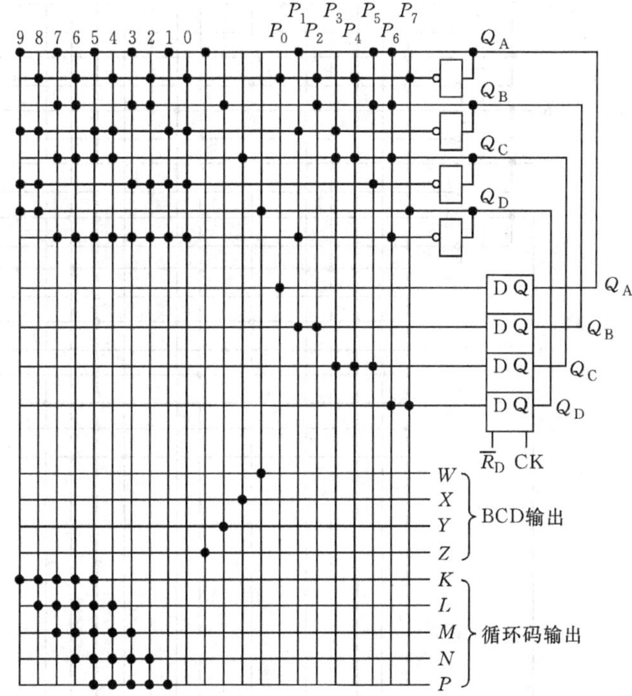

(b) 具有二-十进制和循环码变换功能的十进制计数器

图 7-20 用 PLA 组成计数器

若计数器的输出 Q_A、Q_B、Q_C、Q_D 和 A、B、C、D 相符，则 4 个符合项及 T 项均为“0”；若 Q_A、Q_B、Q_C、Q_D 和 A、B、C、D 不符，则 4 个符合项中至少有 1 项为“1”，T 项就为“1”。然后，再把 4 位二进制计数器（即模数为 16 的计数器）的 D 表达式和 T 相“与”，以此作为可变模数计数器。此时的 D 表达式为：

$$\begin{cases} D_A = \overline{Q}_A T \\ D_B = (\overline{Q}_B Q_A + Q_B \overline{Q}_A) T \\ D_C = (\overline{Q}_C Q_A Q_B + Q_C \overline{Q}_B + Q_C \overline{Q}_A) T \\ D_D = (\overline{Q}_D Q_A Q_B Q_C + Q_D \overline{Q}_C + Q_D \overline{Q}_B + Q_D \overline{Q}_A) T \end{cases}$$

若 T 不为“0”，则计数将继续进行；若 T 为“0”，则 $D_A \sim D_D$ 均为“0”。此时，若再来一个计数脉冲，计数器则回到“0000”。

3. 开关参数

PLA 以及 PROM 的开关参数主要有以下 3 种：

(1) 地址读出时间 $t_{A_{Ad}}$；

(2) 片选读出时间 $t_{A_{\overline{CE}}}$；

(3) 片禁止到输出的传输延迟 $t_{PLZ_{\overline{CE}\to Y}}$。

图 7-23 给出了它们的定义表示。

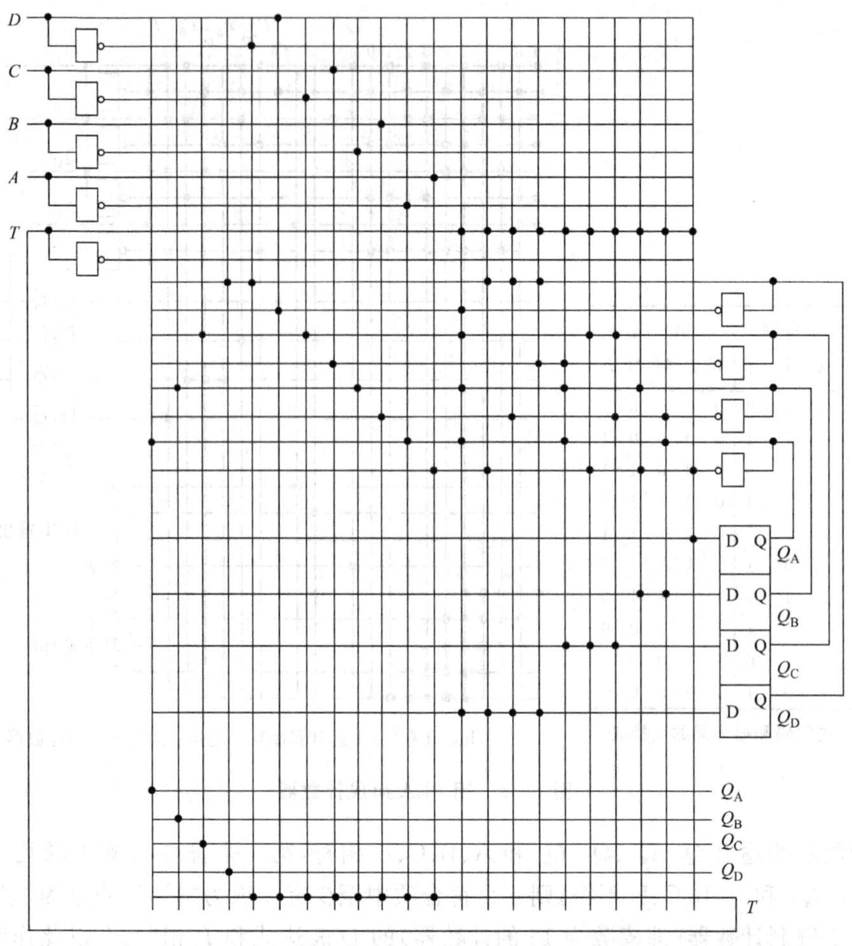

图 7-21　用 PLA 实现的 4 位可变模数计数器

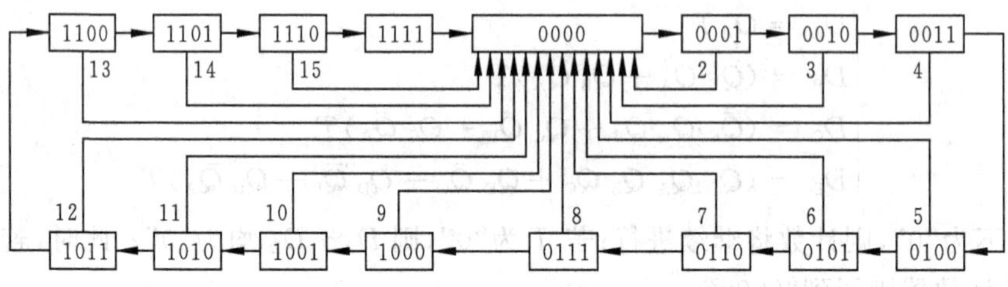

图 7-22　图 7-21 所示可变模数计数器的计数顺序

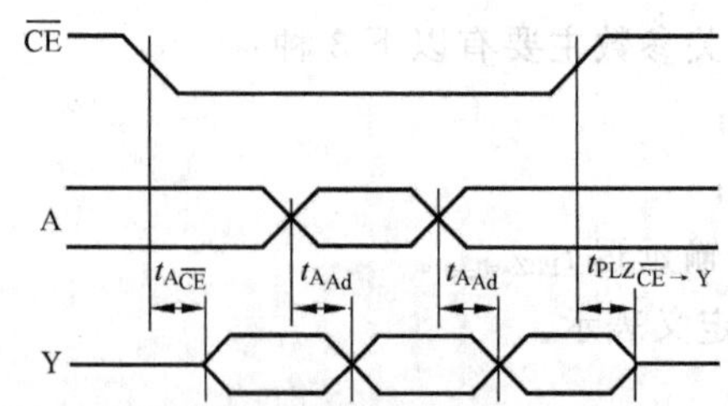

图 7-23　PLA 及 PROM 开关参数的定义表示

7.3 可编程序阵列逻辑

上面已经讲过,ROM 的“与”阵列是不可编的,而其“或”阵列是可编的;PLA 的“与”阵列和“或”阵列都是可编的。还有一种称为可编程序阵列逻辑的电路(简称 PAL),它的“与”阵列是可编的(采用熔丝作存储元件),而它的“或”阵列则是不可编的。这种 PAL 相似于一个已写入信息的 ROM,但它的“与”阵列是可编的。图 7-24 给出了 PAL 的原理图。

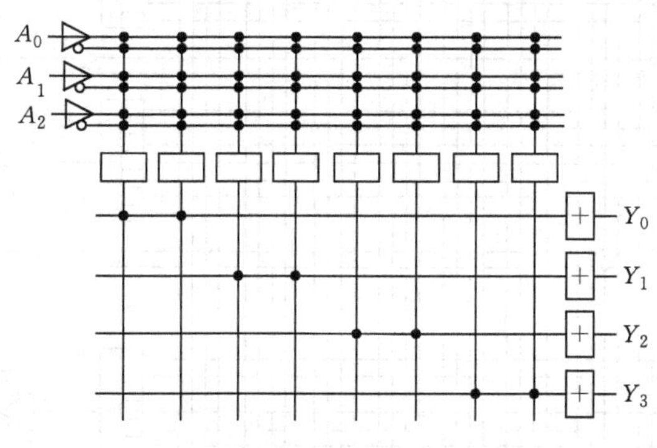

图 7-24 PAL 原理图

集成化的 PAL 有以下几种类型:

(1) 基本的“与-或”阵列型(图 7-24)

(2) 带反馈的阵列型(图 7-25(a))

图 7-25(a)所示 PAL 共有 8 个输入、8 个输出,输出线可反馈作为输入。该电路可有 64 个 P 项,$I_{0\sim7}$、$\bar{I}_{0\sim7}$、$(I/O)_{0\sim7}$、$(\overline{I/O})_{0\sim7}$均可作为 P 项的元素。图中,$P_1=\bar{I}_0\ I_1\ I_7(\overline{I/O})_0(I/O)_1(\overline{I/O})_7$。每 8 个 P 项经一个 8 输入“或”门后对外输出。不用的“或”输出端应置“0”态,这可用 $P_i=I_j\bar{I}_j$ 来实现。

图 7-25(b)所示 PAL 的三态输出门的三态控制端是由 P 项来控制的,这给 PAL 的使用增加了灵活性。

(3) 具有反馈的寄存器型(图 7-25(c))

图 7-25(c)所示 PAL 的每一个“与-或”输出存入寄存器,寄存器的输出又反馈回“与”阵列作为 P 项的元素,这样,PAL 就有记忆功能了。

(4) “异或”型(图 7-25(d))

这种 PAL 可方便地实现加、减、大于、小于等算术运算。

图 7-26 是 16R6 型 PAL 产品的原理图。它有 8 个外部输入端($I_1\sim I_8$),64 个 P 项,“或”矩阵的规模是 8×8(即有 8 个或门,每个或门有 8 个输入端),8 个三态输出端(其中 6 个为寄存器型输出端,它们由公共的$\overline{OE}$端进行三态控制;2 个为 I/O 端,它们的输出三态门由 P 项进行控制),电路内的触发器由正边沿触发方式。

图 7-27 是将有图 5-46 所示功能的 4 位双向移位寄存器装入 16R6 型 PAL 的实例。移位寄存器各触发器的 D 端表达式用 P 项之“或”表示:

$$\begin{cases} D_0 = \overline{S}_0\overline{S}_1Q_0 + S_0\overline{S}_1D_R + \overline{S}_0S_1Q_1 + S_0S_1A = P_0 + P_1 + P_2 + P_3 \\ D_1 = \overline{S}_0\overline{S}_1Q_1 + S_0\overline{S}_1Q_0 + \overline{S}_0S_1Q_2 + S_0S_1B = P_4 + P_5 + P_6 + P_7 \\ D_2 = \overline{S}_0\overline{S}_1Q_2 + S_0\overline{S}_1Q_1 + \overline{S}_0S_1Q_3 + S_0S_1C = P_8 + P_9 + P_{10} + P_{11} \\ D_3 = \overline{S}_0\overline{S}_1Q_3 + S_0\overline{S}_1Q_2 + \overline{S}_0S_1D_L + S_0S_1D = P_{12} + P_{13} + P_{14} + P_{15} \end{cases}$$

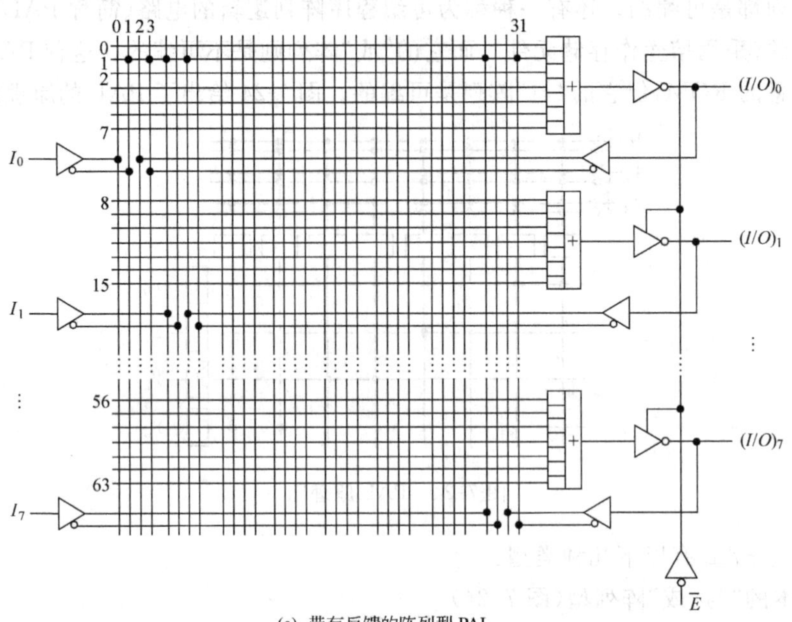

(a) 带有反馈的阵列型 PAL

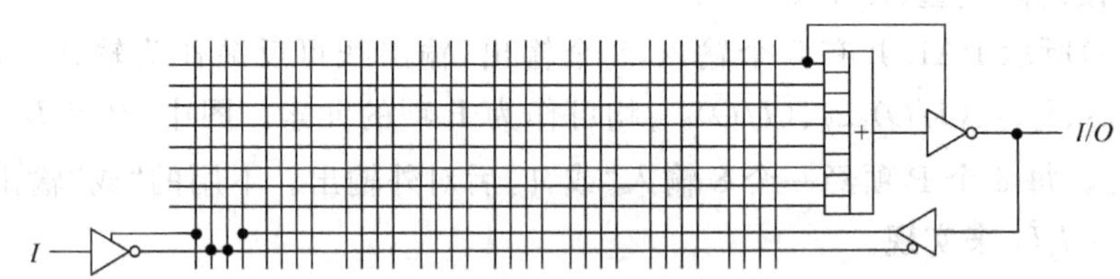

(b) 输出三态门由 P 项来控制的反馈阵列型 PAL(局部)

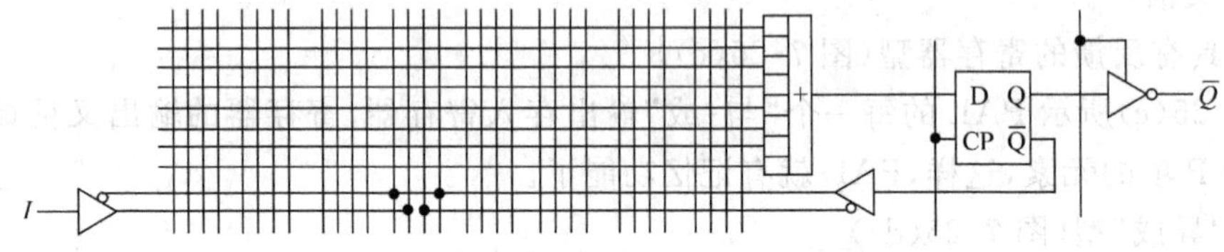

(c) 带有反馈的寄存器型 PAL(局部)

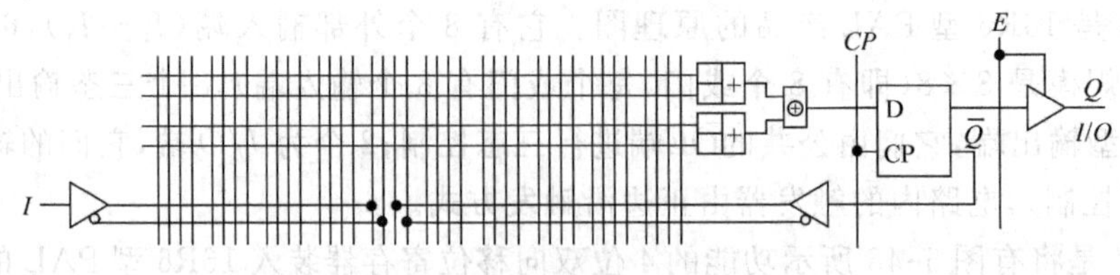

(d) 异或型 PAL(局部)

图 7-25 几种 PAL 的原理图

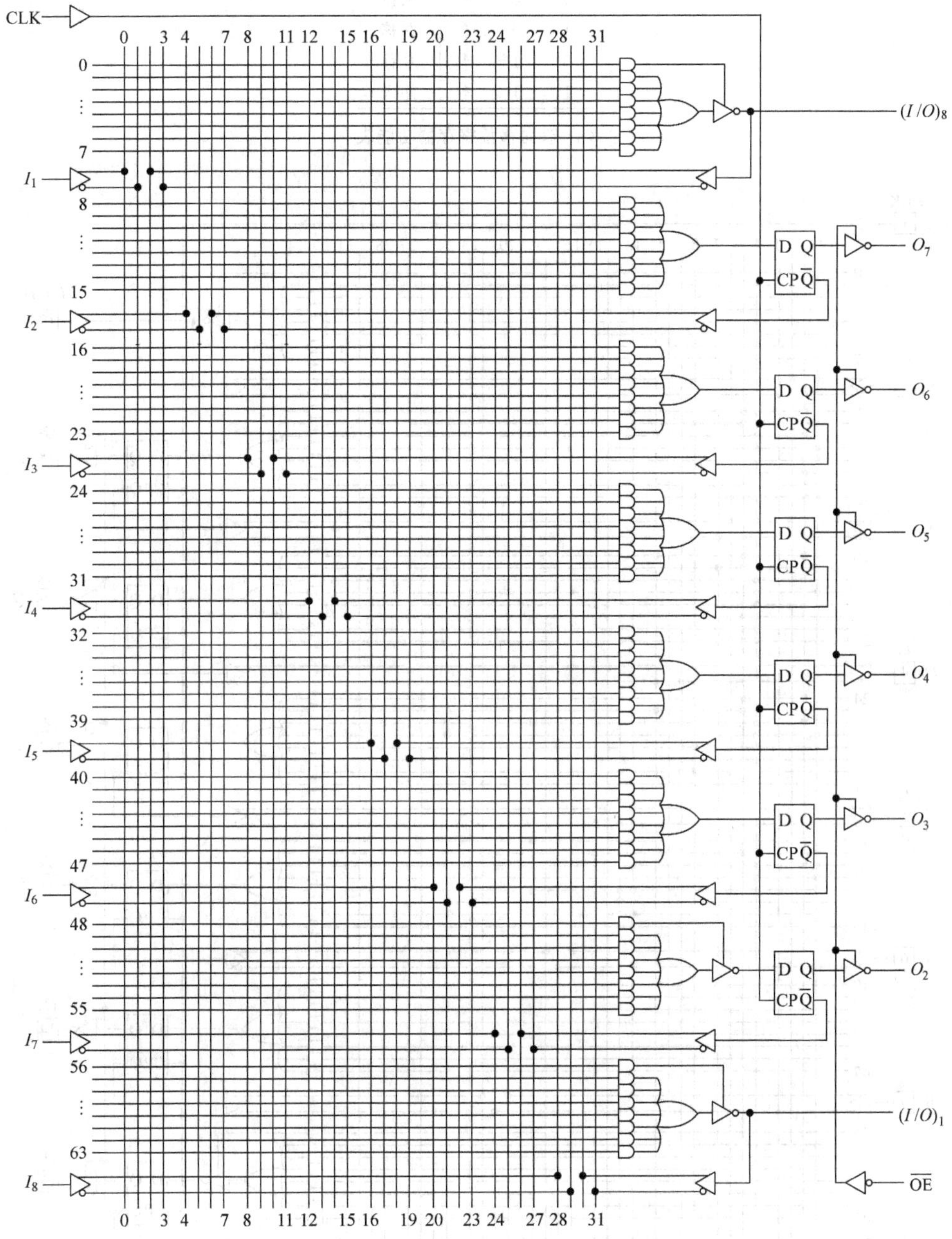

图 7-26　16R6 型 PAL 产品的原理图

输入 S_0、S_1、D_R、D_L、A、B、C、D 分别连向 PAL 的 $I_1 \sim I_8$ 端，用 PAL 的输出 O_7、O_6、O_5、O_4 分别表示 $\overline{Q}_0$、$\overline{Q}_1$、$\overline{Q}_2$、$\overline{Q}_3$，并将其$\overline{OE}$输入接“0”。不用的或端应用“0”封锁。

S_0	S_1	CK	功能
0	0	↑	保持
1	0	↑	右移
0	1	↑	左移
1	1	↑	并入

(a) 双向移位寄存器功能表

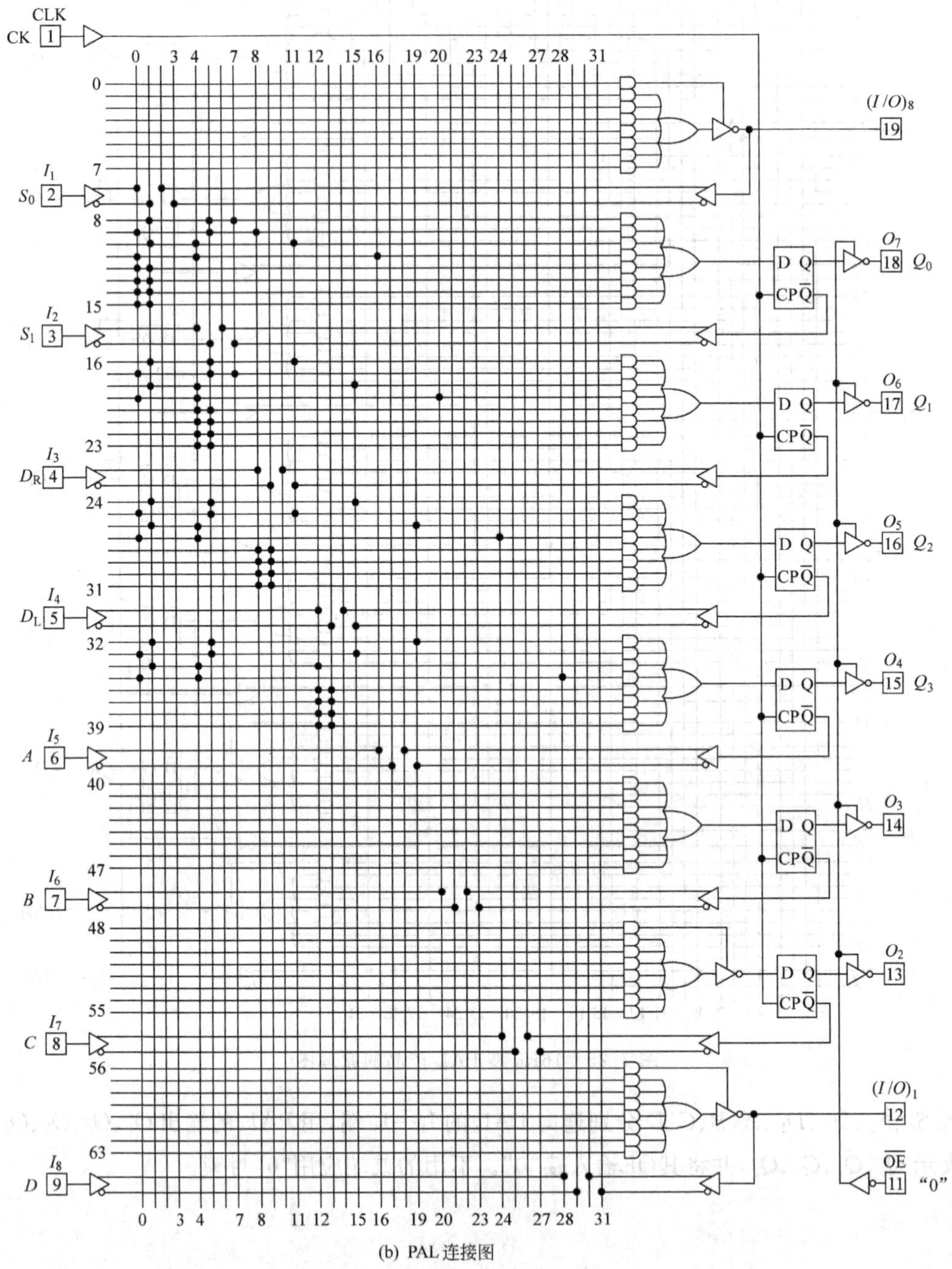

(b) PAL连接图

图 7-27 实现双向移位功能的 PAL

7.4 通用阵列逻辑

通用阵列逻辑(general array logic,GAL)是在PAL器件基础上发展起来的。它的基本逻辑结构与PAL相同,即"与阵列可编程,或阵列固定"。虽然PAL在PLA的基础上增加了输出控制和反馈结构,使得逻辑设计更加灵活,但是PAL仍然采用熔丝工艺,一次性编程后不能改写。

针对PAL的问题,GAL采用了电可擦除,电可改写的CMOS半导体制造工艺,使得GAL器件不仅可以反复擦除、改写,为修改设计带来了灵活性,而且降低了功耗,集成度也大大提高了。另外,GAL的逻辑结构采用了输出逻辑宏单元(output logic macro cell, OLMC),可以根据应用的不同配置成不同的输出结构。一片GAL器件既可以配置为组合逻辑电路,也可以是时序逻辑电路或两者的混合,为逻辑设计提供了更大的灵活性。目前,GAL已经逐步取代PAL,在中小规模逻辑设计中是实际应用最多的一种器件。

1. GAL器件的基本逻辑结构

下面以典型器件GAL16V8为例(图7-28)介绍GAL的逻辑结构。GAL16V8指的是器件最多可有16个输入、8个输出。从图中可以看出,GAL的结构与PAL很相似,左侧8个输入缓冲器(引脚2~9对应的缓冲器)分别产生输入变量的原变量和反变量后接入"与"门阵列,右侧8个引脚(12~19)看起来是8个输出,实际上它们在输出逻辑宏单元OLMC控制下,既可以作为输出端,也可以配置成输入端,因此最多可以有16个输入端。

GAL电路的主要部分是图中的"与"阵列(或阵列包含在OLMC内部)和输出逻辑宏单元(OLMC)。"与"阵列是由8×8个"与"门对应的64个乘积项(每个OLMC左侧的一个小方块代表一个"与"门,64个乘积项对应图中的64行),每个乘积项有32个输入端(8个原始输入变量和经OLMC控制的8个反馈变量,共计16个变量的原变量和反变量,对应图中的32列)。

输出逻辑宏单元(OLMC)是GAL器件可以灵活编程配置成各种电路的关键部分。在GAL16V8器件中,有8个独立的OLMC单元电路。图7-29是OLMC的内部逻辑结构。

2. 输出逻辑宏单元的结构

输出逻辑宏单元(OLMC)中控制GAL器件实现多种结构的核心电路是四个数据选择器MUX(也叫多路开关):三态输出控制多路开关TSMUX(简称"三态多路开关"),反馈变量多路开关FMUX(简称"反馈多路开关"),乘积项极性多路开关PTMUX(简称"极性多路开关")和输出变量多路开关OMUX(简称"输出多路开关")。前两个为四选一多路开关,后两个为二选一多路开关。这些选择器由可编程的"结构控制字"中AC_0和$AC_1(n)$控制,其中n为8个OLMC的序号,AC_0为整个GAL器件的OLMC所共用,$AC_1(n)$为第n个OLMC专用。除此之外,OLMC中还有一位D触发器,一个8输入"或"门和一个在结构控制字XOR(n)控制下的可编程"异或"门。

GAL16V8结构控制字的组成如图7-30所示,其中(n)表示OLMC的编号,这个编号与OLMC连接引脚的编号是一致的。通过对结构控制字编程,便可设定OLMC的工作模式。

每个OLMC中和"与"阵列连接的8输入"或"门构成了GAL器件的"或"阵列。其中来自"与"阵列的第一个乘积项要通过PTMUX后与"或"门相连,其余7个乘积项直接与"或"

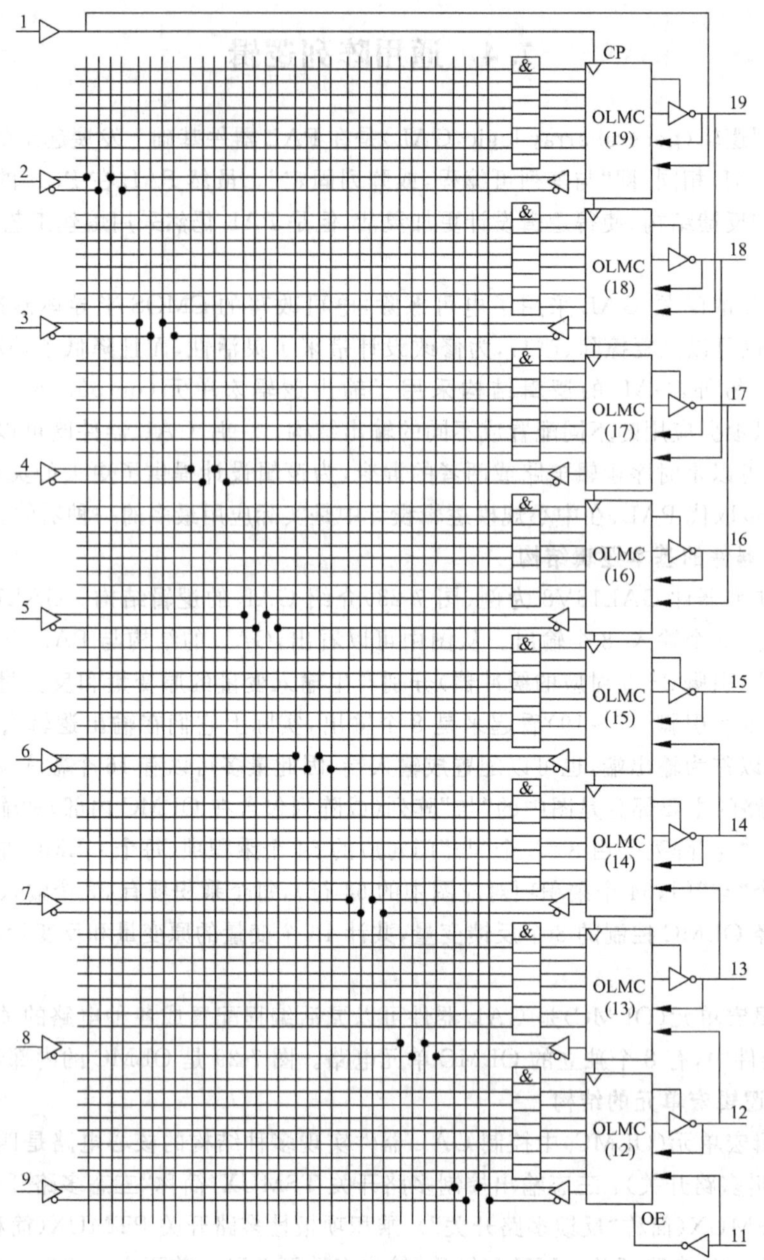

图 7-28　GAL16V8 逻辑图

门相连。极性多路开关(PTMUX)的作用就是控制 8 个乘积项中的第一乘积项是否作为“或”门的输入。从图 7-30 中可以看出,只有当控制字 AC_0 和 $AC_1(n)$ 为“11”时,PTMUX 的控制端为 0,此时 PTMUX 选择“地”输出到“或”阵列,因此“或”阵列只剩下 7 个有效输入,其余情况“或”阵列是 8 个输入。这个第一乘积项还可以经 TSMUX 选择后作为三态输出缓冲器的使能控制信号。

“异或”门的作用是用结构控制字中的 XOR(n)来选择输出信号的极性。当 XOR(n)为

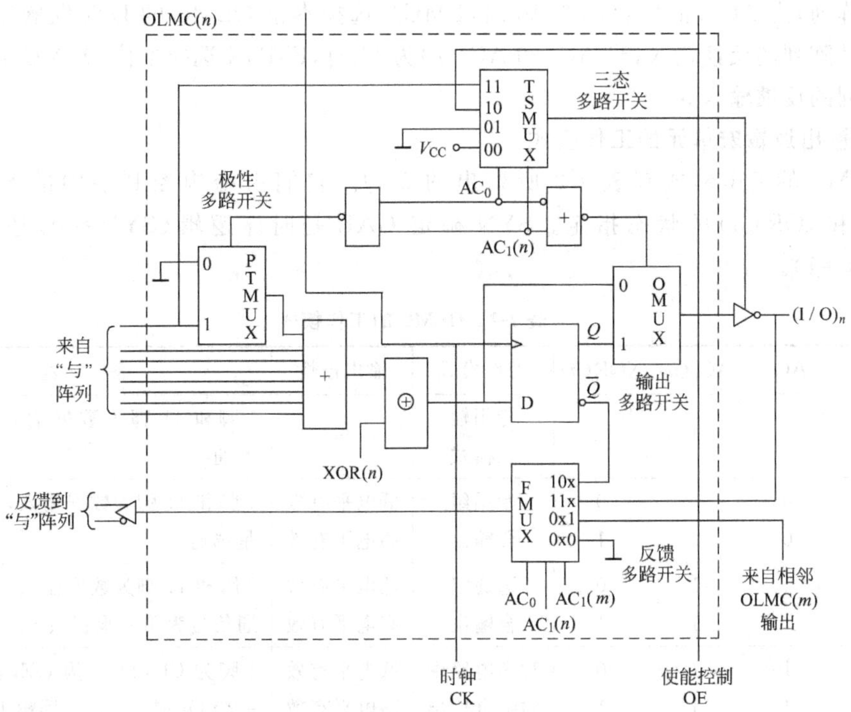

图 7-29　GAL 器件输出逻辑宏单元(OLMC)

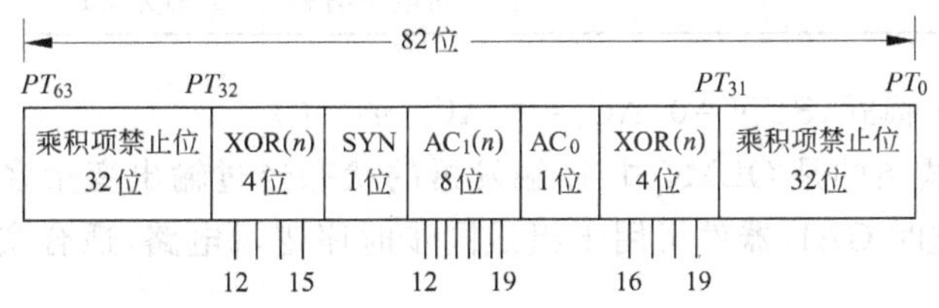

图 7-30　GAL16V8 结构控制字

1 时,“或”门输出信号高电平有效;当 XOR(n)为 0 时,“或”门输出信号低电平有效。

D 触发器存储了“异或”门的输出状态。触发器的 Q 端输出接到输出多路开关(OMUX)。当控制字 AC_0 和 $AC_1(n)$为“10”时,D 触发器的状态作为 OMUX 的输出。这时 OLMC 为寄存器输出;当控制字 AC_0 和 $AC_1(n)$不为“10”时,D 触发器被旁路,“异或”门的输出直接送到输出端,OLMC 为组合型输出。

三态多路开关(TSMUX)的输入有 4 路,在控制字 AC_0 和 $AC_1(n)$的控制下,分别选择 V_{CC}、地、OE 和第一乘积项为三态输出缓冲器的控制。前两种情况的三态输出缓冲器是由两个常量控制,使三态门分别处于打开或高阻态;后两种情况的三态门受到器件外部的输入变量 OE 和第一乘积项的控制。

反馈多路开关(FMUX)的输入也有 4 路,它是在 AC_0 和本位的控制字 $AC_1(n)$以及相邻位的控制字 $AC_1(m)$ 3 位控制字的共同控制下,选择不同的信号反馈到“与”阵列的输入端。从图 7-30 中可以看出,当 AC_0 和 $AC_1(m)$为 00 时,FMUX 选择接地电平,“与”阵列无反馈信号输入;当 AC_0 和 $AC_1(m)$为 01 时,FMUX 选择相邻 OLMC 的输出作为输入,反馈到“与”阵列；当 AC_0 和 $AC_1(n)$ 为 10 时，FMUX 选择本位 OLMC 的 D 触发器反相输出 $\overline{Q}$ 作为“与”阵列的反馈输入；当 AC_0 和 $AC_1(n)$ 为 11 时，FMUX 选择本位 OLMC 的输出作为“与”阵列的反馈输入。

3. 输出逻辑宏单元的工作模式

OLMC 的工作模式有表 7-2 所列出的 5 种。它们由结构控制字中的 SYN、AC_0、$AC_1(n)$和XOR(n)的状态指定。SYN 确定 GAL 是时序逻辑(SYN＝0)还是组合逻辑(SYN=1)。

表 7-2　OLMC 的工作模式

SYN	AC_0	$AC_1(n)$	XOR(n)	工作模式	输出极性	备　注
1	0	1	×	专用输入模式	—	1 脚和 11 脚为数据输入，三态门不通
1 1	0 0	0 0	0 1	专用组合输出	低电平有效 高电平有效	1 脚和 11 脚为数据输入，三态门总是选通
1 1	1 1	1 1	0 1	选通组合输出	低电平有效 高电平有效	1 脚和 11 脚为数据输入，三态门选通信号为第一乘积项
0 0	1 1	1 1	0 1	时序电路中的组合输出	低电平有效 高电平有效	1 脚为 CK，11 脚为 OE，至少另有一个 OLMC 是寄存器输出
0 0	1 1	0 0	0 1	寄存器输出	低电平有效 高电平有效	1 脚为 CK 11 脚为 OE

(1) 寄存器输出模式(SYN＝0，AC_0＝1，$AC_1(n)$＝0)。

寄存器输出模式指的是 OLMC 中 D 触发器的状态经过输出变量多路开关 OMUX 作为 GAL 的输出。这时 GAL 器件可用于组成同步时序逻辑电路，适合实现计数器、移位寄存器等电路。

此时，由 AC_0 和 $AC_1(n)$组成的控制字为 10，OMUX 选择 D 触发器的 $\overline{Q}$ 端输出到三态缓冲器，FMUX 选择 Q 作为反馈变量输入，TSMUX 选择 OE 作为输出三态缓冲器的控制端，PTMUX 选择第一乘积项作为或门的输入。

在此种模式下，时钟 CK 和输出使能 OE 是公共的，分别连接到引脚 1 和引脚 11。寄存器输出模式的 OLMC 电路结构简化为图 7-31。

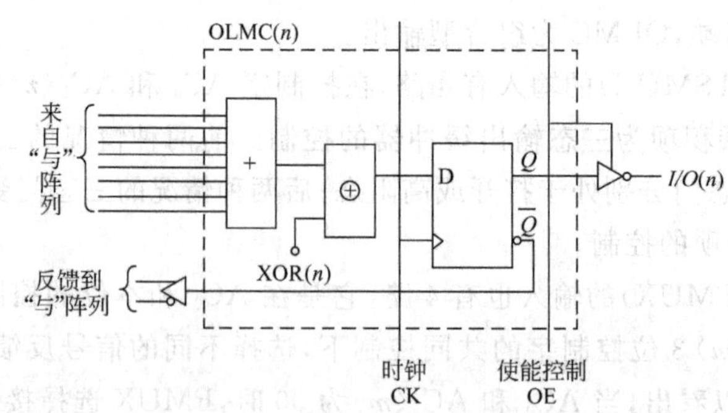

图 7-31　寄存器输出模式

(2) 时序电路中的组合输出模式(SYN=0,$AC_0=1$,$AC_1(n)=1$)。

在这种情况下,AC_0 和 $AC_1(n)$为11,OMUX选择"异或"门的输出,FMUX选择三态缓冲器的输出作为反馈,TSMUX不再选择OE,而是第一乘积项作为输出三态缓冲器的控制端,经过PTMUX选择后只有7组乘积项作为"或"门的输入。引脚1和引脚11分别用作时序电路公共的CK和OE,此时OLMC电路结构简化为图7-32。

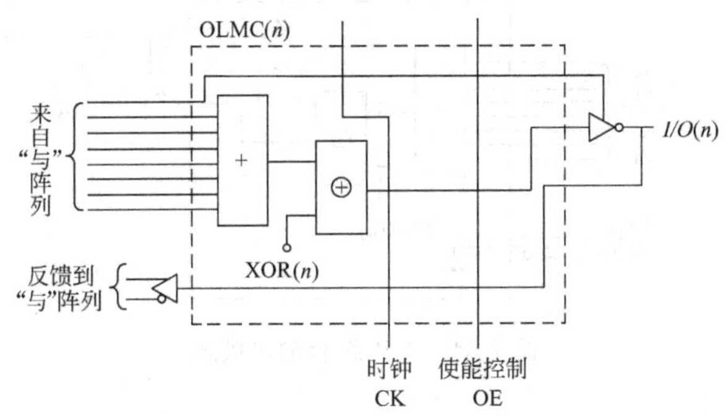

图7-32 时序电路中的组合输出模式

很明显,这时OLMC简化成了一个典型的组合逻辑电路,用于实现时序电路中所需的组合逻辑输出。这样,将第1种工作模式的OLMC和第2种工作模式的OLMC搭配使用,可以方便地实现同步时序电路。例如,将4个OLMC配置成第1种模式。用于实现计数的触发器及其激励电路,将一个OLMC配置成第2种模式,用于实现进位输出,这样GAL就是一个4位同步计数器。这时,GAL就是组合逻辑与时序逻辑的混合电路。

(3) 选通组合输出模式(SYN=1,$AC_0=1$,$AC_1(n)=1$)。

工作在这种模式下的GAL器件是组合逻辑电路。它与上一种模式的区别在于由于组合逻辑器件不需要公共的时钟,因此引脚1和引脚11不再外接CK和OE,这两个引脚均作为输入使用。

在这种情况下,OMUX选择"异或"门的输出,FMUX选择三态缓冲器的输出作为反馈,TSMUX选择第一乘积项作为输出三态缓冲器的控制端,也就是输出三态门是由第一乘积项"选通"的,因此叫选通组合输出模式(图7-33)。

常用此结构实现双向组合逻辑,如三态输入输出缓冲器等。

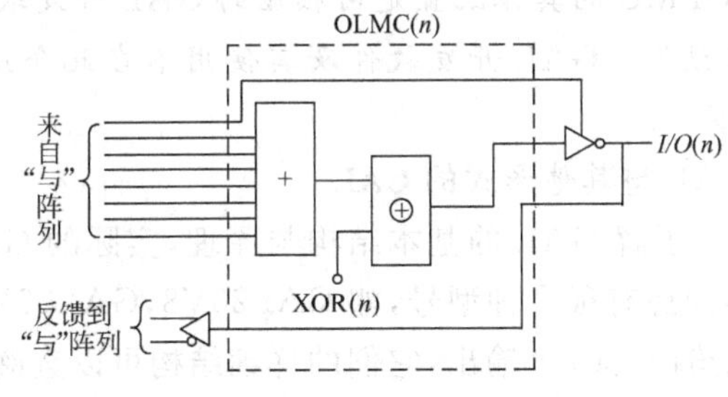

图7-33 选通组合输出模式

(4) 专用组合输出模式(SYN=1,$AC_0=0$,$AC_1(n)=0$)。

在这种模式下,引脚1和引脚11作为输入使用,OMUX仍然选择"异或"门的输出,但是 TSMUX 选择 V_{CC} 作为输出三态缓冲器的控制端，因此输出三态门总是处于选通状态；FMUX 不是选择本位 OLMC 的输出，而是选择"地"或相邻 OLMC 的输出作为输入反馈(取决于 AC_0 和 $AC_1(m)$ 的值)。OLMC 电路简化为图 7-34。

常用此结构实现常见的组合逻辑电路。

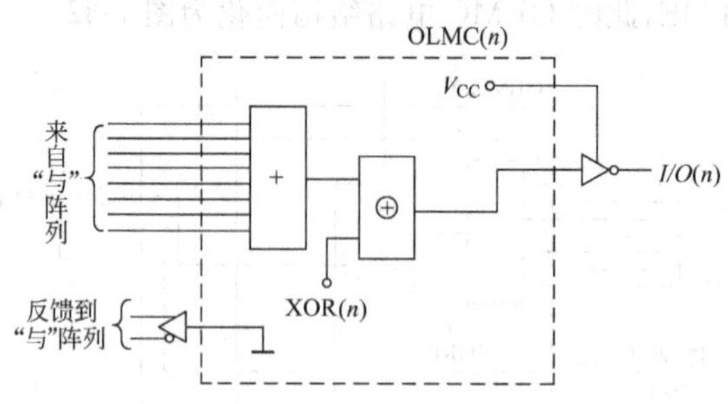

图 7-34　专用组合输出模式

(5) 专用输入模式($SYN=1, AC_0=0, AC_1(n)=1$)。

这种模式与上一种模式的区别在于，TSMUX 选择"地"作为输出三态缓冲器的控制端，因此输出三态门总是处于高阻状态，因此整个 OLMC 内部的电路相当于断开了，这些端只能作为输入端使用。这时的电路结构最简单(图 7-35)。

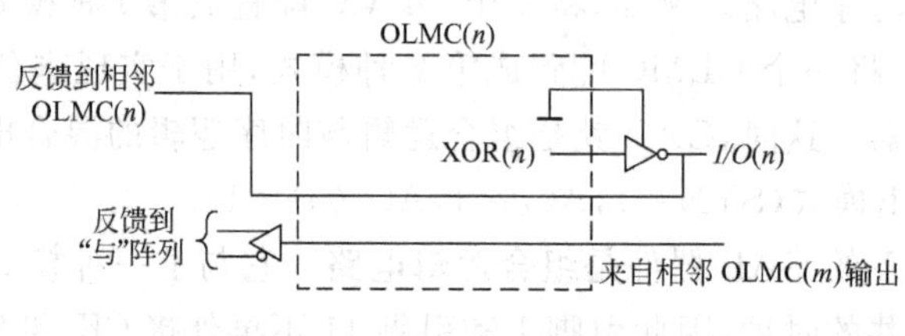

图 7-35　专用输入模式

仔细阅读 GAL16V8 的逻辑图还会发现，上面 4 位 OLMC 反馈输出的顺序与下面 4 位 OLMC 的反馈输出顺序是不同的；引脚 15、16 所对应的 OLMC 都没有向相邻级的反馈输出；处于边缘位置的引脚 12、19 的输入与处于中间位置的各位 OLMC 输入也有区别，这些特点在实际应用时都要注意。

需要指出的是：各 OLMC 的具体配置是由相应的 GAL 开发软件根据具体设计输入要求自动完成的，无需人工设置。GAL 开发软件及其使用不在此介绍了，读者可通过自学有关技术资料了解这些内容。

4. 在线可编程 ispGAL 与其他形式的 GAL

通过 GAL16V8，可以了解 GAL 的基本结构与原理，实际的 GAL 器件根据输入、输出个数与 OLMC 结构的不同还有很多种型号，如 GAL20V8，GAL22V10，分别表示最多有 20 个输入、8 个输出和 22 个输入、10 个输出，它们的详细结构可以查阅手册得到。

最近几年使用较多的是一种称作在线可编程(in system programmable GAL，ispGAL)的 GAL 器件。前面我们看到，GAL 虽然可以修改逻辑，但需要在编程器上完成后，才能焊到电路板上运行。在线可编程的含义是在完成设计以后，不需要从电路板上取下器件，就可以实现修改逻辑功能，因此更加便于修改设计。有关 ispGAL 的详细结构，读者可以参阅器件手册。

GAL 等 PLD 器件的出现，使数字系统设计者的设计方式和过程发生了很大的变化。改变了传统设计过程是：

首先，根据任务要求由设计者给出逻辑描述(如功能表、真值表)，列出逻辑表达式，对时序系统还要给出状态表等，然后选用合适的中、小规模集成电路，使设计达到较高的性能价格比。

其次，一个复杂系统的印刷电路板的设计也是很费事的。在这一系列设计过程中，由于设计错误而修改设计是经常发生的。使用 GAL 等器件，系统设计者的主要任务将集中在对所设计的系统进行正确无误的逻辑描述上，然后借助开发软件，由计算机自动完成系统的具体设计。设计者不必陷入具体设计的繁琐过程中，使设计工作变得单纯、容易。如果系统需求发生变动，修改设计也变得简单了。

第三，一片 GAL 等 PLD 器件在功能上可以替代一批中、小规模集成电路，也简化了印刷电路板的设计，从而使数字系统的设计成本大为降低。

第四，GAL 等器件还具有加密功能，系统的保密性大为提高，要仿制就变得比较困难。

7.5 可编程门阵列

可编程门阵列(PGA)和 ROM、PLA、PAL、GAL 的主要区别是：PGA 内部不受“与-或”阵列结构的限制；它可以对分布在 PGA 芯片内部的“可编程逻辑单元”矩阵进行“编程”和“互连”，以实现复杂的逻辑功能；它还可以对分布在芯片四周的“可编程输入输出单元”进行“编程”和“连接”实现各种输入输出方式。因此 PGA 具有很高的集成度和很大的灵活性。

图 7-36 是可编程门阵列的结构图。

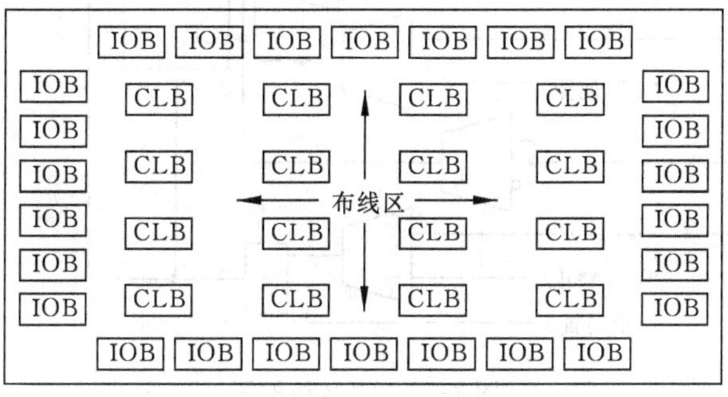

图 7-36　PGA 结构示意图

它主要由 4 个部分组成：

(1) 可编程逻辑宏单元(configurable logic block，CLB)。它以阵列形式分布在芯片的中间部位。每个 CLB 由若干个触发器及一些可编程组合逻辑部件组成。CLB 可通过编程来实现用户所需的逻辑。

(2) 可编程输入输出宏单元(input/output block，IOB)。它排列在 CLB 四周，是内部 CLB 与芯片外部引脚间的可编程接口，每个 IOB 可进行边沿触发器/锁存器、上拉电阻选择、三态选择等输入输出方式控制。IOB 也是通过编程来实现所需的 I/O 方式控制的。

(3) 互联资源。它包括可编程互联开关矩阵、内部长线、总线等。

(4) 重构逻辑的程序存储器。它以阵列形式分布在整个芯片上。器件工作时，首先将实现用户所需的逻辑以某种程序形式从片外读至 PGA 的程序存储器内，该存储器的存储单元输出直接去控制指定的 CLB、IOB 等单元，从而使器件有了确定的功能。通过把这一过程称为配置。

XILINX 公司是国际上生产 PGA 的主要厂商，它生产的 XC-3090 型 PGA 的逻辑能力(即可用门电路数)为 9000，CLB 块数为 320，IOB 块数为 144，程序存储器的程序位为 64160。

下面分别对 XC-3090 型 PGA 的几个组成部分作一介绍。

1. 可编程逻辑单元(CLB)

该 CLB 内包含两个正沿 D 触发器、一个组合逻辑功能块以及内部控制电路，它的输入、输出端为：5 个逻辑变量输入 a、b、c、d、e，数据输入 d_i，时钟输入 k，时钟使能信号输入 ec，复位输入 rd，X 和 Y 是 CLB 的输出，如图 7-37 所示，图中梯形块表示可编程数据选择器。

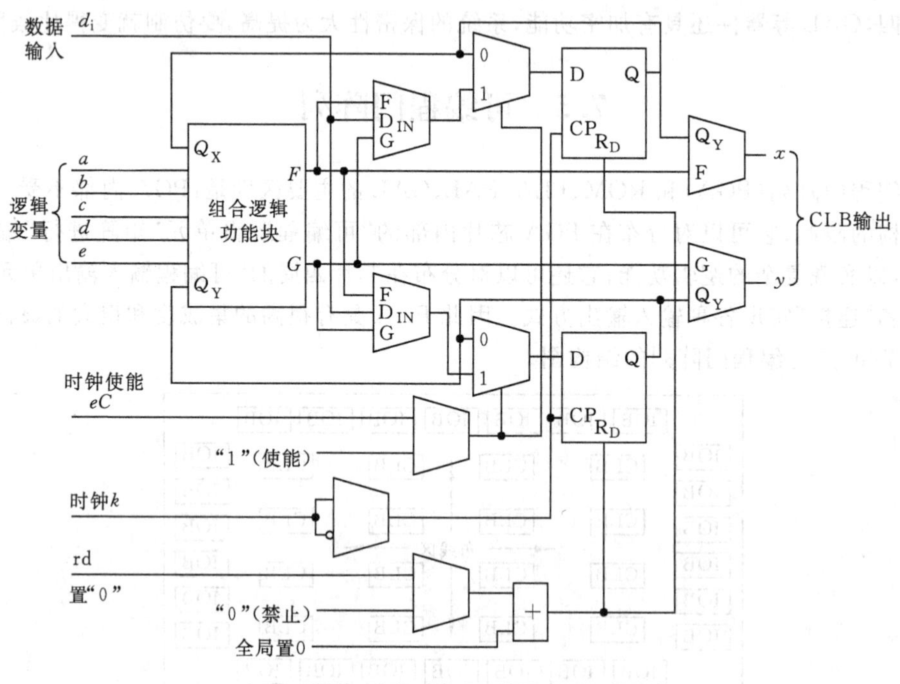

图 7-37　CLB 结构图

组合逻辑功能块有两个输出：F 和 G。它的可能输入为外部输入 a、b、c、d、e 和两个触发器的输出 Q_X 和 Q_Y。功能块可以有 3 种构成方式：

(1) 如图 7-38(a)所示，可构成两个独立的逻辑子块，每个子块最多可有 4 个变量输入，即从 $A \sim E$、Q_X、Q_Y 中进行如图 7-38(a)所示的选择。

(2) 如图 7-38(b)所示，可构成一个单输出、5 变量输入的功能块，此时 $F=G$。

(3) 如图 7-38(c)所示，可实现 7 变量输入、单输出组合逻辑，其中一个变量用来对上、下两功能子块的输出进行选择。

2 个触发器的数据输入可从外部输入 d_i、组合逻辑功能块的输出 F 或 G、触发器输出 Q

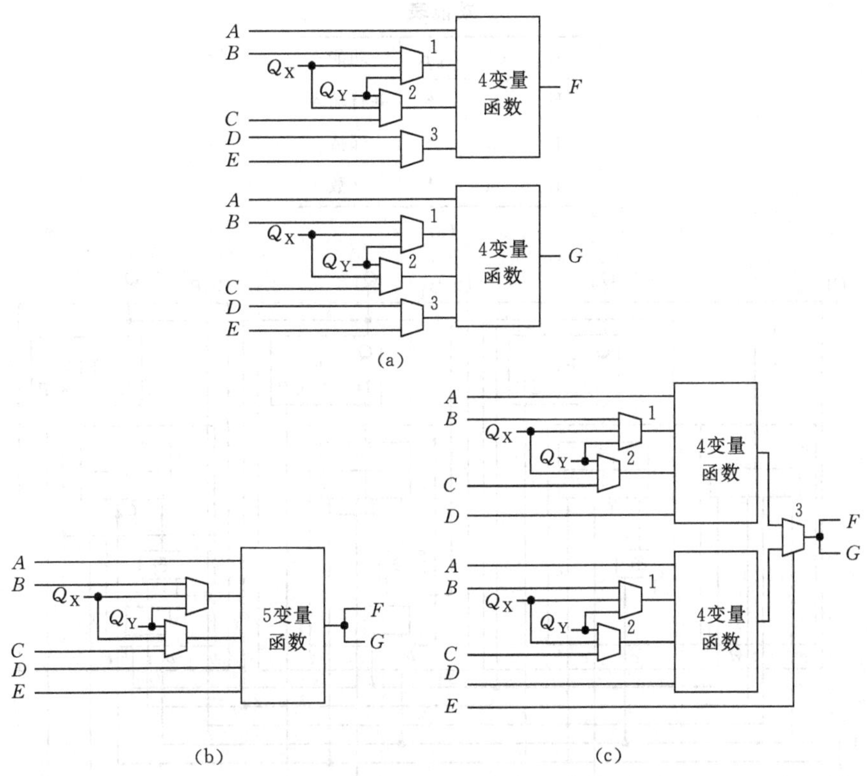

图 7-38　组合逻辑功能块的三种构成方式

中选择。CLB 可以选择外部时钟 k 或 $\overline{k}$ 作为触发器的时钟。触发器的直接置"0"信号 R_D 可以来自外部的复位输入 rd，也可在器件配置时由内部产生的全局复位信号进行复位。

CLB 的输出 X 可以从 F 或从触发器 X 的输出 Q_X 中进行选择，输出 y 可从 G 或 Q_Y 中选择。

下面通过一个有并行输入数据功能的 3 位二进制计数器为例来说明如何用 CLB 来实现给定逻辑的。

一个用正沿 D 触发器的 3 位二进制计数器在计数时 D 端表达式为：

$$\begin{cases} D_0 = \overline{Q}_0 \\ D_1 = Q_0 \oplus Q_1 \\ D_2 = (Q_0 Q_1) \oplus Q_2 \end{cases}$$

由表达式并考虑并行输入数据，可得计数器的逻辑图及功能表如图 7-39 所示。图中还画出了实现计数器逻辑功能的 3 块 CLB 的布局示意。其中 Carry 和 FF_0 及其相关电路由一个 CLB 来实现，构成方式为第 1 种：Carry 部分由图 7-38(a)中上功能块来构成；FF_0 的相关电路由下功能块来构成。FF_1 及其相关电路由另一个 CLB 来构成，构成方式为第 2 种。FF_2 及其相关电路由另一个 CLB 来构成，构成方式为第 3 种：FF_2 的数据选择器用图 7-38(c)中的选择器 3 来实现，3 输入"与"门及"异或"门用上功能块构成。各 CLB 的构成格式示于表 7-3。

功能表

L	CE	CK	功能
H	×	↑	并行输入
L	L	↑	保持
L	H	↑	计数

(a)

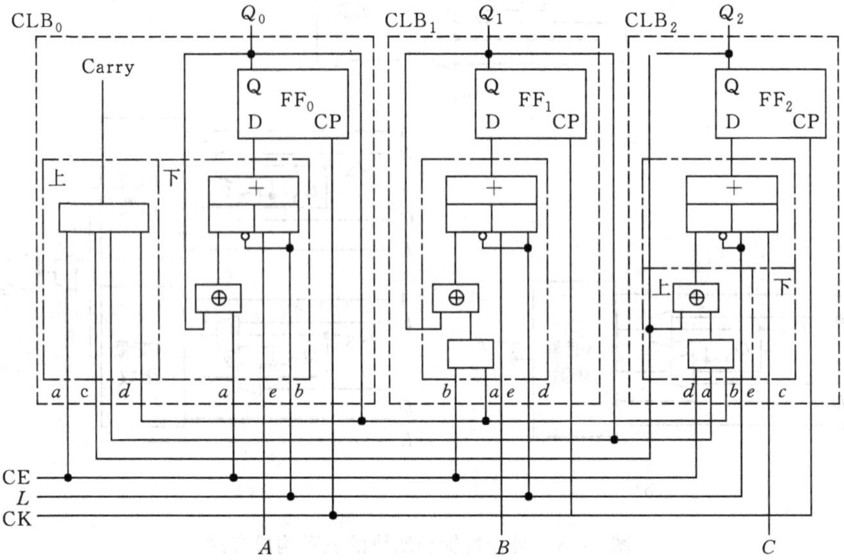

(b)

图 7-39　3 位二进制计数器

表 7-3　各 CLB 构成格式

CLB 名	输　入						输　出	
	a	b	c	d	e	h	x	y
CLB_0	CE	L	Q_2	Q_1	A	CK	Carry	Q_0
CLB_1	Q_0	CE		L	B	CK		Q_1
CLB_2	Q_1	Q_0	C	CE	CE	CK		Q_2

下面先讨论按第 1 种构成方式的 CLB_0。为使上逻辑功能块实现 4 输入与门功能，让 a 和 CE 相连；d 和 CLB_1 的 y 输出(即 Q_1)相连，且图 7-38(a)中选择器 3 选择 d；使 c 和 CLB_2 的 y 输出(即 Q_2)相连，且使图 7-38(a)中选择器 2 选择 c；图 7-38(a)中选择器 1 选择 Q_Y(即 Q_0)，这样 CLB_0 的 F 即为 $Carry=CE\cdot Q_0Q_1Q_2$。为使 CLB_0 的下逻辑功能块实现图 7-39 中和 Q_0 相连的“异或”门、与 FF_0 的 D 端相连的数据选择器，让 A 和 e 相连，图 7-38(a) 中选择器 3 选择 e；使 b 和 L 相连，且图 7-38(a)中选择器 1 选择 b；选择器 2 选 Q_Y(即 Q_0)，这样就完成了 CLB_0 的构成。CLB_0 的构成格式示于表 7-3。CLB_1 的构成格式示于图 7-39 和表 7-3，不在此赘述。对 CLB_2，图 7-39 中和 FF_2 相关的“异或”门及其 3 输入“与”门用图7-38(c)所示上逻辑功能块实现，而外部并行输入 C 和下功能块的 c 输入相连，

这样图 7-39 中 FF_2 D 端的选择器就可用图 7-38(c)中的选择器来实现，CLB_2 的构成格式示于表 7-3。

2. 可编程输入输出宏单元 IOB(图 7-40)

它有两种输入方式：直接输入(直接输入中又有 CMOS/TTL 电平输入或上拉电阻输入)；边沿触发器、锁存器输入。有 5 种输出方式：直接输出、寄存器输出；反相、不反相输出；三态、导通态、截止态输出；三态反相输出；边沿速率全速输出、限速输出。它们的选择受控于可编程输入输出控制位。

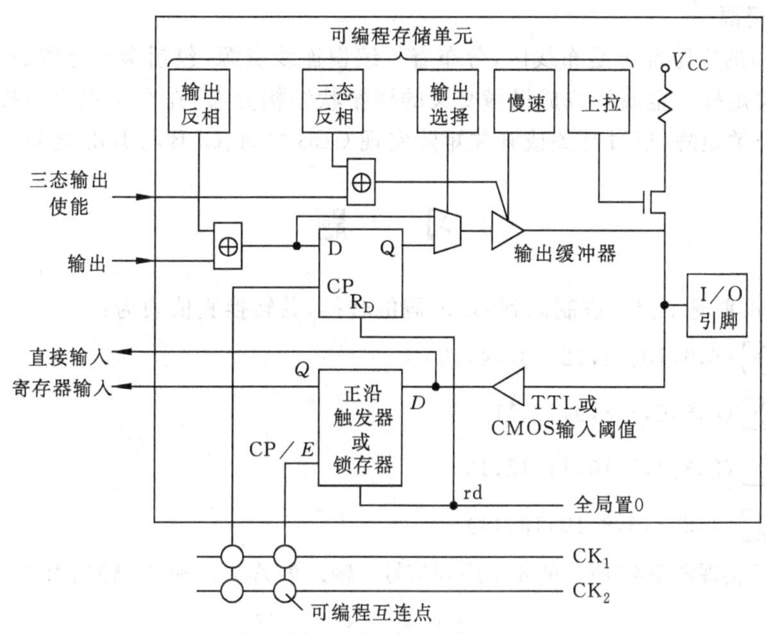

图 7-40　IOB 结构图

3. 重构逻辑的程序存储器

前面已经提到过，PGA 有一个以阵列形式分布在整个芯片上的重构逻辑存储器。CLB 和 IOB 的编程数据是由存放在重构逻辑存储器阵列内的程序确定的。

下面通过对逻辑存储器编程的实例来说明它是如何实现多种逻辑功能的。图 7-41 是 4 通道选一数据选择器电路，其中 M_1、M_0 是 2 个存储单元用作选择控制，A、B、C、D 是数据输入，节点 0～7 为开关管，F 是输出。通过对 M_1、M_0 写入不同的数据(编程)，即可在 F 得到不同的数据输出。例如，往 M_1M_0 写入“00”，则节点 0，1 打开，A 能通向 F，而节点 3 虽打开，但节点 2 关闭，B 不能通向 F；同理，C、D 也不能通向 F，于是 $F=A$。往 M_1M_0 写入“01”，$F=B$；$M_1M_0=10$，$F=C$；$M_1M_0=11$，$F=D$。因此，“编程”就是向存储单元写入编程数据，只要数据确定，F 就有确定输出。

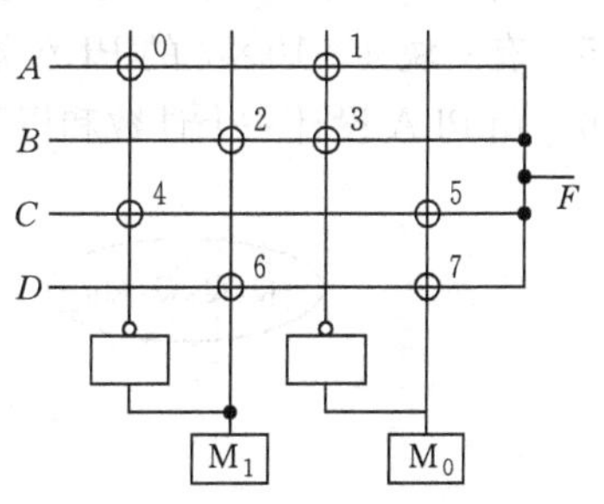

图 7-41　数据选择器

写入 PGA 的程序存储器的程序是由 XILINX 公司的开发系统产生的，开发系统根据用户的要求，自动形成程序并直接装入 PGA 内的重构逻辑存储器内。开发系统能自动完成将用户逻辑划分为 CLB 和 OLB 的集合；自动确定每个宏单元块要承担的逻辑功能；自动在逻辑块内进行互连设计；直至最终自动生成“构成逻辑程序”。开发系统的软件可在 PC-386 上运行。也就是说，CLB 和 IOB 是通过编程实现用户所需逻辑的，而不是用如熔丝等元件实现用户逻辑编程，也不是像 MROM 那样通过集成电路工厂的制作工艺来完成互连的。这样 PGA 可以允许用户多次修改逻辑，且程序修改和装入方便，因而也特别适合在产品试验阶段使用，也适合产品批量不大时使用，因为这样做更为经济和快捷。

4. 互联资源

CLB 之间的空隙部分是布线区，分布着可编程连线资源：包括金属导线、可编程开关点和可编程开关矩阵。金属导线成纵横交叉的格栅状结构分布，在交叉点上连接着可编程开关或可编程开关矩阵，通过开关或开关矩阵实现 CLB 之间、CLB 与 IOB 之间的连接。

习　题

7.1　用 ROM 实现 4 位二进制码到 Gray 码的转换，其转换真值表为：

$$G_3 = \sum(8,9,10,11,12,13,14,15)$$

$$G_2 = \sum(4,5,6,7,8,9,10,11)$$

$$G_1 = \sum(2,3,4,5,10,11,12,13)$$

$$G_0 = \sum(1,2,5,6,9,10,13,14)$$

7.2　用 ROM 实现图 7-42 所示的 4 个序列信号。输入为 A_2，A_1 和 A_0，输出为 F_3，F_2，F_1 和 F_0。

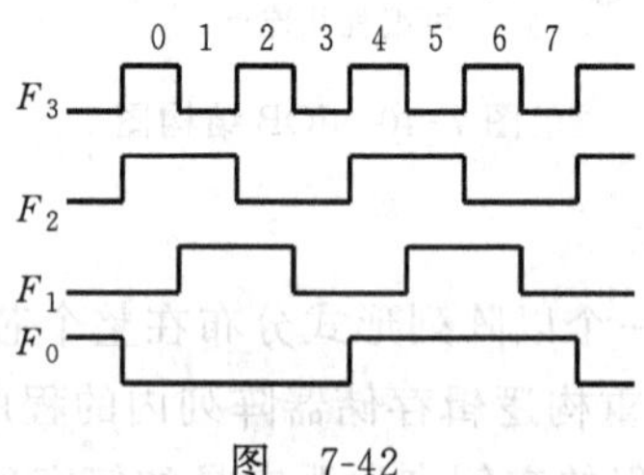

图　7-42

7.3　用 PLA 设计一个二进制串行加法器。

7.4　用 PLA 设计一个 2 位二进制数的乘法器。

7.5　有一块 4×10×7 的 PLA 器件，由它来实现将 8421 码变换为 7 段显示译码的变换器。

7.6　用 PLA 设计一个计数和译码电路，要求计数状态如图 7-43 所示，译码电路为 7 段译码。

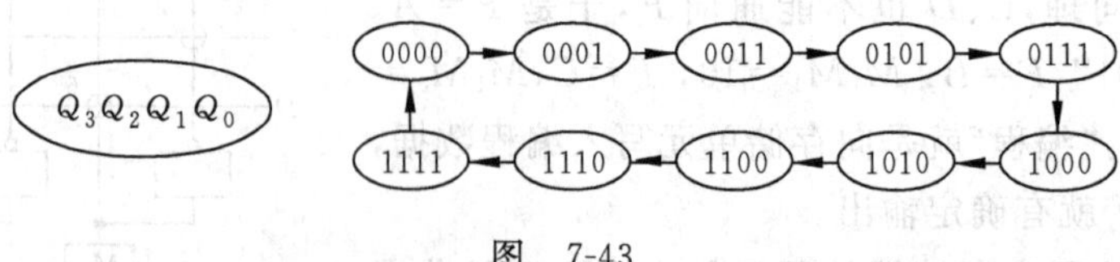

图　7-43

7.7　用 GAL 器件设计一个检测器，当输入 x 为 1110010 时，输出 z 为“1”，否则 z 为“0”。

并问选用的 GAL 器件最小容量为多大。

7.8 用 GAL 器件，设计一个脉冲信号发生器，要求能自动产生周期性的 1110010 信号序列。

7.9 用 GAL16V8 实现一个可控计数器。当控制信号 C 为“0”时，计数器实现 8421 BCD 码计数器；当控制信号 C 为“1”时，为 4 位二进制计数器，要求输出高电平有效，写出该计数器的源文件。

7.10 选用适当的可编程器件设计一个多模式计数器。计数器的模为 5，计数方式分为以下几种：

(1) 加 1 计数，即 0→1→2→3→4→0

(2) 减 1 计数，即 0→4→3→2→1→0

7.11 请将有并行置数功能的 4 位二进制同步计数器装入给出的 PAL 中，计数器的功能表如图 7-44 所示。PAL 阵列中各连接点用“×”标出。

计数器功能表

CK	CLR	L	E	Y_0	Y_1	Y_2	Y_3
↑	1	1	0	（计数输出）			
↑	1	0	0	A	B	C	D
↑	0	×	0	0	0	0	0
×	×	×	1	Z	Z	Z	Z

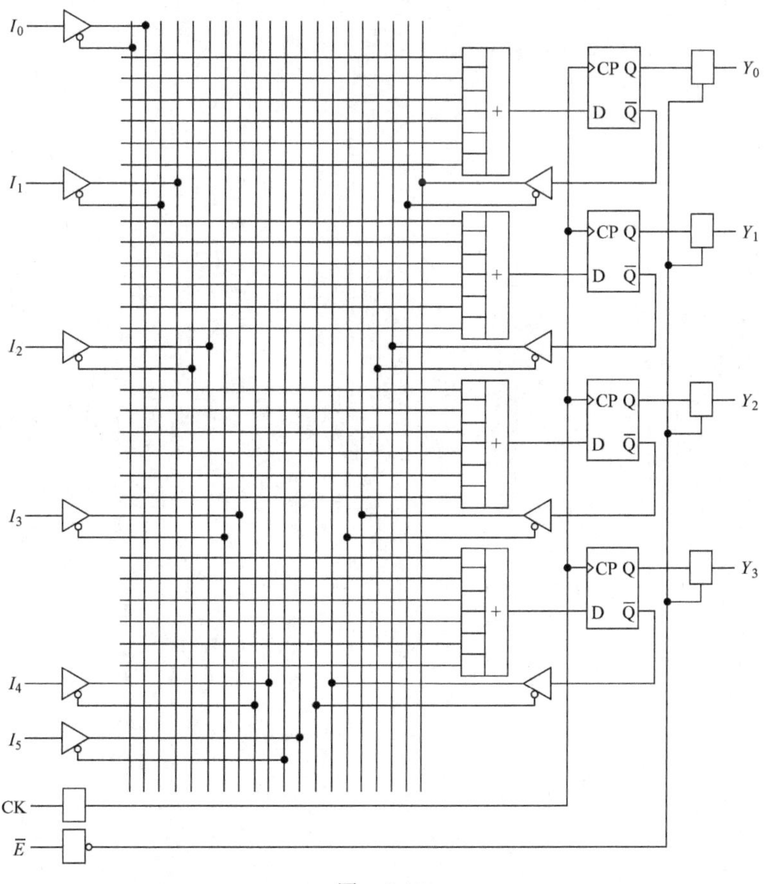

图 7-44

7.12 用 PAL 电路，设计一个 4 位码制转换电路。要求如下：

(1) 当 K=“0”时，由 8421 码转换为循环码；

(2) 当 K=“1”时，将循环码转换为 8421 码。（码表是第 1 章）

7.13 选用一个 PAL 电路，设计将 1 MHz 的时钟分频为 128 Hz、16 Hz、8 Hz 及 1 Hz 的电路。

7.14 用 PAL 电路设计以下计数器。输入时钟为 1 Hz。

(1) 模为 60 的计数器；

(2) 模为 24 的计数器。

参考文献

[1] Alan B. Marcovitz，Introduction to Logic Design，McGraw Hill，2001
[2] Deniel D. Gajski，Principles of Digital Design，Prentice-Hall，1997
[3] The TTL Data Book for Design Engineers，Texas Instruments，1989
[4] 阎石.数字电子技术基础.第四版.北京:高等教育出版社，1998
[5] 白中英.数字逻辑与数字系统.第二版.北京:科学出版社，1999
[6] 李书浩.数字逻辑应用与设计.北京:机械工业出版社，1999
[7] 朱世鸿.可编程逻辑器件 PLD 实用技术.北京:电子工业出版社，1994
[8] 王尔乾.中大规模集成电路.北京:国防工业出版社，1981
[9] 陈俊亮.数字电路逻辑设计.北京:人民邮电出版社，1980

清华大学计算机系列教材

计算机操作系统教程(第 2 版)	张尧学　等
计算机操作系统教程(第 2 版)习题解答与实验指导	张尧学
PASCAL 程序设计(第 2 版)	郑启华
PASCAL 程序设计习题与选解(新编)	郑启华
IBM PC 汇编语言程序设计(第 2 版)	沈美明　等
IBM PC 汇编语言程序设计例题习题集	温冬婵　等
IBM PC 汇编语言程序设计实验教程	沈美明
计算机图形学(新版)	孙家广　等
微型计算机技术及应用——从 16 位到 32 位	戴梅萼
微型计算机技术及应用——习题与实验题集	戴梅萼
微型计算机技术及应用——微型机软件硬件开发指南	戴梅萼
计算机组成与结构(第 3 版)	王爱英　等
计算机组成与设计	王　诚　等
计算机组成与设计实验指导	王　诚　等
计算机系统结构(第 2 版)	郑纬民　等
数据结构(第 2 版)	严蔚敏　等
数据结构题集	严蔚敏　等
图论与代数结构	戴一奇　等
数字逻辑与数字集成电路(第 2 版)	王尔乾　等
数字系统设计自动化	薛宏熙　等
计算机图形学基础	唐泽圣　等
编译原理	吕映芝　等
数据结构(用面向对象方法与 C++ 描述)	殷人昆　等
数据结构习题解析	殷人昆　等
计算机网络与 Internet 教程	张尧学　等
多媒体技术基础(第 2 版)	林福宗
多媒体技术基础实验指南	谢霄艳　等
数理逻辑与集合论(第 2 版)	石纯一　等
数理逻辑与集合论(第 2 版)精要与题解	王　宏　等
计算机局域网(第 3 版)	胡道元